高职高专计算机任务驱动模式教材

数据库基础与实践项目教程

郎振红　曹志胜　主　编
祝文飞　王宝帅　副主编

清华大学出版社
北　京

内容简介

本书主要介绍了 MySQL 数据库系统基本概念、原理、设计方法及数据库应用系统开发的各类知识。共包括 9 个项目：数据库系统与数据库设计认知、设计电子商务系统数据库、安装与启动 MySQL、创建与管理电子商务系统数据库、创建与维护电子商务系统数据表、查询电子商务系统数据表、优化电子商务系统数据库、编程实现对电子商务系统数据表的处理、维护电子商务系统数据库的安全性。项目以设计、创建、使用、优化、管理及维护数据库的真实工作流程为主线，以典型任务引导知识点讲解，依次进行任务实施、实战演练和拓展提升，实现工学结合、理实一体化教学模式。每个项目包含 2～4 个教学任务，拓展训练任务、学习研讨、立德铸魂等内容。全书共配备 3 个案例，分别是主讲案例、实训案例、拓展案例，有助于理解与应用数据库知识，较好地实现学以致用教学目标。

本书可作为高职院校、应用型本科院校计算机相关专业的学生及各类学习 MySQL 数据库的初学者教材，也可作为数据库开发者的使用手册，还可作为数据库系统管理员的参考书。

图书在版编目（CIP）数据

数据库基础与实践项目教程 / 郎振红，曹志胜主编. —北京：清华大学出版社，2022.10（2025.1 重印）
高职高专计算机任务驱动模式教材
ISBN 978-7-302-61813-3

Ⅰ. ①数… Ⅱ. ①郎… ②曹… Ⅲ. ①关系数据库系统－高等职业教育－教材
Ⅳ. ①TP311.132.3

中国版本图书馆 CIP 数据核字(2022)第 166469 号

责任编辑：郭丽娜
封面设计：曹　来
责任校对：刘　静
责任印制：沈　露

出版发行：清华大学出版社
网　址：https://www.tup.com.cn，https://www.wqxuetang.com
地　址：北京清华大学学研大厦 A 座　　邮　编：100084
社 总 机：010-83470000　　邮　购：010-62786544
投稿与读者服务：010-62776969，c-service@tup.tsinghua.edu.cn
质量反馈：010-62772015，zhiliang@tup.tsinghua.edu.cn
课件下载：https://www.tup.com.cn，010-83470410
印 装 者：三河市铭诚印务有限公司
经　销：全国新华书店
开　本：210mm×285mm　　**印　张**：19.25　　**字　数**：464 千字
版　次：2022 年 11 月第 1 版　　**印　次**：2025 年 1 月第 3 次印刷
定　价：57.00 元

产品编号：096398-02

前　言

职业院校众多专业中都开设了数据库技术课程，旨在提升学生对大数据的开发应用与维护管理能力，培养适应信息社会发展所需的数据库管理员。该课程强调构建融入领域新技术、新知识、新标准、新规范、新平台的学习内容，将知识建构、技能训练与职业能力培养有机结合，以“面向就业、培养创新人才”为目标，提高学生熟练应用数据库技术解决实际问题的能力，培育大量高素质高技能创新型人才，服务社会经济发展。

本书依托省市级教育科学规划课题（基于产业学院构建职业院校“工学交替，理实一体”人才培养模式的研究）和天津市教委十四五职业教育规划课题（“指向核心素养和能力本位的立体化活页式教材开发研究与实践”）展开深入研究，编写过程遵循职业教育“三教改革”教育教学理念，以问题为导向，以理论知识够用为度，注重实操与创新应用。本书将立德树人作为编写原则，突出鲜明的思政特色，充分体现育人元素在数据库课程中的应用。任务实施中适时融入课程思政内容，引导学生树立正确的社会主义核心价值观；知识拓展中融入国产自主研发的数据库技术，加强爱国主义教育，增强学生科学报国的信心和决心，深化对工匠精神的认识。本书突出高等职业教育产教融合特色，注重职业能力培养，以真实项目在实际工作中的应用为载体，规划教学任务、实训任务和拓展任务，将职业技能分解融入各项任务中，遵循学生的学习特点和职业发展需要，达到知识融会贯通、技能不断提升的目的，实现知识从学习领域向工作领域无缝迁移。同时本书兼顾数据库领域 1＋X 职业资格技能等级考核和华为 GaussDB 数据库全球认证考试。教学目标细分为素质目标、知识目标和能力目标，对接 MySQL 数据库课程国家专业教学标准，积极与国家教学改革相呼应。

本书体现工学结合的教改思想，充分融入“三教改革”研究成果，突出项目式教学改革优势，着重打造立体化教材。本书具有如下显著特色：①参考并吸纳国内外优秀计算机专业教材编写思想，选用国内知名企业实际项目或工作任务，确保教材内容具有较强的实用性，与数据库领域理论内容具有紧密的关联性；②准确把握高职院校“双高”建设中软件技术专业群人才培养目标和特点，以真实工作流程为主线重构课程内容，设定教学项目，分解教学任务，实施教学活动，强调做中学、学中练、练中提高，以技能培养作为教材重点，不断拓宽分析和解决问题的思路与方法，培养学生自主学习的自觉性和终身学习的能力，确保未来在就业岗位上能持续发展；③借鉴项目驱动教学方式，采用任务工单训练模式，启用过程性考核评价制度，突出软件技术专业群人才培养的先进性、实践性、时代性和有效性；④以学生为中心，以案例为载体，以技能培养为目标，以实践工作为主线，依据学生认知规律和成长成才规律，剖析企业岗位对人才的要求，对接产业行业发展新趋势，将教师的“教材”真正转变成学生的“学材”，实现学以致用的目标。

本书编写体例新颖，积极响应高等职业教育关于新型活页式、工作手册式教材开发的号召，采用了活页式教材体例结构。本书各模块既呈现实践工作流程的先后顺序，又突显弱关联性，学生可以根据知识储备基础、学习习惯、专业特点灵活选择，自由组合。教材装订摒弃了传统的胶装方式，灵活的页面拆装方式为教材内容的实时增减与教学资料的任意组合提供了便捷，与教材配套建设的网络资源也随之更新与完善。

本书选用了版本先进、功能齐全、兼容性好、使用便捷、易于操作、界面友好的 MySQL 开发平台作为实践环境，从数据库系统的规划设计、概念模型的绘制、逻辑模型的转化、物理模型的生成，到最终利用可视化工具或 SQL 代码将数据库系统实现为止，按照设计、创建、使用、优化、管理、维护数据库系统的主线进行知识点介绍和实操演练。以电子商务网站系统数据库为主讲案例贯穿教材始终，学生在完成项目的过程中掌握对应理论知识，提升动手操作技能，真正实现理实一体化教学过程。选用学校管理系统数据库作为实训案例，完成实训练习；以跨境贸易系统数据库为华为 GaussDB 的拓展案例，进行拓展提升训练，达到将 MySQL 知识点和技能点举一反三，强化学习的效果。全书以任务为驱动，以就业为导向，共设计了 9 个项目，包含 24 个教学任务，每一任务都按照任务描述—任务分析—任务目标—任务实施—知识点解析—实战演练—任务评价—拓展训练—讨论反思与学习插页等顺序进行编排。

本书提供了配套的学习资源，主要包括 PPT 教学课件、案例素材、教学视频等数字化教学资源，并且在中国大学爱课程网络平台建设了配套的 MOOC 课程。读者也可登录清华大学出版社网站下载本书配套的教学资源。

本书编写团队力量强大，既有多年从事数据库技术课程一线教学的专任教师，也包括有着丰富实践工作经验的企业工程师。全书由郎振红主持编写并统稿，郎振红、曹志胜任主编，祝文飞、王宝帅任副主编。此外，本书在编写过程中得到了所在学院领导的大力支持和合作企业人员的鼎力协助，在此表示衷心的感谢！

尽管编者在编写过程中力求准确、完善，但书中难免存在不妥或疏漏之处，敬请广大读者批评、指正。

编　者

2022 年 6 月

目　录

课堂笔记

项目 1　数据库系统与数据库设计认知

项目导读

数据库技术是现代信息科学与技术的重要组成部分，是计算机数据处理与信息管理系统的核心。为了更好地系统掌握数据库的知识，需要先对数据库系统和数据库设计有基本的认知，主要包括数据描述与数据处理、数据管理技术的发展历程、数据库系统、数据库管理系统、数据模型和应用系统数据库设计步骤等内容。

项目素质目标

树立以人为本、以用户需求为核心的理念，理解物质世界的普遍联系性，培养善于发现问题和解决问题的能力，自觉养成认真细致的学习和工作态度。

项目知识目标

了解数据管理技术的发展，掌握数据库系统的概念，理解结构化查询语言，理解数据模型的概念，了解逻辑模型的结构分类，理论关系模型和应用系统数据库设计步骤。

项目能力目标

掌握数据模型的理论知识，掌握应用系统数据库设计步骤，了解项目总体实施流程。

项目导图

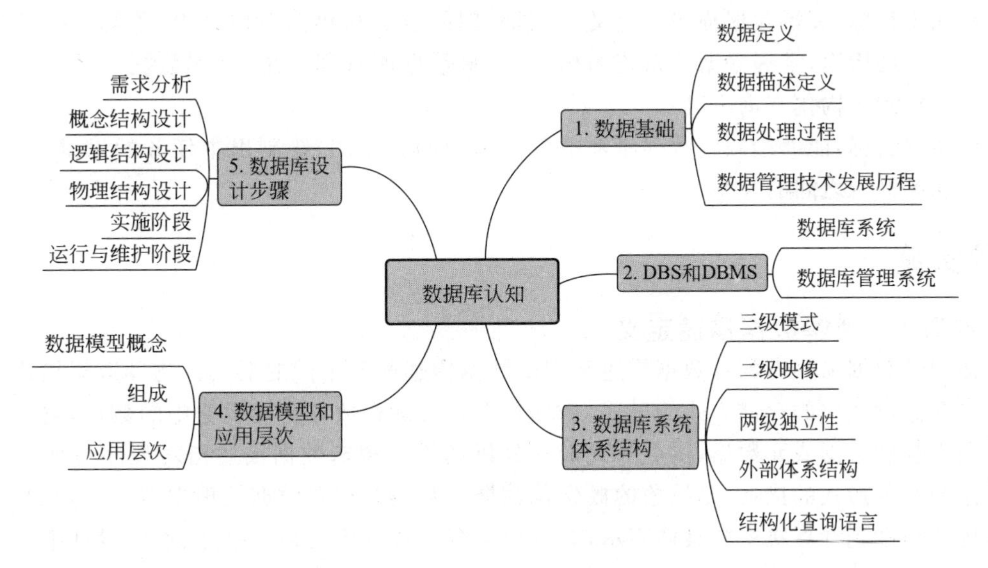

课堂笔记

任务1-1 数据管理技术与数据库系统

任务描述

本任务主要讲解数据库系统涉及的基础知识，通过本任务的学习，可以对数据库有最基本的认识。依据对数据库管理技术、数据库系统知识点的理解，为数据库应用系统的设计、开发、使用和管理奠定基础，本任务进度如表1-1所示。

表1-1 数据管理技术与数据库系统任务进度表

任 务 描 述	任务下发时间	预期完成时间	任务负责人	版本号
掌握数据描述的概念	8月23日	8月24日	张良	V1.0
掌握数据处理技术发展历程	8月25日	8月26日	张良	V1.0
了解数据库系统体系结构	8月27日	8月28日	李旭阳	V1.0
了解结构化查询语言	8月29日	8月30日	李旭阳	V1.0

任务分析

对于初学者来说，数据库技术涉及的基本概念较多，有些概念较抽象，不易理解。本任务主要介绍数据描述的两种不同形式及其定义，数据处理的概念、数据处理的八个主要方面和数据处理的作用，数据管理技术经历的人工管理、文件系统和数据库系统三个阶段等知识点。

任务目标

- 素质目标：培养对抽象概念的理解能力和善于发现问题、解决问题能力。
- 知识目标：理解数据描述的定义、数据处理的定义和数据处理过程，了解数据管理技术发展历程，掌握数据库系统的构成，了解数据库管理系统，了解数据库系统的体系结构和结构化查询语言。
- 能力目标：能够绘制出数据库基本概念之间的关系图，绘制出本任务的思维导图，发现各概念之间的关系。

任务实施

步骤1 理解数据描述定义

常用的数据描述有物理数据描述和逻辑数据描述两种不同的形式。物理数据描述是对数据在存储设备中的存储方式的描述，物理数据是实际存放在存储设备中的数据，物理数据通常是指基础数据或元数据，供业务查询和分析使用。逻辑数据描述指对程序员或用户可以操作的数据形式的描述，是抽象的概念化数据。数据描述在数据处理中涉及不同的范畴。从事物的特性到计算机中的具体表示，共经历了概念设计中的数据描述、逻辑设计中的数据

课堂笔记

描述和物理存储介质中的数据描述三个阶段。

步骤2 理解数据处理的定义和数据处理过程

数据处理(data processing)主要是指对数据的采集、存储、检索、加工、变换和传输。数据处理的基本目的是从大量的、可能是杂乱无章的、难以理解的数据中抽取并推导出对于某些特定场合和特定人群来说是有价值、有意义的数据。

数据处理是一项经计算机收集、记录、加工数据，产生新的信息形式的技术。计算机数据处理主要包括以下几个方面。

(1) 数据采集：采集所需的信息。

(2) 数据转换：把信息转换成机器能够接收的形式。

(3) 数据分组：指定编码形式，按有关信息进行有效的分组。

(4) 数据组织：整理数据或用某些方法安排数据，以便进行处理。

(5) 数据计算：进行各种算术和逻辑运算，以便得到进一步的信息。

(6) 数据存储：将原始数据或计算结果保存起来，供以后使用。

(7) 数据检索：按用户的要求找出有用的信息。

(8) 数据排序：把数据按一定要求排成次序。

数据处理的过程大致分为数据的准备、处理和输出三个阶段。在数据准备阶段，可以将数据输入各种不同的存储介质中。早期的存储介质主要包括穿孔卡片、纸带、软盘和磁带等，现阶段的存储介质主要是指光盘、硬盘、闪存卡等。数据准备阶段也称数据的录入阶段。数据录入以后，由计算机对数据进行处理，为此预先要由用户编制程序并把程序输入计算机中，计算机是按程序的指示和要求对数据进行处理的。所谓处理，就是指上述八个方面工作中的一个或若干个的组合。最后输出的是各种文字和数字的表格。

数据处理系统已广泛用于各种企事业单位，内容涉及薪金支付、票据收发、信贷、库存管理、生产调度、计划管理和销售分析等多个方面。它能产生操做报告、金融分析报告和统计报告等。数据处理技术涉及文件系统、数据库管理系统、分布式数据处理系统等方面的技术。

如今，数据和信息已经成为人类社会中极其宝贵的资源。随着云计算技术、大数据技术和人工智能技术的不断发展，数据处理技术将会进一步发展，它也将会进一步推动整个信息化社会的发展。当前我国对于信息化建设高度重视，要全面提升信息化建设水平。

步骤3 了解数据管理技术发展历程

数据管理技术先后经历了人工管理、文件系统和数据库系统三个阶段。

数据管理技术发展历程

1) 人工管理阶段(初等数据文件阶段)

- 经历时期：20世纪50年代中期以前，计算机主要用于科学计算。
- 硬件状况：外存只有纸带、卡片、磁带，没有磁盘等直接存取设备。
- 软件状况：没有操作系统，没有管理数据的软件。
- 数据处理方式：批处理。

2) 文件系统阶段(独立文件管理系统)

- 经历时期：20世纪50年代后期到60年代中期。
- 硬件方面：拥有磁盘、磁鼓等直接存取设备。
- 软件方面：操作系统中已经有专门的数据管理软件，一般称为文件系统。

课堂笔记

- 数据处理方式：批处理，联机实时处理。

3）数据库系统阶段

- 经历时期：20 世纪 60 年代后期至今。
- 硬件方面：拥有大容量磁盘，硬件价格下降。
- 软件方面：软件价格上升，为编制和维护系统软件及应用程序的成本相对增加。
- 数据处理方式：使用统一管理数据的专门软件系统，即数据库管理系统。

答疑解惑

问：目前数据管理技术处于哪个阶段？

答：数据库系统阶段，当前对数据的管理更具多样性，有更多不同类型的数据库系统。

步骤 4　掌握数据库系统构成

数据库系统（database system，DBS）是采用数据库技术的计算机系统，是由数据库、数据库管理系统、数据库管理人员、支持数据库系统的硬件和软件（应用开发工具、应用系统等）以及用户构成的运行实体。下面从硬件、软件和人员三个角度来说明。

（1）硬件：构成计算机系统的各种物理设备，包括存储所需的外部设备。硬件的配置应满足整个数据库系统的需要，要求有足够大的空间存放操作系统、数据库管理系统的核心模块、数据缓冲区和应用程序，而且需要较高的通道能力。

（2）软件：主要包括操作系统、数据库管理系统及应用程序以及核心开发工具。数据库管理系统是数据库系统的核心软件，具有数据库接口的高级语言及其编译系统，便于开发应用程序，科学地组织和存储数据，高效地获取和维护数据。

（3）人员主要有以下四个类别。

① 系统分析员和数据库设计人员：系统分析员负责应用系统的需求分析和规范说明，他们和用户及数据库管理员一起确定系统的硬件配置，并参与数据库系统的概要设计；数据库设计人员负责数据库中数据的确定、数据库各级模式的设计。

② 应用程序员：负责编写使用数据库的应用程序。这些应用程序可对数据进行检索、添加、删除或修改。

③ 最终用户：最终用户会利用系统的接口或查询语言访问数据库。

④ 数据库管理员（data base administrator，DBA）：主要负责数据库的总体管理和控制。通常 DBA 的具体职责主要有：管理数据库中的信息内容和结构；定义数据库的存储结构和存取策略；定义数据库的安全性要求和完整性约束条件；监控数据库的使用和运行，负责数据库的性能改进；对数据库进行重组和重构，以提高系统的性能等。

步骤 5　了解数据库管理系统

数据库管理系统（database management system，DBMS）是一种操纵和管理数据库的大型软件，用于建立、使用和维护数据库。它对数据库进行统一的管理和控制，以保证数据库的安全性和完整性。用户通过 DBMS 访问数据库中的数据，数据库管理员也通过 DBMS 进行数据库的维护工作。它可以支持多个应用程序和用户用不同的方法在相同或不同的时刻去建立、修改和查询数据库。大部分 DBMS 提供数据定义语言（data definition language，DDL）和数据操纵语言（data manipulation language，DML），供用户定义数据库的模式结构与权限约束，实现对数据的插入、删除、更新和查询等操作，它的主要功能包括以下几个方面。

(1) 数据定义:DBMS提供数据定义语言,供用户定义数据库的三级模式结构、两级映像以及完整性约束和保密限制等约束。DDL主要用于建立、修改数据库的库结构。DDL所描述的数据库结构仅仅给出了数据库的框架,数据库的框架信息存放在数据字典(data dictionary)中。

(2) 数据操作:DBMS提供数据操纵语言,供用户实现对数据的插入、删除、修改、查询等操作。

(3) 数据库的运行管理:包括多用户环境下的并发控制、安全性检查和存取权限控制、完整性检查和执行、运行日志的组织管理、事务的管理和自动恢复。这些功能保证了数据库系统的正常运行。

(4) 数据组织、存储与管理:包括数据字典、用户数据、存取路径等,需确定以何种文件结构和存取方式在存储级上组织这些数据,如何实现数据之间的联系。数据组织和存储的基本目标是提高存储空间的利用率,选择合适的存取方法以提高存取效率。

(5) 数据库的保护:数据库中的数据是信息社会的战略资源,所以数据的保护至关重要。DBMS对数据库的保护通过四个方面来实现:数据库的恢复、数据库的并发控制、数据库的完整性控制和数据库安全性控制。DBMS的其他保护功能还有系统缓冲区的管理、数据存储的某些自适应调节机制等。

(6) 数据库的维护:包括数据库的数据载入、转换、转储,数据库的重组合、重构以及性能监控等功能,这些功能分别由各个应用程序来完成。

(7) 通信:DBMS具有与操作系统联机处理、分时系统及远程作业输入等操作的相关接口,负责处理数据的传送。网络环境下的数据库系统,其DBMS还具有与网络中其他软件系统的通信功能以及数据库之间的互操作功能。

常见的数据库管理系统主要有四种类型:文件管理系统,层次模型数据库,网状模型数据库和关系模型数据库,其中关系模型数据库的应用最为广泛。

步骤6　了解数据库系统的体系结构

1) 三级模式

1975年,美国国家标准学会下属的标准计划和需求委员会为数据库管理系统建立了三级模式结构,即外模式、概念模式和内模式。

(1) 外模式:又称关系子模式或用户模式,是数据库用户看见的局部数据的逻辑结构和特征的描述,即应用程序所需要的那部分数据库结构。外模式是应用程序与数据库系统之间的接口,是保证数据库安全性的一个有效措施。用户可使用数据定义语言和数据操纵语言来定义数据库的结构和对数据库进行操纵。对于用户而言,只需要按照所定义的外模式进行操作,而无须了解概念模式和内模式等的内部细节。一个数据库可以有多个外模式。

(2) 概念模式:又称模式、关系模式、逻辑模式,是数据库整体逻辑结构的完整描述,包括概念记录模型、记录长度之间的联系、所允许的操作,以及数据的完整性、安全性约束等数据控制方面的规定。概念模式位于数据库系统模式结构的中间层,不涉及数据的物理存储细节和硬件环境,与应用程序、开发工具及程序设计语言无关。一个数据库只能有一个概念模式。

(3) 内模式:又称存储模式,是数据库内部数据存储结构的描述。它定义了数据库内部记录类型、索引和文件的组织方式以及数据控制方面的细节。一个数据库只能有一个内模式。

2）二级映像

外模式/模式映像：模式描述的是数据的全局逻辑结构，外模式描述的是数据的局部逻辑结构，同一个模式可以有任意多个外模式。对于每个外模式，数据库系统都有一个外模式/模式映像，它定义了该外模式与模式之间的对应关系。这些映像定义通常包含在各自外模式的描述中。

模式/内模式映像：它定义了数据库全局逻辑结构与存储结构之间的对应关系，是唯一的。该映像定义通常包含在模式描述中。

3）两级数据独立性

数据独立性是指应用程序和数据库的数据结构之间相互独立、不受彼此的影响，包括逻辑数据独立性和物理数据独立性。

（1）逻辑数据独立性：当模式改变时，由数据库管理员对各个外模式/模式映像做相应改变，可以使外模式保持不变。应用程序是依据数据的外模式编写的，因而应用程序不必修改，从而保证了数据与应用程序的逻辑独立性。

（2）物理数据独立性：当数据库的存储结构改变时，由数据库管理员对模式/内模式映像做相应改变，可以使模式保持不变，因而应用程序也不必修改，保证了数据与应用程序的物理独立性。

特定的应用程序是在外模式描述的数据结构上编写的，它依赖于特定的外模式，与数据库的模式和存储结构相独立。不同的应用程序可以共用同一外模式。数据库的两级映像保证了数据库外模式的稳定性，从而从底层保证了应用程序的稳定性，除非应用需求本身发生变化，否则应用程序一般不需要修改。

4）外部体系结构

从数据库最终用户的角度看，数据库系统的结构分为集中式结构（单用户结构、主机/终端结构）、分布式结构（客户机/服务器结构）和多层应用结构，这是数据库系统外部的体系结构。

（1）单用户应用结构：运行在个人计算机上的结构模式。属于单用户 DBMS 的产品有 Microsoft Access、Paradox、Fox Pro 系列等，它们基本实现了 DBMS 应该具有的功能。单用户 DBMS 的功能在数据的一致性维护、完整性检查及安全性管理上是不完善的。

（2）主机/终端结构：以大型主机为中心的结构模式，也称为分时共享模式，是面向终端的多用户计算机系统。该结构以一台主机为核心，将操作系统、应用程序、DBMS、数据库等数据和资源均放在该主机上，所有的应用处理均由主机承担，每个与主机相连接的终端都视为主机的一种 I/O 设备。由于是集中式管理，主机的任何错误都有可能导致整个系统瘫痪。因此，这种结构对系统的主机性能要求比较高，维护费用也较高。

（3）客户机/服务器（Client/Server，C/S）结构：随着计算机网络的广泛使用而出现的结构模式。它将一个数据库系统分解为客户机（即前端）、应用程序和服务器（即后端）三部分，通过网络连接应用程序和服务器。由于 C/S 结构的本质是通过对服务功能的分布实现分工服务，因而又称分布式服务模式。人们将 C/S 称为二层结构的数据库应用模式。

（4）多层数据库应用结构：将应用程序放在服务器端执行，客户机端安装统一的前端运行

课堂笔记

环境，通常是浏览器(browser)，在客户机和服务器之间增加一层用于转换的服务器，形成三层结构的数据库应用模式，这就是互联网环境下数据库的应用模式。三层结构是由二层(C/S)结构扩展而来的，这种三层结构也称为浏览器/Web 服务器/数据库服务器(B/W/S)结构。

步骤 7　了解结构化查询语言

为了更好地提供从数据库中简单高效读取数据的方法，1974 年博伊斯(Boyce)和钱伯林(Chamberlin)提出了一种称为 SEQUEL 的结构化查询语言。1976 年，这种语言在 IBM 公司研发的关系数据库系统 System R 上实现，将其修改为 SEQUEL 2，即目前的结构化查询语言(structured query language，SQL)。由于它具有功能丰富、使用方便灵活、语言简洁易学等突出的优点，深受计算机工业界和计算机用户的欢迎。1980 年 10 月，经美国国家标准学会(American National Standards Institute，ANSI)的数据库委员会批准，将 SQL 作为关系数据库语言的美国标准，同年公布了标准 SQL。

微课：结构化查询语言

SQL 集数据查询(data query)、数据定义(data definition)、数据操纵(data manipulation)和数据控制(data control)功能于一体，充分体现了关系数据库语言的特点。

SQL 的核心部分相当于关系代数，但又具有关系代数所没有的许多特点，如聚集、数据库更新等。它是一个综合的、通用的、功能极强的关系数据库语言。其主要有以下四个特点。

(1) 综合统一。SQL 不是某个特定数据库供应商专有的语言，所有关系数据库都支持它。SQL 的风格和语法都是统一的，可以独立完成数据库生命周期中的全部活动，包括定义关系模式、录入数据，建立、查询、更新、维护数据库，以及数据库重构、安全性控制等一系列操作，这就为数据库应用系统的开发提供了良好的环境。

(2) 以同一种语法结构提供两种使用方式。SQL 有两种使用方式：一种是联机交互使用，这种方式下的 SQL 实际上是作为自含式语言使用的；另一种是嵌入某种高级程序设计语言(如 C 语言等)中去使用。前一种方式适合于非计算机专业人员使用，后一种方式适合于专业计算机人员使用。这种以统一的语法结构提供两种不同使用方法的特点，为用户带来了极大的灵活性与方便性。

(3) 高度非过程化。SQL 是一种第四代语言(fourth-generation language，4GL)，用户只需要提出“干什么”，无须具体指明“怎么干”，像存取路径选择和具体处理操作等均由系统自动完成。这不但大大减轻了用户负担，而且有利于提高数据独立性。

(4) 语言简洁，易学易用。SQL 不仅功能很强，而且语言十分简洁，要完成核心功能，只需使用 SELECT、CREATE、INSERT、UPDATE、DELETE、GRANT 等几个命令。SQL 的语法接近英语口语，所以用户很容易掌握。SQL 目前已成为应用最广泛的关系数据库语言。

学习小贴士

SQL 语句主要是对结构化数据进行查询和处理的。当对半结构化和非结构化数据处理时，可以使用 NoSQL，它是一种更加灵活的数据模型。

知识点解析

1. 数据的基本概念

数据(data)是对现实世界的描述。由于计算机不能直接处理现实世界中的具体事物，

课堂笔记

因此必须先把具体事物转换成计算机能够处理的数据。在计算机系统中，各种字母、数字符号的组合、语音、图形、图像等统称为数据，数据经过加工后就成为信息。在计算机科学中，数据是指所有能输入计算机并被计算机程序处理的符号介质的总称，是用于输入计算机进行处理，具有一定意义的数字、符号、字母和各种文字集合的通称。

2. 数据管理技术各个发展阶段的特点

1）人工管理数据的特点

数据不能长期保存；没有专用的软件管理数据；数据冗余度大，数据无法共享；数据不具有独立性。

2）文件系统管理数据的特点

数据能够长期保存；由专门的软件即文件系统进行数据管理，文件系统把数据组织成相互独立的数据文件，利用“按文件名访问，按记录存取”的管理技术，可以对文件进行修改、插入、删除等操作；文件系统实现了记录内的结构性，但是整体无结构；数据共享性差，冗余度大。在文件系统中，一个文件基本上对应一个应用程序，即文件仍然是面向应用的，数据独立性差。一旦数据的逻辑结构改变，就必须修改应用程序和文件结构的定义。如果应用程序改用不同的高级语言等，将引起文件的数据结构改变，因此数据与程序之间仍缺乏独立性。

3）数据库管理数据的特点

数据通过数据库管理系统来管理，数据可以面向整个应用系统，数据的共享性高，冗余度小，数据具有高度的物理独立性和逻辑独立性。

实战演练

1. 任务工单：了解数据描述与数据处理技术发展历程

<table>
<tr><td>组员 ID</td><td></td><td>组员姓名</td><td></td><td>所属项目组</td><td></td></tr>
<tr><td>硬件配置</td><td colspan="5">CPU：2.3GHz 及以上双核或四核；硬盘：150GB 及以上；内存：8GB；网卡：千兆网卡</td></tr>
<tr><td>操作系统</td><td colspan="2">Windows 7/Windows 10 或更高版本</td><td>软件系统</td><td colspan="2">WPS Office</td></tr>
<tr><td rowspan="3">任务执行前准备工作</td><td colspan="2">检测计算机软硬件环境是否可用</td><td>□可用
□不可用</td><td colspan="2">不可用注明理由：</td></tr>
<tr><td colspan="2">检测操作系统环境是否可用</td><td>□可用
□不可用</td><td colspan="2">不可用注明理由：</td></tr>
<tr><td colspan="2">检测 WPS Office 软件的启动是否正常</td><td>□正常
□不正常</td><td colspan="2">不正常注明理由：</td></tr>
<tr><td rowspan="4">掌握数据库系统中的基本概念</td><td colspan="2">了解数据描述定义</td><td colspan="3">完成度：□未完成 □部分完成 □全部完成</td></tr>
<tr><td colspan="2">掌握数据处理概念</td><td colspan="3">完成度：□未完成 □部分完成 □全部完成</td></tr>
<tr><td colspan="2">掌握数据处理过程</td><td colspan="3">完成度：□未完成 □部分完成 □全部完成</td></tr>
<tr><td colspan="2">熟悉数据处理的各个阶段</td><td colspan="3">完成度：□未完成 □部分完成 □全部完成</td></tr>
</table>

课堂笔记

续表

掌握数据库系统中的基本概念	掌握数据管理技术经历的阶段	完成度:□未完成 □部分完成 □全部完成
	掌握人工管理数据的特点	完成度:□未完成 □部分完成 □全部完成
	掌握系统管理数据的特点	完成度:□未完成 □部分完成 □全部完成
	了解数据库系统阶段的特点	完成度:□未完成 □部分完成 □全部完成
任务未成功的处理方案	采取的具体措施:	执行处理方案的结果:
备注说明	填写日期:	其他事项:

2. 任务工单:理解数据库系统体系结构和结构化查询语言

在完成上述工单"了解数据描述与数据处理技术发展历程"后,扫描右侧二维码下载并完成此工单。

任务工单:理解数据库系统体系结构和结构化查询语言

任务评价

组员 ID		组员姓名		所属项目组			
评价栏目	任务详情	评价要素	分值	评价主体		
				学生自评	小组互评	教师点评
数据描述与数据处理技术发展历程的了解情况	了解数据描述定义	是否完全了解	5			
	掌握数据处理概念	是否完全了解	3			
	掌握数据处理过程	是否完全了解	5			
	熟悉数据处理的各个阶段	是否完全了解	5			
	掌握数据管理技术经历的阶段	是否完全了解	4			
	掌握人工管理数据的特点	是否完全了解	5			
	掌握系统管理数据的特点	是否完全了解	4			
	了解数据库系统阶段的特点	是否完全了解	4			
数据库系统体系结构和结构化查询语言的理解情况	理解数据库系统构成	是否完全理解	5			
	掌握数据库系统中有哪几类人员	是否完全掌握	5			
	理解什么是数据库管理系统	是否完全理解	5			
	了解数据库管理系统(DBMS) 主要功能	是否完全了解	5			
	理解数据库系统的体系结构的三级模式	是否完全理解	5			

续表

评价栏目	任务详情	评价要素	分值	评价主体		
				学生自评	小组互评	教师点评
数据库系统体系结构和结构化查询语言的理解情况	理解数据库系统的体系结构的两级映像	是否完全理解	5			
	理解数据库系统的体系结构的两级数据独立性	是否完全理解	5			
	理解数据库系统的外部体系结构	是否完全理解	5			
	理解什么是结构化查询语言	是否完全理解	5			
	理解结构化查询语言的特点	是否完全理解	5			
掌握熟练度	知识结构	知识结构体系形成	2			
	准确性	概念和基础掌握的准确度	2			
团队协作能力	积极参与讨论	积极参与和发言	2			
	对项目组的贡献	对团队的贡献值	2			
职业素养	态度	是否认真细致、遵守课堂纪律、学习积极、具有团队协作精神	2			
	操作规范	是否有实训环境保护意识，实训设备使用是否合规，操作前是否对硬件设备和软件环境检查到位，有无损坏机器设备的情况，能否保持实训室卫生	3			
	设计理念	是否突显以人为本的设计理念	2			
总分			100			

拓展训练

1. 数据记录和文件

(1) 为了方便用户从大量的数据中查询出指定的内容，这些数据通常以文件的形式存储在磁盘或者其他外部存储设备上。一个文件是一个被命名的、存储在设备上的信息的线性字节流。文件在需要的时候可以读取这些信息或者写入新的信息。计算机中通常存有很多文件，需要对诸多的文件进行归类、存储、查找等操作。早在 1965 年开发的 Multics (UNIX 的前身)就详细地设计了文件系统，这使得文件系统成为多用户单结点操作系统的重要组成部分。存储在文件中的信息必须是永久的，也就是说，它不会因为应用的创建/终止而受到影响。只有当用户显式地删除它时，文件才会消失。

对文件的管理，包括文件的结构以及命名、存取、使用、保护和实现方法，这些称为文件系统。从用户的观点来看，文件系统中最重要的是文件如何呈现在他们面前，即一个文件由什么组成、文件如何命名、如何保护文件，以及对文件可以进行哪些操作等。而对文件系统的设计者来说，他们还需要关注如何记录文件的相关信息、如何组织存储区等问题。文件作为一种抽象机制，最重要的特征就是命名方法。各种系统的文件命名规则略有不同，但一般都支持由一定长度的字符串作为文件名。应用程序创建文件的时候要指定文件名，文件在应用程序结束后仍然存在，其他应用程序可以使用文件名对它进行操作。大部分的文件系统不关心文件里保存的数据，把文件内容作为无结构的字节序列保存。也有一些文件系统支持结构化文件，以记录为单位组织信息，免去文件系统使用者将“原始的”字节流转换成记录流的麻烦。除了文件名和数据，文件系统会赋予文件其他的信息，如文件的长度、创建信息、引用计数等，我们把这些额外的项称为文件属性，有时也称为元数据。

(2) 当用户需要读取指定文件中的指定内容时，通常会从磁盘中读取需要的数据到内存中，然后通过 CPU(central processing unit，中央处理器)的计算进行具体内容的筛选。这个过程需要编写计算机程序来实现。计算机程序通过编译程序或翻译程序转变成一组计算机能识别和执行的指令，这些指令告诉计算机要做什么，进而完成指定操作。计算机程序不运行时，以文件的形式存储于磁盘中，一旦运行，将会占用计算机的内存资源进行工作。为了防止硬件被用户编写的应用程序滥用，同时应用简单一致的机制来控制复杂的硬件设备，通常的做法就是向用户或应用程序(如画图、Word、浏览器等)提供统一的程序平台，即操作系统。引入操作系统后的数据记录和文件系统如图 1-1 所示。

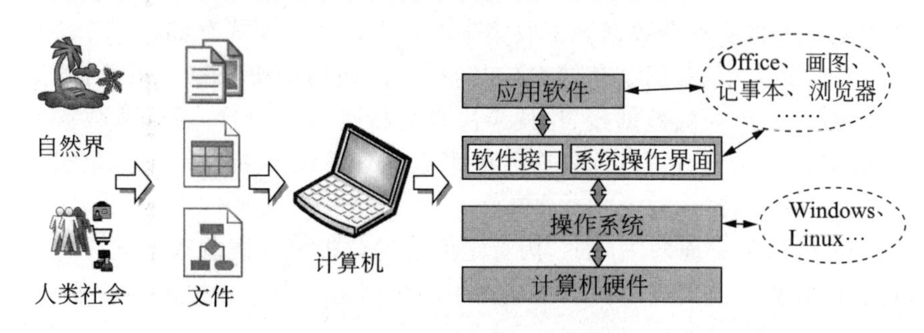

图 1-1　数据记录与文件系统

2. 数据库管理系统和数据仓库

(1) 在 DBMS 的数据应用过程中，除了 DML、DDL，还有支持数据查询的 DQL(data query language，数据查询语言)，其在 DBMS 中负责数据查询，不会对数据本身进行修改。与 SQL 模型相对的 NoSQL 模型并不支持 SQL 标准，它通过提供 API 接口，供命令行、编程语言(如 Java)直接存取数据。

在 DBMS 的数据存储过程中，为了方便数据存储对象的应用，要给数据存储内容一个能够反映信息特征组成含义的名称。数据存储反映系统中静止的数据，表现出静态数据的特征。设计数据存储时需要考虑数据的可用性、数据的规模、事务处理和安全性要求等。不同的数据库有着不同的存储方法。例如，关系数据库的数据存储通常包含行、表、数据库三个层次，如 MySQL 表由行组成，数据库由表构成；与关系模型相对的 NoSQL 模型在存储数据时，按业务对象不同而存储内容不同，如 MongoDB 的数据存储包含文档、集合、数据库三个层次(文档是 MongoDB 逻辑存储的最小基本单元,集合是多个文档组成的集合)。

在 DBMS 关系模型的应用中,数据库事务是必不可少的内容。数据库事务通常指对数据库进行读或写的一个操作序列。事务的存在有两个目的:一是为数据库操作提供一个从故障中恢复到正常状态的方法,同时提供一个数据库在异常状态下仍能保持一致性的方法;二是当多个应用程序在并发访问数据库时,在这些应用程序之间提供一个隔离方法,以防止彼此的操作互相干扰。

在 DBMS 中,业务数据通常涉及一些敏感或需要保密的内容,数据库安全保障就很重要。数据库安全是指数据库的任何部分都不允许受到恶意侵害或未经授权的存取或修改。数据库管理系统必须提供可靠的保护措施,确保数据库的安全性。其主要内涵包括三个方面:第一,保密性,即不允许未经授权的用户存取数据;第二,完整性,即只允许被授权的用户修改数据;第三,可用性,即不应拒绝已授权的用户对数据进行存取。例如,关系数据库 MySQL 对数据库的安全性有着比较全面的保障机制:对于数据库的内部安全性,重点是保证数据目录访问的安全性,需要考虑的是数据库文件和日志文件的安全性;对于外部安全性,重点是保证网络访问的安全,策略包括设置 MySQL 授权表的结构和内容、控制客户对服务器的访问、避免授权表风险以及不用 GRANT 设置用户权限等。

(2) 数据仓库是伴随着信息与决策支持系统的发展而产生的,数据仓库之父 Bill Inmon(比尔·恩门)将其定义为:"数据仓库是支持管理决策过程的、面向主题的、集成的、随时间而变的、持久的数据集合。"

数据仓库是一个将从多个数据源中收集来的数据以统一模式存储在单个站点上的仓储(或归档)。一旦收集完毕,数据会存储很长时间,允许访问历史数据。因此,数据仓库给用户提供了一个单独的、统一的数据接口,便于决策分析查询。而且,通过从数据仓库里访问用于支持决策的数据,决策者可以保证在线的事务处理系统不受决策支持负载的影响。数据仓库有如下四个基本特征。

① 数据仓库的数据是面向主题的,为特定的数据分析领域提供数据支持。

② 数据仓库的数据是集成的。数据仓库中的数据是从多个数据源中获取,通过数据集成而形成的。

③ 数据仓库的数据是非易失的。数据仓库中的数据是经过抽取而形成的分析性数据,不具有原始性,主要供企业决策分析使用,执行的主要是"查询"操作,一般情况下不执行"更新"操作。

④ 数据仓库的数据是随时间不断变化的。数据仓库中的数据必须定期更新。

讨论反思与学习插页

1. 任务总结:了解数据描述与数据处理技术发展历程

组员 ID		组员姓名		所属项目组	
讨论反思					
学习研讨	问题:数据库系统和数据库管理系统分别是什么?两者有什么区别?	解答:			

续表

学习研讨	问题：试说明数据记录和文件系统的关系。	解答：
立德铸魂	通过对数据、数据描述、数据库和数据库系统的概念由浅入深的学习，以及对人工管理、文件系统和数据库系统三个数据处理技术发展阶段的优缺点对比，有助于发现各种事物之间的联系，并建立它们之间的关系	
学习插页		
过程性学习	记录学习过程：	
重点与难点	提炼数据描述与数据处理技术发展历程的重难点：	
阶段性评价总结	总结阶段性学习效果：	
答疑解惑	记录学习过程中疑惑问题的解答情况：	

2. 任务总结：理解数据库系统体系结构和结构化查询语言

扫描右侧二维码下载并完成该任务总结。

任务总结：理解数据库系统体系结构和结构化查询语言

任务1-2　数据库模型和应用系统数据库设计步骤

任务描述

本任务主要讲解数据模型的概念、组成要素、层次结构以及数据库系统的设计步骤。通过本任务的学习，可以对数据模型有最基本的认识，对逻辑模型的分类有基本的了解，同时对数据库系统设计的六个基本步骤有基本的认识，为学习后面的数据库技术奠定理论基础。本任务进度如表1-2所示。

课堂笔记

表 1-2 数据库模型和应用系统数据库设计步骤任务进度表

任务描述	任务下发时间	预期完成时间	任务负责人	版本号
数据模型的组成要素	8月31日	9月1日	张小莉	V1.0
数据模型的结构层次	9月2日	9月3日	张小莉	V1.0
应用系统数据库设计步骤	9月4日	9月5日	马超飞	V1.0

任务分析

任务1-1已经将数据库技术中涉及的数据、数据库系统、数据库管理系统和结构化查询语言等基本概念进行了较全面的介绍。本任务要求在这些知识的基础上进一步掌握数据模型的基本概念，理解数据模型的应用层次，同时需要重点理解关系模型的定义和要求，然后了解应用系统数据库设计的主要步骤。

任务目标

- 素质目标：树立以用户需求为核心的理念和认真细致的工作态度。
- 知识目标：理解数据模型的概念、组成要素、应用层次、结构分类和数据库设计中的六个基本步骤。
- 能力目标：掌握关系模型中简单实体间关系的表述方法，能够独立完成简单关系模型表结构设计，理解数据库设计中各步骤的工作内容和项目总体实施流程。

任务实施

步骤1 掌握数据模型的概念和组成要素

模型是对现实世界的抽象。在数据库技术中，我们用模型的概念描述数据库的结构与语义，对现实世界进行抽象。表示实体类型及实体间联系的模型称为“数据模型”(data model)。

数据模型是数据库中数据的存储结构，是反映客观事物及其联系的数据描述形式。它通常由数据结构、数据操作和完整性约束三部分组成。

1) 数据结构

数据结构是所研究对象类型的集合，这些对象是数据库的组成部分。数据结构是指对象和对象间联系的表达和实现，是对系统静态特征的描述。对象包括数据的类型、内容、性质和数据之间的关系。

2) 数据操作

数据操作是对数据库中对象实例允许执行的操作集合，主要指查询和更新(插入、删除、修改)两类操作。数据模型必须定义这些操作的确切含义、操作符号、操作规则(如优先级)以及实现操作的语言。数据操作是对系统动态特性的描述。

3) 完整性约束

完整性约束是一组完整性规则的集合，规定数据库状态及状态变化所应满足的条件，以保证数据的正确性、有效性和相容性。

步骤 2　熟悉数据模型的应用层次

数据模型按不同的应用层次分成以下三种类型。

1）概念数据模型

概念数据模型(conceptual data model)是一种面向用户、面向客观世界的模型，主要用来描述世界的概念化结构。它是数据库设计人员在设计的初始阶段使用的数据模型，可摆脱计算机系统及 DBMS 的具体技术问题，集中精力分析数据以及数据之间的联系等，与具体的 DBMS 无关。概念数据模型必须换成逻辑数据模型，才能在 DBMS 中实现。

概念数据模型用于信息世界的建模，一方面应该具有较强的语义表达能力，能够方便直接表达应用中的各种语义知识；另一方面它应该简单、清晰、易于用户理解。在概念数据模型中常用的有 E-R 模型、扩充的 E-R 模型、面向对象模型及谓词模型。较为有名的是 E-R 模型。

2）逻辑数据模型

逻辑数据模型(logical data model)是一种面向数据库系统的模型，是具体的 DBMS 所支持的数据模型，如网状模型、层次模型等。此模型既要面向用户，又要面向系统，主要用于 DBMS 的实现。

3）物理数据模型

物理数据模型(physical data model)是一种面向计算机物理表示的模型，描述了数据在存储介质上的组织结构，它不但与具体的 DBMS 有关，而且与操作系统和硬件有关。每一种逻辑数据模型在实现时都有其对应的物理数据模型。DBMS 为了保证其独立性与可移植性，大部分物理数据模型的实现工作由系统自动完成，设计者只需设计索引、聚集等特殊结构。

步骤 3　熟悉逻辑数据模型的结构分类

最常用的逻辑数据模型有层次模型、网状模型和关系模型。这三种逻辑数据模型的根本区别在于数据结构不同，即数据之间联系的表达方式不同，层次模型用“树结构”来表示数据之间的联系；网状模型是用“图结构”来表示数据之间的联系；关系模型是用“二维表”来表示数据之间的联系。

1）层次模型

层次模型(hierarchical model)描述事物及其联系的数据组织形式像一棵倒置的树，它由结点和连线组成，其中结点表示实体。树有根、枝、叶，在这里都称为结点，根结点只有一个，向下分支，它是一对多的关系。

此种类型数据库的优点是结构清晰，结点间联系简单、直接；缺点主要是不能直接表示两个以上的实体间复杂的联系和实体间的多对多联系，对数据的插入和删除操作限制太多，同时树结点中任何记录的属性只能是不可再分的简单数据类型，因此不利于数据库系统的管理和维护。

2）网状模型

用有向图结构表示实体类型及实体间联系的数据模型称为网状模型(network model)。有向图中的结点是记录类型，有向边表示从箭尾一端的记录类型到箭头一端的记录类型间的联系是 $1:n(n\geqslant1)$。该模型结点之间是平等的，无上下层关系。

此种数据模型的优点是能很容易地反映实体之间的关联，同时避免了数据的重复性；缺

课堂笔记

微课：关系模型介绍

点是这种数据模型关联错综复杂，而且数据库很难对结构中的关系进行维护。

3）关系模型

关系模型(relational model)的主要特征是用二维表格结构表达实体集，用外键表示实体间的联系。与前两种模型相比，关系模型概念简单，容易为初学者理解。关系模型是由若干个关系模式组成的集合。关系模式相当于前面提到的记录类型，它是实例化的关系，每个关系实际上是一张二维表。图1-2所示为按关系模型组织的数据示例。

班级编号	班级名称	班级人数	所属系部
2021001	软件 S21-1 班	45	计算机系
2021002	云计算 S21-1 班	42	计算机系
2020001	网络 S20-1 班	46	网络系

(a) 班级信息

学生编号	学生姓名	性别	班级编号
20211020001	张一山	男	2021001
20211020104	王名钰	女	2021002
20211020211	李宗银	男	2020001

(b) 学生与班级关系

图 1-2　按关系模型组织的数据示例

在关系模型中，基本数据结构就是二维表，不用像层次模型或网状模型那样的链接指针。记录之间的联系是通过不同关系中同名属性来体现的。例如，要查找软件 S21-1 班有哪些学生，可以先在“班级信息”表里找到对应的班级编号 2021001，然后在“学生与班级关系”表中找到班级编号为 2021001 的学生信息。在上述查询过程中，同名属性班级编号起到了连接两个关系的纽带作用。由此可见，关系模型中的各个关系模式不应是孤立的，也不是随意拼凑的一堆二维表，它需要满足一定的要求。

主键：数据表中具有唯一性的字段，也就是说，数据表中任意两条记录都不可能拥有相同的主键字段。例如，使用身份证号、教师编号、学生编号等字段作为相应表的主键。

外键：将被其所在的数据表使用以连接到其他数据表的字段，通常该外键字段在其他数据表中会作为主键字段出现。

步骤 4　了解数据库设计的步骤

对于基于结构化的数据库系统开发方法而言，应用系统数据库的设计主要有以下六个步骤。

1）需求分析

需求分析是数据库设计的第一步，也是整个设计过程的基础。本阶段的主要任务是对实际项目中要处理的对象（公司、部门及人员）进行详细调查，在了解现行系统的概况、确定新系统功能的过程中，收集支持系统目标的基础数据及其处理方法。需求分析是在用户调查的基础上，通过分析，逐步明确用户对系统的需求，包括数据需求和围绕这些数据的业务处理需求等。这个步骤非常关键，关系到整个数据库实施的成败。

课堂笔记

微课：数据库设计步骤

2）概念结构设计

此阶段不仅需要进行数据库概念结构设计（也可简称数据库概念设计）工作，即数据库结构特性设计；而且需要确定数据库系统的软件系统结构，并进行模块划分，确定每个模块的功能、接口以及模块间的调用关系，即进行数据库行为特性的设计过程。数据库的概念结构设计主要使用 E-R（entity relatimship，实体-关系）模型。

3）逻辑结构设计

逻辑结构设计的目的是把概念设计阶段设计好的全局 E-R 模型转换成与选用的数据库系统所支持的数据模型相符合的逻辑结构。同时，可能还需要为各种数据处理应用领域产生相应的逻辑子模式，这一步设计的结果就是所谓的“逻辑数据库”。逻辑结构设计环境的输入和输出信息如图1-3所示。

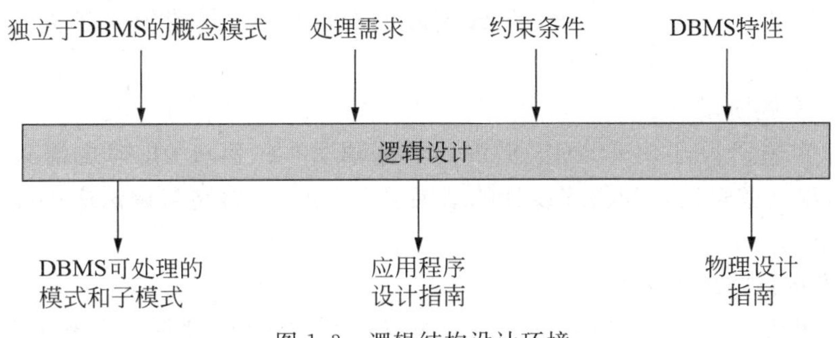

图1-3　逻辑结构设计环境

在逻辑设计阶段主要的输入信息如下。

（1）独立于 DBMS 的概念模式：概念设计阶段产生的所有局部和全局概念模式。

（2）处理需求：需求分析阶段产生的业务活动分析结果。这里包括数据库的规模和应用频率，用户或用户集团的需求。

（3）约束条件：完整性、一致性、安全性要求及响应时间要求等。

（4）DBMS 特性：特定的 DBMS 所支持的模式、子模式和程序语法的形式规则。

学习小贴士

约束条件主要是指站在业务角度定义出来的一些规则，目的是使将来的数据库满足业务的约束，对于数据的完整性、一致性、安全性以及业务响应的时间提出要求。

在逻辑设计阶段主要的输出信息如下。

（1）DBMS 可处理的模式：一个能用特定 DBMS 实现的数据库结构的说明，不包括记录的聚合、块的大小等物理参数的说明，但要对某些访问路径参数（如顺序、指针检索的类型）加以说明。

（2）DBMS 可处理的子模式：与单个用户观点和完整性约束一致的 DBMS 所支持的数据结构。

（3）应用程序设计指南：根据设计的数据库结构为应用程序员提供访问路径选择。

（4）物理设计指南：完全文档化的模式和子模式。在模式和子模式中应包括容量、使用频率、软硬件等信息。这些信息将要在物理设计阶段使用。

课堂笔记

学习小贴士

DBMS可处理的模式和子模式主要是指数据结构的定义，即数据间的逻辑关系是什么，如数据要分为多少对象，每个对象包括多少属性，各属性是什么类型的以及各对象间的关系等。在关系模型中，这些数据结构在物理结构设计中会通过二维表的方式体现出来。

4）物理结构设计

对于一个给定的逻辑数据模型选取一个最适合应用环境的物理结构的过程，称为数据库的物理设计。所谓数据库的物理结构，主要是指数据库在物理设备上的存储结构和存取方法，完全依赖于给定的计算机系统。

在物理结构中，数据的基本单位是存储记录，存储记录是相关数据项的集合。一个存储记录可以与一个或多个逻辑记录对应。在存储记录中，还应包括必要的指针、记录长度及描述特性的编码模式。也就是说，为了包含实际的存储格式，存储记录扩充了逻辑记录的概念。

5）数据库实施阶段

在数据库实施阶段运用DBMS提供的数据语言（如SQL）及宿主语言（如Python、Java、C#等），根据逻辑设计和物理设计的结果建立数据库，编制与调试应用程序，组织数据入库，并进行试运行。

6）数据库运行与维护阶段

数据库应用系统经过试运行后即可投入正式运行，在运行过程中需要不断对其进行调整、修改与完善。

知识点解析

1. 关系模型满足的条件

关系模型中的各个关系模式不应是孤立的，也不是随意拼凑的一堆二维表，它必须满足以下要求。

(1) 通常是由行和列组成的二维表。

(2) 二维表中的行称为记录或元组，它表示众多具有相同属性的对象中的一个。

(3) 二维表中的列称为字段或属性，它代表相应数据库中存储对象共有的属性。

(4) 主键和外键。二维表之间的关联实际是通过键实现的，所谓键就是指二维表中的一个字段。键分为主键和外键两种，它们都在二维表连接过程中起着重要的作用。

2. 关系表应满足的条件

一个关系表需要符合如下条件，才能成为关系模型的一部分。

(1) 存储在单元中的数据必须是原始的，每个单元只能存储一条数据。

(2) 存储在字段或列下的数据必须具有相同的数据类型。

(3) 字段或列没有顺序关系，每个字段不可分隔且字段名唯一。

(4) 每行数据是唯一的，行也是没有顺序的。

(5) 实体完整性原则，主键不能为空。

(6) 引用完整性原则，外键不能为空。

课堂笔记

实战演练

1. 任务工单：理解数据模型的组成要素和结构层次

<table>
<tr><td>组员 ID</td><td></td><td>组员姓名</td><td></td><td>所属项目组</td><td></td></tr>
<tr><td>MySQL 官网网址</td><td colspan="2">https://www.mysql.com</td><td colspan="2">MySQL 版本</td><td>MySQL 8.0 社区版</td></tr>
<tr><td>硬件配置</td><td colspan="5">CPU：2.3GHz 及以上双核或四核；硬盘：150GB 及以上；内存：8GB；网卡：千兆网卡</td></tr>
<tr><td>操作系统</td><td colspan="2">Windows 7/Windows 10 或更高版本</td><td>软件系统</td><td colspan="2">WPS Office</td></tr>
<tr><td rowspan="3">任务执行前准备工作</td><td colspan="2">检测计算机软硬件环境是否可用</td><td>□可用
□不可用</td><td colspan="2">不可用注明理由：</td></tr>
<tr><td colspan="2">检测操作系统环境是否可用</td><td>□可用
□不可用</td><td colspan="2">不可用注明理由：</td></tr>
<tr><td colspan="2">检测 WPS Office 软件的使用是否正常</td><td>□正常
□不正常</td><td colspan="2">不正常注明理由：</td></tr>
<tr><td rowspan="8">执行具体任务（完成对数据库系统中数据模型和结构层次的学习）</td><td colspan="2">数据模型定义</td><td colspan="3">完成度：□未完成 □部分完成 □全部完成</td></tr>
<tr><td colspan="2">什么是概念模型</td><td colspan="3">完成度：□未完成 □部分完成 □全部完成</td></tr>
<tr><td colspan="2">什么是逻辑模型</td><td colspan="3">完成度：□未完成 □部分完成 □全部完成</td></tr>
<tr><td colspan="2">什么是物理模型</td><td colspan="3">完成度：□未完成 □部分完成 □全部完成</td></tr>
<tr><td colspan="2">数据模型的组成要素</td><td colspan="3">完成度：□未完成 □部分完成 □全部完成</td></tr>
<tr><td colspan="2">逻辑模型的结构分类</td><td colspan="3">完成度：□未完成 □部分完成 □全部完成</td></tr>
<tr><td colspan="2">什么是关系模型</td><td colspan="3">完成度：□未完成 □部分完成 □全部完成</td></tr>
<tr><td colspan="2">关系模型中的各个关系模式需要满足的要求</td><td colspan="3">完成度：□未完成 □部分完成 □全部完成</td></tr>
<tr><td>任务未成功的处理方案</td><td colspan="2">采取的具体措施：</td><td colspan="3">执行处理方案的结果：</td></tr>
<tr><td>备注说明</td><td colspan="2">填写日期：</td><td colspan="3">其他事项：</td></tr>
</table>

2. 任务工单：规划应用系统数据库设计步骤

在完成“理解数据模型的组成要素和结构层次”任务工单后，扫描右侧二维码下载并完成此工单。

任务工单：规划应用系统数据库设计步骤

课堂笔记

任务评价

1. 评价表：理解数据模型的组成要素和结构层次

组员 ID		组员姓名		项目组			
评价栏目	任务详情	评价要素	分值	评价主体			
				学生自评	小组互评	教师点评	
数据模型的组成要素和结构层次的理解情况	数据模型定义	是否完全了解	5				
	什么是概念模型	是否完全了解	10				
	什么是逻辑模型	是否完全了解	10				
	什么是物理模型	是否完全了解	10				
	数据模型的组成要素	是否完全了解	5				
	逻辑模型的结构分类	是否完全了解	10				
	什么是关系模型	是否完全了解	10				
	关系模型中的各个关系模式需要满足的要求	是否完全了解	10				
掌握熟练度	知识结构	知识结构体系形成	5				
	准确性	概念和基础掌握的准确度	5				
团队协作能力	积极参与讨论	积极参与和发言	5				
	对项目组的贡献	对团队的贡献值	5				
职业素养	态度	是否认真细致、遵守课堂纪律、学习积极、具有团队协作精神	3				
	操作规范	是否有实训环境保护意识，实训设备使用是否合规，操作前是否对硬件设备和软件环境检查到位，有无损坏机器设备的情况，能否保持实训室卫生	3				
	设计理念	是否突显以人为本的设计理念	4				
总　分			100				

评价表：规划应用系统数据库设计步骤

2. 评价表：规划应用系统数据库设计步骤

扫描左侧二维码下载并完成此评价表。

拓展训练

1. 知识拓展

数据存储依赖的文件会被切分成文件块，以不同的关联关系存储于磁盘中，这也决定了数据在文件中的组织方式会影响数据的存取性能。根据数据文件在文件中不同的组织方式，可以将数据存储分为不同的数据模型，如文件模型、关系模型等。

1）文件模型

文件系统多以目录树的形式组织文件，如图 1-4（参考 Linux 操作系统部分目录结构）所示。目录作为文件和子目录的容器，其数据由一组结构化的记录组成，每个记录描述了集合中的一个文件或者子目录。

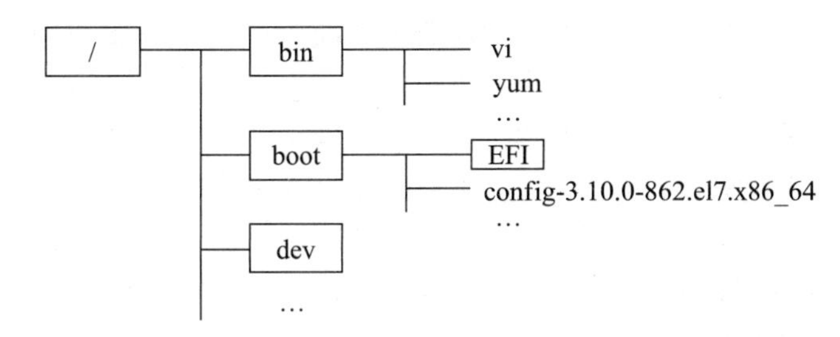

图 1-4　文件模型的目录格式

记录提供足够的信息，允许文件管理器确定文件的所有已知特征，如名称、长度、建立时间、最后访问时间、所有者等。在存储设备中，通常将目录作为特殊文件（往往是结构化文件，支持基于记录的操作）保存，或保存在某一个特定的存储区域中。目录项中包含了文件名、扩展名等属性。

2）关系模型

在应用关系模型时，将数据组织成一系列由行和列构成的二维表，然后以文件的形式存储于文件系统中。切分文件块时，如果一条记录的大小小于文件块的大小，则尽量保证同一条记录在同一文件块中或相邻的文件块中；如果一条记录的大小大于文件块的大小，则将该记录存储于相邻的若干文件块中。关系模型以这样的方式提高了读取完整记录的性能。

注意：

通过第一个文件块块号，顺着当前众多文件块的组织形式，如索引链式表，可以找到文件的所有块。

关系模型中的记录可以按列的方式进行存储，这样方便了关系模型通过关系代数、关系演算等方法来处理表格中的数据，并且可以利用多种约束来保证数据完整、准确。针对关系表中数据的查询，关系数据库（如 MySQL、SQL Server、Oracle 等）支持的 SQL，在关系代数和元组关系演算中体现出极大的优势。SQL 包括数据定义语言和数据操纵语言，它的应用范围包括数据查询、插入、修改和删除，数据结构上数据库模式的创建、修改，以及数据访问控制。SQL 是对埃德加·科德（Edgar Codd）的关系模型的第一个商业化语言实现，这一模型在 1970 年一篇具有影响力的论文《大型共享数据库的数据关系模型》（*A Relational Model for Large Shared Database*）中被描述。尽管 SQL 并非完全按照科德的关系模型设

课堂笔记

计,但其依然成为运用最为广泛的数据库语言。SQL 在 1986 年成为美国国家标准学会(ANSI)的一项标准,在 1987 年成为国际标准化组织(International Organization for Standardization,ISO)标准。

2. 实训拓展

数据库表的设计与内容的确定,主要根据项目需求分析阶段中需求设计文档的好坏,而数据库表结构设计的优劣直接影响项目的整体质量。

一个项目总体的实施流程大体分为启动、需求调研、计划编制、开发实施和售后服务五个阶段,每一阶段都有明确的工作内容。项目总体实施流程如图 1-5 所示。

(1) 启动阶段:依据要立项的业务内容写出解决方案,评定项目的可行性,如果可行,则成立项目组,发放立项通知书,确认项目正式启动。

(2) 需求调研阶段:以解决方案为基础,进一步确认项目具体的功能,形成客户需求调查表,制订需求计划,完成详细需求设计文档的设计。

(3) 计划编制阶段:在需求调研阶段的基础上,确认项目的软件开发规范、数据库设计的命令规范等内容,完成概要设计文档,形成数据库设计书、详细设计文档及项目进度确认文档。

(4) 开发实施阶段:依据项目进度,完成项目编写计划,确定项目开发、测试、质量报告的进度表,完成测试反馈单,编制用户手册,上线实施,完成项目验收,并出具项目质量报告和验收单。

(5) 售后服务阶段:售后服务人员跟踪项目的运行,监控项目的生命周期、评估其服务性能,并进行管理,提供项目的变更服务。

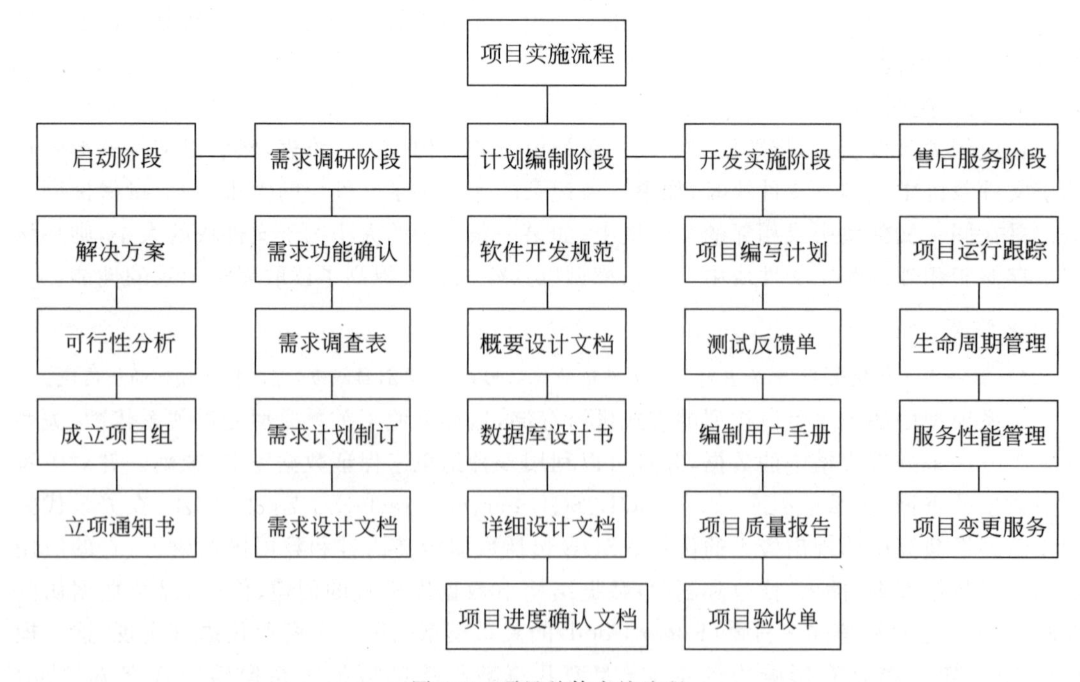

图 1-5　项目总体实施流程

课堂笔记

讨论反思与学习插页

1. 任务总结：理解数据模型的组成要素和结构层次

<table>
<tr><td>组员 ID</td><td></td><td>组员姓名</td><td></td><td>所属项目组</td><td></td></tr>
<tr><td colspan="6">讨论反思</td></tr>
<tr><td rowspan="2">学习研讨</td><td>问题：数据模型的组成要素有哪些？</td><td colspan="4">解答：</td></tr>
<tr><td>问题：试讨论关系模型的优点和缺点。</td><td colspan="4">解答：</td></tr>
<tr><td>立德铸魂</td><td colspan="5">借助对数据模型概念、数据模型组成要素、数据模型应用层次以及逻辑模型中涉及的多种模型等知识点的梳理和逻辑关系整理，培养学生认真细致的学习态度，做到不骄不躁、一丝不苟</td></tr>
<tr><td colspan="6">学习插页</td></tr>
<tr><td>过程性学习</td><td colspan="5">记录学习过程：</td></tr>
<tr><td>重点与难点</td><td colspan="5">提炼数据模型的组成要素和结构层次的重难点：</td></tr>
<tr><td>阶段性评价总结</td><td colspan="5">总结阶段性学习效果：</td></tr>
<tr><td>答疑解惑</td><td colspan="5">记录学习过程中疑惑问题的解答情况：</td></tr>
</table>

2. 任务总结：规划应用系统数据库设计步骤

扫描右侧二维码下载并完成该任务总结。

任务总结：规划应用系统数据库设计步骤

课堂笔记

项目2　设计电子商务系统数据库

项目导读

设计一个性能良好的数据库系统，需要采用科学规范的方法。通常数据库设计包括需求分析、概念结构设计、逻辑结构设计和物理结构设计等。本项目将以电子商务系统数据库为例，对每个阶段进行详细的阐述。

项目素质目标

树立以人为本、以用户需求为核心的理念，学会换位思考，树立严谨规范、认真细致的学习和工作态度。

项目知识目标

理解需求分析的任务和目标，了解获取需求分析的方法和步骤，了解概念模型的基本要素与设计步骤，掌握概念模型E-R图表示方法，会使用E-R图设计系统的E-R模型，掌握E-R模型向关系模型转换的规则，掌握如何通过关系模型设计出数据库存储结构，了解数据库实施的步骤和数据库维护中的重组与重构。

项目能力目标

掌握电子商务系统需求分析的方法，能够绘制出满足系统需求的E-R模型图，并将E-R模型图转换成关系模型，掌握电子商务系统物理存储结构设计。

项目导图

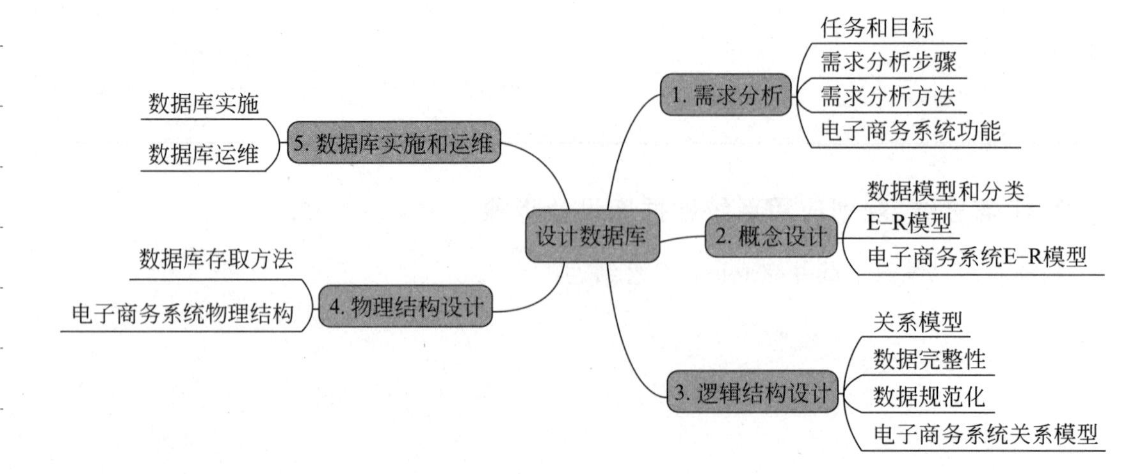

课堂笔记

任务2-1　电子商务系统数据库需求分析与概念模型设计

任务描述

本任务主要讲解电子商务系统数据库需求分析与概念模型的设计。涉及需求分析的主要任务和目标、获取需求的方法、获取需求的步骤、电子商务系统的功能说明和分析，概念模型的定义和常用的数据模型、数据模型组成要素、电子商务系统的 E-R 模型的设计与优化。本任务进度如表 2-1 所示。

表 2-1　电子商务系统数据库需求分析与设计概念模型任务进度表

任务描述	任务下发时间	预期完成时间	任务负责人	版本号
获取电子商务系统数据库需求	9 月 6 日	9 月 7 日	刘子语	V1.0
规划电子商务系统的功能	9 月 8 日	9 月 9 日	刘子语	V1.0
设计并优化电子商务系统 E-R 模型	9 月 10 日	9 月 11 日	李倩	V1.0

任务分析

对于数据库系统设计来说，需求分析和概念模型是两个重要的设计阶段。这两个阶段的输出决定了后面数据库系统设计阶段的成败，因此需要重点掌握需求获取的方法和步骤，掌握概念模型的表示方法和模型中的基本要素，从而全面准确地描述出电子商务系统的需求内容。

任务目标

- 素质目标：培养以用户需求为核心的理念，学会换位思考，树立严谨规范、认真细致的学习和工作态度。
- 知识目标：理解需求分析的任务与目标，掌握获取需求的方法（包括数据流图和数据字典）与步骤，理解电子商务系统功能和业务流程，掌握概念模型中涉及的基本概念，掌握 E-R 模型中实体、属性和联系的表示方法。
- 能力目标：能够掌握 E-R 模型的表示方法，根据用户需求确定系统的实体和实体间的联系，并完成电子商务系统 E-R 模型的设计与优化。

任务实施

步骤 1　理解需求分析的任务与目标

要设计一个性能良好的数据库系统，明确应用环境对数据库的要求是首要任务，因此，应该把对用户需求的收集和分析作为数据库设计的第一步。

需求分析的主要任务是通过详细调查系统涉及的处理对象，包括组织、部门、企业的组织结构和业务管理流程，充分了解手工或计算机系统的工作概况及工作流程，明确用户的各

课堂笔记

种需求，产生数据流图和数据字典，然后在此基础上确定新系统的功能，并产生需求说明书。

因此，需求分析的主要目标是充分获取用户的信息要求、对各种业务场景的业务需求，能够完全满足日常工作的需要并具备良好的扩展性，也要注重需求获取的全面性和完整性。

注意：

新系统必须充分考虑将来可能的扩充和改变，不能仅按当前的应用需求来设计数据库。

步骤 2　获取需求的方法与步骤

1）获取需求的方法

在众多分析和表达用户需求的方法中，常用的是结构化分析（structured analysis，SA）方法，它是一个简单且实用的方法。SA 方法基于自顶向下、逐层分解的方式分析系统，用数据流图（data flow diagram，DFD）和数据字典（data dictionary，DD）来描述系统。除了 DFD 外，还可以用 integration definition for function modeling、UML（unified model language，统一建模语言）的用例模型等来建立系统模型。

（1）数据流图。数据流图是软件工程中专门描绘信息在系统中流动和处理过程的图形化工具。因为数据流图是逻辑系统的图形表示，即使不是专业的计算机技术人员也容易理解，所以是极好的需求交流工具。DFD 的核心就是数据流，从应用数据流着手以图形方式刻画和表示一个具体业务系统中的数据处理过程和数据流。

DFD 由以下四种基本元素（模型对象）组成，如图 2-1 所示。

① 数据流（Data Flow）：数据流用一个箭头描述数据的流向，箭头上标注的内容可以是信息说明或数据项。

② 处理（Process）：又称加工，表示对数据进行的加工和转换，在图中用椭圆或圆圈来表示。指向处理的数据流为该处理的输入数据，离开处理的数据流为该处理的输出数据。

③ 数据存储：表示用数据库形式（或者文件形式）存储的数据，对其进行的存取分别以指向或离开数据存储的箭头表示，可以代表文件、文件的一部分、数据库的元素等。

④ 外部项：也称为数据源或者数据终点，描述系统数据的提供者或者数据的使用者，在图中用矩形或平行四边形框表示。

外部实体：输入数据和输出数据，要注明数据源点或汇点的名字。

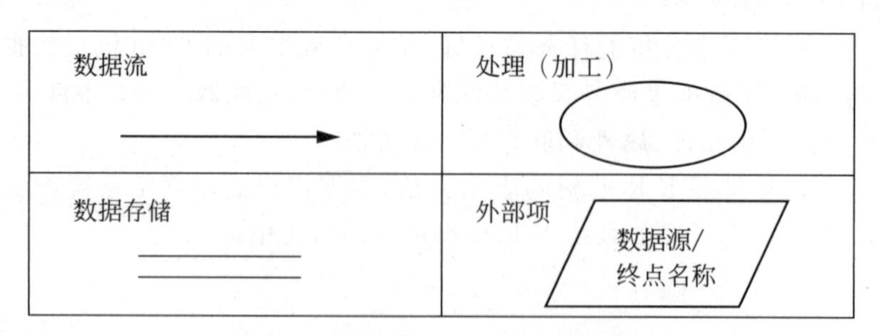

图 2-1　数据流图中基本元素符号

通过 DFD 建立系统的模型，首先明确目标，确定系统范围，然后建立顶层的 DFD，再构建第一层 DFD 分解图，从而逐步完成 DFD 各层的结构图，最后对 DFD 进行检查和确认。因此数据流图的画法可归纳为自外向内，自顶向下，逐层细化，完善求精。

（2）数据字典。数据字典是指对数据流图的数据项、数据结构、数据流、数据存储、处理过程等进行定义和描述，其目的是对数据流图中的各个元素做出详细的说明。简而言之，数据字典是描述数据的信息集合，是对系统中所有使用的数据元素定义的集合。它是结构化系统分析的另一重要工具，是对数据流图的重要补充和注释。

数据字典最重要的作用是作为分析阶段的工具，在结构化分析中，数据字典的作用是给数据流图上每个成分进行定义和说明。换句话说，数据流图中所有成分的定义和解释的文字集合就是数据字典，且在数据字典中建立一组严密一致的定义有助于提高数据库设计人员和用户之间的沟通效率。

学习小贴士

数据项是指数据流图中数据块的数据结构中数据项的说明。

数据结构是指数据流图中数据块的数据结构说明。

数据流是指数据流图中流线的说明。

数据存储是指数据流图中数据块的存储特性说明。

处理过程是指数据流图中功能块的说明。

2）获取需求的步骤

需求分析的步骤通常包括用户需求的收集、用户需求的分析和需求说明书的撰写等步骤。需求分析的重点是调查、收集和分析用户数据管理中的信息需求、处理需求、安全性与完整性要求。信息需求是指用户需要从数据库获取的信息内容和性质。由用户的信息需求可以导出数据需求，即在数据库中应该存储哪些数据。处理需求是指用户需要完成什么处理功能，对某种处理要求的响应时间，处理方式指是单机处理、联机处理还是批处理等。明确用户的处理需求，将有利于后期应用程序模块的设计。

调查和收集用户需求的具体做法如下。

（1）了解组织机构的情况，调查这个组织由哪些部门组成，各部门的职责是什么，为分析信息流程做准备。

（2）了解各部门的业务活动情况，调查各部门输入和使用的是什么数据，如何加工处理这些数据，输出什么信息，输出到哪些部门和系统，以及输出的格式等。

（3）确定新系统的边界。确定哪些功能由计算机系统完成或将来准备让计算机系统完成，哪些活动由人工完成。其中由计算机系统完成的功能就是新系统应该要实现的功能。

在调查过程中，可根据不同的问题和条件，采用不同的调查方法，如跟班作业、咨询业务负责人、设计调查问卷、查阅历史工作记录文档等。但无论采用哪种方法，都必须有用户的积极参与和配合。强调用户的参与是数据库设计的一大特点。

调查了解用户的需求后，还需要进一步分析和抽象用户的需求，可以借助 SA 方法使之转换为后续各设计阶段可用的形式。

步骤 3　理解电子商务系统的功能

随着互联网技术的不断发展，尤其是移动互联网技术的高速发展，电子商务（简称电商）系统得到广泛的应用，已经与人们的日常生活息息相关。它的典型业务流程可以以一个普通用户的网上购物为例进行说明：用户打开电子商务系统（如淘宝、天猫、京东等）首页开始浏览，通过分类查询也可能通过全文搜索寻找自己中意的商品（这些商品无疑都是存储在后台的管理系统中的）；当用户寻找到自己中意的商品时，可以将商品添加到购物车；然后完成

课堂笔记

登录验证，登录后对商品进行结算，这时候购物车的管理和商品订单信息的生成都会对业务数据库产生影响，会生成相应的订单数据和支付数据；订单正式生成之后，还会对订单进行跟踪处理，直到订单全部完成。

微课：电子商务系统功能

电子商务的主要业务流程包括用户前台浏览商品时的商品详情的管理、用户商品加入购物车进行支付，后台涉及商品信息的维护、订单管理等功能，它的主要业务流程如图 2-2 所示。

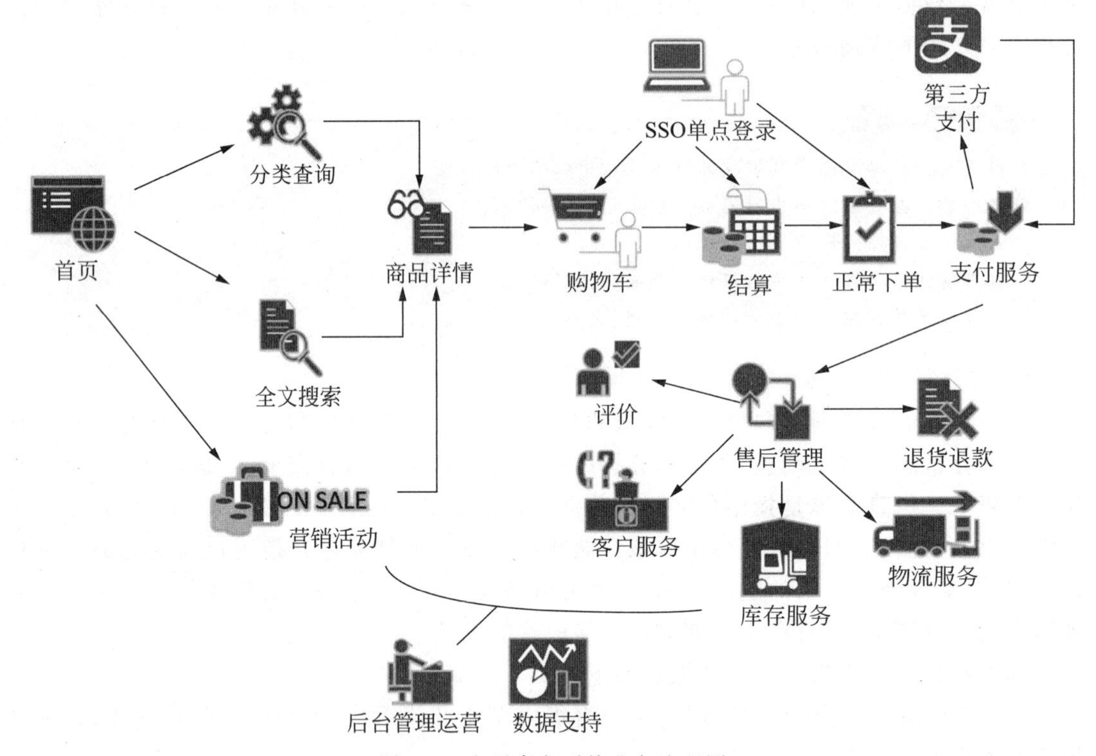

图 2-2　电子商务系统业务流程图

根据以上的分析，电子商务系统数据库需要记录用户信息、商品分类信息、商品信息、促销信息、订单信息、支付信息、商品评价等信息。

步骤 4　了解概念模型的基本概念

模型是对现实世界的抽象。在数据库技术中，我们用模型的概念描述数据库的结构与语义，从而对现实世界进行抽象。表示实体类型及实体间联系的模型称为“数据模型”(data model)。由此突显现实世界的物质性，物质间具有普遍联系性。

目前广泛使用的数据模型可分为两种类型：一种是独立于计算机系统的模型，完全不涉及信息在系统中的表示，只是用来描述某个特定组织所关心的信息结构，这类模型称为“概念数据模型”；另一种模型是直接面向数据库的逻辑结构，它是现实世界的第二层抽象，这类模型涉及计算机系统和数据库管理系统，又称“结构数据模型”，如层次、网状、关系、面向对象等模型。结构数据模型有严格的形式化定义，以便在计算机系统中实现。

一般而言，数据模型是一组严格定义的概念的集合。这些概念精确地描述了系统的静态特征(数据结构)、动态特征(数据操作)和完整性约束条件，这就是数据模型的三个要素。

采用 E-R 方法进行数据库概念设计，可以分成三步进行：首先设计局部 E-R 模式，其次

课堂笔记

把各局部E-R模式综合成一个全局的E-R模式，最后对全局E-R模式进行优化，得到最终的E-R模式，即概念模式。

微课：E-R模型图表示法

步骤5　掌握概念模型表示方法

1）E-R模型

E-R模型又称E-R图，提供了表示实体类型、属性和联系的方法，是用来描述现实世界的概念模型也是表示概念关系模型的一种方式。在E-R模型中有以下四个基本成分。

（1）矩形框：表示实体类型（考虑问题的对象）。

（2）菱形框：表示联系类型（实体间的联系）。

（3）椭圆形框：表示实体类型和联系类型的属性，相应的命名均记入各种框中。对于关键码的属性，在属性名下画一横线。

（4）连线：实体与属性之间、实体与联系之间、联系与属性之间用直线相连，并在直线上标注联系的类型。

2）E-R模型的基本要素

（1）实体：一般认为，客观上可以相互区分的事物就是实体，实体可以是具体的人和物，也可以是抽象的概念与联系。关键在于一个实体能与另一个实体相区别，具有相同属性的实体具有相同的特征和性质。用实体名及其属性名集合来抽象和刻画同类实体。在E-R模型中用矩形表示实体，矩形框内写明实体名，如商品小米手机、普通用户张三都是实体。如果是弱实体的话，则在矩形外面再套一实线矩形。

（2）属性：实体所具有的某一特性。属性不能脱离实体，属性是相对实体而言的，一个实体可由若干个属性刻画。在E-R模型中用椭圆形表示，并用无向边将其与相应的实体连接起来，如商品的名称、描述、重量等都是属性。如果是多值属性的话，在椭圆形外面再套一实线椭圆。如果是派生属性，则用虚线椭圆表示。

（3）联系：也称关系，在信息世界中反映实体内部或实体之间的关联。实体内部的联系通常是指组成实体的各属性之间的联系；实体之间的联系通常是指不同实体之间的联系。在E-R模型中用菱形表示，菱形框内写明联系名，并用无向边分别与有关实体连接起来，同时在无向边旁标上联系的类型（$1:1$、$1:n$或$m:n$）。例如，商品分类和商品的关系，一个商品分类下会涉及多项商品信息。如果是弱实体的联系则在菱形外面再套一菱形。

步骤6　设计电子商务系统E-R模型

（1）先确定实体类型。电子商务系统中的实体有用户、商品、订单、支付等。

（2）确定实体间的联系类型。

商品分类和商品的关系是一对多（$1:n$）的关系；用户和订单的关系是一对多（$1:n$）的关系；订单和支付的关系是一对一（$1:1$）的关系；商品和售后评分的关系是一对多的关系。

（3）确定实体类型和联系类型的属性。

- 用户（用户编号，用户姓名，用户昵称，用户名称，用户密码，联系电话，电子邮箱，头像，用户级别，出生日期，用户性别，注册日期）。
- 商品（商品编号，商品名称，商品描述、商品重量、商品价格、所属分类、商品图片、上架日期）。
- 订单（订单编号，用户编号，订单金额，收货人，收货人电话，收货地址，订单状态，下单日期，操作日期，失效日期，订单备注，物流单编号）。

课堂笔记

微课：设计电子商务系统 E-R 模型图

- 支付（支付编号，订单编号，支付金额，支付方式，支付日期）。
- 评分（用户编号，商品编号，分值，评分日期）。

（4）确定实体类型的键，在属于键的属性名称下画一横线。

电子商务系统 E-R 模型如图 2-3 所示，其中各实体只展示部分属性。

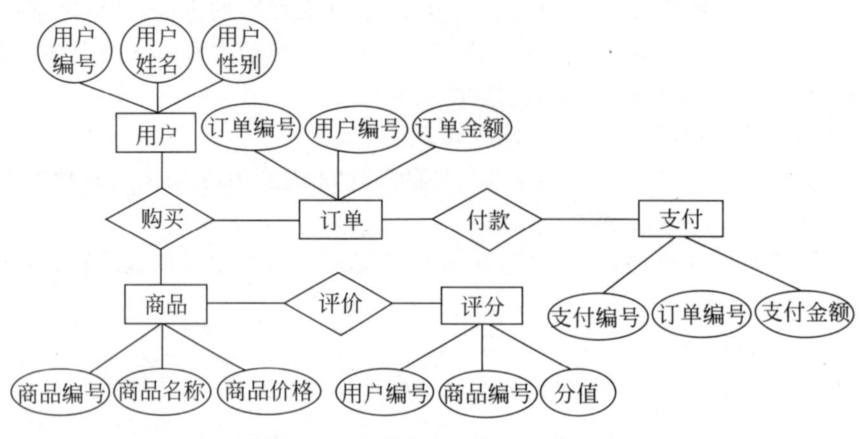

图 2-3　电子商务系统 E-R 模型

步骤 7　优化电子商务系统 E-R 模型

除图 2-3 中确定的电子商务系统中主要的实体外，通常情况下电子商务系统还会涉及订单详情、商品多级分类、商品促销等实体，将商品分类、商品促销和订单详情等实体及相应的关系加入，并标注出实体的对应关系，优化后的电子商务系统 E-R 模型如图 2-4 所示。

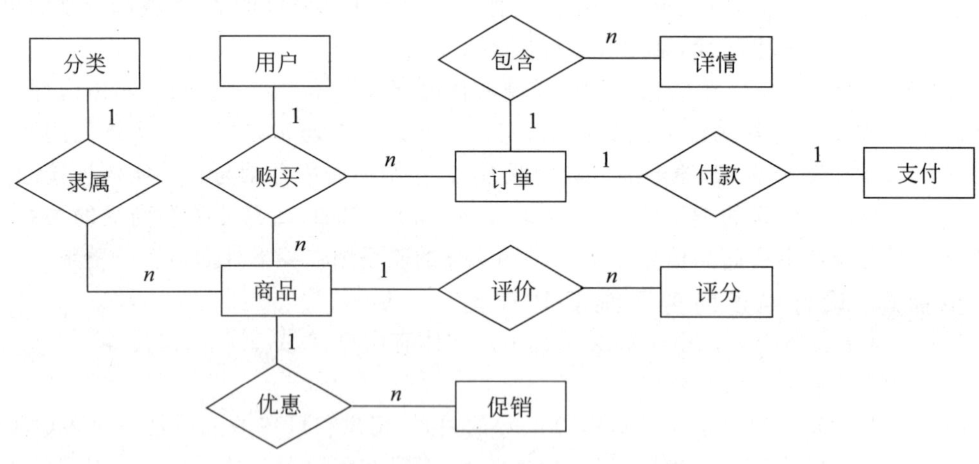

图 2-4　优化后的电子商务系统 E-R 模型

- 订单详情（订单详情编号，订单编号，商品编号，促销编号，购买数量，下单价格）。
- 商品一级分类（一级分类编号，一级分类名称）。
- 商品二级分类（二级分类编号，二级分类名称，一级分类编号）。
- 商品三级分类（三级分类编号，三级分类名称，二级分类编号）。
- 商品促销（促销编号，商品编号，促销类型，促销价格，促销开始日期，促销结束日期）。

实体间还会有以下关系。

课堂笔记

- 订单和订单详情的关系是一对多的关系。
- 商品一级分类和二级分类是一对多的关系。
- 商品二级分类和三级分类是一对多的关系。
- 商品和商品促销是一对多的关系。

知识点解析

1. 用户需求收集

收集用户需求的过程实质上是数据库设计者对各类管理活动进行调查研究的过程。在这个过程中,由于用户缺少软件设计方面的专业知识,而设计人员往往又不熟悉业务知识,要准确地确定需求很困难。针对这种情况,设计人员应该帮助用户了解数据库设计的基本概念,建议采用原型方法来帮助用户确定他们的需求。也就是说,先给用户设计一个比较简单的、易调整的真实系统,让用户在使用它的过程中不断发现需求,设计人员则根据用户的反馈调整原型,反复验证最终协助用户发现并确定他们的真实需求。

2. E-R 模型中的联系

E-R 模型中的联系共有以下三种类型。

(1) 一对一的联系(1∶1):对于两个实体集 A 和 B,若 A 中的每一个值在 B 中至多有一个实体值与之对应,反之亦然,则称实体集 A 和 B 具有一对一的联系。例如,一个网店只有一个店主,一个班级只有一个班长等,这些都体现了一对一的联系。

(2) 一对多的联系(1∶n):对于两个实体集 A 和 B,若 A 中的每一个值在 B 中有多个实体值与之对应,反之 B 中每一个实体值在 A 中至多有一个实体值与之对应,则称实体集 A 和 B 具有一对多的联系。例如,每个商品分类下都会有多个商品信息,则商品分类和商品之间具有一对多的联系;一个用户可以下多个订单,则用户和订单之间也具有一对多的联系。

(3) 多对多的联系(m∶n):对于两个实体集 A 和 B,若 A 中每一个实体值在 B 中有多个实体值与之对应,反之亦然,则称实体集 A 与实体集 B 具有多对多的联系。

学习小贴士

实际上,一对一联系是一对多联系的特例,而一对多联系又是多对多联系的特例。

实战演练

1. 任务工单:获取电子商务系统数据库的用户需求并规划功能

组员 ID		组员姓名		所属项目组	
硬件配置	CPU:2.3GHz 及以上双核或四核;硬盘:150GB 及以上;内存:8GB;网卡:千兆网卡				
操作系统	Windows 7/Windows 10 或更高版本	软件系统	WPS Office		

课堂笔记

续表

任务执行前准备工作	检测计算机软硬件环境是否可用	□可用 □不可用	不可用注明理由：
	检测操作系统环境是否可用	□可用 □不可用	不可用注明理由：
	检测 WPS Office 软件是否能正常使用	□正常 □不正常	不正常注明理由：
执行具体任务（完成电子商务系统数据库需求调研和功能规划）	理解需求分析的主要任务	完成度：□未完成　□部分完成　□全部完成	
	理解需求分析的主要目标	完成度：□未完成　□部分完成　□全部完成	
	完成数据流图知识储备	完成度：□未完成　□部分完成　□全部完成	
	理解数据字典的概念	完成度：□未完成　□部分完成　□全部完成	
	掌握需求分析的主要步骤	完成度：□未完成　□部分完成　□全部完成	
	了解电子商务业务背景	完成度：□未完成　□部分完成　□全部完成	
	理解电子商务业务流程	完成度：□未完成　□部分完成　□全部完成	
	规划电子商务系统功能	完成度：□未完成　□部分完成　□全部完成	
任务未成功的处理方案	采取的具体措施：	执行处理方案的结果：	
备注说明	填写日期：	其他事项：	

2. 任务工单：设计并优化电子商务系统 E-R 模型

在完成"获取电子商务系统数据库需求并规划功能"的任务工单后，扫描左侧二维码下载并完成此工单。

任务工单：设计并优化电子商务系统 E-R 模型

任务评价

1. 评价表：获取电子商务系统数据库需求并规划功能

组员 ID		组员姓名		所属项目组			
评价栏目	任务详情	评价要素	分值	评价主体			
				学生自评	小组互评	教师点评	
电子商务系统数据库用户需求的获取和功能规划的学习情况	理解需求分析的主要任务	是否完全理解	5				
	理解需求分析的主要目标	是否完全理解	5				
	完成数据流图知识储备	是否完全了解	10				
	理解数据字典的概念	是否完全理解	5				

课堂笔记

续表

评价栏目	任务详情	评价要素	分值	评价主体		
				学生自评	小组互评	教师点评
电子商务系统数据库用户需求的获取和功能规划的学习情况	掌握需求分析的主要步骤	是否完全掌握	5			
	了解电子商务业务背景	是否完全了解	10			
	理解电子商务业务流程	是否完全理解	15			
	规划电子商务系统的功能	是否完全掌握	15			
掌握熟练度	知识结构	知识结构体系形成	5			
	准确性	理论知识掌握的准确度	5			
团队协作能力	积极参与讨论	积极参与和发言	5			
	对项目组的贡献	对团队的贡献值	5			
职业素养	态度	是否认真细致、遵守课堂纪律、学习积极、具有团队协作精神	3			
	操作规范	是否有实训环境保护意识、实训设备使用是否合规、操作前是否对硬件设备和软件环境检查到位、有无损坏机器设备的情况、能否保持实训室卫生	3			
	设计理念	是否突显严谨规范、认真细致的学习态度	4			
总　分			100			

2. 评价表:设计并优化电子商务系统 E-R 模型

扫描右侧二维码下载并完成此评价表。

评价表:设计并优化电子商务系统 E-R 模型

拓展训练

1. 完成学校管理系统数据库需求分析并规划功能

1）实训操作

学校管理系统数据库中涉及学生、教师、课程、成绩、班级、系部和宿舍等对象，根据需求分析的目标和主要步骤，完成学校管理系统数据库需求分析并规划出系统的主要功能。

2）知识拓展

需求分析阶段的一个重要而困难的任务是收集将来应用系统所涉及的各类数据，关注数据间的关系和联系，因此设计人员应充分考虑到未来可能的扩充和改变，使设计易于更改，系统易于扩充。另外，在需求分析阶段必须强调用户的参与，这是数据库应用系统设计

课堂笔记

的特点。数据库应用系统与用户有密切的联系，因此用户的参与是数据库设计不可分割的一部分。在数据分析阶段，任何调查研究没有用户的积极参加都是寸步难行的。设计人员应该和用户取得共同的语言，帮助不熟悉计算机的用户建立数据库环境下的共同概念，并对设计工作的最后结果承担共同的责任。

2. 设计并优化学校管理系统 E-R 模型

1）实训操作

完成学校管理系统数据库 E-R 模型的设计和绘制。

通常学校管理系统数据库需要记录学生信息，包括学号、姓名、性别、政治面貌、出生年月、身份证号、家庭住址、邮政编码、联系电话、电子邮箱、个人简介、是否贫困生、入学成绩、个人照片等；需要记录教师信息，包括教师代码、教师姓名、职称、所在系部代码、参加工作时间、聘任岗位、研究领域等；需要记录课程信息，包括课程代码、课程名称、任课教师代码、课程学分、课程性质、开课学期、课程简介等；需要记录成绩信息，包括学号、课程代码、考试成绩、考试时间、考试地点等；同时还需要记录学生和教师所在的系部信息，学生所在的班级信息以及学生所在的宿舍信息等。

确定实体及其属性之后，还需要确定学校管理系统数据库中实体间的主要联系，如表示学生与课程间的联系“选修”是多对多的，即一个学生可以学多门课程，而每门课程可以有多个学生来学。联系也可能有属性。例如，学生选修某门课程所取得的成绩，既不是学生的属性也不是课程的属性，而是选修关系中的一个属性。

2）知识拓展

E-R 模型图设计的正确与否，取决于数据库设计人员能否真正把握应用环境的业务流程，以及在该业务流程中所涉及的各个客观对象和它们之间发生的活动，这需要完成准确深入的用户需求分析。这些客观对象如果需要存储到将来的数据库中，就抽象为 E-R 模型中的实体（描述实体的相关数据就抽象为实体的属性，将具有相同属性的实体抽象为实体型）。它们之间发生的活动如果也需要记录到数据库，就抽象为 E-R 模型中的联系，这是 E-R 模型设计的重点。

讨论反思与学习插页

1. 任务总结：获取电子商务系统数据库的用户需求并规划功能

<table>
<tr><td>组员 ID</td><td></td><td>组员姓名</td><td></td><td>所属项目组</td><td></td></tr>
<tr><td colspan="6">讨论反思</td></tr>
<tr><td rowspan="2">学习研讨</td><td>问题：需求分析的重要性主要体现在哪些方面？</td><td colspan="4">解答：</td></tr>
<tr><td>问题：如何在实际工作中开展需求分析工作？</td><td colspan="4">解答：</td></tr>
</table>

课堂笔记

续表

立德铸魂	以电子商务系统为项目背景，按照需求分析的方法和步骤完成电子商务系统需求的获取和规划，整个过程以用户需求为核心，一切从用户的角度出发，学会换位思考，在需求获取过程中做到严谨规范、认真细致
学习插页	
过程性学习	记录学习过程：
重点与难点	提炼获取电子商务系统数据库的用户需求和规划功能的重难点：
阶段性评价总结	总结阶段性学习效果：
答疑解惑	记录学习过程中疑惑问题的解答情况：

2. 任务总结：设计并优化电子商务系统E-R模型

扫描右侧二维码下载并完成此任务总结。

任务总结：设计并优化电子商务系统E-R模型

任务2-2 设计电子商务系统数据库逻辑结构和物理结构

任务描述

本任务主要讲解如何将概念结构设计阶段设计好的E-R模型转换为与选用的数据库管理系统产品所支持的数据模型相符合的逻辑结构，即逻辑结构设计，然后通过逻辑结构设计出来的关系模型确定数据库的物理存储结构。本任务进度如表2-2所示。

表2-2 设计电子商务系统数据库逻辑结构和物理结构任务进度表

任务描述	任务下发时间	预期完成时间	任务负责人	版本号
电子商务系统数据库关系模型的生成	9月12日	9月13日	张一鸣	V1.0
电子商务系统数据库物理结构的设计	9月14日	9月15日	王小宇	V1.0
电子商务系统数据库系统的运维	9月16日	9月17日	王小宇	V1.0

课堂笔记

任务分析

本任务在逻辑结构设计中涉及关系模型的基础知识，主要包括二维表、关系模型中的三种完整性约束、关系模型中涉及的常用范式以及根据关系模型完成电子商务系统数据库的物理存储结构设计。

任务目标

- 素质目标：进一步树立以用户需求为核心的理念和认真细致的学习态度，学会换位思考。
- 知识目标：理解逻辑结构设计方法；掌握 E-R 模型向关系模型转换的方法；掌握数据库数据完整性和规范化设计；掌握关系模型向物理结构的转换方法。
- 能力目标：掌握电子商务系统逻辑结构设计中如何将 E-R 模型转换成关系模型，并对关系模型进行优化；掌握如何完成电子商务系统物理结构的设计。

任务实施

步骤 1　了解关系模型构成与特点

逻辑结构是独立于任何一种数据模型的，在实际应用中，一般所用的数据库环境已经给定(如 SQL Server、Oracle 或 MySQL)。由于目前使用的数据库基本上都是关系数据库，因此首先需要将 E-R 模型转换为关系模型，然后根据具体数据库管理系统的特点和限制转换为指定数据库管理系统支持下的数据模型，最后进行优化。

关系模型使用的存储结构是多个二维表，即反映事物及其联系的数据描述是以平面表格形式体现的。

数据表之间的关系实际上是通过键(key)实现的。所谓的“键”，是指数据表的一个字段。键有超键、候选键、主键(primary key)和外键(foreign key)，其中主键和外键在数据表连接的过程中起着重要的作用。

在关系中能唯一标识元组的属性集称为关系模式的超键。

不含有多余属性的超键称为候选键。也就是在候选键中，若再删除属性，就不是键了。

步骤 2　了解关系数据完整性

关系模型允许定义三类数据约束，它们是实体完整性、参照完整性以及用户定义完整性约束，其中前两种完整性约束由关系数据库系统自动支持。

(1) 实体完整性约束要求关系的主键属性值不能为空。这是数据库完整性的最基本要求，因为主键能唯一标识数据库记录，若为空则会破坏其唯一性。

例如，在商品实体(商品编号，商品分类编号，商品名称，商品描述，商品重量)，“商品编号”属性为主键，则“商品编号”不能取相同的值，也不能取空值。

(2) 参照完整性约束是关系之间相关联的基本约束。它不允许关系引用不存在的元组(或记录)，也就是说关系中的外键要么是所关联关系中实际存在的元组(或记录)，可以为空值，表示其值还未确定，但为空的数据与之相关联的表就没有关系了，一般不采用。

例如，商品(商品编号，商品分类编号、商品名称，商品描述，商品重量)和商品分类(商品分类编号，商品分类名称）两个关系中，其中“商品编号”是商品关系的主键，“商品分类编号”是外键，而在商品分类关系中“商品分类编号”是主键，则商品关系中的每个记录的商品分类编号属性只能取两类值：第 1 类是空值，表示尚未给该商品指定商品分类；第 2 类是非空值，但该值必须是商品分类关系中某个记录的商品分类编号值，表示该商品隶属于某商品分类下，即被参照关系“商品分类”中一定存在一个记录，它的主键值等于该参照关系“商品”中的外键值。

（3）用户定义完整性是针对具体数据环境与应用环境由用户具体设置的约束，涉及数据库中的数据必须满足的约束条件。如约定学生成绩的数值必须小于或等于 100 等。

步骤 3　了解关系模式的规范化

关系数据库中的关系必须满足一定的规范化要求，对不同的规范化程度可用范式来衡量。范式是符合某一种级别的关系模式的集合，是衡量关系模式规范化程度的标准，达到的关系才是规范化的。

范式的概念最早是由埃德加科德提出的。在 1971 年到 1972 年，他先后提出了 1NF、2NF、3NF 的概念，1974 年他又和博伊斯共同提出了 BCNF 的概念，1976 年费金（Fagin）提出了 4NF 的概念，后来又有人提出了 5NF 的概念。在这些范式中，最重要的是 3NF 和 BCNF，它们是进行规范化的主要目标。一个低一级范式的关系模式，通过模式分解可以转换为若干个高一级范式的关系模式的集合，这个过程称为规范化。实际上，关系模式的规范化主要解决关系中数据冗余及由此产生的操作异常。而从函数依赖的观点来看，即是消除关系模式中产生数据冗余的函数依赖。目前主要有六种范式：第一范式、第二范式、第三范式、BCNF 范式（BC 范式）、第四范式和第五范式。

1）第一范式（1NF）

如果关系模式 R 中每个属性值都是一个不可分解的数据项，则称该关系模式满足第一范式（first normal form，1NF），记为 R∈1NF。第一范式规定了一个关系中的属性值必须是“原子”的，它排除了属性值为元组、数组或某种复合数据的可能性，使得关系数据库中所有关系的属性值都是“最简形式”，这样要求的意义在于使起始结构尽可能简单，为以后复杂情形的讨论带来方便。一般而言，每一个关系模式都必须满足第一范式，1NF 是对关系模式的起码要求。

学习小贴士

满足最低要求的叫第一范式（1NF），在第一范式基础上进一步满足一些要求的为第二范式（2NF），以此类推。显然各种范式之间存在联系，如 1NF⊃2NF⊃3NF⊃BCNF⊃4NF⊃5NF。

2）第二范式（2NF）

如果一个关系模式 R∈1NF，且它的所有非主属性都完全函数依赖于 R 的任一候选键，则 R∈2NF。

3）第三范式（3NF）

如果一个关系模式 R∈2NF，且所有非主属性都不传递函数依赖于任何候选键，则 R∈3NF。

4）BCNF

如果关系模式 R∈1NF，对任何非平凡的函数依赖 X→Y，X 均包含码，则 R∈BCNF。

课堂笔记

BCNF 是从 1NF 直接定义而成的，可以证明，如果 R∈BCNF，则 R∈3NF。

5）第四范式（4NF）

如果一个关系模式 R∈BCNF，且所不存在多值依赖，则 R∈4NF。

6）第五范式（5NF）

如果一个关系模式 R∈4NF，且每一个连接依赖均由 R 的候选码所隐含，则 R∈5NF。

步骤 4　将电子商务系统 E-R 模型转换成关系模型

实体集转换的规则：概念模型中的一个实体集转换为关系模型中的一个关系，实体的属性就是关系的属性，实体的码就是关系的码，关系的结构就是关系模式。

对于联系类型，就要视 1∶1、1∶n 和 m∶n 三种不同的情况做不同的处理。

(1) 若实体间的联系是 1∶1 的，可以在两个实体类型转换成的两个关系模式中，在任意一个关系模式的属性中加入另一个关系模式的键和联系类型的属性。

例如，订单和支付间存在 1∶1 的联系，即每个订单都对应一条支付信息，通常情况下一条支付信息也只对应一个订单（合单支付除外）。

其关系模式设计如下。

- 订单模式（订单编号，用户编号，订单金额，支付方式，收货人，收货人电话，收货地址，订单状态，下单日期，操作日期，失效日期，订单备注）。
- 支付模式（支付编号，订单编号，支付方式，支付金额，支付日期）。

(2) 若实体间的联系是 1∶n 的，则在 n 端实体类型转换成的关系模式中，加入另一端实体类型转换成的关系模式的键和联系类型的属性。

例如，商品分类和商品之间存在 1∶n 的联系，即一个商品分类下会有多个商品，将其转换成关系模式如下。

- 商品模式（商品编号，商品分类编号、商品名称，商品描述，商品重量，商品价格，商品图片，上架日期）。
- 商品分类模式（商品分类编号，商品分类名称）。

(3) 若实体间的联系是 m∶n 的，则将联系类型也转换成关系模式，其属性为两端实体类型的键加上联系类型的属性，而键为两端实体键的组合。

例如，商品与售后用户对该商品的评分的联系就是 m∶n，即一个商品可以有多个用户进行评分，一个用户也可以对多个商品进行评分，转换成关系模式如下。

- 商品模式（商品编号，商品分类编号、商品名称，商品描述，商品重量）。
- 用户模式（用户编号，用户名称，用户昵称，用户级别，用户性别）。
- 评分关系模式（用户编号，评价编号，商品编号，分值，评分日期）。

除将 E-R 模型转换为关系模型外，常用的数据模型还有层次模型和网状模型。无论采用哪种数据模型，都是先将 E-R 模型形成数据库逻辑模式，再根据用户处理的要求，从安全性角度考虑在基本表的基础上建立必要的视图，形成数据的外模式。

对于电子商务系统的关系模型，除上面提及的商品分类、商品、用户、订单、支付、评分关系模式外，还有商品促销模式、订单详情模式等。

步骤 5　对电子商务系统关系模型进行规范化

- 商品一级分类模式（<u>商品一级分类编号</u>，商品一级分类名称）。

- 商品二级分类模式(**商品二级分类编号**,**商品一级分类编号**,商品二级分类名称)。
- 商品三级分类模式(**商品三级分类编号**,**商品二级分类编号**,商品三级分类名称)。
- 商品模式(**商品编号**,**商品三级分类编号**、商品名称,商品描述,商品重量,商品价格,商品图片,上架日期)。
- 用户模式(**用户编号**,用户名称,用户昵称,用户密码,用户姓名,联系电话,电子邮箱,头像,用户级别,出生日期,用户性别,注册日期)。
- 订单模式(**订单编号**,**用户编号**,订单金额,支付方式,收货人,收货人电话,收货地址,订单状态,父订单编号下单日期,操作日期,失效日期,订单备注)
- 订单详情模式(**订单详情编号**,**订单编号**,**商品编号**,促销编号,购买数量,购买价格)。
- 支付模式(**支付编号**,**订单编号**,支付方式,支付金额,支付日期)。
- 商品促销模式(**促销编号**,**商品编号**,促销类型,促销价格,促销开始日期,促销结束日期)。
- 评分关系模式(**用户编号**,**商品编号**,**评价编号**,分值,评分日期)。

通过上述对电子商务系统关系模型的规范化,就把电子商务系统E-R模型中涉及的主要实体集和联系类型转换为了关系模型。

如果要使电子商务系统的功能更加强大,数据库将来的可扩展性更强,还可以加入订单与物流的关系模型、用户和用户级别的关系模型,以及支付方式、地域信息等实体或联系类型。同时还要注重用户的需求,坚持问题导向,从而可以解决用户的真正问题。

学习小贴士

在电子商务系统关系模式中,其中**加粗带下画线**的属性表示该关系的主键,只**加粗**的属性代表该关系模式的外键。

步骤6　设计电子商务系统物理结构

1)选择数据库存取方法

物理结构依赖于给定的数据库管理系统和硬件系统,因此设计人员必须充分了解所用数据库管理系统的内部特征、存储结构、存取方法。数据库的物理设计通常分为两步:第一步,确定数据库的物理结构;第二步,评价实施的空间效率和时间效率。

数据库物理设计过程中需要对时间效率、空间效率、维护代价和各种用户要求进行权衡,选择一个优化方案作为数据库物理结构。在数据库物理设计中,最有效的方式是集中存储和检索对象。

对于关系数据库来说(如MySQL、SQL Server、Oracle等),通常都是在一台数据库服务器中创建很多数据库(每个项目至少创建一个数据库),在数据库中创建很多张表(每个实体创建一个表),在表中会有很多记录(一个对象的实例添加一条新的记录)。

2)确定数据库存储结构

设计数据库存储结构,主要包括设计记录的组成、数据项的类型和长度,以及逻辑记录到存储记录的映射。

根据前面的需求分析、概念结构设计、逻辑结构设计,我们可以将电子商务系统的主要数据存储表设计为如表2-3～表2-9所示的结构。

课堂笔记

微课：电子商务系统数据存储结构

表 2-3　用户信息表(t_user)

说　明	字段名	类型	长度	主/外键	允许空
用户编号	u_id	varchar	50	Y	N
用户名称	u_login_name	varchar	50	N	Y
用户昵称	u_nick_name	varchar	50	N	Y
用户密码	u_passwd	varchar	30	N	Y
用户姓名	u_name	varchar	50	N	Y
联系电话	u_phone_num	varchar	15	N	Y
电子邮箱	u_email	varchar	40	N	N
头像	u_head_img	varchar	100	N	Y
用户级别	u_user_level	int	默认	N	Y
出生日期	u_birthday	date	默认	N	Y
用户性别	u_gender	varchar	1	N	Y
注册时间	u_create_time	datetime	默认	N	Y

表 2-4　商品信息表(t_sku)

说　明	字段名	类型	长度	主/外键	允许空
商品编号	sku_id	varchar	20	Y	N
商品名称	sku_name	varchar	100	N	Y
商品价格	price	decimal	(10,0)	N	Y
商品描述	sku_desc	varchar	2000	N	Y
商品重量	weight	decimal	(10,2)	N	Y
三级分类编号	categroy3_id	bigint	20	Y	Y
商品图片	sku_default_img	varchar	200	N	Y
上架日期	create_time	datetime	默认	N	Y

表 2-5　订单信息表(t_order)

说　明	字段名	类型	长度	主/外键	允许空
订单编号	o_id	varchar	20	Y	N
用户编号	u_id	varchar	50	Y	N
收货人	o_consigee	varchar	100	N	Y
收货人电话	o_consigee_tel	varchar	20	N	Y
订单金额	o_total_amount	decimal	(10,2)	N	Y
订单状态	o_order_status	varchar	1	N	Y

续表

说　明	字段名	类型	长度	主/外键	允许空
支付方式	o_payment_way	varchar	20	N	Y
收货地址	o_delivery_address	varchar	1000	N	Y
订单备注	o_comment	varchar	200	N	Y
父订单编号	o_parent_order_id	bigint	20	Y	Y
操作日期	o_operate_time	datetime	默认	N	Y
下单日期	o_create_time	datetime	默认	N	Y
失效日期	o_expire_time	datetime	默认	N	Y

表 2-6　订单详情表(t_order_detail)

说　明	字段名	类型	长度	主/外键	允许空
编号	od_id	varchar	30	Y	N
订单编号	o_id	varchar	20	Y	N
商品编号	sku_id	varchar	20	Y	N
促销编号	pmt_id	bigint	20	Y	Y
购买价格	od_order_price	decimal	(10,2)	N	Y
购买数量	od_sku_num	varchar	200	N	Y
创建日期	od_create_time	datetime	默认	N	Y

表 2-7　订单支付流水表(t_order_payment_flow)

说　明	字段名	类型	长度	主/外键	允许空
编号	op_id	bigint	20	Y	N
订单编号	o_id	varchar	20	Y	N
用户编号	u_id	varchar	50	Y	N
支付方式	op_pamyment_type	varchar	20	N	Y
支付金额	op_total_amount	decimal	(10,2)	N	Y
支付日期	op_payment_time	datetime	默认	N	Y
创建日期	op_create_time	datetime	默认	N	Y

表 2-8　商品促销表(t_promotion)

说　明	字段名	类型	长度	主/外键	允许空
促销编号	pmt_id	bigint	20	Y	N
商品编号	sku_id	varchar	20	Y	N
促销价格	pmt_cost	decimal	(10,2)	N	Y

课堂笔记

续表

说　明	字段名	类型	长度	主/外键	允许空
促销类型	pmt_reduction_type	varchar	1	N	Y
促销开始日期	pmt_begin_date	datetime	默认	N	Y
促销结束日期	pmt_begin_date	datetime	默认	N	Y
创建日期	pmt_create_time	datetime	默认	N	Y

表 2-9　商品评分表(t_rating)

说　明	字段名	类型	长度	主/外键	允许空
编号	pr_id	bigint	20	Y	N
用户编号	u_id	varchar	50	Y	N
商品编号	sku_id	varchar	20	Y	N
分值	u_p_score	decimal	(10,2)	N	Y
评分日期	timestamp	datetime	默认	N	Y

步骤 7　实施、运行与维护数据库系统

1) 数据库系统的实施

在完成了数据库的概念设计、逻辑设计和物理设计之后,需要在此基础上实现设计,进入数据库实施阶段。数据库的实施一般包括以下几个步骤。

(1) 定义数据库结构:在确定了数据库的逻辑结构和物理结构之后,就要使用所选定的数据库管理系统提供的各种工具来建立数据库结构。当数据库结构建立好后,就可以使用数据库管理系统提供的数据语言及其宿主语言编写数据库应用程序。

(2) 数据的载入:数据库结构建立之后,可以向数据库中装载数据。组织数据入库是数据库实施阶段的主要工作。来自各部门的数据通常不符合系统的格式要求,需要对数据格式进行统一,同时还要保证数据的完整性和有效性。

(3) 应用程序的编码与调试:数据库应用程序的设计应与数据库的设计同步进行,也就是说编制与调试应用程序的同时,需要实现数据的入库。如果调试应用程序时,数据的入库尚未完成,可先使用模拟数据。

在将一部分数据加载到数据库后,就可以对数据库系统进行联合调试了,这个过程又称为数据库试运行。这个阶段要实际运行数据库应用程序,执行对数据库的各种操作,测试应用程序的功能是否满足设计要求。如果不满足项目建设要求,则要对应用程序进行修改、调整,直到满足设计要求为止。此外,还要对系统的性能指标进行测试,分析其是否达到设计目标。如果数据库试运行所产生的实际结果不理想,则应修改物理结构,甚至修改逻辑结构。

学习小贴士

当应用程序开发与调试完毕后,就可以对原始数据进行采集、整理、转换及入库,并开始数据库的试运行。由于在数据库设计阶段,设计者对数据库的评价多是在简化了的环境条件下进行的,因此设计结果未必是最佳的。

2）数据库系统的运行与维护

数据库系统投入正式运行，意味着数据库的设计与开发阶段基本结束，运行与维护阶段开始。数据库的运行和维护是个长期的工作，是数据库设计工作的延续和提升。在数据库运行阶段，完成对数据库的日常维护，工作人员需要掌握DBMS的存储、控制和数据恢复等基本操作，而且会经常涉及物理数据库甚至逻辑数据库的再设计，因此数据库的维护工作仍然需要具有丰富经验的专业技术人员（主要是数据库管理员）来完成。

数据库运行和维护阶段的主要任务是保证数据库系统安全、可靠且高效率地运行。数据库的运行除了DBMS与数据库外，还必须有各种相应的应用程序，各应用程序与DBMS都需要在操作系统的支持下工作。

数据库运行和维护阶段的主要工作有如下几点。

（1）对数据库性能的监测、分析和改善：通过监测和分析可实时掌握系统当前或以往的负荷、配置、应用等信息，并分析监测数据的性能参数和环境信息，评估DBMS的整体运行状态。

（2）数据库的备份和恢复：每个数据库系统都会提供备份和恢复策略来保证数据库中数据的可靠性和完整性。

（3）维护数据库的安全性和完整性。

数据库的安全性维护是指保护数据库，防止恶意的破坏和非法的存取。

数据库的完整性维护是为了防止数据库中存在不符合语义的数据，防止错误信息的输入和输出，即脏数据所造成的无效操作和错误结果。

总的来说，数据库安全性措施的防范对象是非法用户和非法操作，数据库的完整性措施的防范对象是不合语义的数据。

（4）数据库的重组和重构。数据库使用较长一段时间后，因为一些增加、删除、修改等操作，使得数据的分布索引及相关数据会变得比较乱，从而影响数据库的运行效率。数据库的重组是将数据库的相关信息重新组织，提高数据库运行效率。数据库的重组通常包括索引的重组、单表的重组和数据表空间的重组等。

数据库重构是对数据库模式的简单变更，在保持原有的行为语义和信息语义的情况下改进数据库设计。简单理解为既不添加新功能也不减少原有功能，既不添加新数据也不改变原有数据的含义。

学习小贴士

重组不涉及模式的变更，而重构是对模式的简单变更但保持原有需求不变。而且重组不涉及任何代码重构，而对模式的变更却要求做相应的代码重构，以保持原有功能不变，两者的联系是重构一定会重组，但重组不一定会重构。

数据库模式包括结构（如表和视图）和功能（如触发器和存储过程）。重构要保持需求上的原有性，即在信息使用者的角度上数据库不能有所变动。重构主要包括结构重构、参照完整性重构、架构重构等。

知识点解析

由BCNF的定义可知，每个满足BCNF的关系模式都具有如下三个性质。

课堂笔记

（1）所有非主属性都完全函数依赖于每个候选键。

（2）所有主属性都完全函数依赖于每个不包含它的候选键。

（3）没有任何属性完全函数依赖于非主键的任何一组属性。

规范化的基本思想是逐步消除数据依赖中不适合的部分，使各关系模式达到某种程度的“分离”，即“一事一地”的模式设计原则。尽量让一个关系描述一个概念、一个实体或一种联系。若概念多于一个，就把它“分解”出去。因此，所谓规范化实质上就是概念的单一化。

实战演练

1. 任务工单：生成并规范化电子商务系统数据库关系模型

<table>
<tr><td>组员 ID</td><td></td><td>组员姓名</td><td></td><td>所属项目组</td><td></td></tr>
<tr><td>MySQL 官网网址</td><td colspan="2">https://www.mysql.com</td><td colspan="2">MySQL 版本</td><td>MySQL 8.0 社区版</td></tr>
<tr><td>硬件配置</td><td colspan="5">CPU：2.3GHz 及以上双核或四核；硬盘：150GB 及以上；内存：8GB；网卡：千兆网卡</td></tr>
<tr><td>操作系统</td><td colspan="2">Windows 7/Windows 10 或更高版本</td><td>软件系统</td><td colspan="2">WPS Office</td></tr>
<tr><td rowspan="3">任务执行前准备工作</td><td colspan="2">检测计算机软硬件环境是否可用</td><td>□可用
□不可用</td><td colspan="2">不可用注明理由：</td></tr>
<tr><td colspan="2">检测操作系统环境是否可用</td><td>□可用
□不可用</td><td colspan="2">不可用注明理由：</td></tr>
<tr><td colspan="2">检测 WPS Office 软件的使用是否正常</td><td>□正常
□不正常</td><td colspan="2">不正常注明理由：</td></tr>
<tr><td rowspan="8">执行具体任务（完成电子商务系统关系模型设计）</td><td colspan="2">理解关系模式的概念</td><td colspan="3">完成度：□未完成 □部分完成 □全部完成</td></tr>
<tr><td colspan="2">了解关系模式的特点</td><td colspan="3">完成度：□未完成 □部分完成 □全部完成</td></tr>
<tr><td colspan="2">掌握关系表构建的条件</td><td colspan="3">完成度：□未完成 □部分完成 □全部完成</td></tr>
<tr><td colspan="2">了解关系模型的规范化</td><td colspan="3">完成度：□未完成 □部分完成 □全部完成</td></tr>
<tr><td colspan="2">掌握实体集转换的规则</td><td colspan="3">完成度：□未完成 □部分完成 □全部完成</td></tr>
<tr><td colspan="2">掌握联系类型处理的原则</td><td colspan="3">完成度：□未完成 □部分完成 □全部完成</td></tr>
<tr><td colspan="2">确定电子商务系统实体类型</td><td colspan="3">完成度：□未完成 □部分完成 □全部完成</td></tr>
<tr><td colspan="2">规范化电子商务系统关系模型</td><td colspan="3">完成度：□未完成 □部分完成 □全部完成</td></tr>
<tr><td>任务未成功的处理方案</td><td colspan="2">采取的具体措施：</td><td colspan="3">执行处理方案的结果：</td></tr>
<tr><td>备注说明</td><td colspan="2">填写日期：</td><td colspan="3">其他事项：</td></tr>
</table>

任务工单：设计电子商务系统数据库物理结构

2. 任务工单：设计电子商务系统数据库物理结构

在完成“生成并规范电子商务系统数据库关系模型”任务工单后，扫描左侧二维码下载并完成此工单。

课堂笔记

3. 任务工单：数据库系统的实施、运行与维护

在完成“设计电子商务系统数据库物理结构”任务工单后，扫描右侧二维码下载并完成此工单。

任务工单：数据库系统的实施、运行与维护

任务评价

1. 评价表：生成并规范化电子商务系统数据库关系模型

<table>
<tr><td>组员 ID</td><td></td><td>组员姓名</td><td></td><td>所属项目组</td><td colspan="3"></td></tr>
<tr><td rowspan="2">评价栏目</td><td rowspan="2">任务详情</td><td rowspan="2" colspan="2">评价要素</td><td rowspan="2">分值</td><td colspan="3">评价主体</td></tr>
<tr><td>学生自评</td><td>小组互评</td><td>教师点评</td></tr>
<tr><td rowspan="6">生成并规范化电子商务系统数据库关系模型</td><td>理解关系模式的概念</td><td colspan="2">是否完全理解</td><td>5</td><td></td><td></td><td></td></tr>
<tr><td>了解关系模式的特点</td><td colspan="2">是否完全了解</td><td>5</td><td></td><td></td><td></td></tr>
<tr><td>掌握关系表构建的条件</td><td colspan="2">是否完全掌握</td><td>5</td><td></td><td></td><td></td></tr>
<tr><td>了解关系模型的规范化</td><td colspan="2">是否完全了解</td><td>10</td><td></td><td></td><td></td></tr>
<tr><td>掌握实体集转换的规则</td><td colspan="2">是否完全掌握</td><td>5</td><td></td><td></td><td></td></tr>
<tr><td>掌握联系类型处理的原则</td><td colspan="2">是否完全掌握</td><td>5</td><td></td><td></td><td></td></tr>
<tr><td rowspan="2">生成并规范化电子商务系统数据库关系模型</td><td>确定电子商务系统实体类型</td><td colspan="2">是否完全掌握</td><td>15</td><td></td><td></td><td></td></tr>
<tr><td>规范化电子商务系统关系模型</td><td colspan="2">是否完全掌握</td><td>20</td><td></td><td></td><td></td></tr>
<tr><td rowspan="2">掌握熟练度</td><td>知识结构</td><td colspan="2">知识结构体系形成</td><td>5</td><td></td><td></td><td></td></tr>
<tr><td>准确性</td><td colspan="2">概念和基础掌握的准确度</td><td>5</td><td></td><td></td><td></td></tr>
<tr><td rowspan="2">团队协作能力</td><td>积极参与讨论</td><td colspan="2">积极参与和发言</td><td>5</td><td></td><td></td><td></td></tr>
<tr><td>对项目组的贡献</td><td colspan="2">对团队的贡献值</td><td>5</td><td></td><td></td><td></td></tr>
<tr><td rowspan="3">职业素养</td><td>态度</td><td colspan="2">是否认真细致、遵守课堂纪律、学习积极、具有团队协作精神</td><td>3</td><td></td><td></td><td></td></tr>
<tr><td>操作规范</td><td colspan="2">是否有实训环境保护意识，实训设备使用是否合规，操作前是否对硬件设备和软件环境检查到位，有无损坏机器设备的情况，能否保持实训室卫生</td><td>3</td><td></td><td></td><td></td></tr>
<tr><td>设计理念</td><td colspan="2">是否突显以用户需求为核的设计理念</td><td>4</td><td></td><td></td><td></td></tr>
<tr><td colspan="4">总　　分</td><td>100</td><td></td><td></td><td></td></tr>
</table>

课堂笔记

评价表:设计电子商务系统数据库物理结构

评价表:数据库系统的实施、运行与维护

2. 评价表:设计电子商务系统数据库物理结构

扫描左侧二维码下载并完成此评价表。

3. 评价表:数据库系统的实施、运行与维护

扫描左侧二维码下载并完成此评价表。

拓展训练

1. 实训操作

(1) 完成学校管理系统 E-R 模型向关系模型的转换,主要包括学生、教师、课程、系部、成绩、班级关系模式,还会涉及宿舍模式、教师管理宿舍的关系模式、班级与系部的隶属关系模式、学生与宿舍的住宿模式等。

(2) 完成学校管理系统物理结构设计,主要包括学生、教师、课程、系部、成绩、班级、宿舍、住宿等。

2. 知识拓展

运用关系模式规范化中的第一范式、第二范式、第三范式、BC 范式对学校管理系统的关系模式进行规范化操作。

讨论反思与学习插页

1. 任务总结:生成并规范化电子商务系统数据库关系模型

<table>
<tr><td>组员 ID</td><td></td><td>组员姓名</td><td></td><td>所属项目组</td><td></td></tr>
<tr><td colspan="6">讨论反思</td></tr>
<tr><td rowspan="2">学习研讨</td><td colspan="2">问题:如何将 E-R 模型转换为关系模式?</td><td colspan="3">解答:</td></tr>
<tr><td colspan="2">问题:关系模式的规范化如何应用?</td><td colspan="3">解答:</td></tr>
<tr><td>立德铸魂</td><td colspan="5">借助电子商务系统项目,完成对电子商务系统关系模型的设计和规范,在设计中进一步强化以用户需求为核心的理念,坚持需求表述的完整性和准确性,在关系模型设计中培养学生严谨规范、认真细致的学习和工作态度</td></tr>
<tr><td colspan="6">学习插页</td></tr>
<tr><td>过程性学习</td><td colspan="5">记录学习过程:</td></tr>
</table>

课堂笔记

续表

重点与难点	提炼生成并规范化电子商务系统数据库关系模型的重难点：
阶段性评价总结	总结阶段性学习效果：
答疑解惑	记录学习过程中疑惑问题的解答情况：

2. 任务总结：设计电子商务系统数据库物理结构

扫描右侧二维码下载并完成本任务总结。

3. 任务总结：数据库系统的实施、运行与维护

扫描右侧二维码下载并完成本任务总结。

任务总结：设计电子商务系统数据库物理结构

任务总结：数据库系统的实施、运行与维护

课堂笔记

项目 3　安装与启动 MySQL

项目导读

在完成了数据库需求分析和数据库设计之后，需要把数据库物理结构阶段设计好的存储结构体现在具体的数据库中。本项目将完成 MySQL 数据库的下载、安装、配置、启动和登录，以及通过命令行、图形化管理工具等方式登录到 MySQL 服务器。

项目素质目标

培养学生对专业和工作岗位的热爱、对知识的精益求精，同时要做到坚持不懈，树立并发扬严谨执着、追求极致的工匠精神，让工匠精神代代传承，永不过时。

项目知识目标

本项目要求掌握如何从 MySQL 官方网站上下载 MySQL Community Server(社区版本)；如何在 Windows 平台上安装和配置 MySQL 服务器；安装成功后如何开启和停止 MySQL 服务；通过 Windows 命令行、MySQL 命令行客户端和图形化管理工具登录 MySQL 服务器。

项目能力目标

掌握 MySQL 数据库的安装和配置，熟悉 MySQL 服务配置文件内容，能够通过命令行、图形化管理工具方式登录 MySQL 服务器，从而为后续章节的数据库操作奠定基础。

项目导图

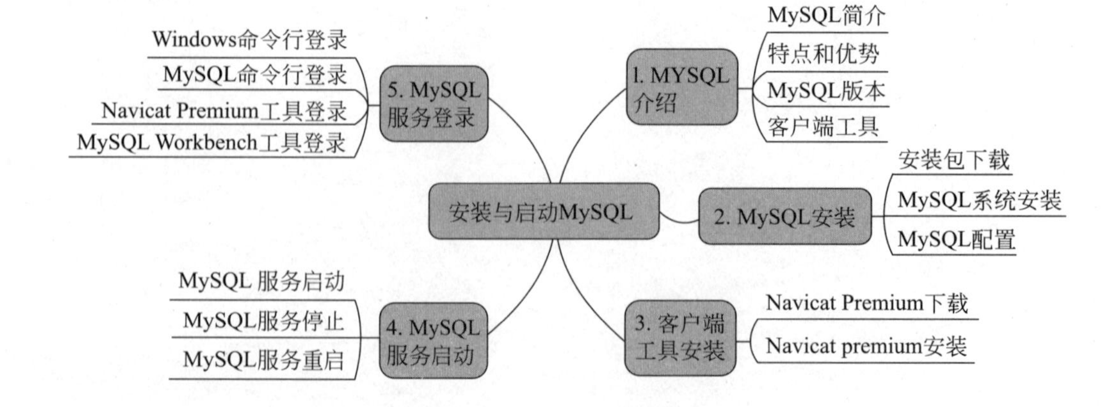

任务3-1 安装与配置 MySQL

任务描述

本任务将对 MySQL 的特征和优势进行说明：介绍 MySQL 的主要版本，其中社区版本是最常用且完全开源免费的；介绍常用的 MySQL 客户端管理工具，如 phpMyAdmin、MySQLDumper、Navicat、MySQL Workbench、SQLyog 等。本任务进度如表3-1所示。

表 3-1 安装与配置 MySQL 任务进度表

任务描述	任务下发时间	预期完成时间	任务负责人	版本号
安装与配置 MySQL 服务	9 月 18 日	9 月 19 日	张靖波	V1.0
安装 MySQL 图形化管理工具	9 月 20 日	9 月 21 日	王宏伟	V1.0

任务分析

目前 MySQL 已经成为流行的关系数据库管理系统之一，凭借其良好的性能和开源免费已经被大量应用在实际项目中。对初学者来说，搭建 MySQL 服务环境至关重要，因此需要重点掌握 MySQL 的特点及其相关的服务组件、工具，从而较全面地了解 MySQL 数据库。

任务目标

- 素质目标：培养对于课程和专业的热爱，在学习中要做到坚持不懈、严谨执着。
- 知识目标：了解 MySQL 的发展历史，掌握 MySQL 的特点和优势，了解 MySQL 常用的版本，掌握 MySQL 常用的管理工具的下载和安装，掌握 MySQL 安装包的下载，掌握 MySQL 服务的安装和配置。
- 能力目标：能够完成 MySQL 服务的安装和配置，完成 MySQL 管理工具的下载和安装。

任务实施

步骤 1 了解 MySQL

MySQL 是一个关系数据库管理系统（relational database management system，RDBMS），由瑞典 MySQL AB 公司开发。2008 年 1 月，MySQL AB 公司被 Sun 公司收购。之后 Sun 公司对其进行了大量的推广、优化、Bug 修复等工作。2009 年 4 月 20 日，Oracle 公司收购了 Sun 公司，自此 MySQL 数据库进入 Oracle 时代。在 Web 应用方面，MySQL 是最好的 RDBMS 软件之一。从 1995 年 5 月 23 日，MySQL 的第一个内部版本发行开始至今已经发布了数十个版本，主要的版本有：2003 年 12 月到 2015 年 12 月发布的 5.5/5.6/5.7 版本，2016 年 9 月开始陆续发布的 MySQL 8.X 版本。Oracle 官方表示，8.0 版本的运行速度是 5.7 版本的两倍，有更好的性能。

课堂笔记

步骤 2　熟悉 MySQL 的特点和优势

MySQL 是一种开放源代码的关系数据库管理系统，任何人都可以在 General Public License 的许可下下载并根据个性化的需要对其进行修改。MySQL 因为其速度快、可靠性高和适应性强而备受关注。

MySQL 可以在多种操作系统中运行，同时它可以为多种编程语言提供 API 接口，如 C、C++、Python、Java、PHP、Ruby 等；MySQL 还支持多线程，可以充分利用 CPU 资源；使用优化的 SQL 查询算法，能够有效地提高查询速度；提供多语言支持，可以作为大型的数据库，处理上千万条记录；与 SQL Server、Oracle 等数据库相比，它的体积小、速度快，源码开放，使用成本低；同时跨平台支持性好，因此它的使用范围越来越广。

步骤 3　了解 MySQL 的版本

目前 MySQL 的主要版本如下。

- MySQL Community Server：社区版本，开源免费，但不提供官方技术支持。
- MySQL Enterprise Edition：企业版本，需付费，可以试用 30 天。
- MySQL Cluster：集群版，开源免费。可将几个 MySQL Server 封装成一个 Server，提供更加强大的功能。
- MySQL Cluster CGE：高级集群版，需付费。

其中，MySQL Community Server 也是我们通常用的 MySQL 版本，根据不同的操作系统平台又可细分为多个版本，主要有 Windows 和 Linux 两个版本。

步骤 4　熟悉 MySQL 的客户端工具

MySQL 的使用非常广泛，常用的 MySQL 数据库管理工具也有很多，主要工具有如下几种。

1）phpMyAdmin

phpMyAdmin 是一款 MySQL 维护工具，管理数据库非常方便，但其弱点是不方便大型数据库的备份和恢复。

2）MySQLDumper

MySQLDumper 是使用 PHP 开发的 MySQL 数据库备份恢复程序，解决了使用 PHP 进行大型数据库备份和恢复的问题，数百兆字节的数据库都可以方便地备份恢复，不用担心网速太慢导致中断的问题，非常方便易用。

3）Navicat

Navicat 与 SQL Server 的管理器很像，不仅简单，而且实用。它采用图形化用户界面，用户使用起来更加轻松。这款软件不仅支持中文，还提供免费版本。

4）MySQL GUI Tools

MySQL GUI Tools 是一款图形化管理工具，功能非常强大，但是没有中文界面。

5）MySQL ODBC Connector

MySQL ODBC Connector 是由 MySQL 官方提供的 ODBC 接口程序，系统安装了这个程序之后，就可以通过 ODBC 访问 MySQL，实现 SQL Server、Access 与 MySQL 之间的数据转换。该程序还支持 ASP 访问 MySQL 数据库。

6）MySQL Workbench

MySQL Workbench 是一款专门为 MySQL 设计的数据库建模工具。它完全继承了数据库设计工具 DBDesigner 4 的功能与特点。MySQL Workbench 又分为两个版本：社区版

(MySQL Workbench OSS)和商用版(MySQL Workbench SE)。

学习小贴士

在 MySQL 8.0 版本中已集成了 MySQL Workbench 工具，无须单独安装。

7) SQLyog

SQLyog 是一个由 Webyog 公司出品的管理 MySQL 数据库的图形化工具，它能够在任何地点通过网络有效地管理 MySQL 数据库。

步骤 5　下载 MySQL 安装包

MySQL 针对个人用户和商业用户提供不同版本的产品。其中，社区版本是供个人用户免费下载的开源数据库，而适合商业用户的有标准版本、企业版、集成版等多个版本，能够满足其特殊的商业和技术需求。

微课：MySQL 安装包的下载

如图 3-1 所示，个人用户可以登录 MySQL 官方网站的 Downloads 页面直接下载相应的版本。

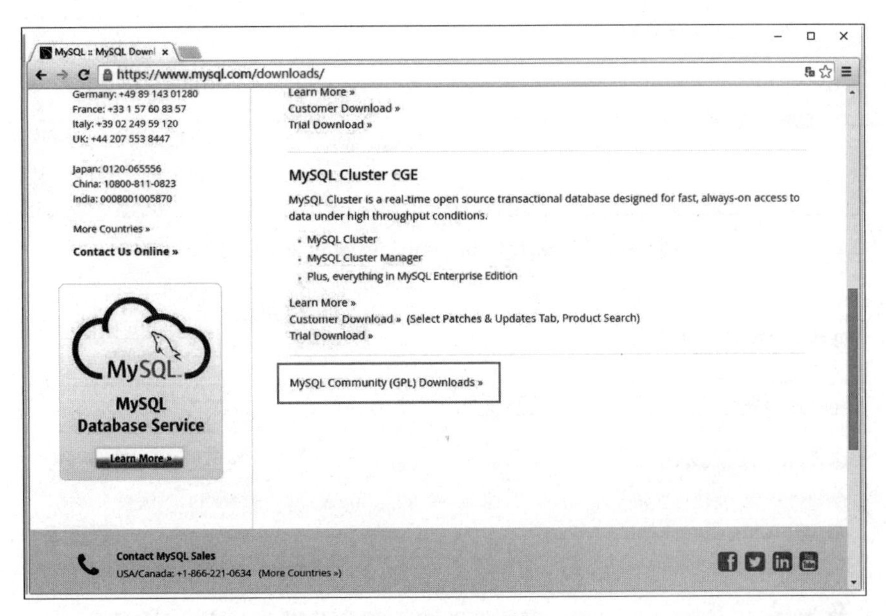

图3-1　MySQL Downloads 页面

单击 MySQL Community(GPL) Downloads 超链接，进入如图 3-2 所示的 MySQL Community Downloads 页面。

单击图 3-2 中的 MySQL Community Server 超链接，进入 Download MySQL Community Server 页面，根据操作系统选择适合的安装文件。本书以适用于 Windows 操作系统的 MySQL Server 为例，进入如图 3-3 所示的页面，单击下方的 Download 按钮，下载离线包(上方的 Download 按钮是选择在线安装)。

学习小贴士

在 Windows 系统中安装 MySQL，有 msi 格式、编译后的 ZIP 格式和源代码三种安装包。

课堂笔记

步骤 6　安装和配置 MySQL 系统

下载成功后会得到一个扩展名为 msi 的安装文件，双击该文件可以进行 MySQL 服务器的安装。本书以 8.0.28 版本为例，具体安装步骤如下。

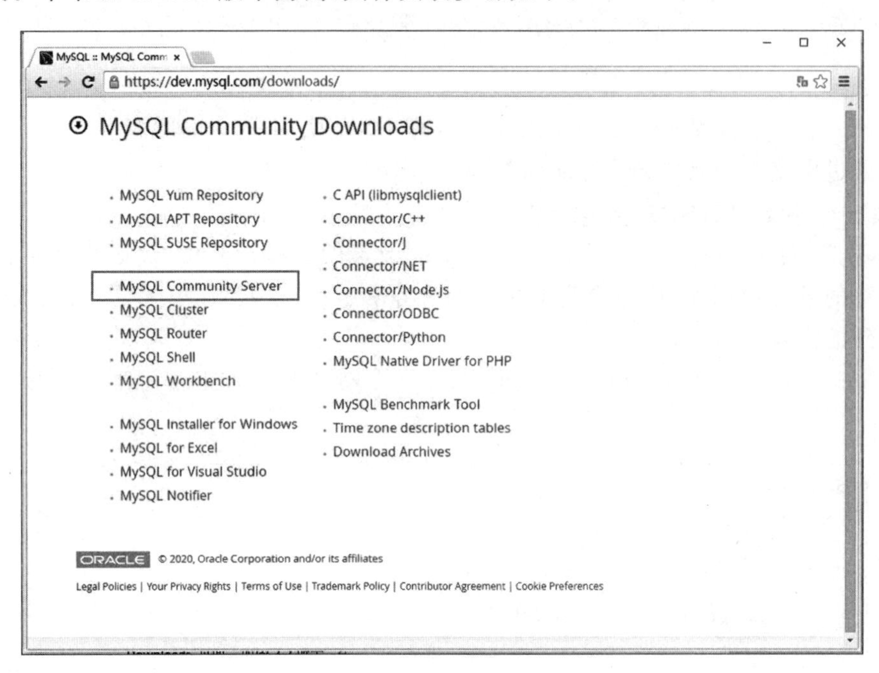

图 3-2　MySQL Community Downloads 页面

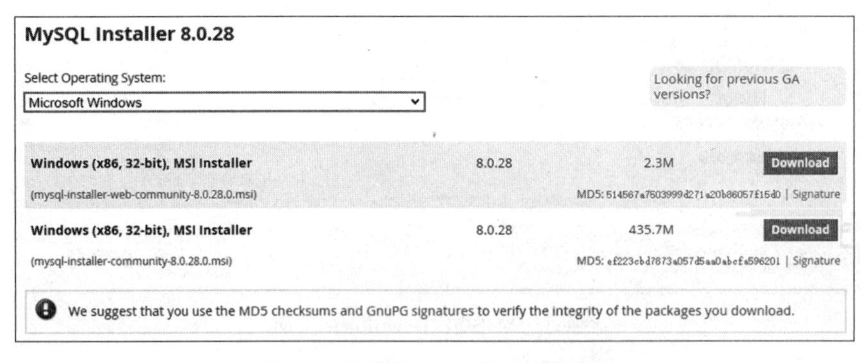

图 3-3　MySQL Installer 下载页面

微课：MySQL的安装和配置

注意：

此处一定要选择 MSI Installer 安装包，不要选择 Windows(x86/64-bit)ZIP Archive 压缩包格式。

(1) 双击扩展名为 msi 安装包文件，在打开的安装向导界面中单击 Next 按钮，如图3-4所示。

(2) 打开 Select Products To Upgrade 对话框，采用默认设置，单击 Next 按钮，选择完成 MySQL Workbench 产品安装更新操作，如图 3-5 所示。

(3) 安装更新完毕后将出现如图 3-6 所示的对话框。

(4) 单击 Finish 按钮后进入 MySQL 安装配置对话框，打开如图 3-7 所示的对话框。

课堂笔记

在该页面左侧的 Available Products 中依次选择 MySQL Server 和 MySQL Connectors，选择完成后单击 Next 按钮。

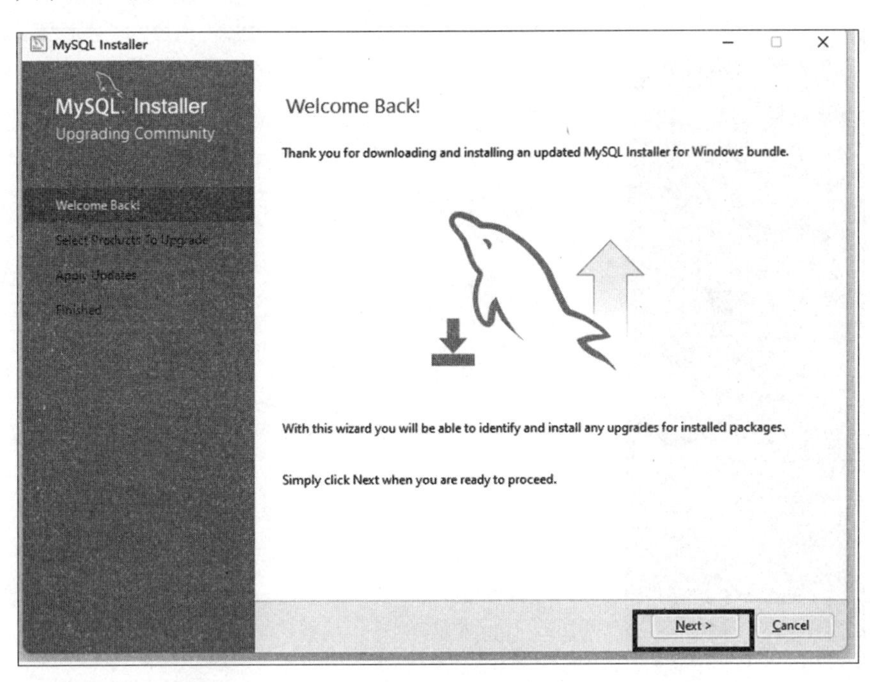

图 3-4　MySQL Installer Welcome Back 安装对话框

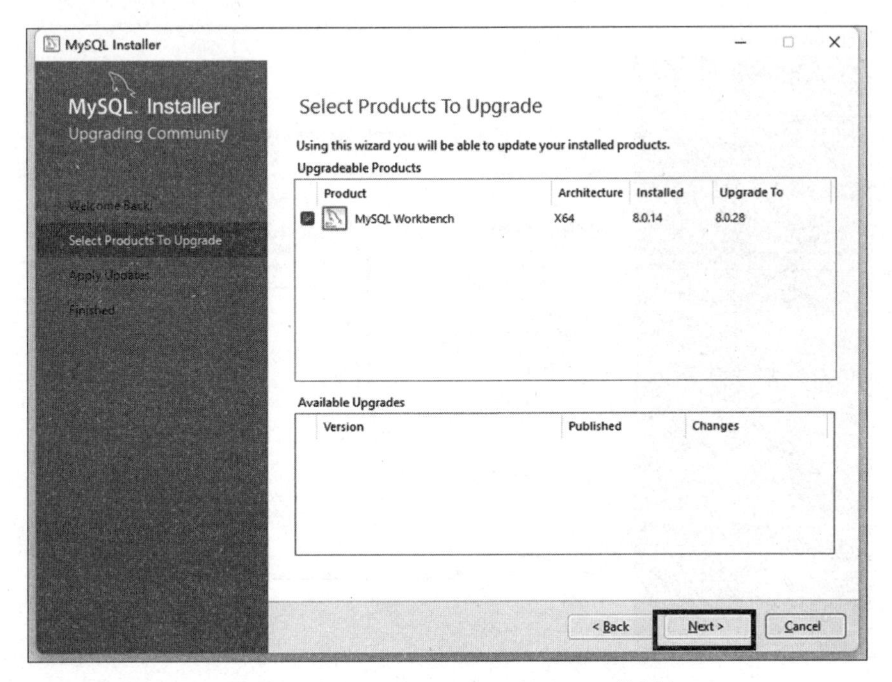

图 3-5　Select Products To Upgrade 对话框

课堂笔记

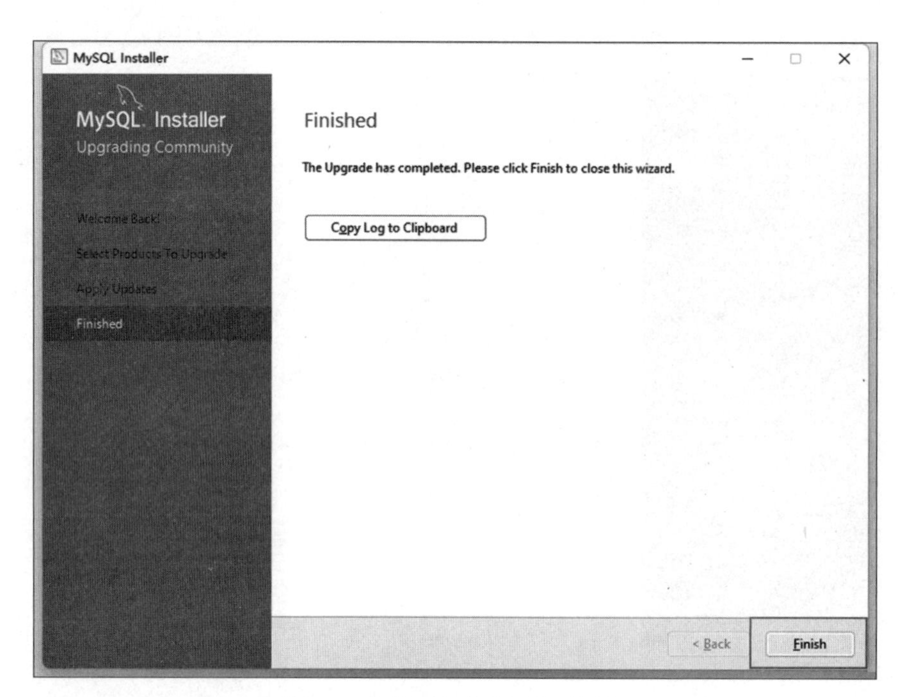

图 3-6　安装更新完成后的对话框

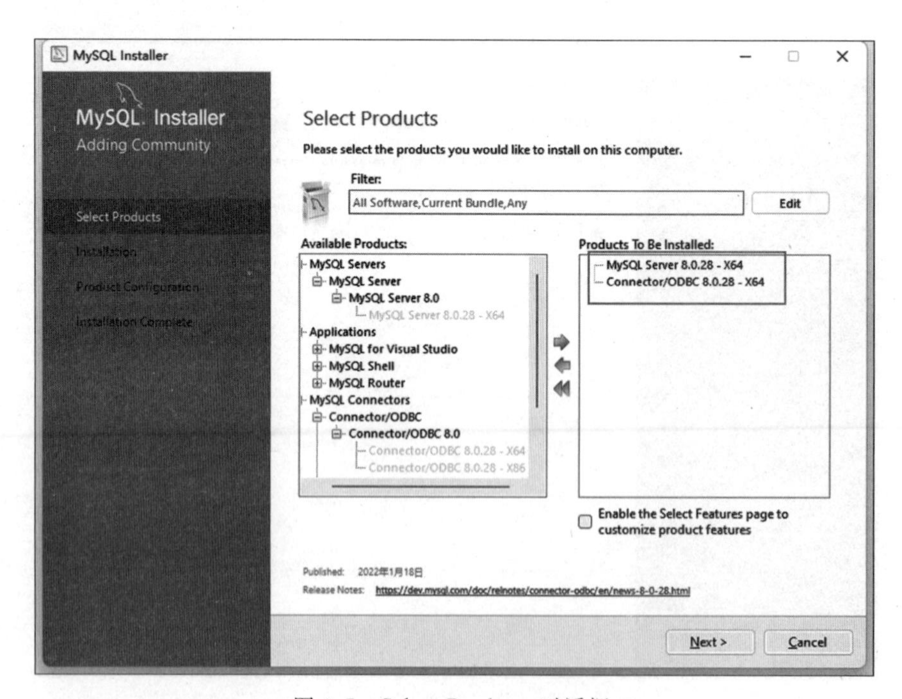

图 3-7　Select Products 对话框

(5) 打开 Installation 对话框，单击 Execute 按钮，如图 3-8 所示。

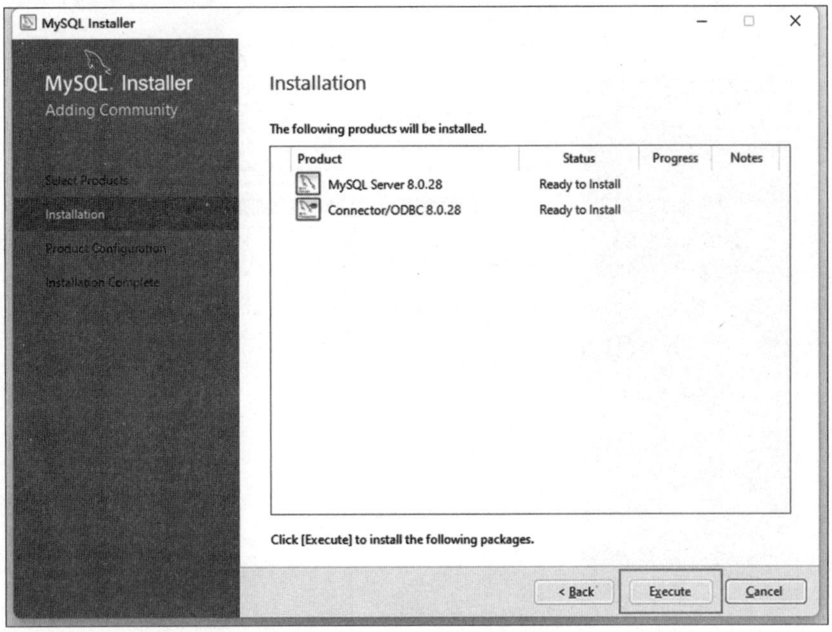

图 3-8　Installation 对话框

(6) 安装完成后如图 3-9 所示，然后单击 Next 按钮。

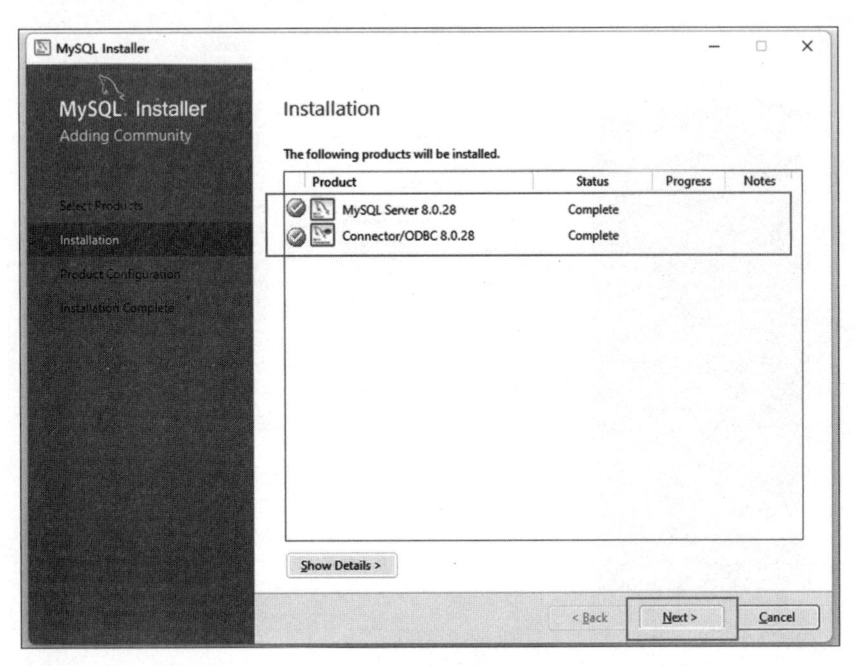

图 3-9　安装完成后的对话框

(7) 进入服务类型和网络配置对话框，Config Type 使用默认选项 Development Computer(最小化配置)即可，如图 3-10 所示。如果是在实际项目应用中，需要选择 Server

课堂笔记

Computer 类型。另外还需要注意端口号 3306 有没有被占用，如果被占用，可以尝试更换一个新端口号或将之前其他版本的 MySQL 卸载。

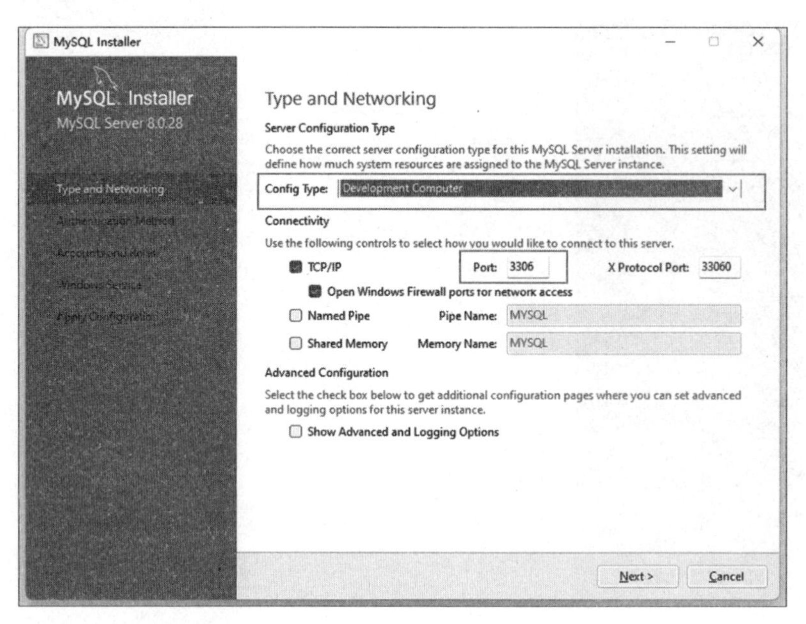

图 3-10　Type and Networking 对话框

(8) 单击 Next 按钮，进入 Accounts and Roles 对话框，如图 3-11 所示，设置 MySQL 的 root 账号的初始密码并确认密码，也可以添加更多的用户。

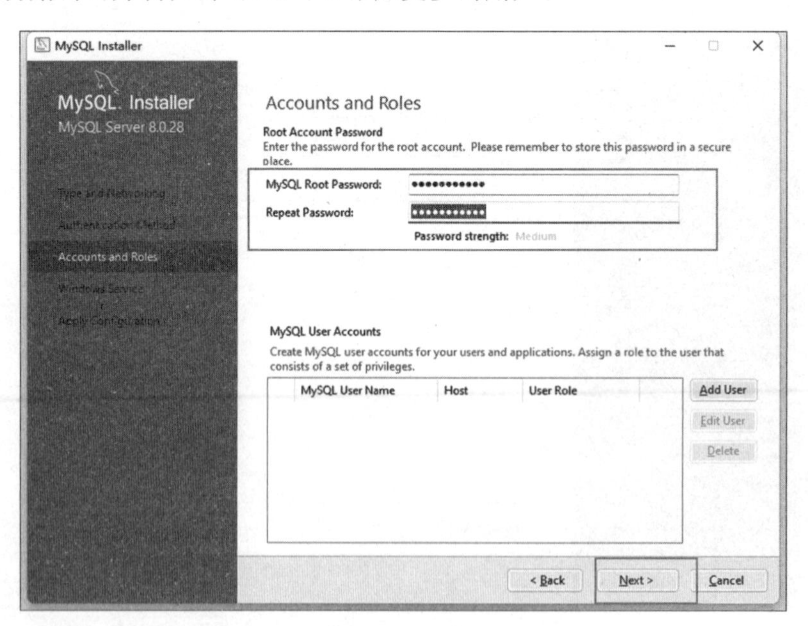

图 3-11　Accounts and Roles 对话框

(9) 单击 Next 按钮，进入 Windows Service 对话框，如图 3-12 所示。

课堂笔记

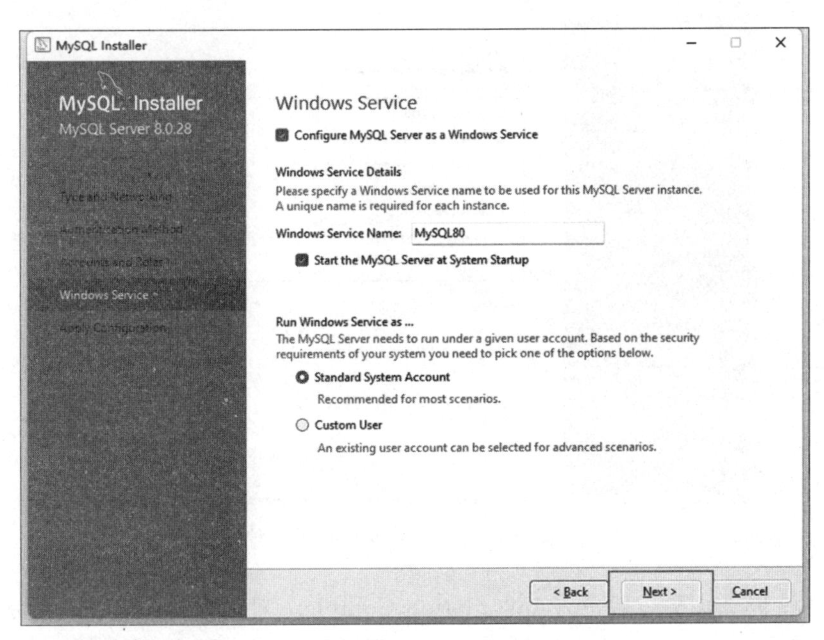

图 3-12　Windows Service 对话框

（10）直接单击 Next 按钮，进入 Apply Configuration 对话框，如图 3-13 所示。

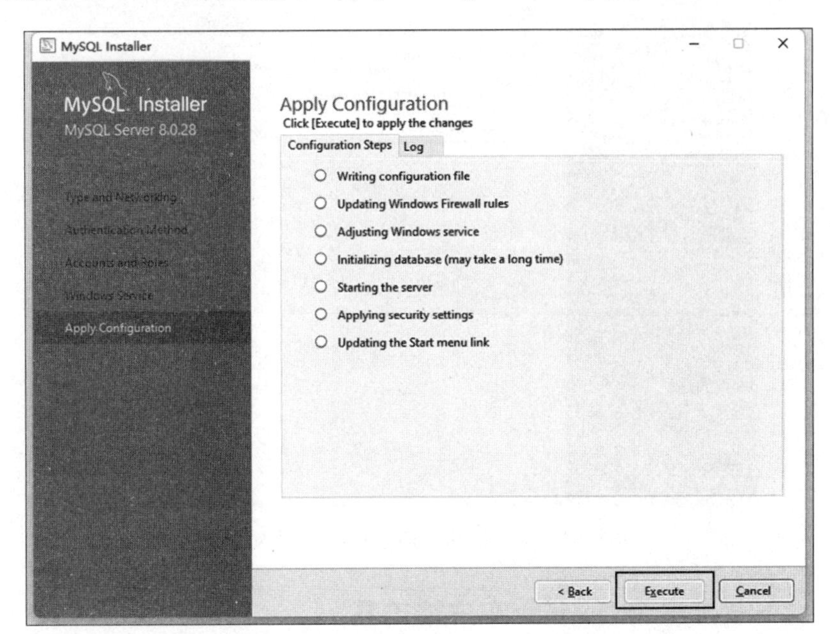

图 3-13　Apply Configuration 对话框

（11）单击 Execute 按钮开始进行配置，配置成功后如图 3-14 所示。

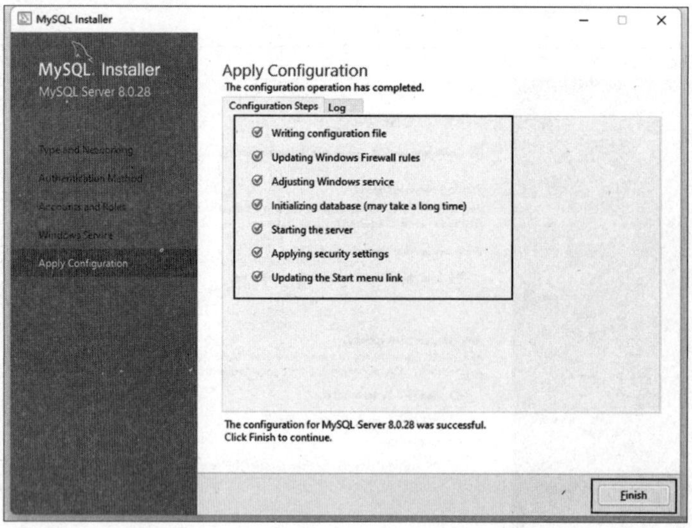

图 3-14　Apply Configuration 完成对话框

(12) 单击 Finish 按钮后进入 Installation Complete 对话框，如图 3-15 所示，然后单击 Finish 按钮完成整个 MySQL 产品的安装和配置。至此，MySQL 所有的安装和配置步骤结束。

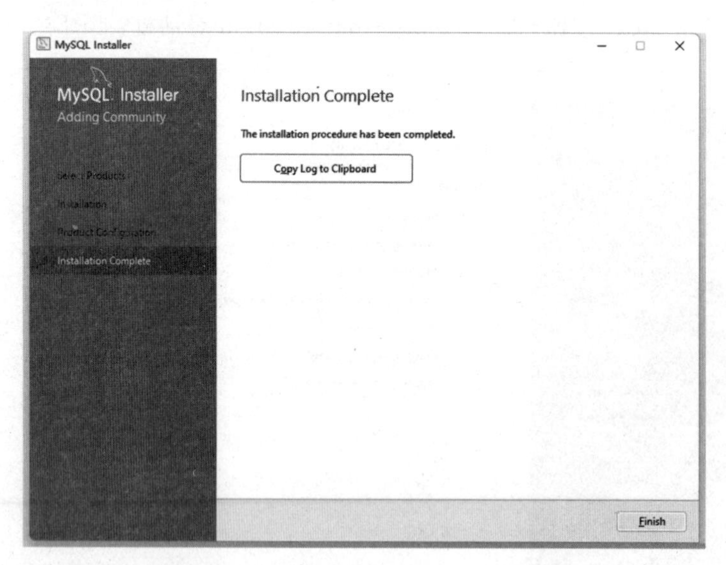

图 3-15　Installation Complete 完成对话框

步骤 7　下载与安装 Navicat 客户端工具

Navicat 是一套可创建多个连接的数据库管理工具，它可以方便地管理不同类型的数据库，也支持云数据库的管理。它提供了三种平台的版本：Microsoft Windows、macOS 和 Linux。Navicat 有针对特定数据库的管理工具，可以管理 MySQL、SQL Server、Oracle 和 MongoDB 等。还有 Navicat Premium 版本，它可以从单一应用程序中同时连接多种类型的数据库，同时它还与主流的 Amazon RDS、Microsoft Azure、Oracle Cloud、阿里云、腾讯云和华为云等云数据库兼容，可以快速轻松地创建、管理和维护数据库。

(1) Navicat Premium 客户端工具的下载。可以登录 Navicat 官网下载客户端工具，如图 3-16 所示。

图 3-16　Navicat Premium 下载页面

(2) 下载完成后，双击安装包开始安装，整个安装过程可以全部采用默认设置，安装完成后如图 3-17 所示。

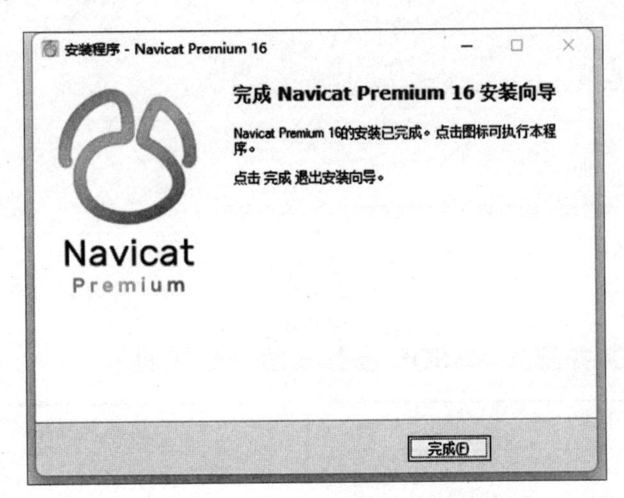

图 3-17　Navicat Premium 安装完成界面

知识点解析

1. MySQL 可在多种操作系统中运行

除了 Windows 操作系统外，MySQL 还可在 UNIX、Linux 等操作系统中运行。在实际项目应用中，通常会将 MySQL 部署在 Linux 操作系统中(如 RedHat、CentOS 等)。由于 Linux 系统和 Windows 系统的差异，在 Linux 系统中配置和部署 MySQL 要复杂得多，需要具备一定的 Linux 基础知识才可以完成部署。

课堂笔记

2. MySQL 配置文件

MySQL 的配置文件是 mysql.ini，该配置文件的主要内容如下：

```
[mysql]
# 设置 mysql 客户端默认字符编码形式
default-character-set = utf8mb4
[mysqld]
#设置服务端口号，默认 3306
port = 3306
#设置 mysql 的安装目录
basedir = E:\mysql-8.0.28
#设置 mysql 数据库的数据存放目录
datadir = E:\mysql-8.0.28\data\
#设置最大连接数
max_connections = 200
#允许连接失败的次数
max_connect_errors = 10
#服务端使用的字符集默认为 utf8mb4
character-set-server = utf8mb4
#创建新表时将使用的默认存储引擎
default-storage-engine = INNODB
#默认使用"mysql_native_password"插件认证
#mysql_native_password
default_authentication_plugin = mysql_native_password
```

实战演练

任务工单：安装并配置 MySQL 服务与图形化工具

<table>
<tr><td>组员 ID</td><td></td><td>组员姓名</td><td></td><td>所属项目组</td><td></td></tr>
<tr><td>MySQL 官网网址</td><td colspan="2">https://www.MySQL.com</td><td colspan="2">MySQL 版本</td><td>MySQL 8.0 社区版</td></tr>
<tr><td>硬件配置</td><td colspan="5">CPU：2.3GHz 及以上双核或四核；硬盘：150GB 及以上；内存：8GB；网卡：千兆网卡</td></tr>
<tr><td>操作系统</td><td colspan="5">Windows 7/Windows 10 或更高版本</td></tr>
<tr><td rowspan="3">任务执行前
准备工作</td><td colspan="2">检测计算机软硬件环境是否可用</td><td>□可用
□不可用</td><td colspan="2">不可用注明理由：</td></tr>
<tr><td colspan="2">检测操作系统环境是否可用</td><td>□可用
□不可用</td><td colspan="2">不可用注明理由：</td></tr>
<tr><td colspan="2">检测旧版本 MySQL 软件是否已卸载</td><td>□已卸载
□未卸载</td><td colspan="2">未卸载注明理由：</td></tr>
</table>

续表

执行具体任务（完成 MySQL 的安装和配置）	了解 MySQL 的特点	完成度：□未完成 □部分完成 □全部完成
	了解 MySQL 版本	完成度：□未完成 □部分完成 □全部完成
	了解 MySQL 客户端管理工具有哪些	完成度：□未完成 □部分完成 □全部完成
	下载 MySQL 安装包	完成度：□未完成 □部分完成 □全部完成
	安装和配置 MySQL	完成度：□未完成 □部分完成 □全部完成
	安装 Navicat 客户端工具	完成度：□未完成 □部分完成 □全部完成
任务未成功的处理方案	采取的具体措施：	执行处理方案的结果：
备注说明	填写日期：	其他事项：

任务评价

组员 ID		组员姓名		所属项目组			
评价栏目	任务详情	评价要素	分值	评价主体		
				学生自评	小组互评	教师点评
MySQL 服务与图形化工具的安装与配置情况	了解 MySQL 的特点	是否完全了解	5			
	了解 MySQL 版本	是否完全了解	5			
	了解 MySQL 客户端管理工具	是否完全了解	5			
	下载 MySQL 安装包	是否完全掌握	5			
	安装和配置 MySQL	是否完全掌握	35			
	安装 Navicat 客户端工具	是否完全掌握	15			
掌握熟练度	知识结构	知识结构体系形成	5			
	准确性	理论知识掌握准确度	5			
团队协作能力	积极参与讨论	积极参与和发言	5			
	对项目组的贡献	对团队的贡献值	5			
职业素养	态度	是否认真细致、遵守课堂纪律、学习积极、具有团队协作精神	3			
	操作规范	是否有实训环境保护意识，实训设备使用是否合规，操作前是否对硬件设备和软件环境检查到位，有无损坏机器设备的情况，能否保持实训室卫生	3			

课堂笔记

续表

评价栏目	任务详情	评价要素	分值	评价主体		
				学生自评	小组互评	教师点评
职业素养	工匠精神	是否突显精益求精、严谨执着的工匠精神	4			
总　分			100			

拓展训练

1. 知识拓展

华为云数据库实现了企业核心数据安全上云、稳定高效处理与分析的功能，这与传统数据库有着本质的不同。华为云数据库分为开源增强型产品、自主品牌 GaussDB、一站式工具服务三大类产品。华为云数据库基于华为多年数据库应用、建设和维护累积的经验，结合数据库云化改造技术，大幅优化传统数据库，打造出一套更稳定、更可靠、更安全、性能更高、即开即用、运维便捷、弹性伸缩的数据库服务，拥有容灾、备份、恢复、安防、监控、迁移等全面的解决方案。

GaussDB(for MySQL)是华为自主研发的高性能企业级分布式关系数据库，完全兼容 MySQL。GaussDB 基于华为 DFV 分布式存储，采用计算存储分离架构，最高支持 128TB 的海量存储，可实现超百万级 QPS 吞吐，支持跨 AZ 部署，数据零丢失，既拥有商业数据库的性能和可靠性，又具备开源数据库的灵活性。GaussDB 标志着我国在数据库领域科技发展的新突破，科技强国的最新成果。

2. 实训拓展

(1) 登录华为云官网，购买 GaussDB(for MySQL)数据库实例。
(2) 完成 GaussDB(for MySQL)数据库实例的配置。
(3) 使用华为云 Web 管理界面管理数据库实例。

讨论反思与学习插页

任务总结：安装与配置 MySQL 服务与图形化工具

组员 ID		组员姓名		所属项目组	
讨论反思					
学习研讨	问题：试说明 MySQL 的版本有哪些及各版本的适用对象？	解答：			
	问题：试描述安装和配置 MySQL 的主要步骤和注意事项有哪些？	解答：			

课堂笔记

续表

立德铸魂	通过对 MySQL 的安装、配置以及对数据库工具的安装等内容的学习，培养学生反复练习、坚持不懈、严谨执着、追求极致的工匠精神
学习插页	
过程性学习	记录学习过程：
重点与难点	提炼安装与配置 MySQL 服务与图形化工具的重难点：
阶段性评价总结	总结阶段性学习效果：
答疑解惑	记录学习过程中疑惑问题的解答情况：

任务3-2　启动与登录 MySQL

任务描述

本任务讲解如何完成 MySQL 服务的启动与停止，通过 Windows 命令行、MySQL 命令行客户端和图形化管理工具登录 MySQL 服务器。本任务进度如表3-2所示。

表 3-2　启动与登录 MySQL 任务进度表

任务描述	任务下发时间	预期完成时间	任务负责人	版本号
多种方式启动与登录 MySQL	9 月 22 日	9 月 23 日	刘强	V1.0
启动与使用 MySQL 图形化工具	9 月 24 日	9 月 25 日	张昊波	V1.0

任务分析

本任务在安装和配置完 MySQL 服务器后，完成 MySQL 服务的启动和停止操作，并通过 Windows 命令行、MySQL command client 和图形化管理工具三种不同的方式登录到 MySQL 服务器，同时需要解决在登录中遇到的连接失败问题。

课堂笔记

任务目标

- 素质目标：培养学生知识的精益求精、坚持不懈、严谨执着、追求极致的工匠精神。
- 知识目标：掌握 MySQL 服务的启动与停止，掌握以 Windows 命令行方式、MySQL 命令行客户端和以图形化管理工具等方式登录 MySQL 服务器。
- 能力目标：掌握 MySQL 服务的管理和维护，掌握通过命令行工具及图形化工具访问 MySQL 服务。

任务实施

步骤 1　掌握 MySQL 服务的启动与停止

可以通过依次单击“开始”菜单→“控制面板”→“服务”按钮打开 Window 服务管理器。在服务列表中找到 MySQL 服务（见图 3-18）并右击，在弹出的快捷菜单中完成 MySQL 服务的各种操作（如启动、重新启动、停止、暂停和恢复等）。

注意：

在工作环境中，为了安全起见，还要为 MySQL 新建用户，不要直接使用 root 用户或分配 root 用户给具体的项目使用。

步骤 2　以 Windows 命令行方式登录

按键盘上的 Win+R 组合键，打开运行窗口，然后输入 cmd，打开 Windows 命令提示符窗口（如果是 Windows 10/Windows 11 系统，可以先通过搜索功能找到命令行提示符，然后右击以管理员身份运行）。在窗口中输入 mysql-u root-p 命令后，根据提示键入密码，按回车键即可成功登录到 MySQL 服务器，如图 3-19 所示。默认的用户名为 root，密码要使用安装时预设置好的，建议使用强密码，不要使用太过简单的密码。

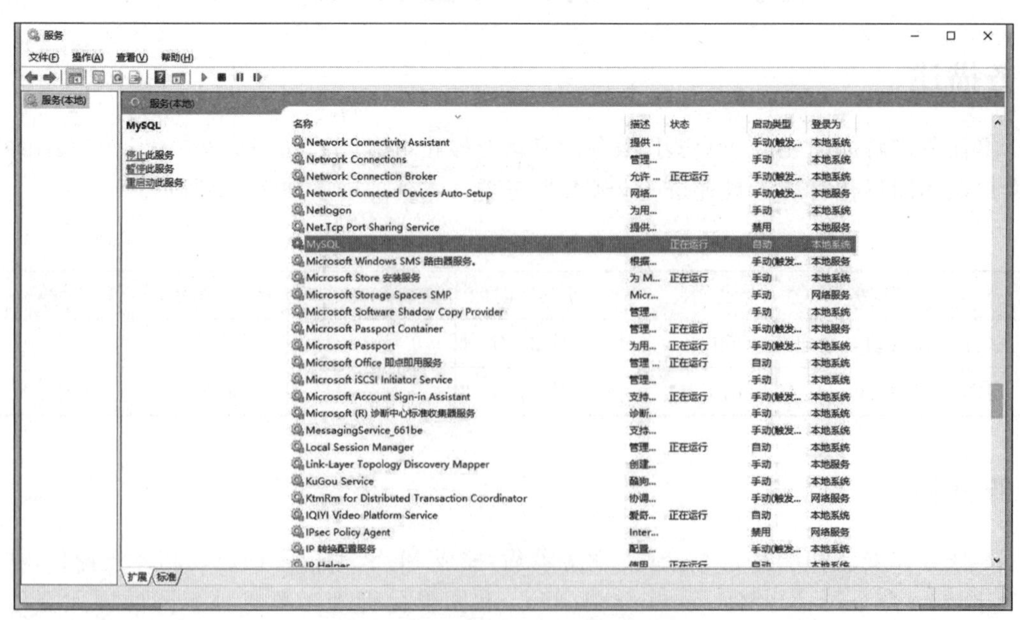

图 3-18　MySQL 服务

课堂笔记

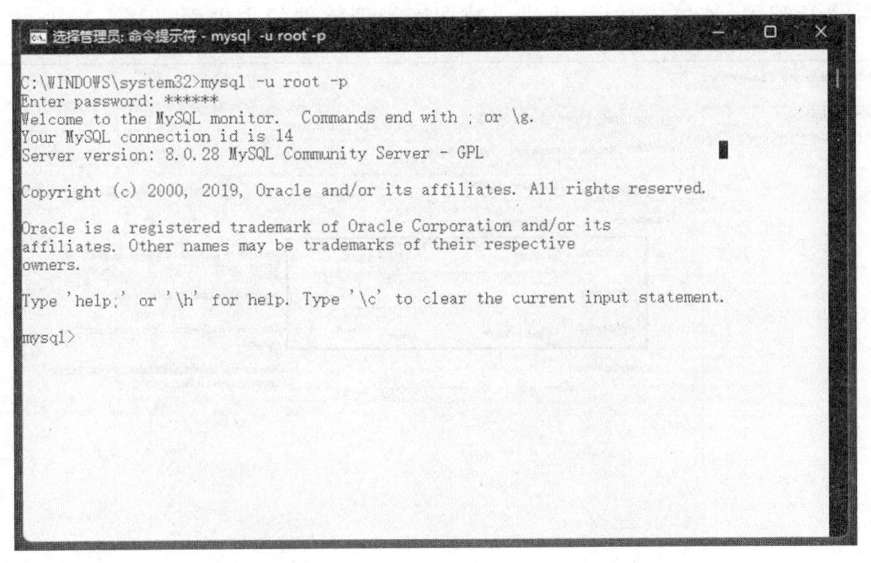

图3-19 成功登录MySQL服务器

学习小贴士

建议使用管理员账号在Windows中打开cmd窗口。

微课:MySQL服务器的登录

步骤3 使用MySQL命令行客户端登录

通过依次选择"开始"菜单→MySQL→MySQL 8.0 Command Line Client命令,输入正确的root密码,若出现mysql >提示符,则表示正确登录了MySQL服务器,如图3-20所示。

步骤4 使用MySQL Workbench图形化管理工具登录

MySQL除提供命令行客户端(MySQL Command Line Client)管理工具用于数据库的管理与维护外,Oracle公司还提供了MySQL Workbench客户端工具来管理和维护数据库。可以用MySQL Workbench设计和创建新的数据库图示,建立数据库文档,进行复杂的MySQL迁移等操作。它是一款优秀的可视化数据库设计、管理工具,同时有开源和商业化两个版本,该软件可运行于Windows、macOS、Linux系统。

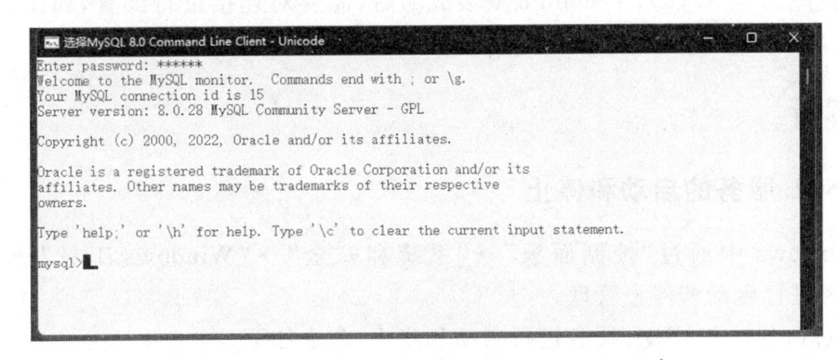

图3-20 MySQL数据库Command Line Client窗口

既可以在MySQL的官网上下载MySQL Workbench版本,也可以在安装MySQL 8.0系统时一起安装此软件。安装成功后,打开MySQL Workbench软件,新建连接(见

课堂笔记

图 3-21）并进行配置，连接成功后，将进入数据库管理软件的主界面。

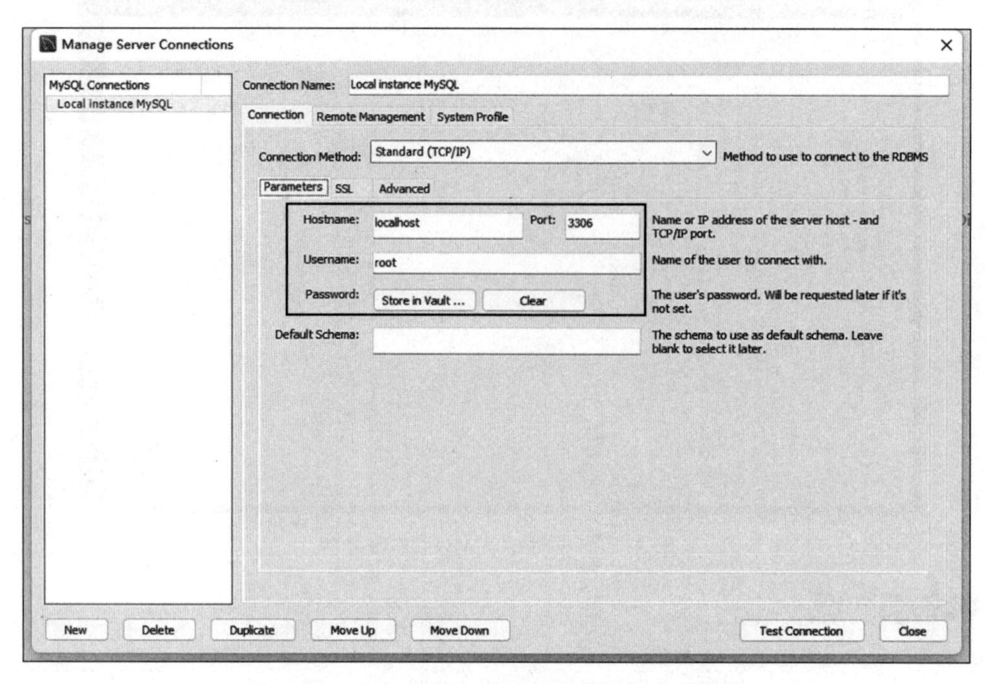

图 3-21　MySQL Workbench 连接数据库对话框

学习小贴士

如果测试连接失败，需要检查 MySQL 服务是否正常启动、端口号是否正确以及用户和密码拼写是否正确。

步骤 5　使用 Navicat Premium 图形化管理工具登录

除上述方法管理 MySQL 外，第三方提供的管理维护工具也非常多，大部分都是图形化管理工具。图形化管理工具对数据库的数据进行操作时采用菜单方式，不需要熟练记忆操作命令。Navicat 在应用中使用较广泛，可以使用 Navicat Premium 图形化管理工具连接 MySQL 数据库。当 Navicat Premium 安装成功后，需要对连接进行配置，如图 3-22 所示；连接成功后，将进入 Navicat Premium 数据库管理软件的主界面。

知识点解析

1. MySQL 服务的启动和停止

（1）Windows 中通过“控制面板”→“系统和安全”→“Windows 工具”→“服务”对 MySQL 服务进行启动和停止管理。

（2）通过命令对 MySQL 服务进行启动和停止，命令如下。

- 开启服务：net start mysql #
- 停止服务：net stop mysql

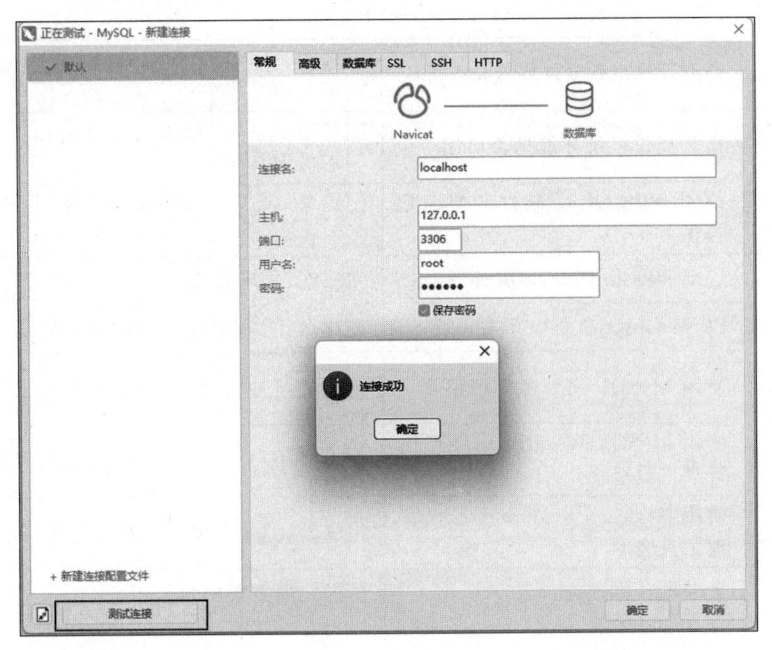

图 3-22　Navicat Premium 连接 MySQL 服务器对话框

2. 登录 MySQL

登录 MySQL 的命令格式如下：

```
mysql -h host -u username -p password
```

语法说明：

(1) -h 表示要连接的 MySQL 服务器地址。如果连接本机，可以不加此参数；若要连接到远程的服务器上，则需要加入参数-h 表示远程服务器的 IP 地址。

(2) -u 表示用户名，默认的用户名通常为 root。

(3) -p 表示 MySQL 用户对应的密码。

例如，键入命令“mysql -h 192.168.100.10 -u root -p”，按回车键，则表示要连接的 MySQL 服务器地址为 192.168.100.10，使用默认的端口号 3306，用户名为 root。

实战演练

1. 任务工单：采用多种方式启动与登录 MySQL

组员 ID		组员姓名		所属项目组	
MySQL 官网网址	https://www.MySQL.com		MySQL 版本	MySQL 8.0 社区版	
硬件配置	CPU：2.3GHz 及以上双核或四核；硬盘：150GB 及以上；内存：8GB；网卡：千兆网卡				
操作系统	Windows 7/Windows 10 或更高版本		软件系统	WPS Office	

课堂笔记

续表

任务执行前准备工作	检测计算机软硬件环境是否可用	□可用 □不可用	不可用注明理由：
	检测操作系统环境是否可用	□可用 □不可用	不可用注明理由：
	检测 WPS Office 软件的使用是否正常	□正常 □不正常	不正常注明理由：
执行具体任务（完成 MySQL 服务的启动和登录）	启动和停止 MySQL 服务器	完成度：□未完成　□部分完成　□全部完成	
	以 Windows 命令行方式登录	完成度：□未完成　□部分完成　□全部完成	
	使用 MySQL 命令客户端登录	完成度：□未完成　□部分完成　□全部完成	
	使用 MySQL Workbench 图形化管理工具登录	完成度：□未完成　□部分完成　□全部完成	
	使用 Navicat Premium 图形化管理工具登录	完成度：□未完成　□部分完成　□全部完成	
任务未成功的处理方案	采取的具体措施：	执行处理方案的结果：	
备注说明	填写日期：	其他事项：	

2. 任务工单：安装与使用 MySQL 图形化工具

在完成“采用多种方式启动和登录 MySQL”任务工单后，扫描左侧二维码下载并完成此工单。

任务工单：安装与使用 MySQL 图形化工具

任务评价

1. 评价表：采用多种方式启动与登录 MySQL

组员 ID		组员姓名		所属项目组			
评价栏目	任务详情	评价要素		分值	评价主体		
					学生自评	小组互评	教师点评
掌握启动与登录 MySQL 的方法	启动和停止 MySQL 服务	是否完全掌握		10			
	以 Windows 命令行方式登录	是否完全掌握		15			
	以 MySQL 命令行客户端登录	是否完全掌握		15			
	使用 MySQL Workbench 图形化管理工具登录	是否完全掌握		15			

续表

评价栏目	任务详情	评价要素	分值	评价主体		
				学生自评	小组互评	教师点评
掌握启动与登录 MySQL 的方法	使用 Navicat Premium 图形化管理工具登录	是否完全掌握	15			
掌握熟练度	知识结构	知识结构体系形成	5			
	准确性	概念和基础掌握的准确度	5			
团队协作能力	积极参与讨论	积极参与和发言	5			
	对项目组的贡献	对团队的贡献值	5			
职业素养	态度	是否认真细致、遵守课堂纪律、学习积极、具有团队协作精神	3			
	操作规范	是否有实训环境保护意识，实训设备使用是否合规，操作前是否对硬件设备和软件环境检查到位，有无损坏机器设备的情况，能否保持实训室卫生	3			
	工匠精神	是否突显精益求精、严谨执着的工匠精神	4			
总　　分			100			

2. 评价表：安装与使用 MySQL 图形化工具

扫描右侧二维码下载并完成此评价表。

评价表：安装与使用 MySQL 图形化工具

拓展训练

1. 知识拓展

GaussDB(for MySQL)整体架构自下向上可分为存储层、存储抽象层和 SQL 解析层，每层的架构情况如图 3-23 所示。

(1) 存储层：基于华为 DFV(data function virtual，数据功能虚拟化)存储，采用计算存储分离架构，支付 128TB 的海量存储，无须分库分表。DFV 提供分布式、强一致和高性能的存储能力，可保障数据的可靠性以及横向扩展能力。存储层中有多个 redo 日志。redo 日志是基于磁盘的数据结构，数据库在崩溃恢复期间用于修正未完成的事务写入数据。正常操作期间，redo 日志对更改表数据的请求进行编码，这些请求是由 SQL 语句或低级 API 调用引起的。在初始化期间以及接受连接之前，会自动提交在意外关闭之前未完成更新数据文件的修改。

(2) 存储抽象层(storage abstraction layer，SAL)：将原始数据库基于表文件的操作抽

课堂笔记

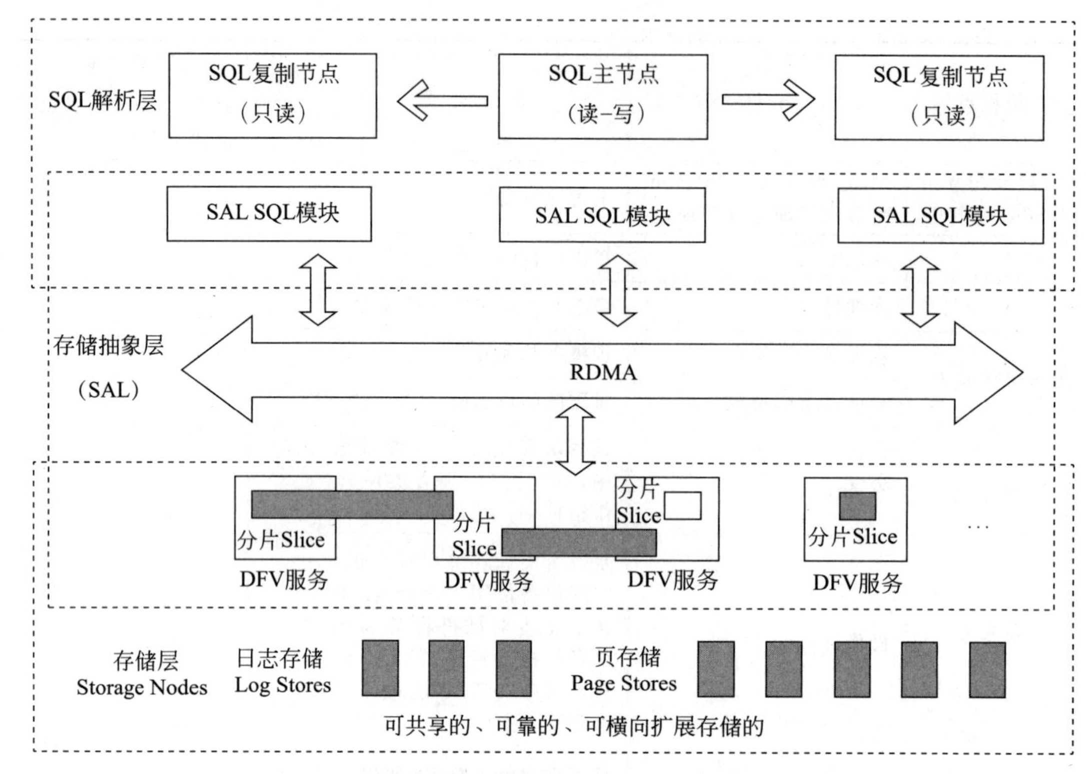

图 3-23　GaussDB（for MySQL）架构

象为对应的分布式存储，向下对接 DFV，向上提供高效调度的数据库存储语义，是数据库高性能的核心组成部分。

（3）SQL 解析层：复用 MySQL 8.0 代码，以保证与开源的 MySQL 完全兼容，用户业务从 MySQL 上迁移不用修改任何代码，从其他数据库迁移也能使用 MySQL 生态的语法、工具，从而降低开发、学习成本。GaussDB(for MySQL)，基于原生 MySQL，在完全兼容的前提下进行大量内核优化、开源加固和开源生态建设，具备强大的商用能力。

2. 实训拓展

（1）通过华为云 Web 官网，登录购买 GaussDB(for MySQL)数据库实例。

（2）通过 MySQL Workbench 图形化工具管理购买的 GaussDB(for MySQL)数据库实例。

讨论反思与学习插页

1. 任务总结：采用多种方式启动与登录 MySQL

组员 ID		组员姓名		所属项目组	
讨论反思					
学习研讨	问题：如何启动和停止 MySQL 服务，共有几种方法？	解答：			

课堂笔记

续表

学习研讨	问题：可以通过哪些方式登录 MySQL?	解答：
立德铸魂	通过对 MySQL 启动和登录实操的反复训练，培养学生不骄不躁、坚持不懈、永不言败的学习精神	
学习插页		
过程性学习	记录学习过程：	
重点与难点	提炼采用多种方式启动与登录 MySQL 的重难点：	
阶段性评价总结	总结阶段性学习效果：	
答疑解惑	记录学习过程中疑惑问题的解答情况：	

2. 任务总结：启动与使用 MySQL 图形化工具

扫描右侧二维码下载并完成此任务总结。

任务总结：启动与使用 MySQL 图形化工具

课堂笔记

项目4　创建与管理电子商务系统数据库

项目导读

数据库是指长期存储在计算机内、有组织的和可共享的数据集合。简而言之，数据库就是一个存储数据的地方，只是其存储方式有特定的规律。本项目将使用 MySQL 创建电子商务系统数据库并管理该数据库，这些都是数据库的基本操作。

项目素质目标

积极进取、树立专业自信心，树立一丝不苟的敬业精神和担当意识。

项目知识目标

了解数据库基础知识和关系数据库理论，掌握创建与维护数据库的 SQL 代码语法规则，理解 MySQL 常用字符集、校对规则和存储引擎。

项目能力目标

掌握设计与创建数据库的操作，掌握查看、修改与删除数据库的操作。

项目导图

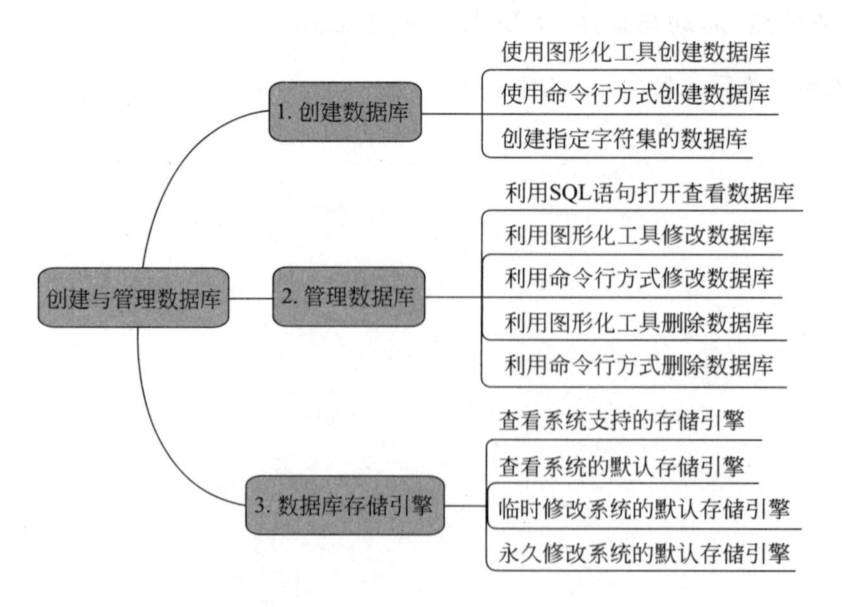

课堂笔记

任务4-1 创建与管理数据库

任务描述

某电子商务网站是一个营销图书、电子产品、家用电器、办公用品、化妆品、服装、鞋帽、食品、珠宝、玩具、运动器械等多种类型商品的综合性网站。目前,进入该电商网站后台数据库系统设计与开发阶段。依据对数据库系统的设计、创建、使用、优化、管理及维护的操作流程,本任务属于数据库的创建阶段。利用图形化管理工具和SQL语句创建与管理电子商务系统ecommerce数据库,并在创建数据库的同时指定字符集和校对规则。学习如何根据数据库应用系统的功能需求,使用CREATE、SHOW等语句建立、查看数据库,为数据库应用系统的开发与使用奠定基础。本任务进度如表4-1所示。

表4-1 创建和管理电子商务系统ecommerce数据库任务进度表

任务描述	任务下发时间	预期完成时间	任务负责人	版本号
利用图形化工具和SQL语句创建数据库	9月22日	9月23日	张文莉	V1.0
利用图形化工具和SQL语句管理数据库	9月24日	9月25日	李晓华	V1.0

任务分析

现在主流的数据库管理系统都提供了图形用户界面来管理数据库,同时也可以使用SQL语句进行数据库管理。在MySQL中,主要使用两种方法创建和管理数据库:一是使用图形化管理工具Navicat创建和管理数据库,此方法简单、直观,以图形化方式完成数据库的创建、修改和删除等操作;二是使用SQL语句创建、修改和删除数据库,此方法可以将创建和操作数据库的脚本保存下来,在其他计算机上运行该脚本就可以创建相同的数据库。

任务目标

- 素质目标:积极进取、树立专业自信心,树立一丝不苟的敬业精神和担当意识。
- 知识目标:掌握使用图形化工具创建和管理数据库的基本操作,掌握创建和管理数据库的SQL代码语法规则,理解MySQL常用字符集、校对规则,掌握创建指定字符集数据库的SQL代码语法规则。
- 能力目标:掌握通过图形化工具和SQL语句两种形式创建和管理数据库的基本操作。

任务实施

步骤1 利用图形化工具和SQL语句创建数据库

创建数据库

1)使用图形化工具创建数据库

使用Navicat图形化管理工具创建和管理数据库,是最简单也是最直接的方法,非常适合初学者。

课堂笔记

(1) 启动 Navicat 图形化管理工具,然后单击"连接"按钮,选择连接 MySQL 数据库,在弹出的对话框中设置"连接名"为 localhost,输入密码,其他选项保持默认设置,即可完成与 MySQL 数据库的连接。连接后的数据库如图 4-1 所示。

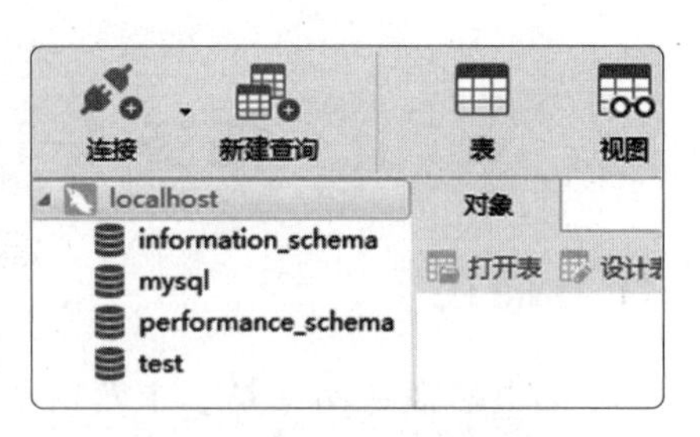

图 4-1 连接 MySQL 数据库

(2) 选中 localhost 连接名,右击选择"新建数据库",弹出"新建数据库"对话框,在"数据库名"文本框中输入 ecommerce,如图 4-2 所示。在创建数据库时,除了输入数据库的名称外,还可以设置该数据库的"字符集"和"排序规则"(排序规则又称为校对规则,此处选择默认的设置),然后单击"确定"按钮创建数据库。

(3) 数据库创建成功后,在 localhost 连接中就会显示名为 ecommerce 的数据库,如图 4-3 所示。

图 4-2 新建数据库

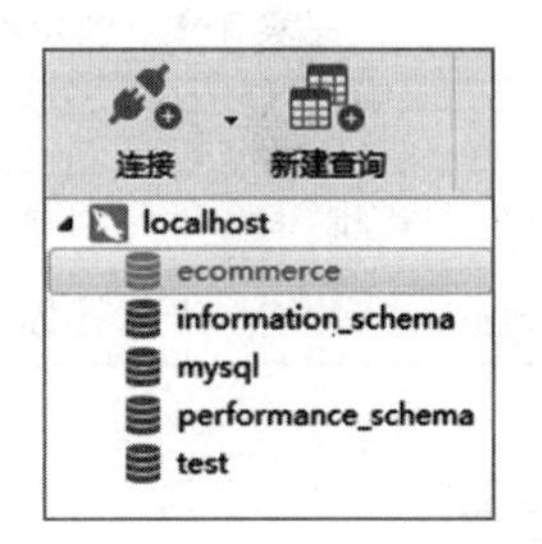

图 4-3 ecommerce 数据库

2) 使用命令行方式创建数据库

(1) 打开 MySQL 自带的工具 MySQL 命令行客户端,连接 MySQL 数据库服务器,然后使用 CREATE DATABASE 命令创建名为 ecommerce_test 的数据库,执行代码如图 4-4 所示。

通过以上操作发现,执行一条语句后,下面出现一行提示"Query OK,1 row affectecd (0.03sec)"。这行提示由三部分组成,具体含义如下。

① Query OK:表示 SQL 代码执行成功。

② 1 row affected:表示操作只影响了数据库中一行记录。

③ (0.03 sec):表示执行操作的时间。

(2) 使用 SHOW DATABASES 命令来查看当前所有存在的数据库,语句执行结果如图 4-5 所示。可以看到,数据库列表中包含了刚刚创建的数据库 ecommerce_test 和其他已经存在的数据库。

```
mysql> CREATE DATABASE ecommerce_test;
Query OK, 1 row affected (0.03 sec)
```

图 4-4 创建数据库

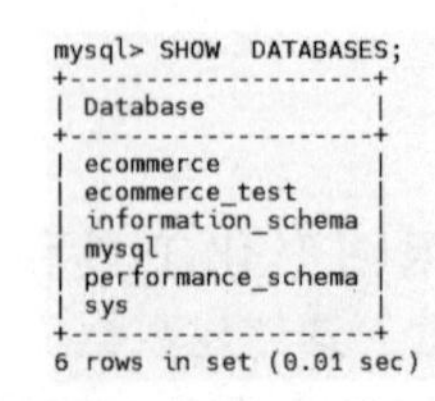

```
mysql> SHOW  DATABASES;
+--------------------+
| Database           |
+--------------------+
| ecommerce          |
| ecommerce_test     |
| information_schema |
| mysql              |
| performance_schema |
| sys                |
+--------------------+
6 rows in set (0.01 sec)
```

图 4-5 显示当前建立的数据库

3）创建指定字符集的数据库

通过 CREATE DATABASE 命令创建一个名为 ecommerce_test01 的数据库，并指定其字符集为 GBK，并带校对规则 gbk_chinese_ci。

```
CREATE DATABASE ecommerce_test01 CHARACTER SET GBK COLLATE gbk_chinese_ci;
```

运行效果如图 4-6 所示。

```
mysql> CREATE DATABASE ecommerce_test01 CHARACTER SET GBK COLLATE gbk_chinese_ci;
Query OK, 1 row affected (0.04 sec)
```

图 4-6　建立带有字符集的数据库

步骤 2　利用图形化工具和 SQL 语句管理数据库

1）利用 SQL 语句打开、查看数据库

（1）选择名为 ecommerce 的数据库，设置其为当前的数据库。

```
USE ecommerce;
```

管理数据库

运行效果如图 4-7 所示。

其中，Database changed 表明数据库 ecommerce 已经打开，变成当前的数据库，可以在数据库 ecommerce 中进行相关的操作。

（2）在使用数据库时，还可以查看当前使用的是哪个数据库。

```
SELECT database();
```

运行效果如图 4-8 所示。

```
mysql> USE ecommerce;
Database changed
mysql> █
```

图 4-7　打开数据库

```
mysql> SELECT database();
+------------+
| database() |
+------------+
| ecommerce  |
+------------+
1 row in set (0.00 sec)
```

图 4-8　查询当前使用的数据库

从执行结果可以看出，当前使用的数据库是 ecommerce。

（3）查看创建的数据库 ecommerce 的信息。

```
SHOW CREATE DATABASE ecommerce \G;
```

运行效果如图 4-9 所示。

```
mysql> SHOW CREATE DATABASE ecommerce \G;
*************************** 1. row ***************************
       Database: ecommerce
Create Database: CREATE DATABASE `ecommerce` /*!40100 DEFAULT CHARACTER SET utf8mb4 COLLATE utf8mb4_0900_ai_ci
ON='N' */
1 row in set (0.00 sec)
```

图 4-9　查看数据库信息

以上执行结果显示了数据库 ecommerce 的创建信息，如编码方式为 utf8mb4。

2）利用图形化工具修改数据库

使用 Navicat 修改 ecommerce_test 数据库字符集和校对规则的方法如下。

课堂笔记

（1）在 localhost 连接中选中 ecommerce_test 数据库并右击，在弹出的快捷菜单中选择“编辑数据库”命令。

（2）弹出如图 4-10 所示的“编辑数据库”对话框，在此对话框中修改字符集以及校对规则，单击“确定”按钮，完成修改。

图 4-10　修改数据库信息

3）利用命令行方式修改数据库

使用 MySQL 命令行客户端修改 ecommerce_test 数据库字符集和校对规则，方法如下。

（1）打开 MySQL 自带的工具 MySQL 命令行客户端，连接 MySQL 数据库服务器，通过 SHOW 语句来查看创建的数据库 ecommerce_test 的信息。

```
SHOW CREATE DATABASE ecommerce_test \G;
```

（2）执行 ALTER DATABASE 语句修改数据库。

```
ALTER DATABASE ecommerce_test CHARACTER SET gb2312 COLLATE gb2312_chinese_ci;
```

（3）通过 SHOW 语句来查看修改后的数据库 ecommerce_test 的信息。

```
SHOW CREATE DATABASE ecommerce_test \G;
```

4）利用图形化工具删除数据库

删除数据库是指在数据库系统中删除已经存在的数据库。删除数据库之后，原来分配的空间将被收回。使用 Navicat 删除 ecommerce_test01 数据库的方法如下。

（1）在 localhost 连接中选中 ecommerce_test01 数据库并右击 ecommerce_test01，在弹出的快捷菜单中选择“删除数据库”命令，弹出如图 4-11 所示的对话框。

图 4-11　删除数据库

（2）单击“删除”按钮，删除 ecommerce_test01 数据库。执行成功后，在 localhost 连接

课堂笔记

中，ecommerce_test01 将不再存在。

5）利用命令行方式删除数据库

执行删除数据库是通过 SQL 命令 DROP DATABASE 删除 ecommerce_test 数据库的方法如下。

（1）打开 MySQL 自带的工具 MySQL 命令行客户端，连接 MySQL 数据库服务器，通过 SHOW DATABASES 命令查看当前所有存在的数据库，结果如图 4-12 所示。

（2）执行 DROP DATABASE ecommerce_test 命令删除数据库。

（3）执行成功后再次执行 SHOW 语句来查看数据库系统中的数据库，结果如图 4-13 所示。

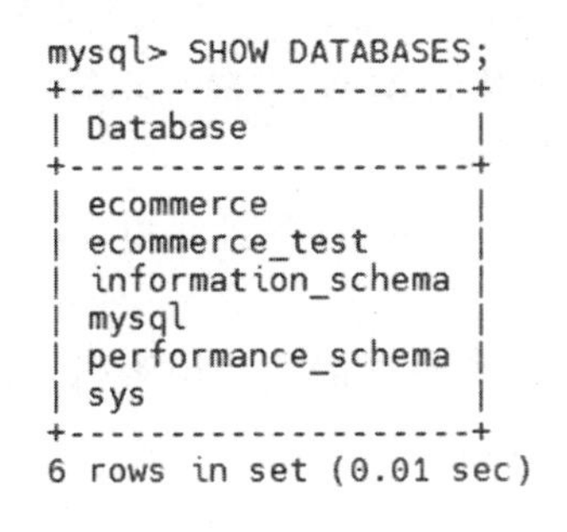

```
mysql> SHOW DATABASES;
+--------------------+
| Database           |
+--------------------+
| ecommerce          |
| ecommerce_test     |
| information_schema |
| mysql              |
| performance_schema |
| sys                |
+--------------------+
6 rows in set (0.01 sec)
```

图 4-12　查看数据库

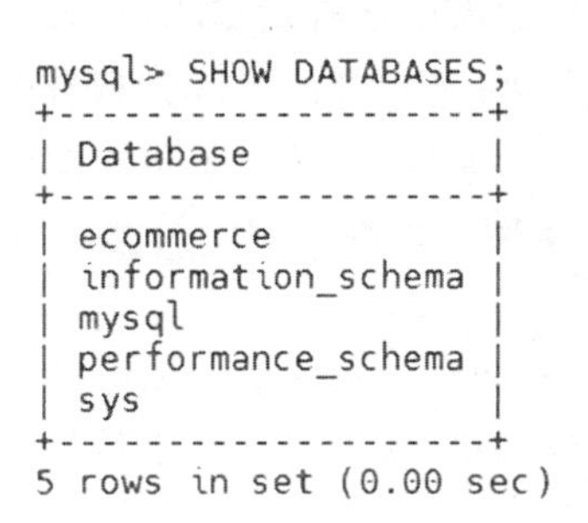

```
mysql> SHOW DATABASES;
+--------------------+
| Database           |
+--------------------+
| ecommerce          |
| information_schema |
| mysql              |
| performance_schema |
| sys                |
+--------------------+
5 rows in set (0.00 sec)
```

图 4-13　查看数据库

注意：

删除数据库会删除该数据库中所有的表和数据。数据的操作必须慎之又慎，面对拥有的权限，理智、合法地操作数据库是数据库管理员的职业道德底线。

知识点解析

1. MySQL 数据库概述

数据库是数据库对象的容器，数据库不仅可以存储数据，而且能够使数据存储和检索以安全可靠的方式进行，并以操作系统文件的形式存储在磁盘上。数据库对象是存储、管理和使用数据的不同结构形式。

MySQL 数据库主要分为系统数据库、示例数据库和用户数据库。

1）系统数据库

系统数据库是指随安装程序一起安装，用于协助 MySQL 系统共同完成管理操作的数据库，它们是 MySQL 运行的基础。这些数据库中记录了一些必需的信息，用户既不能直接修改这些系统数据库，也不能在系统数据库表上定义触发器。其中，最重要的就是 MySQL 数据库，它是 MySQL 的核心数据库，记录了用户及其访问权限等 MySQL 所需的控制和管理信息。如果该数据库被损坏，MySQL 将无法正常工作。

2）示例数据库

示例数据库是系统为了让用户学习和理解 MySQL 而设计的。sakila 和 world 是完整的示例数据库，具有更接近实际的数据容量、复杂的结构和部件，可以用来展示 MySQL 的功能。

课堂笔记

3）用户数据库

用户根据实际需要创建的数据库，如教师管理系统数据库 TeacherDB、图书管理系统数据库 BookDB 等。

2. 数据库对象

在 MySQL 数据库中，表、索引、视图、存储过程和触发器等具体存储数据或对数据进行操作的实体都称为数据库对象。下面介绍几种常用的数据库对象。

1）表

表是包含数据库中所有数据的数据库对象，由行和列组成，用于组织和存储数据。

表中每列称为一个字段，字段具有自己的属性，如字段类型、字段大小等。其中，字段类型是字段最重要的属性，它决定了字段能够存储哪种数据。

SQL 规范支持五种基本字段类型：字符型、文本型、数值型、逻辑型和日期时间型。

2）索引

索引是一个单独的、物理的数据库结构，是依赖于表建立的。使用索引，数据库程序无须对整个表进行扫描，就可以在其中找到所需的数据。

3）视图

视图是从一张或多张表中导出的表（也称虚拟表），是用户查看数据的一种方式。视图中包括几个被定义的数据列与数据行，其结构和数据建立在对表的查询基础之上。

4）存储过程和触发器

存储过程和触发器是两个特殊的数据库对象。在 MySQL 中，存储过程的存在独立于表，而触发器则与表紧密结合。用户可以使用存储过程来完善应用程序，使应用程序的运行更加有效率；可以使用触发器来实现复杂的业务规则，更加有效地实施数据完整性。

5）用户和角色

用户是对数据库有存取权限的使用者。角色是指一组数据库用户的集合。数据库中的用户可以根据需要添加，用户如果加入某一角色，则具有该角色的所有权限。

3. 创建数据库

创建数据库时要注意：不能出现同名的数据库。在创建数据库前，首先要查看已有的所有数据库。MySQL 安装完成之后，将会在其 data 目录下自动创建几个必需的数据库，可以使用 SHOW DATABASES 命令来查看当前所有存在的数据库。

创建数据库是指在系统磁盘上划分一块区域用于数据的存储和管理，如果管理员在设置权限时为用户创建了数据库，就可以直接使用，否则需要自己创建数据库。MySQL 中创建数据库的基本 SQL 语法格式如下：

```
CREATE DATABASE database_name;
```

database_name 为要创建的数据库名称。在创建数据库时，数据库命名有以下几项规则。

（1）不能与其他数据库重名，否则将发生错误。

（2）名称可以由任意字母、阿拉伯数字、下画线（_）和“$”组成，可以使用上述的任意字符开头，但不能使用单独的数字，否则会造成它与数值相混淆。

课堂笔记

（3）名称最长可为 64 个字符，而别名最多可长达 256 个字符。

（4）不能使用 MySQL 关键字作为数据库名。

在默认情况下，Windows 下 MySQL 对数据库名、表名的大小写是不敏感的，而在 Linux 下 MySQL 对数据库名、表名的大小写是敏感的。为了便于数据库在平台间进行移植，可以采用小写英文字母来定义数据库名和表名。数据库名和字段等以什么样的命名方式，并不会直接影响到项目的稳定性。但见名知义能提高我们的工作效率。

4. MySQL 常用字符集和校对规则

字符集和校对规则

字符集是一套符号和编码的规则，不论是 Oracle 数据库还是 MySQL 数据库，都存在字符集的选择问题。如果在数据库创建阶段没有正确选择字符集，那么可能在后期需要更换字符集，而字符集的更换是代价比较高的操作，也存在一定的风险。所以，我们推荐在应用开始阶段就按照需求选择合适的字符集，避免后期不必要的调整。

MySQL 数据库系统可以支持多种字符集，可以用 SHOW CHARACTER SET 命令查看所有 MySQL 支持的字符集，执行结果如图4-14所示。同一台服务器、同一个数据库甚至同一个表的不同字段都可以指定使用不同的字符集，相比 Oracle 等其他数据库管理系统在同一个数据库只能使用相同的字符集，MySQL 明显具有更大的灵活性。

MySQL > SHOW CHARACTER SET;

Charset	Description	Default collation	Maxlen
armscii8	ARMSCII-8 Armenian	armscii8_general_ci	1
ascii	US ASCII	ascii_general_ci	1
big5	Big5 Traditional Chinese	big5_chinese_ci	2
binary	Binary pseudo charset	binary	1
cp1250	Windows Central European	cp1250_general_ci	1
cp1251	Windows Cyrillic	cp1251_general_ci	1
cp1256	Windows Arabic	cp1256_general_ci	1
cp1257	Windows Baltic	cp1257_general_ci	1
cp850	DOS West European	cp850_general_ci	1
cp852	DOS Central European	cp852_general_ci	1
cp866	DOS Russian	cp866_general_ci	1
cp932	SJIS for Windows Japanese	cp932_japanese_ci	2
dec8	DEC West European	dec8_swedish_ci	1
eucjpms	UJIS for Windows Japanese	eucjpms_japanese_ci	3
euckr	EUC-KR Korean	euckr_korean_ci	2
gb18030	China National Standard GB18030	gb18030_chinese_ci	4
gb2312	GB2312 Simplified Chinese	gb2312_chinese_ci	2
gbk	GBK Simplified Chinese	gbk_chinese_ci	2
geostd8	GEOSTD8 Georgian	geostd8_general_ci	1
greek	ISO 8859-7 Greek	greek_general_ci	1
hebrew	ISO 8859-8 Hebrew	hebrew_general_ci	1

图 4-14　当前可用的字符集

字符集用来定义 MySQL 存储字符串的方式，校对规则用来定义比较字符串的方式。字符集和校对规则是一对多的关系，MySQL 支持 30 多种字符集 70 多种校对规则。

每个字符集至少对应一种校对规则。可以用 SHOW COLLATION LIKE 'utf8%'命令查看相关字符集的校对规则，执行结果如图 4-15 所示。

图 4-15 中所示的校对规则不同，所代表的含义也不同。校对规则的特征如下。

（1）两个不同的字符集不能有相同的校对规则。

（2）每个字符集有一个默认的校对规则，如 utf8 默认的校对规则是 utf8_general_ci。

（3）存在校对规则命名约定，它们以其相关的字符集名开始，通常包含一个语言名，并且以_ci(大小写不敏感)、_cs(大小写敏感)、_bin(二元)结束。

课堂笔记

```
MYSQL> SHOW COLLATION LIKE 'utf8%';
+---------------------------+---------+-----+---------+----------+---------+---------------+
| Collation                 | Charset | Id  | Default | Compiled | Sortlen | Pad_attribute |
+---------------------------+---------+-----+---------+----------+---------+---------------+
| utf8mb4_0900_ai_ci        | utf8mb4 | 255 | Yes     | Yes      |       0 | NO PAD        |
| utf8mb4_0900_as_ci        | utf8mb4 | 305 |         | Yes      |       0 | NO PAD        |
| utf8mb4_0900_as_cs        | utf8mb4 | 278 |         | Yes      |       0 | NO PAD        |
| utf8mb4_0900_bin          | utf8mb4 | 309 |         | Yes      |       1 | NO PAD        |
| utf8mb4_bin               | utf8mb4 |  46 |         | Yes      |       1 | PAD SPACE     |
| utf8mb4_croatian_ci       | utf8mb4 | 245 |         | Yes      |       8 | PAD SPACE     |
| utf8mb4_cs_0900_ai_ci     | utf8mb4 | 266 |         | Yes      |       0 | NO PAD        |
| utf8mb4_cs_0900_as_cs     | utf8mb4 | 289 |         | Yes      |       0 | NO PAD        |
| utf8mb4_czech_ci          | utf8mb4 | 234 |         | Yes      |       8 | PAD SPACE     |
| utf8mb4_danish_ci         | utf8mb4 | 235 |         | Yes      |       8 | PAD SPACE     |
| utf8mb4_da_0900_ai_ci     | utf8mb4 | 267 |         | Yes      |       0 | NO PAD        |
| utf8mb4_da_0900_as_cs     | utf8mb4 | 290 |         | Yes      |       0 | NO PAD        |
| utf8mb4_de_pb_0900_ai_ci  | utf8mb4 | 256 |         | Yes      |       0 | NO PAD        |
| utf8mb4_de_pb_0900_as_cs  | utf8mb4 | 279 |         | Yes      |       0 | NO PAD        |
| utf8mb4_eo_0900_ai_ci     | utf8mb4 | 273 |         | Yes      |       0 | NO PAD        |
| utf8mb4_eo_0900_as_cs     | utf8mb4 | 296 |         | Yes      |       0 | NO PAD        |
| utf8mb4_esperanto_ci      | utf8mb4 | 241 |         | Yes      |       8 | PAD SPACE     |
```

图 4-15　以 utf8 开头的校对规则

每一个数据库都有一个数据库字符集和一种数据库校对规则，它不能为空。在创建数据库时，如果不指定其使用的字符集或者字符集的校对规则，那么将根据 my.ini 文件中指定的 default-character-set 变量的值来设置其使用的字符集。CREATE DATABASE 命令有两个参数可用来指定数据库字符集和校对规则，语法如下：

```
CREATE DATABASE database_name [[default]character set charset_name] [[default]  collate collation_name];
```

使用 CREATE DATABASE 创建数据库时，关于数据库字符集和数据库校对规则的说明如下。

（1）如果语句中有 character set charset_name 和 collate collation_name，那么采用字符集 charset_name 和校对规则 collation_name。

（2）如果语句中有 character set charset_name 但没有 collate collation_name，那么采用字符集 charset_name 及其默认的校对规则。

（3）如果 character set charset_name 和 collate collation_name 都没有，那么采用服务器字符集和校对规则。

5. 管理数据库

1）打开数据库

数据库创建后，若要操作一个数据库，还需要使其成为当前的数据库，即打开数据库。可以使用 USE 命令打开一个数据库。

在使用数据库时，还可以查看当前使用的是哪个数据库。

```
SELECT database();
```

2）查看数据库

数据库创建成功之后，就可以通过执行相关的语句查看数据库的信息。执行与 SHOW 有关的语句不仅可以查看数据库系统中的数据库，还可以查看单个数据库的相关信息。

执行 SHOW DATABASES 命令，可以查看数据库系统中已经存在的所有数据库，在前面小节已经讲解过。执行 SHOW CREATE DATABASE 命令，可以查看单独的数据库信息。

```
SHOW CREATE DATABASE 数据库名称;
```

为了使查询的信息显示更加直观，可以使用以下语句：

课堂笔记

```
SHOW CREATE DATABASE 数据库名称 \G;
```

3）修改数据库

在数据库创建完成之后，编码也就确定了。若想修改数据库的编码，可以使用 ALTER DATABASE 命令实现，具体语法格式如下：

```
ALTER DATABASE database_name DEFAULT CHARACTER
SET character_name  COLLATE  collation_name;
```

其中，database_name 是要修改的数据库名；character_name 是修改的字符集名称；collation_name 是修改的校对规则。

实战演练

任务工单：利用图形化工具和 SQL 语句创建数据库

<table>
<tr><td>代码设计员 ID</td><td></td><td>代码设计员姓名</td><td></td><td>所属项目组</td><td></td></tr>
<tr><td>MySQL 官网网址</td><td colspan="2">https://www.mysql.com</td><td colspan="2">MySQL 版本</td><td>MySQL 8.0 社区版</td></tr>
<tr><td>硬件配置</td><td colspan="2">CPU：2.3GHz 及以上双核或四核；硬盘：150GB 及以上；内存：8GB；网卡：千兆网卡</td><td>软件系统</td><td colspan="2">mysql-8.0.23-winx64
navicat_premium_V11.2.7</td></tr>
<tr><td>操作系统</td><td colspan="2">Windows 7/Windows 10 或更高版本</td><td></td><td colspan="2"></td></tr>
<tr><td rowspan="2">任务执行前准备工作</td><td colspan="2">检测计算机软硬件环境是否可用</td><td>□可用
□不可用</td><td colspan="2">不可用注明理由：</td></tr>
<tr><td colspan="2">检测操作系统环境是否可用</td><td>□可用
□不可用</td><td colspan="2">不可用注明理由：</td></tr>
<tr><td rowspan="3">任务执行前准备工作</td><td colspan="2">检验 MySQL 服务是否能正常启动</td><td>□正常
□不正常</td><td colspan="2">不正常注明理由：</td></tr>
<tr><td colspan="2">检测 MySQL 图形化工具 Navicat 是否可用</td><td>□可用
□不可用</td><td colspan="2">不可用注明理由：</td></tr>
<tr><td colspan="2">复习创建数据库的操作和基本语法；复习管理数据库的操作和基本语法</td><td>□清楚
□有问题</td><td colspan="2">写明问题内容及缘由：</td></tr>
<tr><td rowspan="8">执行具体任务（在 MySQL 平台上编辑并运行主讲案例的创建数据库任务）</td><td colspan="2">使用图形化工具创建数据库</td><td colspan="3">完成度：□未完成　□部分完成　□全部完成</td></tr>
<tr><td colspan="2">使用命令行方式创建数据库</td><td colspan="3">完成度：□未完成　□部分完成　□全部完成</td></tr>
<tr><td colspan="2">创建指定字符集的数据库</td><td colspan="3">完成度：□未完成　□部分完成　□全部完成</td></tr>
<tr><td colspan="2">利用 SQL 语句打开、查看数据库</td><td colspan="3">完成度：□未完成　□部分完成　□全部完成</td></tr>
<tr><td colspan="2">利用图形化工具修改数据库</td><td colspan="3">完成度：□未完成　□部分完成　□全部完成</td></tr>
<tr><td colspan="2">利用命令行方式修改数据库</td><td colspan="3">完成度：□未完成　□部分完成　□全部完成</td></tr>
<tr><td colspan="2">利用图形化工具删除数据库</td><td colspan="3">完成度：□未完成　□部分完成　□全部完成</td></tr>
<tr><td colspan="2">利用命令行方式删除数据库</td><td colspan="3">完成度：□未完成　□部分完成　□全部完成</td></tr>
</table>

课堂笔记

续表

任务未成功的处理方案	采取的具体措施：	执行处理方案的结果：
备注说明	填写日期：	其他事项：

任务评价

代码设计员 ID		代码设计员姓名		所属项目组			
评价栏目	任务详情	评价要素		分值	评价主体		
					学生自评	小组互评	教师点评
创建数据库功能实现	使用图形化工具创建数据库	功能是否实现		12			
	使用命令行方式创建数据库	功能是否实现		13			
	创建指定字符集的数据库	功能是否实现		13			
管理数据库功能实现	利用 SQL 语句打开、查看数据库	功能是否实现		12			
	利用图形化工具修改数据库	功能是否实现		12			
	利用命令行方式修改数据库	功能是否实现		13			
	利用图形化工具删除数据库	功能是否实现		12			
	利用命令行方式删除数据库	功能是否实现		13			
总　分				100			

拓展训练

1. 利用图形化工具和 SQL 语句创建学校管理系统数据库

1）实训操作

实训数据库	学校管理系统数据库 eleccollege			
实训任务	任务内容	参考代码	操作演示微课视频	问题记录
	使用命令行方式创建学校管理系统数据库	CREATE DATABASE eleccollege; SHOW DATABASES;		
	通过 CREATE DATABASE 语句创建一个名称为 db_test 的数据库，并指定其字符集为 GBK，校对规则为 gbk_chinese_ci	CREATE DATABASE db_test CHARACTER SET GBK COLLATE gbk_chinese_ci;		

课堂笔记

2）知识拓展

(1) 使用GaussDB(for MySQL)，创建跨境贸易系统数据库。

① 创建跨境贸易系统数据库interecommerce。参考语句如下：

```
CREATE DATABASE interecommerce;
```

② 创建跨境贸易系统数据库interecommerceT，并指定相应的字符集。参考语句如下：

```
CREATE DATABASE interecommerceT CHARACTER SET = GBK COLLATE
gbk_chinese_ci;
```

(2) 1+X证书Web前端开发MySQL考核知识点如下。

① 创建数据库：

```
CREATE DATABASE 数据库名;
```

② 查看所有数据库：

```
SHOW DATABASES;
```

2. 利用图形化工具和SQL语句管理学校管理系统数据库

1）实训操作

实训数据库	学校管理系统数据库eleccollege			
实训任务	任务内容	参考代码	操作演示微课视频	问题记录
	选择名称为eleccollege的数据库，设置其为当前默认的数据库	USE eleccollege;		
	查看当前使用的是哪个数据库	SELECT database();		
	查看创建的数据库eleccollege的信息	SHOW CREATE DATABASE eleccollege \G;		
	使用CREATE DATABASE命令创建一个名为teacherDB的数据库，字符集和校对规则都选择默认方式。执行ALTER DATABASE命令来修改teacherDB数据库的字符集为gb2312	CREATE DATABASE teacherDB; ALTER DATABASE teacherDB CHARACTER SET gb2312; SHOW CREATE DATABASE teacherDB \G;		
	执行DROP DATABASE语句来删除一个数据库，这个示例中准备删除一个名为studentDB的数据库。在删除数据库之前，使用CREATE DATABASE语句创建一个名为studentDB的数据库	CREATE DATABASE teacherDB; SHOW CREATE DATABASE teacherDB \G; DROP DATABASE studentDB; SHOW DATABASES;		

课堂笔记

2）知识拓展

(1) 使用华为 GaussDB 数据库，对跨境贸易系统数据库 interecommerceT 进行管理。

① 打开跨境贸易系统数据库 interecommerceT。参考语句如下：

```
USE interecommerceT;
```

② 查看跨境贸易系统数据库 interecommerceT 的信息。参考语句如下：

```
SHOW CREATE DATABASE interecommerceT \G;
```

③ 修改跨境贸易系统数据库 interecommerceT 的字符集编码为 gb2312。参考语句如下：

```
ALTER DATABASE interecommerceT CHARACTER SET gb2312;
```

④ 删除电子商务网站数据库 interecommerceT。参考语句如下：

```
DROP DATABASE interecommerceT;
```

(2) 1+X 证书 Web 前端开发 MySQL 考核如下知识点。

① 查看数据库信息：

```
SHOW CREATE DATABASE 数据库名称;
```

② 查看当前数据库：

```
SELECT database();
```

讨论反思与学习插页

任务总结：利用图形化工具和 SQL 语句创建、管理数据库

<table>
<tr><td>代码设计员 ID</td><td></td><td>代码设计员姓名</td><td></td><td>所属项目组</td><td></td></tr>
<tr><td colspan="6">讨论反思</td></tr>
<tr><td rowspan="3">学习研讨</td><td>问题：在创建数据库的过程中，设置字符集和校对规则。那么字符集和校对规则的作用是什么？</td><td colspan="4">解答：</td></tr>
<tr><td>问题：为了便于数据库在平台间进行移植，可以采用何种方式来定义数据库名和表名？为什么？</td><td colspan="4">解答：</td></tr>
<tr><td colspan="5">经验集锦：查看单独的数据库信息时，可通过“SHOW CREATE DATABASE 数据库名称;”语句进行查看；为了使查询的信息显示更加直观，可以使用语句“SHOW CREATE DATABASE 数据库名称 \G;”</td></tr>
<tr><td>立德铸魂</td><td colspan="5">学习利用图形化工具和 SQL 语句创建管理数据库，使用 CREATE、SHOW、ALTER 等命令实现对数据库的建立、查看管理等操作，为数据库应用系统的开发与使用奠定坚实的基础。在数据库的学习过程中提升自主学习的自觉性和主动性，对于自己创建完毕的数据库，还需要与时俱进的维护，适应新环境的需要，在完善中求创新，在创新中求发展。</td></tr>
</table>

续表

学习插页	
过程性学习	记录学习过程：
重点与难点	提炼创建、管理数据库时的重难点：
阶段性评价总结	总结阶段性学习效果：
答疑解惑	记录学习过程中疑惑问题的解答情况：

任务4-2 使用数据库的存储引擎

任务描述

数据库存储引擎是数据库底层软件组件，数据库管理系统使用数据引擎进行插入、查询、更新和删除数据操作。不同的存储引擎提供不同的存储机制、索引技巧、锁定水平等功能，使用不同的存储引擎，还可以获得特定的功能。现在许多数据库管理系统都支持多种不同的数据引擎。本任务的主要内容是通过图形化工具和SQL命令查询电子商务系统数据库的存储引擎，以及设置默认的存储引擎。任务进度如表4-2所示。

表4-2 使用数据库的存储引擎任务进度表

系统功能	任务下发时间	预期完成时间	任务负责人	版本号
设置与应用数据库存储引擎	9月26日	9月30日	王小强	V1.0

任务分析

MySQL支持的存储引擎有多种，不同的存储引擎都有各自的特点，以适应不同的需要，我们应该在不同的选择中，选择最优的方案。用户在选择存储引擎之前，需要确定数据库管理系统支持哪些存储引擎。用户可以根据自己的要求，选择不同的存储方式，确定是否进行事务处理等。

课堂笔记

任务目标

- 素质目标：积极进取、树立专业自信心，树立一丝不苟的敬业精神和担当意识。
- 知识目标：理解 MySQL 存储引擎，能够根据不同需求使用不同的存储引擎。
- 能力目标：掌握如何查看数据库支持的存储引擎及默认的存储引擎，掌握临时修改和永久修改数据库默认存储引擎的操作。

任务实施

设置与应用
数据库存储引擎

步骤 1　查看 MySQL 数据库管理系统支持的存储引擎

通过 SHOW ENGINES 命令查看 MySQL 支持的存储引擎，方法如下：在图形界面工具中单击“新建查询”按钮，然后输入“SHOW ENGINES;”语句，单击“运行”按钮，结果如图 4-16 所示。

Engine	Support	Comment	Transactions	XA	Savepoints
FEDERATED	NO	Federated MySQL storag	(Null)	(Null)	(Null)
MEMORY	YES	Hash based, stored in me	NO	NO	NO
InnoDB	DEFAULT	Supports transactions, ro	YES	YES	YES
PERFORMANCE_SCHEMA	YES	Performance Schema	NO	NO	NO
MyISAM	YES	MyISAM storage engine	NO	NO	NO
MRG_MYISAM	YES	Collection of identical My	NO	NO	NO
BLACKHOLE	YES	/dev/null storage engine	NO	NO	NO
CSV	YES	CSV storage engine	NO	NO	NO
ARCHIVE	YES	Archive storage engine	NO	NO	NO

图 4-16　查询 MySQL 支持的存储引擎

图 4-16 说明如下。

(1) Engine 参数表示存储引擎名称。

(2) Support 参数表示 MySQL 数据库管理系统是否支持该存储引擎：YES 表示支持，NO 表示不支持，DEFAULT 表示系统默认支持的存储引擎。

(3) Comment 参数表示对存储引擎的评论。

(4) Transactions 参数表示存储引擎是否支持事务：YES 表示支持，NO 表示不支持。

(5) XA 参数表示存储引擎所支持的分布式事务是否符合 XA 规范：YES 表示符合，NO 表示不符合。

(6) Savepoints 参数表示存储引擎是否支持事务处理的保存点：YES 表示支持，NO 表示不支持。

步骤 2　查看当前 MySQL 数据库服务器的默认存储引擎

在图形界面工具中单击“新建查询”按钮，输入“SHOW VARIABLES LIKE 'default_storage_engine';”语句后，单击“运行”按钮，结果如图 4-17 所示。

步骤 3　临时修改 MySQL 数据库服务器的默认存储引擎

(1) MySQL 的默认存储引擎是 InnoDB，如果想设置为其他存储引擎，可以在图形界面工具中单击“新建查询”按钮，使用如下 MySQL 语句：

```
set default_storage_engine = MyISAM;
```

课堂笔记

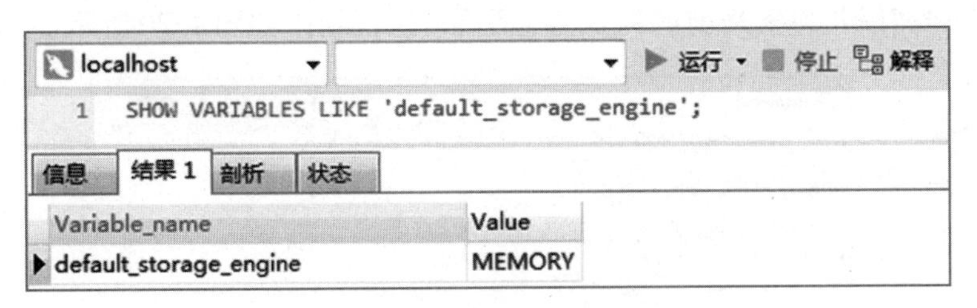

图 4-17　查看默认存储引擎

该命令可以临时将 MySQL 当前会话的存储引擎设置为 MyISAM。

(2) 输入“SHOW VARIABLES LIKE 'default_storage_engine';”语句后，单击“运行”按钮，查看当前 MySQL 服务实例默认的存储引擎，执行结果如图 4-18 所示。

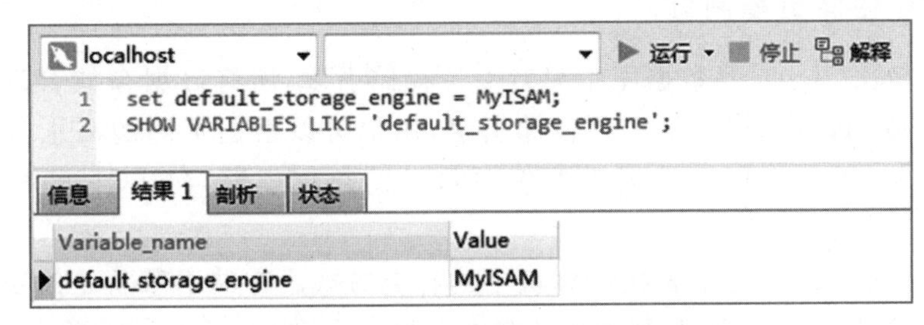

图 4-18　临时修改默认存储引擎

步骤 4　将当前 MySQL 数据库服务器的默认存储引擎永久改为 MEMORY

(1) 打开配置文件 my. cnf，在里面增加参数 default-storage-engine＝MEMORY（见图 4-19），然后重启数据库服务。

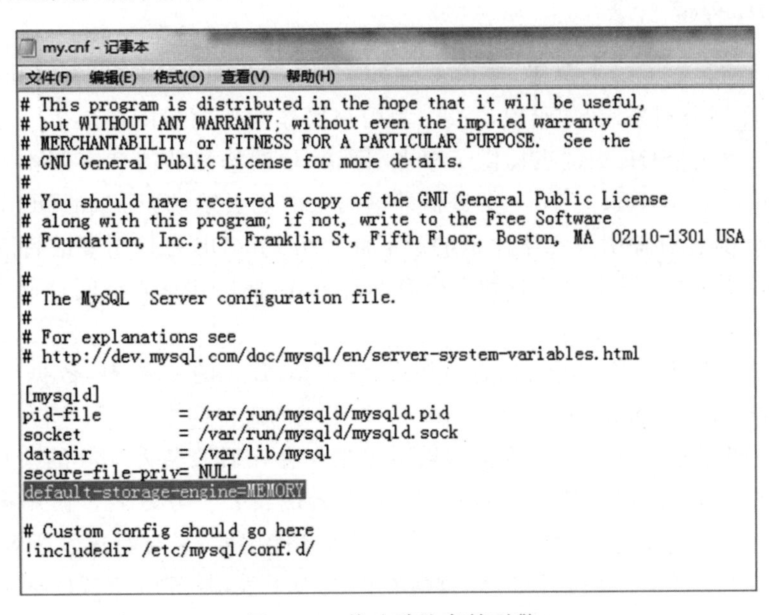

图 4-19　修改默认存储引擎

(2) 在图形界面工具中单击“新建查询”按钮，利用“SHOW VARIABLES LIKE

课堂笔记

'storage_engine';”语句检索当前的默认存储引擎，执行结果如图 4-20 所示。

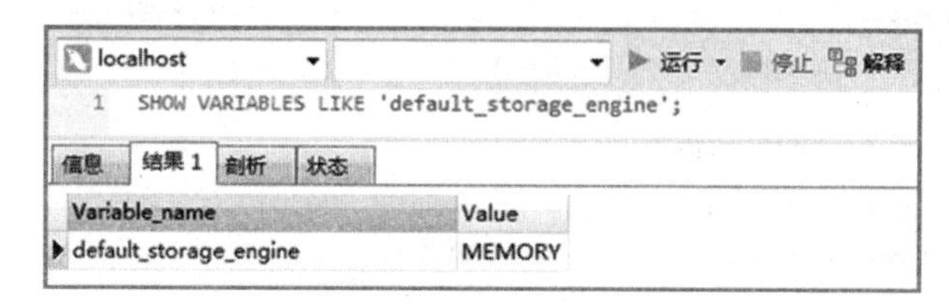

图 4-20　查看修改后的默认存储引擎

知识点解析

1. MySQL 存储引擎简介

Oracle 和 SQL Server 等数据库中只有一种存储引擎，所有数据存储管理机制都是一样的。而 MySQL 数据库提供了多种存储引擎，用户可以根据不同的需求为数据表选择不同的存储引擎，用户也可以根据需要编写自己的存储引擎，MySQL 的核心就是存储引擎。

数据库的存储引擎决定了表在计算机中的存储方式。存储引擎就是解决如何存储数据、如何为存储的数据建立索引、如何更新和查询数据等问题的方法。在关系数据库中数据是以表的形式存储的，所以存储引擎可以简单地理解为表的类型。

MySQL 支持九种存储引擎，分别为 FEDERATED、MRG _ MYISAM、MyISAM、BLACKHOLE、CSV、MEMORY、ARCHIVE、InnoDB、PERFORMANCE_SCHEMA。

2. InnoDB 存储引擎

InnoDB 已经诞生了二十余年，遵循 CNU 通用公开许可(GPL)发行。InnoDB 已经被一些重量级互联网公司采用，如雅虎、谷歌，为用户操作大型数据库提供了一个强大的解决方案。InnoDB 为 MySQL 中的表提供了事务、回滚、崩溃修复功能和多版本并发控制的事务安全。InnoDB 是 MySQL 上第一个提供外键约束的表引擎，而且 InnoDB 对事务处理的能力是 MySQL 其他存储引擎无法比拟的。下面介绍 InnoDB 存储引擎的特点。

(1) InnoDB 存储引擎中存储表和索引有两种方式：使用共享表空间存储和使用多表空间存储。

① 共享表间空间存储。表结构存储在后缀名是. frm 的文件中，数据和索引存储在 innodb_data_home_dir 和 innodb_data_file_path 定义的表空间中。

② 多表空间存储。每个表的数据和索引单独保存在后缀名为. ibd 的文件中。如果为分区表，则每个分区表对应单独的 IBD 文件，文件名是表名＋分区名。使用多表空间存储需要设置参数 innodb_file_per_table，并且重启服务才能生效，只对新建表有效。

(2) InnoDB 存储引擎支持外键，外键所在的表为子表，外键所依赖的表为父表。父表中被子表外键关联的字段必须为主键。当删除、修改父表中的某条信息时，子表也必须有相应的改变。

(3) InnoDB 存储引擎支持自动增长列 AUTO_INCREMENT，自动增长列的值不能为空，而且值必须是唯一的。另外，在MySQL中规定自动增长列必须为主键，在插入值时，自动增长列分为以下三种情况。

① 如果自动增长列不输入值，则插入自动增长后的值。

② 如果输入的值为0或空(NULL)，则插入自动增长后的值。

③ 如果输入某个确定的值，且该值在前面的数据中没有出现过，则直接插入。

InnoDB存储引擎的优势在于提供了良好的事务管理、崩溃修复能力和并发控制。缺点是其读写效率稍差，占用的数据空间相对比较大。

InnoDB是如下情况的理想引擎。

(1) 更新密集的表：InnoDB存储引擎特别适合处理多重并发的更新请求。

(2) 事务：InnoDB存储引擎是唯一支持事务的标准MySQL存储引擎，这是管理敏感数据(如金融信息和用户注册信息)必需的软件。

(3) 自动灾难恢复：与其他存储引擎不同，InnoDB表能够自动从灾难中恢复。虽然MyISAM表也能在灾难后修复，但其过程要长得多。

3. 默认存储引擎

MySQL的存储引擎是一种插入式的存储引擎概念，这决定了MySQL数据库中的表可以用不同的方式存储。MySQL的默认存储引擎是InnoDB。

在创建表时，若没有指定存储引擎，表的存储引擎将为默认的存储引擎。如果想要更改默认的存储引擎，需要手动修改MySQL服务器的配置文件。

4. 选择存储引擎的建议

每种存储引擎都有各自的优势，不能笼统地说谁比谁更好，只有适合不适合。实际应用中还需要根据实际情况进行分析。

1) InnoDB存储引擎

用于事务处理应用程序，具有很多功能，包括ACID事务支持和外键支持，同时支持崩溃修复和并发控制。如果对事务的完整性要求比较高，而且要求实现并发控制，那么选择InnoDB存储引擎将有很大的优势。如果需要频繁地进行数据更新、删除等操作，也可以选择InnoDB存储引擎，因为该类存储引擎可以实现事务的提交(Commit)和回滚(Rollback)。

2) MyISAM存储引擎

管理非事务表，它提供高速存储、检索以及全文搜索能力。MyISAM存储引擎插入数据快，使用的内存比较少。如果表主要是用于插入新记录和读出记录，那么选择MyISAM存储引擎能实现处理的高效率。如果应用对完整性、并发性要求很低，也可以选择MyISAM存储引擎。

3) MEMORY存储引擎

MEMORY存储引擎提供"内存中"的表，MEMORY存储引擎的所有数据都在内存中，数据的处理速度快，但安全性不高。如果需要很快的读写速度，对数据的安全性要求较低，可以选择MEMORY存储引擎。MEMORY存储引擎对表的大小有要求，不能建太大的表。

课堂笔记

实战演练

任务工单：设置与应用数据库存储引擎

<table>
<tr><td>代码设计员 ID</td><td></td><td>代码设计员姓名</td><td></td><td>所属项目组</td><td></td></tr>
<tr><td>MySQL 官网网址</td><td colspan="2">https://www.mysql.com</td><td colspan="2">MySQL 版本</td><td>MySQL 8.0 社区版</td></tr>
<tr><td>硬件配置</td><td colspan="2">CPU:2.3GHz 及以上双核或四核；硬盘：150GB 及以上；内存：8GB；网卡：千兆网卡</td><td>软件系统</td><td colspan="2">mysql-8.0.23-winx64
navicat_premium_V11.2.7</td></tr>
<tr><td>操作系统</td><td colspan="2">Windows 7/Windows 10 或更高版本</td><td>执行 Select 语句的资源要求</td><td colspan="2">ecommerce 数据库成功创建</td></tr>
<tr><td rowspan="5">任务执行前准备工作</td><td colspan="2">检测计算机软硬件环境是否可用</td><td>□可用
□不可用</td><td colspan="2">不可用注明理由：</td></tr>
<tr><td colspan="2">检测操作系统环境是否可用</td><td>□可用
□不可用</td><td colspan="2">不可用注明理由：</td></tr>
<tr><td colspan="2">检验 MySQL 服务是否正常启动</td><td>□正常
□不正常</td><td colspan="2">不正常注明理由：</td></tr>
<tr><td colspan="2">检测 MySQL 图形化工具 Navicat 是否可用</td><td>□可用
□不可用</td><td colspan="2">不可用注明理由：</td></tr>
<tr><td colspan="2">复习设置、查询数据库默认存储语法格式是否清楚</td><td>□清楚
□有问题</td><td colspan="2">写明问题内容及缘由：</td></tr>
<tr><td rowspan="4">执行具体任务（在 MySQL 平台上编辑并运行主讲案例的查看、设置任务）</td><td colspan="2">查看 MySQL 数据库管理系统支持的存储引擎</td><td colspan="3">完成度：□未完成　□部分完成　□全部完成</td></tr>
<tr><td colspan="2">查看当前 MySQL 数据库服务器的默认存储引擎</td><td colspan="3">完成度：□未完成　□部分完成　□全部完成</td></tr>
<tr><td colspan="2">临时修改 MySQL 数据库服务器的默认存储引擎</td><td colspan="3">完成度：□未完成　□部分完成　□全部完成</td></tr>
<tr><td colspan="2">将当前 MySQL 数据库服务器的默认存储引擎永久改为 MEMORY</td><td colspan="3">完成度：□未完成　□部分完成　□全部完成</td></tr>
<tr><td>任务未成功的处理方案</td><td colspan="2">采取的具体措施：</td><td colspan="3">执行处理方案的结果：</td></tr>
<tr><td>备注说明</td><td colspan="2">填写日期：</td><td colspan="3">其他事项：</td></tr>
</table>

任务评价

代码设计员ID		代码设计员姓名		所属项目组			
评价栏目	任务详情	评价要素		分值	评价主体		
					学生自评	小组互评	教师点评
查看、设置功能实现	查看MySQL数据库管理系统支持的存储引擎	功能是否实现		20			
	查看当前MySQL数据库服务器的默认存储引擎	功能是否实现		25			
	临时修改MySQL数据库服务器的默认存储引擎	功能是否实现		25			
	将当前MySQL数据库服务器的默认存储引擎永久改为MEMORY	功能是否实现		30			
总　　分				100			

拓展训练

1. 实训操作

实训数据库	学校管理系统数据库eleccollege			
实训任务	任务内容	参考代码	操作演示微课视频	问题记录
	查看MySQL数据库管理系统支持的存储引擎	SHOW ENGINES;		
	查看当前MySQL数据库服务器的默认存储引擎	SHOW VARIABLES LIKE ' default_storage_engine ';		
	临时修改MySQL数据库服务器的默认存储引擎	set default_storage_engine = MyISAM; SHOW VARIABLES LIKE ' default_storage_engine ';		
	将当前MySQL数据库服务器的默认存储引擎永久改为MEMORY	SHOW VARIABLES LIKE ' default_storage_engine';		

2. 知识拓展

(1) 使用GaussDB数据库，查看、修改跨境贸易系统数据库interecommerce的默认存储引擎。

① 查看数据库管理系统支持的存储引擎。参考语句如下：

```
SHOW ENGINES;
```

课堂笔记

② 查看当前数据库服务器的默认存储引擎。参考语句如下：

```
SHOW VARIABLES LIKE 'default_storage_engine';
```

③ 临时修改数据库服务器的默认存储引擎。参考语句如下：

```
set default_storage_engine = MyISAM;
SHOW VARIABLES LIKE 'default_storage_engine';
```

(2) 1+X证书Web前端开发MySQL考核如下知识点。

临时修改MySQL的默认存储引擎：

```
set default_storage_engine = xx;
```

讨论反思与学习插页

任务总结：设置与应用数据库存储引擎

代码设计员ID		代码设计员姓名		所属项目组	
讨论反思					
学习研讨	问题：请自行在线学习不同存储引擎的优缺点，分析不同需求下应如何选择存储引擎	解答：			
立德铸魂	每种存储引擎都有各自的优势，不能笼统地说谁比谁更好，只有适合不适合。实际应用中还需要根据不同存储引擎的特点结合实际情况进行分析，体现了具体问题具体分析的道理				
学习插页					
过程性学习	记录学习过程：				
重点与难点	提炼不同存储引擎的优缺点及如何设置的重难点：				
阶段性评价总结	总结阶段性学习效果：				
答疑解惑	记录学习过程中疑惑问题的解答情况：				

课堂笔记

项目 5　创建与维护电子商务系统数据表

项目导读

数据表是数据库中最重要、最基本的操作对象，是数据存储的基本单位。数据表被定义为列的集合，数据在表中是按照行和列的格式存储的。每一行代表一条唯一的记录，每一列代表记录中的一个域。本项目将详细介绍数据表的基本操作，如创建数据表、查看数据表结构、修改数据表、删除数据表等。

项目素质目标

树立崇尚节约、浪费可耻的思想意识；培养不畏艰辛、迎难而上、不怕吃苦的劳动精神。

项目知识目标

掌握数据表的定义与组成、数据类型的含义与使用环境，掌握创建与管理数据表的 SQL 代码语法规则，掌握操作数据表中数据记录的 SQL 代码语法规则。

项目能力目标

掌握创建与管理数据表结构的操作，掌握数据表中数据记录增删改的操作。

项目导图

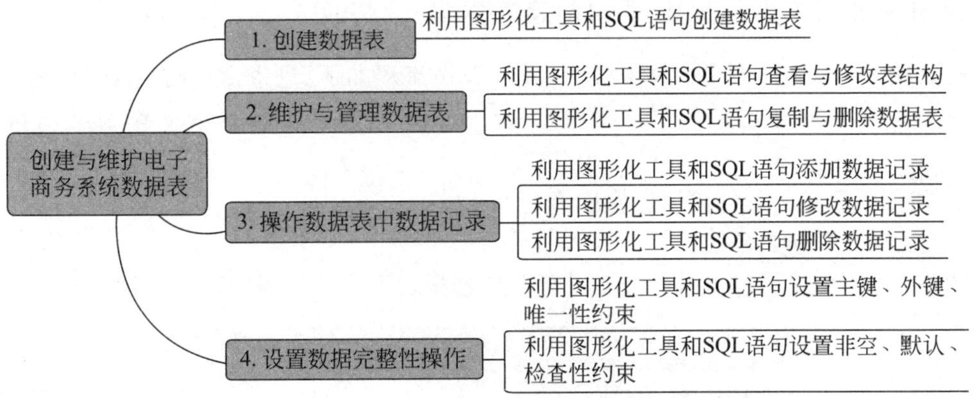

创建与维护电子商务系统数据表

- 1. 创建数据表
  - 利用图形化工具和SQL语句创建数据表
- 2. 维护与管理数据表
  - 利用图形化工具和SQL语句查看与修改表结构
  - 利用图形化工具和SQL语句复制与删除数据表
- 3. 操作数据表中数据记录
  - 利用图形化工具和SQL语句添加数据记录
  - 利用图形化工具和SQL语句修改数据记录
  - 利用图形化工具和SQL语句删除数据记录
- 4. 设置数据完整性操作
  - 利用图形化工具和SQL语句设置主键、外键、唯一性约束
  - 利用图形化工具和SQL语句设置非空、默认、检查性约束

课堂笔记

任务5-1 创建数据表

任务描述

现在进入了该电商网站后台数据库系统开发阶段，在建立的电子商务系统数据库中，我们根据项目2中设计的数据表结构，完成数据表的创建。任务进度如表5-1所示。

表5-1 设计与创建数据表任务进度表

任务描述	任务下发时间	预期完成时间	任务负责人	版本号
利用图形化工具和SQL语句创建数据表	10月3日	10月4日	张文莉	V1.0

任务分析

目前电子商务数据库系统已经创建，我们应该根据之前项目中设计的数据表结构，学习利用图形化工具和使用CREATE TABLE语句两种方式完成数据表的创建。

任务目标

- 素质目标：在创建数据表的过程中树立崇尚节约、浪费可耻的思想意识。
- 知识目标：通过数据表的创建掌握数据表的定义与组成、数据类型的含义与使用环境。
- 能力目标：掌握设计、创建数据表结构的操作。

任务实施

利用图形化工具和SQL语句创建数据表

任务在Navicat图形化工具中设计，具体操作流程如下：进入命令行启动MySQL 8.0服务→单击桌面图形化工具快捷图标启动Navicat→选择ecommerce作为当前可用数据库。

1）使用图形化工具创建用户信息表t_user

（1）启动代码研发环境。

创建数据表操作

（2）单击右侧区域“新建表”按钮进行创建数据表操作，“新表”窗口如图5-1所示。

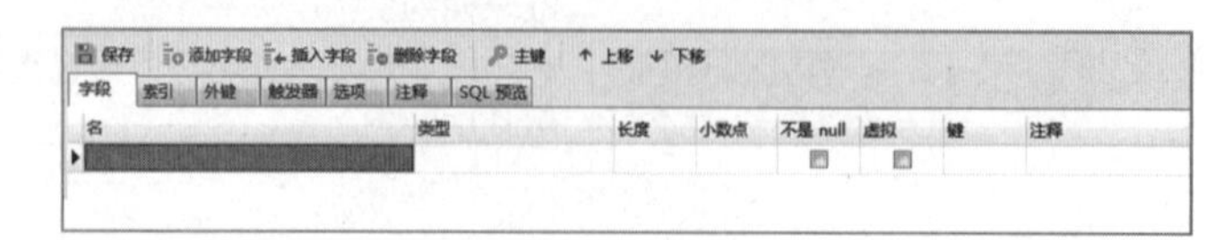

图5-1 “新表”窗口

（3）在“字段”选项卡的第一行中设置第一个记录：在“名”中输入字段名u_id；在“类型”

课堂笔记

下拉列表框中设置该字段的数据类型为 varchar；数据长度设置为 50；单击“键”空白区域设置主键；由于设置了主键，因此自动选中“不是 null”复选框；在“注释”中输入“用户编号”。

重复上述步骤设置 t_user 表中的其他字段，如图 5-2 所示。

字段　索引　外键　触发器　选项　注释　SQL 预览

名	类型	长度	小数点	不是 null	虚拟	键	注释
u_id	varchar	50		☑	☐	1	用户编号
u_login_name	varchar	50		☐	☐		用户名称
u_nick_name	varchar	50		☐	☐		用户昵称
u_passwd	varchar	30		☐	☐		用户密码
u_name	varchar	50		☐	☐		用户姓名
u_phone_num	varchar	15		☐	☐		手机号
u_email	varchar	40		☑	☐		邮箱
u_head_img	varchar	100		☐	☐		头像
u_user_level	int	11		☐	☐		用户级别
u_birthday	date			☐	☐		用户生日
u_gender	varchar	1		☐	☐		性别 M男,F女
u_create_time	datetime			☐	☐		注册时间

图 5-2　创建用户信息表 t_user 表

（4）单击“保存”按钮，保存新表，出现如图 5-3 所示的提示框。输入表名，单击“确定”按钮，保存成功。

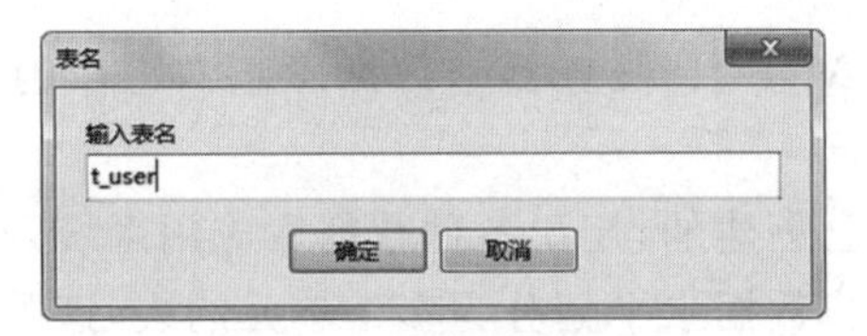

图 5-3　保存表提示框

2）使用 CREATE TABLE 语句创建订单详情表 t_order_detail

（1）启动 Navicat。单击工具栏上“查询”按钮，选择“新建查询”命令，打开代码查询编辑器。

（2）使用 CREATE TABLE 语句创建订单详情表 t_order_detail。创建语句如下：

```
CREATE TABLE 't_order_detail'(
  'od_id' varchar(30)NOT NULL COMMENT '编号' PRIMARY KEY,
  'o_id' varchar(20)NOT NULL COMMENT '订单编号',
  'sku_id' varchar(20)NOT NULL COMMENT '商品编号',
  'pmt_id' bigint(20)DEFAULT NULL COMMENT '促销 id',
  'od_order_price' decimal(10,2)DEFAULT NULL COMMENT '购买价格(下单时 sku 价格)',
  'od_sku_num' varchar(200)DEFAULT NULL COMMENT '购买数量'
)ENGINE = InnoDB DEFAULT CHARSET = utf8;
```

在如上代码中，每个字段都包含附加约束或修饰符，用来增加对所输入数据的约束。“PRIMARY KEY”表示将“od_id”字段定义为主键。“NOT NULL”表示字段必须录入值。“ENGINE＝InnoDB” 表示采用的存储引擎是 InnoDB，InnoDB 是 MySQL 在 Windows 平台默认的存储引擎，所以“ENGINE＝InnoDB”也可以省略。

（3）代码运行调试，创建好的订单详情表如图 5-4 所示。

课堂笔记

名	类型	长度	小数点	不是 null	虚拟	键	注释
od_id	varchar	30		✓		1	编号
o_id	varchar	20		✓			订单编号
sku_id	varchar	20		✓			商品编号
pmt_id	bigint	20					促销id
od_order_price	decimal	10	2				购买价格(下单时sku价格)
od_sku_num	varchar	200					购买数量

图 5-4　创建的订单详情表 t_order_detail

知识点解析

资料：
剩余 9 个数据表的 CREATE TABLE 语句

1. MySQL 数据表的分类

在 MySQL 数据库系统中，可以按照不同的标准对表进行分类。

1）按照表的用途分类

（1）系统表：用于维护 MySQL 服务器和数据库正常工作的数据表。例如，MySQL 中就存在若干系统表。

（2）用户表：由用户自己创建的，用于各种数据库应用系统开发的表。

（3）分区表：分区表是将数据水平划分为多个单元的表，这些单元可以分布到数据库中的多个文件组中。在维护整个集合的完整性时，使用分区可以快速、有效地访问或管理数据子集，从而使大型表或索引更易于管理。

2）按照表的存储时间分类

（1）永久表：包括 MySQL 的系统表和用户在数据库中创建的数据表，该类表除非手动删除，否则一直存储在介质中。

（2）临时表：临时表只有创建该表的用户在创建该表的连接中可见。即在当前连接中可见，当连接被关闭时，临时表自动地被删除。如果服务器关闭，则所有临时表会被清空、关闭。

2. MySQL 数据类型的含义与选用原则

资料：
数据类型详细内容

现实世界的各类数据我们都可以将其抽象后放入数据库中，然而各类数据以什么格式、多大的存储空间进行组织和存储有赖于我们事先的规定。例如，把2020-02-19规定为日期格式，就能正常识别这组字符串的含义，否则就只是一堆无意义的数据。这就是定义数据类型的意义。

数据库存储的对象主要是数据，现实中存在着各种不同类型的数据。数据类型是根据数据的表现方式和存储方式来划分的数据种类，有了数据类型就能对数据进行分类，并且对其不同类型的数据操作进行定义，进一步赋予该类数据的存储和操作规则。

1）整数类型

整数由正整数和负整数组成，如 39、25、−2 和 33967。在 MySQL 中，整数存储的数据类型包括 int、smallint、tinyint、mediumint 和 bigint。这些类型在很大程度上是相同的，只有它们存储的数值范围是不同的。

2）浮点数类型和定点数类型

MySQL 中使用浮点数和定点数来表示小数。浮点数有两种类型：单精度浮点类型(float)和双精度浮点类型(double)。定点数只有一种类型：decimal。浮点数类型和定点数类型都可以用(m,n)来表示数值精度和标度，其中 m 为精度，表示总共的位数；n 为标度，表示小数的位数。如语句 float(7,3)规定显示的值不会超过 7 位数字，小数点后面有 3 位数字。

如果小数点后面的位数超过规定的值，那么 MySQL 会自动将它四舍五入为最接近它的值。例如，将数据类型为 decimal(6,2)的数据 3.1415 插入数据库后，显示的结果为 3.14。

资料：varchar 和 char 的区别

3）字符串类型

字符串类型也是数据表中数据存储的重要类型之一。字符串类型主要是用来存储字符串或文本信息的。在 MySQL 数据库中，常用的字符串类型主要包括 char、varchar、binary、varbinary 等，如表 5-2 所示。

表 5-2　字符串类型

数据类型	取值范围	说　明
char	0～255 个字符	定长的数据存储形式是 char(n)，n 代表存储的最大字符数
varchar	0～65 535 个字符	变长的数据存储形式是 varchar(n)，n 代表存储的最大字符数
binary	0～255 字节	定长的数据存储的是二进制数据，形式是 binary(n)，n 代表存储的最大字节数
varbinary	0～65 535 字节	变长的数据存储的是二进制数据，形式是 varbinary(n)，n 代表存储的最大字节数

4）日期和时间类型

表示时间值的日期和时间类型有 year、date、time、datetime 和 timestamp。

每个时间类型有一个有效值范围和一个“零”值，当指定不合法、在 MySQL 中有不能表示的值时使用“零”值。表 5-3 显示了日期和时间类型的相关特性。

表 5-3　日期和时间

类型	存储长度/字节	范围	格式	说　明
year	1	1901—2155	YYYY 或‘YYYY’	年份值
date	3	1000-01-01—9999-12-31	‘YYY MM DD’或‘YYYMMDD’	日期值
time	3	'—838:59:59'—'838:59:59'	HH:MM:SS	时间值或持续时间
date time	8	1000-01-01 00:00:00—9999-12-31 23:59:59	YYYY MM DD HH:MM:SS	混合日期和时间值
timestamp	4	1970-01-01 00:00:00—2038-01-19 03:14:17	YYYY MM DD HH:MM:SS	混合日期和时间值，时间戳

课堂笔记

数据列类型

3. 数据列属性的含义与设置

MySQL 中，真正约束字段的是数据类型，但是数据类型的约束太单一，需要有一些额外的约束，来保证数据的合法性。

MySQL 中的常用列属性：AUTO _ INCREMENT、NULL 或 NOT NULL、COMMENT、DEFAULT、PRIMARY KEY 和 UNIQUE。

（1）自增长（AUTO_INCREMENT）：设置自增属性，只有整型列才能设置此属性。当插入 NULL 值（或 0）到一个 AUTO_INCREMENT 列中时，列值就自动设置为 value＋1，这里的 value 是此前表中该列的最大值。AUTO_INCREMENT 默认顺序从 1 开始。每个表只能有一个数据列可以设置 AUTO_INCREMENT 属性，并且它必须被索引。

（2）空属性（NOT NULL | NULL）：指定该列是否允许为空。如果不指定，则默认为 NULL。但是在实际开发过程中，应尽可能保证所有的数据都不为 NULL，空数据没有意义，空数据没有办法参加运算。

（3）列描述（COMMENT）：该属性是专门用来描述字段的，会根据创建语句保存，用来给程序员（或者数据库管理员）了解字段相关信息。

（4）默认值（DEFAULT）：为列指定默认值，默认值必须为一个常数。注意，BLOB 和 TEXT 列不能指定默认值。如果没有为列指定默认值，MySQL 会自动地分配一个。如果列可以取 NULL 值，默认值就是 NULL。如果列被声明为 NOT NULL，则默认值取决于列类型。

① 对于没有声明 AUTO_INCREMENT 属性的数字类型，默认值是 0；对于声明了 AUTO_INCREMENT 属性的数字类型，默认值是在顺序中的下一个值。

② 对于除 TIMESTAMP 以外的日期和时间类型，默认值是该类型的“零”值。对于表中第一个 TIMESTAMP 列，默认值是当前的日期和时间。

③ 对于除 ENUM 以外的字符串类型，默认值是空字符串。对于 ENUM，默认值是第一个枚举值。

（5）主键（PRIMARY KEY）：表中经常有一个列或多列的组合，其值能唯一标识表中的每一行。这样的一列或多列称为表的主键，通过它可强制表的实体完整性。当创建或更改表时可通过定义 PRIMARY KEY 约束来创建主键。一个表只能有一个 PRIMARY KEY 约束，而且 PRIMARY KEY 约束中的列不能接受空值。

（6）唯一键（UNIQUE）：一张表往往有很多字段需要具有唯一性，数据不能重复，这个时候用唯一键（UNIQUE）就体现出其优势了。唯一键的本质与主键差不多，但其默认允许字段为空，而且可以多个字段为空（空字段不参与唯一性比较）。

4. 使用 CREATE TABLE 命令创建数据表

创建数据表的命令为 CREATE TABLE，语法规则如下：

```
CREATE [TEMPORARY] TABLE  [IF NOT EXISTS] <表名>
(字段名 1,数据类型[列级别约束条件][默认值],
字段名 2,数据类型[列级别约束条件][默认值],
字段名 n,数据类型[表级别约束条件])ENGINE =“存储引擎”;
```

课堂笔记

语法说明：

(1) TEMPORARY：该关键字表示用 CREATE TABLE 命令新建的表为临时表，不加该关键字创建的表为永久表。有时候需要临时存放数据，如临时存储复杂的 SELECT 语句的结果，此后，可能要重复地使用这个结果，但这个结果又不需要永久保存，此时可以使用临时表。用户可以像操作永久表一样操作临时表。只不过临时表的生命周期较短，而且只能对创建它的用户可见，当断开与该数据库的连接时，MySQL 会自动删除它。

(2) IF NOT EXISTS：在创建表前加上一个判断，只有该表目前尚不存在时才执行 CREATE TABLE 操作。用此选项避免出现表已经存在无法再新建的错误。前瞻性地思考问题，可以避免错误的发生。

(3) 表名：给新创建的表命的名。表名必须符合标识符规则，如果其中有 MySQL 保留字，必须用单引号引起来。

(4) 字段名：表中列的名称。字段名必须符合标识符规则，长度不能超过 64 个字符，而且在表中要唯一。如果字段名中有 MySQL 保留字，必须用单引号引起来。

(5) 数据类型：列的数据类型，有的数据类型需要指明长度 n，并用括号括起来。MySQL 支持的数据类型在本任务的知识点解析中已经介绍过。

(6) 列级别约束条件：指定一些约束条件，来限制该列能够存储哪些数据。关系数据库中主要存在五种约束(constraint)：非空约束、唯一性约束、主键约束、外键约束、检查性约束。除了以上五种标准的约束，MySQL 中还扩展了一些其他约束，比较常用的有缺省值和标识列。

(7) 表级别约束条件：列级约束是定义在列属性中的，而表级约束是定义在列之后的，两者本质上没什么区别，而如果需要同时对多列进行约束，那么就只能采用表级约束，因为表级约束面向的是表(当然就包括所有列)，而列级约束只能针对该列进行约束。

(8) ENGINE ="存储引擎"：MySQL 支持数个存储引擎，对于不同类型的表，可以使用不同的存储引擎，使用时要用具体的存储引擎代替"存储引擎"，如 ENGINE=InnoDB。

实战演练

任务工单：创建数据表

<table>
<tr><td>代码设计员 ID</td><td></td><td>代码设计员姓名</td><td></td><td>所属项目组</td><td></td></tr>
<tr><td>MySQL 官网网址</td><td colspan="2">https://www.mysql.com</td><td colspan="2">MySQL 版本</td><td>MySQL 8.0 社区版</td></tr>
<tr><td>硬件配置</td><td colspan="2">CPU：2.3GHz 及以上双核或四核；硬盘：150GB 及以上；内存：8GB；网卡：千兆网卡</td><td>软件系统</td><td colspan="2">mysql-8.0.23-winx64
navicat_premium_V11.2.7</td></tr>
<tr><td>操作系统</td><td colspan="2">Windows 7/Windows 10 或更高版本</td><td></td><td colspan="2"></td></tr>
<tr><td rowspan="3">任务执行前准备工作</td><td colspan="2">检测计算机软硬件环境是否可用</td><td>□可用
□不可用</td><td colspan="2">不可用注明理由：</td></tr>
<tr><td colspan="2">检测操作系统环境是否可用</td><td>□可用
□不可用</td><td colspan="2">不可用注明理由：</td></tr>
<tr><td colspan="2">检验 MySQL 服务是否能正常启动</td><td>□正常
□不正常</td><td colspan="2">不正常注明理由：</td></tr>
</table>

课堂笔记

续表

任务执行前准备工作	检测 MySQL 图形化工具 Navicat 是否可用	□可用 □不可用	不可用注明理由：
	创建数据表的操作和 SQL 语句是否清楚	□清楚 □有问题	写明问题内容及缘由：
执行具体任务（创建数据表）	创建订单表	完成度：□未完成　□部分完成　□全部完成	
	创建订单详情表	完成度：□未完成　□部分完成　□全部完成	
	创建用户信息表	完成度：□未完成　□部分完成　□全部完成	
	创建商品信息表	完成度：□未完成　□部分完成　□全部完成	
	创建商品一级分类表	完成度：□未完成　□部分完成　□全部完成	
	创建二级分类表	完成度：□未完成　□部分完成　□全部完成	
	创建三级分类表	完成度：□未完成　□部分完成　□全部完成	
	创建商品促销表	完成度：□未完成　□部分完成　□全部完成	
	创建订单支付流水表	完成度：□未完成　□部分完成　□全部完成	
	创建商品评分表	完成度：□未完成　□部分完成　□全部完成	
	创建促销类型表	完成度：□未完成　□部分完成　□全部完成	
任务未成功的处理方案	采取的具体措施：	执行处理方案的结果：	
备注说明	填写日期：	其他事项：	

任务评价

代码设计员 ID		代码设计员姓名		所属项目组		
评价栏目	任务详情	评价要素	分值	评价主体		
				学生自评	小组互评	教师点评
任务功能实现	创建订单表	是否实现	7			
	创建订单详情表	是否实现	7			
	创建用户信息表	是否实现	7			
	创建商品信息表	是否实现	7			
	创建商品一级分类表	是否实现	7			
	创建二级分类表	是否实现	7			
	创建三级分类表	是否实现	7			
	创建商品促销表	是否实现	7			

续表

评价栏目	任务详情	评价要素	分值	评价主体		
				学生自评	小组互评	教师点评
任务功能实现	创建订单支付流水表	是否实现	7			
	创建商品评分表	是否实现	7			
	创建促销类型表	是否实现	10			
创新性	代码编写思路	设计思路是否有创新性	5			
	查询结果显示效果	显示界面是否有创新性	5			
职业素养	态度	是否认真细致、遵守课堂纪律、学习积极、具有团队协作精神	3			
	操作规范	是否有实训环境保护意识，实训设备使用是否合规，操作前是否对硬件设备和软件环境检查到位，有无损坏机器设备的情况，能否保持实训室卫生	3			
	设计理念	是否突显以人为本的设计理念	4			
总　　分			100			

拓展训练

利用图形化工具和 SQL 语句创建数据表

1）实训操作

实训数据库	学校管理系统数据库 eleccollege 数据表：学生信息表 student、课程信息表 course、班级信息表 class、系部信息表 department、宿舍信息表 dormitory、成绩信息表 grade、教师信息表 teacher			
实训任务	任务内容	参考代码	操作演示微课视频	问题记录
	创建学生信息表			
	创建课程信息表			
	创建班级信息表			
	创建系部信息表			
	创建宿舍信息表			
	创建成绩信息表			
	创建教师信息表			

课堂笔记

2）知识拓展

（1）使用华为 GaussDB 数据库，在跨境贸易系统数据库 interecommerce 中，通过 CREATE TABLE 语句创建洲信息表 state。参考语句如下：

```
CREATE TABLE state(
  sta_id char(20) NOT NULL,
  sta_name varchar(50)NOT NULL,
  sta_explain text
);
```

（2）1+X 证书 Web 前端开发 MySQL 考核知识点：使用 CREATE TABLE 语句创建数据表。

讨论反思与学习插页

任务总结：创建数据表

代码设计员 ID		代码设计员姓名		所属项目组	
讨论反思					
学习研讨	问题：MySQL 常用的数据类型有哪些？	解答：			
	问题：在创建数据表时，为了避免出现表已经存在无法再新建的错误，可添加什么语句来避免？	解答：			
立德铸魂	数据表的创建过程，无论是利用图形化工具还是编写 SQL 代码，操作过程都要严谨认真，一个字符或标点符号的小错误都能导致系统无法正常运行。因而，在学习和工作中要自觉树立细致、谨慎、专心致志的工作态度，只有这样才能将工作做好				
学习插页					
过程性学习	记录学习过程：				
重点与难点	提炼利用图形化工具 Navicat 和 SQL 语句创建数据表时的重、难点：				
阶段性评价总结	总结阶段性学习效果：				

课堂笔记

续表

答疑解惑	记录学习过程中疑惑问题的解答情况：

任务5-2　维护与管理数据表

任务描述

在电商网站数据库系统中创建数据表之后，我们还应该能够查看和修改数据表的结构，能够完成数据表的结构或数据的备份操作，即复制数据表；能够完成数据表的删除操作，从而实现对数据表的维护和管理。本任务进度表如表5-4所示。

表5-4　维护与管理数据表任务进度表

系统功能	任务下发时间	预期完成时间	任务负责人	版本号
利用图形化工具和SQL语句查看与修改表结构	10月5日	10月6日	刘莉莉	V1.0
利用图形化工具和SQL语句复制与删除数据表	10月7日	10月8日	刘莉莉	V1.0

任务分析

在数据库应用系统开发中，除了学会创建数据表外，还应该能够完成对表结构日常的查看或修改、数据表的复制和删除操作。以上操作均可以通过图形化工具实现，也可通过SQL语句实现。

任务目标

- 素质目标：培养不畏艰辛、迎难而上、不怕吃苦的劳动精神，立足整体视域、以辩证思维发展观点分析解决问题。
- 知识目标：理解查看和修改数据表结构的语法，理解复制和删除数据表的SQL语句。
- 能力目标：掌握查看和修改数据表结构的方法，复制和删除数据表的语句编写、调试及运行操作，由此实现对电子商务系统数据表的数据库的维护和管理。

任务实施

查看与修改表结构操作

任务在Navicat图形化工具中设计，具体操作流程如下：进入命令行启动MySQL 8.0服务→单击桌面图形化工具快捷图标启动Navicat→选择ecommerce作为当前可用数据库。

课堂笔记

步骤 1　利用图形化工具和 SQL 语句查看与修改表结构

1）利用图形化工具查看商品评分表 t_rating 的结构，并增加评论内容信息字段 u_p_conent

启动代码开发环境。

单击选中商品评分表 t_rating 后右击，弹出操作菜单，如图 5-5 所示。

图 5-5　管理商品评分表 t_rating

选择“设计表”选项可查看商品评分表 t_rating 的结构，在图 5-6 所示界面中可以直接修改表中字段的名字、数据类型等信息。当需要为数据表添加或删除列时，可以单击工具栏上的“添加字段”“插入字段”“删除字段”按钮，完成表结构的修改，如图 5-6 所示。单击“添加字段”按钮增加评论内容信息字段 u_p_conent，添加字段的步骤可参考任务 5-1 。在修改完数据表信息后，单击“添加字段”左侧的“保存”按钮，完成数据表信息的保存。然后，直接关闭设计表的窗体，即可完成对数据表结构的修改操作。

图 5-6　修改商品评分表 t_rating 的结构

2）利用 SQL 语句查看 ecommerce 数据库中所有数据表并查看商品评分表 t_rating 的结构

(1) 启动代码开发环境。

(2) 使用 SHOW TABLES 命令查看 ecommerce 数据库中所有数据表的信息，查询结果如图 5-7 所示。

(3) 使用 DESCRIBE/DESC t_rating 命令查看商品评分表 t_rating 的结构，结果如图 5-8 所示。

图 5-8 中的各列的含义：Field 列是表 t_rating 定义的字段名称；Type 列是字段类型及长度；Null 列表示某字段是否可以为空值；Key 列表示某字段是否为主键：Default 列表示该字段是否有缺省值；Extra 列表示某字段的附加信息。

课堂笔记

```
mysql> use ecommerce;
Database changed
mysql> SHOW TABLES;
+----------------------+
| Tables_in_ecommerce  |
+----------------------+
| t_category1          |
| t_category2          |
| t_category3          |
| t_order              |
| t_order_detail       |
| t_order_payment_flow |
| t_pro_type           |
| t_promotion          |
| t_rating             |
| t_sku                |
| t_user               |
+----------------------+
11 rows in set (0.01 sec)
```

图 5-7　查看所有数据表

```
mysql> DESC t_rating;
+------------+---------------+------+-----+---------+----------------+
| Field      | Type          | Null | Key | Default | Extra          |
+------------+---------------+------+-----+---------+----------------+
| pr_id      | bigint        | NO   | PRI | NULL    | auto_increment |
| u_id       | varchar(50)   | NO   | MUL | NULL    |                |
| sku_id     | varchar(20)   | NO   | MUL | NULL    |                |
| u_p_score  | decimal(10,2) | YES  |     | NULL    |                |
| timestamp  | datetime      | YES  |     | NULL    |                |
| u_p_conent | varchar(255)  | YES  |     | NULL    |                |
+------------+---------------+------+-----+---------+----------------+
6 rows in set (0.00 sec)
```

图 5-8　查看商品评分表 t_rating 的结构

(4) 使用 SHOW CREATE TABLE t_rating \G 命令查看商品评分表 t_rating 表的详细结构，结查如图 5-9 所示。

```
mysql> SHOW CREATE TABLE t_rating \G;
*************************** 1. row ***************************
       Table: t_rating
Create Table: CREATE TABLE 't_rating' (
  'pr_id' bigint NOT NULL AUTO_INCREMENT COMMENT '编号',
  'u_id' varchar(50) CHARACTER SET utf8mb3 COLLATE utf8_general_ci NOT NULL COMM
ENT '用户ID',
  'sku_id' varchar(20) CHARACTER SET utf8mb3 COLLATE utf8_general_ci NOT NULL CO
MMENT '商品ID',
  'u_p_score' decimal(10,2) DEFAULT NULL COMMENT '商品的用户评分1~5分',
  'timestamp' datetime DEFAULT NULL COMMENT '评分的时间',
  'u_p_conent' varchar(255) CHARACTER SET utf8mb3 COLLATE utf8_general_ci DEFAUL
T NULL COMMENT '评论内容信息',
  PRIMARY KEY ('pr_id'),
  KEY 'fk_t_rating_u_id' ('u_id'),
  KEY 'fk_t_rating_sku_id' ('sku_id'),
  CONSTRAINT 'fk_t_rating_sku_id' FOREIGN KEY ('sku_id') REFERENCES 't_sku' ('sk
u_id') ON DELETE CASCADE,
  CONSTRAINT 'fk_t_rating_u_id' FOREIGN KEY ('u_id') REFERENCES 't_user' ('u_id'
) ON DELETE CASCADE
) ENGINE=InnoDB AUTO_INCREMENT=7 DEFAULT CHARSET=utf8mb3
1 row in set (0.00 sec)
```

图 5-9　查看商品评分表 t_rating 的详细结构

通过 DESCRIBE 和 SHOW CREATE TABLE 两个命令的查询结果可知：如果查询表的基本结构，则用 DESCRIBE 命令；如果查看表创建时使用的语句以及存储引擎和字符编码，则用 SHOW CREATE TABLE 命令。

3) 利用 SQL 语句修改商品评分表 t_rating 的结构

(1) 启动代码开发环境。

(2) 利用 ALTER TABLE 命令删除商品评分表 t_rating 中评论内容信息字段 u_p_conent，具体代码如下：

```
ALTER TABLE t_rating DROP u_p_conent;
```

(3) 利用 ADD TABLE 命令添加字段，在商品评分表 t_rating 中的商品编码(sku_id)后新增一个评论内容信息字段 u_p_conent，要求数据类型为 char(50)，具体代码如下：

```
ALTER TABLE t_rating ADD u_p_conent  char(50)AFTER sku_id;
```

通过上面的语句，可在 t_rating 表中添加 u_p_conent 字段。查看添加前后表的基本结构，分别如图 5-10 和图 5-11 所示。

课堂笔记

```
mysql> DESC t_rating;
+-----------+---------------+------+-----+---------+----------------+
| Field     | Type          | Null | Key | Default | Extra          |
+-----------+---------------+------+-----+---------+----------------+
| pr_id     | bigint        | NO   | PRI | NULL    | auto_increment |
| u_id      | varchar(50)   | NO   | MUL | NULL    |                |
| sku_id    | varchar(20)   | NO   | MUL | NULL    |                |
| u_p_score | decimal(10,2) | YES  |     | NULL    |                |
| timestamp | datetime      | YES  |     | NULL    |                |
+-----------+---------------+------+-----+---------+----------------+
5 rows in set (0.00 sec)
```

图 5-10 添加前的表结构

```
mysql> DESC t_rating;
+------------+---------------+------+-----+---------+----------------+
| Field      | Type          | Null | Key | Default | Extra          |
+------------+---------------+------+-----+---------+----------------+
| pr_id      | bigint        | NO   | PRI | NULL    | auto_increment |
| u_id       | varchar(50)   | NO   | MUL | NULL    |                |
| sku_id     | varchar(20)   | NO   | MUL | NULL    |                |
| u_p_conent | char(50)      | YES  |     | NULL    |                |
| u_p_score  | decimal(10,2) | YES  |     | NULL    |                |
| timestamp  | datetime      | YES  |     | NULL    |                |
+------------+---------------+------+-----+---------+----------------+
6 rows in set (0.00 sec)
```

图 5-11 添加后的表结构

(4) 利用 MODIFY TABLE 命令修改字段，将商品评分表 t_rating 中评论内容信息字段 u_p_conent 的数据类型改为 char(200)，具体代码如下：

```
ALTER TABLE t_rating MODIFY u_p_conent char(200);
```

然后查看修改后的表的基本结构，如图 5-12 所示。

```
mysql> DESC t_rating;
+------------+---------------+------+-----+---------+----------------+
| Field      | Type          | Null | Key | Default | Extra          |
+------------+---------------+------+-----+---------+----------------+
| pr_id      | bigint        | NO   | PRI | NULL    | auto_increment |
| u_id       | varchar(50)   | NO   | MUL | NULL    |                |
| sku_id     | varchar(20)   | NO   | MUL | NULL    |                |
| u_p_conent | char(200)     | YES  |     | NULL    |                |
| u_p_score  | decimal(10,2) | YES  |     | NULL    |                |
| timestamp  | datetime      | YES  |     | NULL    |                |
+------------+---------------+------+-----+---------+----------------+
6 rows in set (0.00 sec)
```

图 5-12 数据类型修改后的表结构

(5) 利用 CHANGE 关键字修改字段名，将商品评分表 t_rating 中评论内容信息字段 u_p_conent 的名称改为 u_p_con，具体代码如下：

```
ALTER TABLE t_rating CHANGE u_p_conent u_p_con char(200);
```

修改后的表结构如图 5-13 所示。

```
mysql> DESC t_rating;
+-----------+---------------+------+-----+---------+----------------+
| Field     | Type          | Null | Key | Default | Extra          |
+-----------+---------------+------+-----+---------+----------------+
| pr_id     | bigint        | NO   | PRI | NULL    | auto_increment |
| u_id      | varchar(50)   | NO   | MUL | NULL    |                |
| sku_id    | varchar(20)   | NO   | MUL | NULL    |                |
| u_p_con   | char(200)     | YES  |     | NULL    |                |
| u_p_score | decimal(10,2) | YES  |     | NULL    |                |
| timestamp | datetime      | YES  |     | NULL    |                |
+-----------+---------------+------+-----+---------+----------------+
6 rows in set (0.00 sec)
```

图 5-13 字段名修改后的表结构

步骤 2 利用图形化工具和 SQL 语句复制与删除数据表

1) 使用图形化工具复制商品评分表 t_rating

(1) 启动代码开发环境。单击选中商品评分表 t_rating，右击弹出操作菜单。

课堂笔记

复制与删除数据表操作

(2) 单击“复制表”选项，子菜单中的“结构和数据”或“仅结构”决定是否只复制数据表的结构，还是把原始表中的数据一起复制到新表中，如图5-14所示。复制后的新数据表默认表名为t_rating_copy1，如图5-15所示。

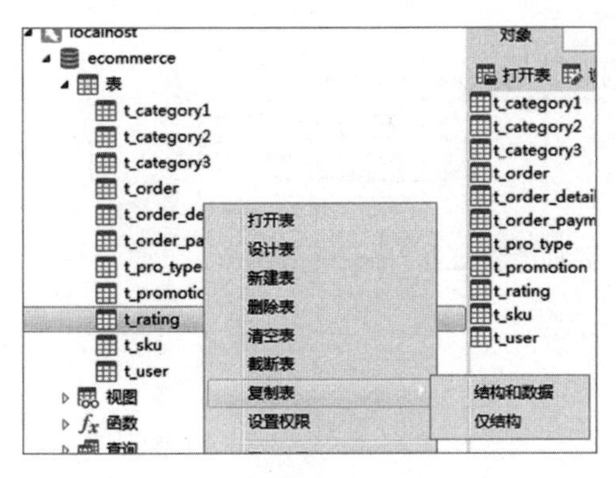

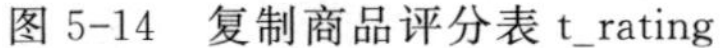

图5-14 复制商品评分表t_rating

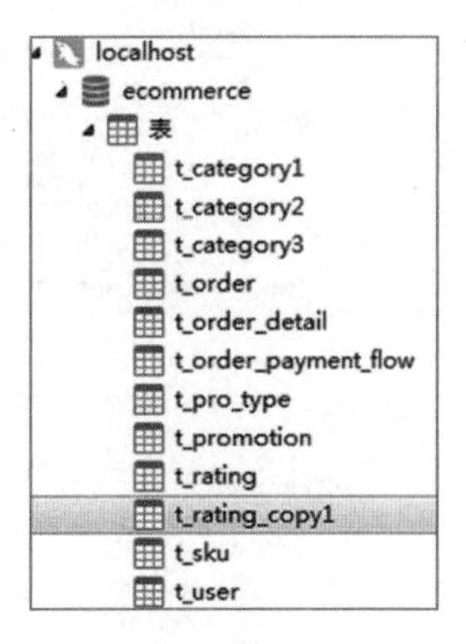

图5-15 复制后的新数据表t_rating_copy1

2) 使用CREATE TABLE命令复制商品评分表t_rating

用复制的方式创建一个名为t_rating_copy2的表，表结构直接取自t_rating表，代码如下，运行结果如图5-16所示。

```
CREATE TABLE t_rating_copy2 LIKE t_rating;
```

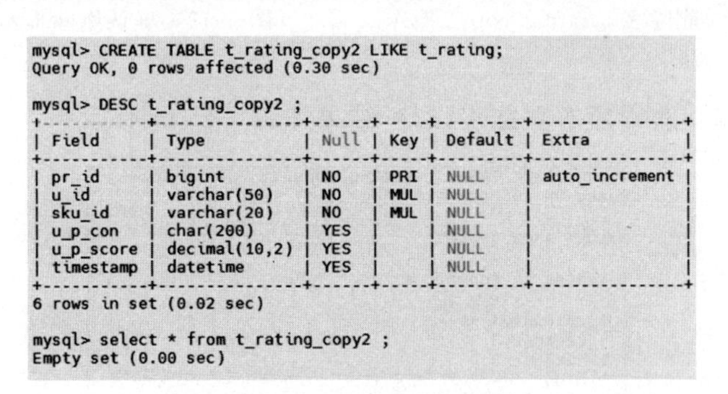

```
mysql> CREATE TABLE t_rating_copy2 LIKE t_rating;
Query OK, 0 rows affected (0.30 sec)

mysql> DESC t_rating_copy2 ;
+-----------+---------------+------+-----+---------+----------------+
| Field     | Type          | Null | Key | Default | Extra          |
+-----------+---------------+------+-----+---------+----------------+
| pr_id     | bigint        | NO   | PRI | NULL    | auto_increment |
| u_id      | varchar(50)   | NO   | MUL | NULL    |                |
| sku_id    | varchar(20)   | NO   | MUL | NULL    |                |
| u_p_con   | char(200)     | YES  |     | NULL    |                |
| u_p_score | decimal(10,2) | YES  |     | NULL    |                |
| timestamp | datetime      | YES  |     | NULL    |                |
+-----------+---------------+------+-----+---------+----------------+
6 rows in set (0.02 sec)

mysql> select * from t_rating_copy2 ;
Empty set (0.00 sec)
```

图5-16 用复制的方式创建数据表t_rating_copy2

用复制的方式创建一个名为t_rating_copy3的表，其结构和内容(数据)都取向t_rating表，代码如下，运行结果如图5-17所示。

```
CREATE TABLE t_rating_copy3  AS (SELECT * FROM t_rating);
```

3) 使用图形化工具删除表t_rating_copy1

(1) 启动代码研发环境。

(2) 右击商品评分表t_rating_copy1，在弹出的快捷菜单中选择“删除表”选项，如图5-18所示。在如图5-19所示的警告对话框中单击“确定”按钮，完成删除操作。

4) 使用DROP TABLE命令删除表t_rating_copy2、t_rating_copy3

删除语句如下：

```
DROP TABLE t_rating_copy2,t_rating_copy3;
```

课堂笔记

```
mysql> select * from t_rating_copy2 ;
Empty set (0.00 sec)

mysql> CREATE TABLE t_rating_copy3  AS (SELECT * FROM t_rating);
Query OK, 4 rows affected (0.08 sec)
Records: 4  Duplicates: 0  Warnings: 0

mysql> ^C
mysql> select * from t_rating_copy3;
+-------+---------+---------+--------+-----------+---------------------+
| pr_id | u_id    | sku_id  | u_p_con | u_p_score | timestamp           |
+-------+---------+---------+--------+-----------+---------------------+
|     2 | 1000004 | S000008 | NULL   |      4.00 | 2020-06-13 05:19:15 |
|     3 | 1000004 | S000009 | NULL   |      3.00 | 2020-06-13 07:17:25 |
|     5 | 1000002 | S000004 | NULL   |      3.00 | 2020-06-22 10:11:23 |
|     6 | 1000002 | S000011 | NULL   |      4.00 | 2020-06-22 08:51:22 |
+-------+---------+---------+--------+-----------+---------------------+
4 rows in set (0.00 sec)
```

图 5-17　用复制的方式创建数据表 t_rating_copy3

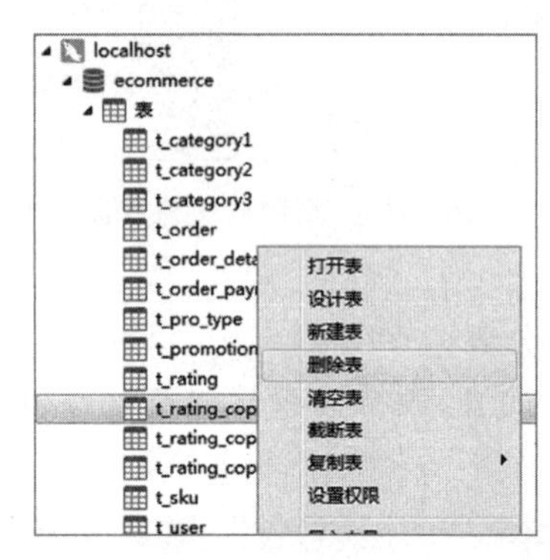

图 5-18　删除表 t_rating_copy1 操作

图 5-19　确认删除提示框

使用 show tables 查看所有数据表，运行结果如图 5-20 所示。

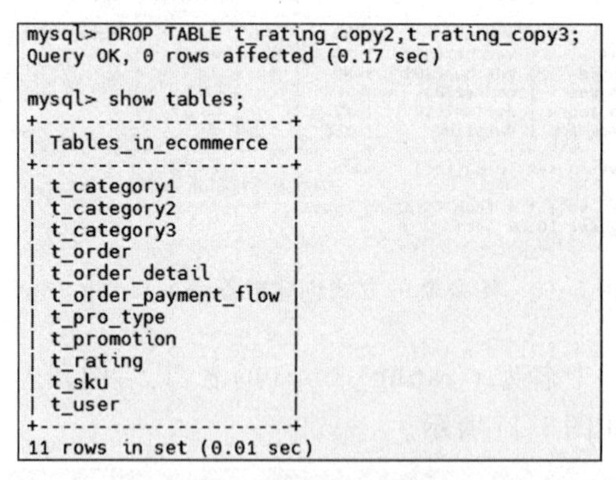

```
mysql> DROP TABLE t_rating_copy2,t_rating_copy3;
Query OK, 0 rows affected (0.17 sec)

mysql> show tables;
+----------------------+
| Tables_in_ecommerce  |
+----------------------+
| t_category1          |
| t_category2          |
| t_category3          |
| t_order              |
| t_order_detail       |
| t_order_payment_flow |
| t_pro_type           |
| t_promotion          |
| t_rating             |
| t_sku                |
| t_user               |
+----------------------+
11 rows in set (0.01 sec)
```

图 5-20　删除两个数据表后的所有数据表

知识点解析

1. 使用 DESCRIBE/DESC 命令查看表结构

使用 DESCRIBE/DESC 命令可以查看表的字段信息，包括字段名、字段数据类型、是否为主键、是否有默认值等。语法规则如下：

课堂笔记

```
{DESCRIBE|DESC} 表名 [列名|通配符]
```

语法说明：

（1）本着化繁为简的思想，DESC 是 DESCRIBE 的简写，二者用法相同。

（2）列名|通配符，可以是一个列名称，也可以是一个包含通配符"%"和"_"的字符串，用于获取名称与字符串相匹配的各列。没有必要使用引号将字符串引起来，除非其中包含空格或其他特殊字符。

2. 使用 SHOW TABLES 命令显示所有数据表

使用 SHOW TABLES 命令查看所有的表和视图信息，语法格式如下：

```
SHOW [FULL] TABLES [{FROM | IN} 数据库名] [LIKE 'pattern' | WHERE  expr]
```

其中各参数说明如下。

（1）FULL：以完整格式显示表的名称和表的类型。

（2）TABLES：显示数据库中所有的基本表和视图。

（3）数据库名：要查看的数据库名。

（4）LIKE 子句：确定要查看的数据表名称要满足的条件。

（5）WHERE 子句。确定要查看的数据表名称要满足的条件。

3. 使用 ALTER TABLE 命令修改表结构

MySQL 使用 ALTER TABLE 命令修改表。例如，可以增加或删减列，修改字段名、字段的数据类型和表名等。语法格式如下：

```
ALTER TABLE tb_name
ADD [COLUMN] create_definition [FIRST | AFTER  col_name]  //添加新字段
 | ADD INDEX [index_name](index_ col_name,...)  //添加索引名称
 | ADD PRIMARY KEY(index_col_name,...)//添加主键名称
 | ADD UNIQUE [index name](index_col_name,...)//添加唯一索引
 | ALTER [COLUMN] col_name {SET DEFAULT literal DROF DEFAULT}  //修改默认值
 | CHANGE [COLUMN] old_col_name  create_ definition //修改字段名和类型
 | MODIFY [COLUMN] create_definition  //修改字段类型
 | DROP [COLUMN] col_name  //删除字段名称
 | DROF PRIMARY KEY  //删除主键名称
 | DROF INDEX index name  //删除索引名称
 | RENAME [AS] new_tb_name  //修改表名
 | table options
```

语法说明：

（1）tb_name 是指表名。

（2）col_name 是指列名。

（3）create_definition 是指定义列的数据类型和属性。

（4）FIRST | AFTER 表示新增列在参照列的前面或后面，如果不指定则添加到最后。

课堂笔记

4. 使用 CREATE TABLE 复制表

当需要建立的数据表与已有的数据表的结构相同时,可以采用复制表的方法复制现有数据表的结构,也可以复制表的结构和数据。

语法格式如下:

```
CREATE TABLE [IF NOT EXISTS] 新表名 [LIKE 参照表名]|[AS (SELECT 语句)]
```

语法说明:

(1) LIKE:使用 LIKE 关键字创建一个与参照表名结构相同的新表,列名、数据类型和索引也将复制,但是表的内容不会复制,因此创建的新表是一个空表。

(2) AS:使用 AS 关键字可以复制表的内容,但索引和完整性约束是不会复制的。SELECT 语句表示一个表达式。

5. 使用 DROP TABLE 命令删除表

```
DROP TABLE [IF EXISTS]数据表 1 [,数据表 2]...[,数据表 n];
```

在 MySQL 中,使用 DROP TABLE 可以一次删除一个或多个没有被其他数据表关联的数据表。其中,“数据表 *n*”为待删除数据表的名称,若要同时删除多个数据表,只需将待删除数据表的表名依次写在“DROP TABLE”之后,使用半角逗号“,”分隔开即可。如果待删除的数据表不存在,则 MySQL 会给出报错信息。参数“IF EXISTS”用于在删除数据表之前判断表是否存在,加上该参数后,如果待删除的数据表不存在,则 SQL 语句可以顺利执行,但会弹出提示信息。

删除一个表时,表中的所有数据也会被删除。因此,删除表一定要慎重。最稳妥的方法是先将表中所有数据备份出来,然后删除表。一旦删除表后发现造成了损失,可以通过备份的数据还原表,以便尽可能降低损失。

如果在数据库中将某些表之间建立了关联关系,一些表成为主表,这些表被其他表所关联。如果直接删除主表,此时的删除操作会失败,其原因是直接删除主表,将破坏参照完整性。如果必须删除主表,则可以先删除与它关联的子表,再删除主表,只是这样做会同时删除两个数据表中的数据。如果删除主表时还要保留子表,只需将关联表的外键约束取消,再删除主表即可。

实战演练

任务工单:维护与管理数据表

<table>
<tr><td>代码设计员 ID</td><td></td><td>代码设计员姓名</td><td colspan="2"></td><td>所属项目组</td><td></td></tr>
<tr><td>MySQL 官网网址</td><td colspan="2">https://www.mysql.com</td><td colspan="3">MySQL 版本</td><td>MySQL 8.0 社区版</td></tr>
<tr><td>硬件配置</td><td colspan="2">CPU:2.3GHz 及以上双核或四核;硬盘:150GB 及以上;内存:8GB;网卡:千兆网卡</td><td colspan="2">软件系统</td><td colspan="2">mysql-8.0.23-winx64
navicat_premium_V11.2.7</td></tr>
</table>

课堂笔记

续表

操作系统	Windows 7/Windows 10 或更高版本	执行操作的资源要求	ecommerce 数据库成功创建 所有数据表创建完毕
任务执行前准备工作	检测计算机软硬件环境是否可用	□可用 □不可用	不可用注明理由：
	检测操作系统环境是否可用	□可用 □不可用	不可用注明理由：
	检验 MySQL 服务是否能正常启动	□正常 □不正常	不正常注明理由：
	检测 MySQL 图形化工具 Navicat 是否可用	□可用 □不可用	不可用注明理由：
	复习查看与修改表结构的相关知识、复制与删除数据表的语句和操作流程，是否清楚	□清楚 □有问题	写明问题内容及缘由：
执行具体任务（在 MySQL 平台上查看修改商品评分表 t_rating 的结构）	利用图形化工具查看商品评分表 t_rating 的结构，并增加评论内容信息字段 u_p_conent	完成度：□未完成　□部分完成　□全部完成	
	利用 SQL 语句查看 ecommerce 数据库中所有数据表并查看商品评分表 t_rating 的结构	完成度：□未完成　□部分完成　□全部完成	
	利用 SQL 语句修改商品评分表 t_rating 的结构	完成度：□未完成　□部分完成　□全部完成	
执行具体任务（在 MySQL 平台上复制商品评分表 t_rating 并删除复制的表）	使用图形化工具复制商品评分表 t_rating	完成度：□未完成　□部分完成　□全部完成	
	使用 CREATE TABLE 命令复制商品评分表 t_rating	完成度：□未完成　□部分完成　□全部完成	
	使用图形化工具删除表 t_rating_copy1	完成度：□未完成　□部分完成　□全部完成	
	使用 DROP TABLE 命令删除表 t_rating_copy2、t_rating_copy3	完成度：□未完成　□部分完成　□全部完成	
任务未成功的处理方案	采取的具体措施：	执行处理方案的结果：	
备注说明	填写日期：	其他事项：	

课堂笔记

任务评价

<table>
<tr><td>代码设计员 ID</td><td colspan="2"></td><td>代码设计员姓名</td><td></td><td colspan="2">所属项目组</td><td colspan="3"></td></tr>
<tr><td rowspan="2">评价栏目</td><td colspan="3" rowspan="2">任 务 详 情</td><td colspan="2" rowspan="2">评 价 要 素</td><td rowspan="2">分值</td><td colspan="3">评价主体</td></tr>
<tr><td>学生自评</td><td>小组互评</td><td>教师点评</td></tr>
<tr><td rowspan="3">查看与修改表结构功能实现</td><td colspan="3">利用图形化工具查看商品评分表 t_rating 的结构,并增加评论内容信息字段 u_p_conent</td><td colspan="2">功能是否实现</td><td>15</td><td></td><td></td><td></td></tr>
<tr><td colspan="3">利用 SQL 语句查看 ecommerce 数据库中所有数据表并查看商品评分表 t_rating 的结构</td><td colspan="2">功能是否实现</td><td>15</td><td></td><td></td><td></td></tr>
<tr><td colspan="3">利用 SQL 语句修改商品评分表 t_rating 的结构</td><td colspan="2">功能是否实现</td><td>15</td><td></td><td></td><td></td></tr>
<tr><td rowspan="4">复制与删除数据表功能实现</td><td colspan="3">使用图形化工具复制商品评分表 t_rating</td><td colspan="2">功能是否实现</td><td>10</td><td></td><td></td><td></td></tr>
<tr><td colspan="3">使用 CREATE TABLE 命令复制商品评分表 t_rating</td><td colspan="2">功能是否实现</td><td>15</td><td></td><td></td><td></td></tr>
<tr><td colspan="3">使用图形化工具删除表 t_rating_copy1</td><td colspan="2">功能是否实现</td><td>10</td><td></td><td></td><td></td></tr>
<tr><td colspan="3">使用 DROP TABLE 语句删除表 t_rating_copy2、t_rating_copy3</td><td colspan="2">功能是否实现</td><td>20</td><td></td><td></td><td></td></tr>
<tr><td colspan="6">总　　分</td><td>100</td><td></td><td></td><td></td></tr>
</table>

拓展训练

1. 利用图形化工具和 SQL 语句查看与修改表结构

1）实训操作

<table>
<tr><td>实训数据库</td><td colspan="4">学校管理系统数据库 elecollege
数据表:学生信息表 student、课程信息表 course、班级信息表 class、系部信息表 department、宿舍信息表 dormitory、成绩信息表 grade、教师信息表 teacher</td></tr>
<tr><td rowspan="3">实训任务</td><td>任 务 内 容</td><td>参考操作/代码</td><td>操作演示微课视频</td><td>问题记录</td></tr>
<tr><td>使用图形化工具查看系部信息表 department 的结构信息</td><td>选中 department 数据表,右击选择“设计表”</td><td rowspan="2"></td><td></td></tr>
<tr><td>通过 DESCRIBE 查看系部信息表 department 的基本结构</td><td>DESCRIBE department;</td><td></td></tr>
</table>

续表

	任务内容	参考操作/代码	操作演示微课视频	问题记录
实训任务	通过 SHOW CREATE TABLE 查看系部信息表 department 的详细信息	SHOW CREATE TABLE department\G;		
	通过 SHOW TABLES 查看 eleccollege 数据库中所有数据表的信息	SHOW TABLES;		
	使用图形化工具以教师信息表为例,完成教师民族列的添加、修改、删除等操作	选中 teacher 数据表右击,选择"设计表",单击工具栏上"添加栏位"按钮,在表结构最后一行输入民族信息即可完成添加操作;在输入行中单击对应的输入内容,即可完成修改操作,选择民族字段所在的行,单击工具栏上"删除栏位"按钮,即可完成删除操作。操作完毕单击"保存"按钮,使更新内容生效		
	在教师信息表(teacher)的教师姓名(tea_name)字段后新增一个名为教师民族(tea_nation)的字段,要求数据类型为 char(5),在修改表时,使用 ADD 关键字添加列	ALTER TABLE teacher ADD tea_nation char(5)NOT NULL AFTER tea_name;		
	将教师信息表(teacher)中教师民族(tea_nation)字段的数据类型修改为 varchar(20)	ALTER TABLE teacher MODIFY tea_nation varchar(5)NOT NULL;		
	将教师信息表(teacher)中教师民族(tea_nation)列的名字修改成 tea_nation_update	ALTER TABLE teacher CHANGE tea_nation tea_nation_update varchar(20)NOT NULL;		
	删除教师信息表(teacher)中教师民族(tea_nation_update)一列	ALTER TABLE teacher DROP COLUMN tea_nation_update;		

2) 知识拓展

(1) 在华为 GaussDB 数据库中继续使用跨境贸易系统数据库 interecommerce 完成以下操作。

① 使用 SHOW CREATE TABLE 语句查看洲信息表 state 的详细结构。参考语句如下:

```
SHOW CREATE TABLE state \G;
```

② 使用 ALTER TABLE 语句修改洲信息表 state_copy,将其 sta_id 的数据类型修改为 varchar。参考语句如下:

```
ALTER TABLE state_copy MODIFY  sta_id  varchar(20)NOT NULL;
```

(2) 1+X 证书 Web 前端开发 MySQL 考核知识点如下。

① 查看表结构:

课堂笔记

```
{DESCRIBE | DESC}表名;
```

② 查看表详细结构：

```
SHOW CREATE TABLE 表名[\G];
```

③ 修改表结构：

```
ALTER TABLE 表名××;
```

2. 利用图形化工具和SQL语句复制与删除数据表

1）实训操作

实训数据库	学校管理系统数据库 eleccollege 数据表：学生信息表 student、课程信息表 course、班级信息表 class、系部信息表 department、宿舍信息表 dormitory、成绩信息表 grade、教师信息表 teacher			
实训任务	任务内容	参考操作/代码	操作演示微课视频	问题记录
	使用图形化工具以教师信息表为例，完成复制表的操作	选中 teacher 数据表，右击，选择“复制表”		
	在数据库 eleccollege 中，用复制的方式创建一个名为 teacher_copy 的表，表结构直接取自 teacher 表；另外创建一个名为 teacher_copy2 的表，其结构和内容（数据）都取自 teacher 表	CREATE TABLE teacher _ copy LIKE teacher; CREATE TABLE teacher_copy2 AS(SELECT * FROM teacher);		
	使用图形化工具以 teacher_copy 表为例，完成删除表的操作	选中 teacher_copy 数据表，右击，选择“删除表”		
	删除 teacher_cop2y 表。在执行代码之前，先用“DESC”语句查看是否存在 teacher_copy2 表，以便在删除后进行对比	DESC teacher_copy2; DROP TABLE teacher_copy2; DROP TABLE teacher_copy2;		

2）知识拓展

（1）在华为 GaussDB 数据库中继续使用跨境贸易系统数据库 interecommerce 完成以下操作。

① 使用 SQL 语句复制洲信息表 state 的结构和数据。参考语句如下：

```
CREATE TABLE state_copy AS (SELECT * FROM state);
```

② 使用 DROP TABLE 语句删除复制的洲信息表 state_copy。参考语句如下：

```
DROP TABLE state_copy;
```

（2）1+X 证书 Web 前端开发 MySQL 考核知识点如下。

① 复制表：

```
CREATE TABLE 新表名 [LIKE 参照表名]|[AS (SELECT 语句)];
```

② 删除表：

```
DROP TABLE [IF EXISTS]数据表 1 [,数据表 2];
```

课堂笔记

讨论反思与学习插页

任务总结:维护与管理数据表

<table>
<tr><td>代码设计员 ID</td><td></td><td>代码设计员姓名</td><td></td><td>所属项目组</td><td></td></tr>
<tr><td colspan="6">讨论反思</td></tr>
<tr><td rowspan="2">学习研讨</td><td>问题:使用 ALTER TABLE 命令可修改表结构内容较多,能否准确说出每种修改的关键字分别是什么?</td><td colspan="4">解答:</td></tr>
<tr><td>问题:使用 SQL 语句复制表时,LIKE 和 AS 关键字之间的区别是什么?</td><td colspan="4">解答:</td></tr>
<tr><td>立德铸魂</td><td colspan="5">随着越来越多的实践应用和用户需求的变化,数据表的结构也需要及时调整,以满足应用需求,因此,数据表结构的维护要视情况而修改,这样才能使数据库系统处于良好状态。以此告知学生任何事情都不是一成不变的,必须努力奋进,与时代发展相契合,只有适应社会发展规律的事情,才能推动社会的进步。
对数据表的删除一定要谨慎操作,数据一旦删除将无法恢复。由此告知学生,做任何事情都要以全局的意识考虑问题,立足整体视域把控事情进展的大局,否则会出现以偏概全、以点代面的现象,导致工作出现偏差</td></tr>
<tr><td colspan="6">学习插页</td></tr>
<tr><td>过程性学习</td><td colspan="5">记录学习过程:</td></tr>
<tr><td>重点与难点</td><td colspan="5">提炼查看与修改表结构操作、复制与删除数据表操作的重难点:</td></tr>
<tr><td>阶段性评价总结</td><td colspan="5">总结阶段性学习效果:</td></tr>
<tr><td>答疑解惑</td><td colspan="5">记录学习过程中疑惑问题的解答情况:</td></tr>
</table>

课堂笔记

任务5-3 操作数据表中数据记录

任务描述

学完在电商网站数据库系统中对数据表的维护和管理操作后，接下来我们需要完成数据表中数据记录的操作，包括向数据表中添加数据、修改数据表中的数据以及删除数据表中的数据等操作。本任务进度如表5-5所示。

表 5-5 操作数据表中数据记录任务进度表

系统功能	任务下发时间	预期完成时间	任务负责人	版本号
利用图形化工具和 SQL 语句添加数据记录	10月9日	10月10日	孙维	V1.0
利用图形化工具和 SQL 语句修改数据记录	10月11日	10月12日	孙维	V1.0
利用图形化工具和 SQL 语句删除数据记录	10月13日	10月14日	胡毅	V1.0

任务分析

在使用数据库之前，数据库中必须要有数据。数据库通过插入、更新、删除等方式来改变表中的记录。使用 INSERT 语句可以向表中插入新的记录；使用 UPDATE 语句可以更改表中已经存在的数据；使用 DELETE 语句可以删除表中不再使用的数据。

任务目标

- 素质目标：树立以人为本、以用户为中心的理念，培养细心谨慎、于细微处用心的工匠精神。
- 知识目标：理解利用 INSERT、UPDATE、DELETE 语句实现数据记录增、删、改的各类关键字的含义与使用方法。
- 能力目标：掌握完成数据记录增、删、改功能的语句编写、调试及运行操作，掌握数据记录增、删、改功能的图形化操作。

任务实施

添加数据记录操作

操作数据库表的准备工作：使用命令行方式启动 MySQL 8.0 服务，单击桌面图形化工具快捷图标启动 Navicat，选择 ecommerce 作为当前可用数据库。

准备工作做好后，具体进行数据库表操作的步骤如下。

步骤1 利用图形化工具和 SQL 语句添加数据记录

1）利用图形化工具在促销类型表 t_pro_type 中插入一行如表5-6所示的数据

（1）在 Navicat 中双击打开促销类型表 t_pro_type，界面如图5-21所示。

表5-6　促销类型表 t_pro_type 的单条数据记录

t_pro_type_id	t_pro_type_name	t_pro_type_desc
5	买一送一	买一送一是一种促销、优惠策略,买一件送一件的意思

图5-21　促销类型表 t_pro_type

(2) 单击图5-22中左下角的"+"标记,即可为促销类型表 t_pro_type 新增一条数据记录,然后依次输入每个字段的内容,完成数据记录的添加操作,如图5-22所示。

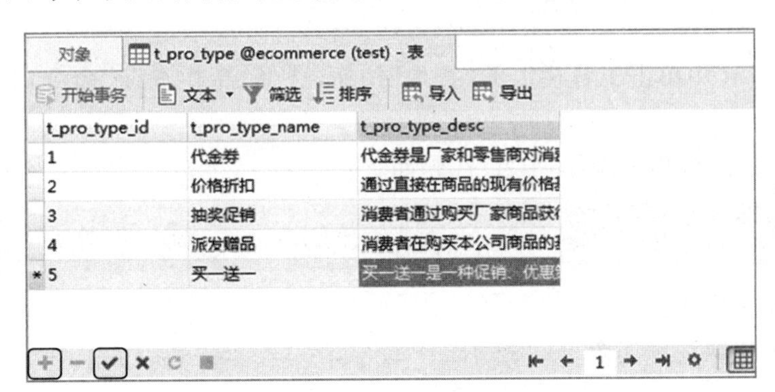

图5-22　新增数据记录

(3) 添加完成数据记录内容后,单击图5-22界面左下角的"√"标记,即可完成添加数据记录的保存操作。

2) 利用 SQL 语句在促销类型表 t_pro_type 中插入一行如表5-7所示的数据

表5-7　促销类型表 t_pro_type 的单条数据记录

t_pro_type_id	t_pro_type_name	t_pro_type_desc
6	积分兑换	积分兑换可利用积分免费兑换指定商品

(1) 在 Navicat 中单击工具栏上"查询"按钮,选择"新建查询"命令,打开代码查询编辑器。

(2) 根据任务执行相关操作,SQL 代码如下:

```
INSERT INTO t_pro_type(t_pro_type_id,t_pro_type_name,t_pro_type_desc)
VALUES('6','积分兑换','积分兑换可利用积分免费兑换指定商品');
```

如果要向表中所有字段插入数据,可以省略字段列,达到化繁为简的目的。SQL 代码可以写成:

课堂笔记

```
INSERT INTO t_pro_type VALUES('6','积分兑换','积分兑换可利用积分免费兑换指定商品');
```

(3) 代码运行调试。

添加的单条数据记录如图 5-23 所示。

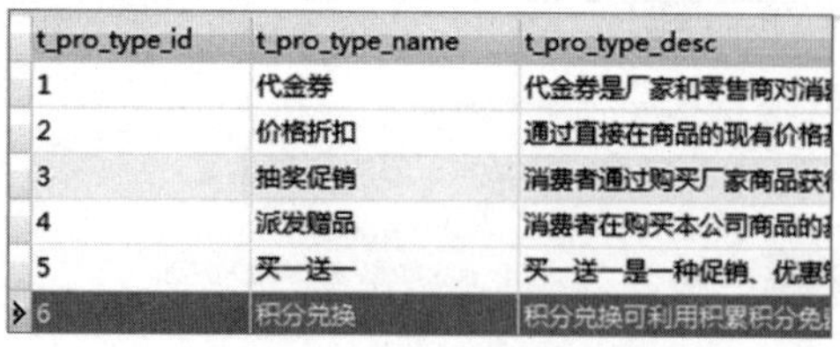

t_pro_type_id	t_pro_type_name	t_pro_type_desc
1	代金券	代金券是厂家和零售商对消
2	价格折扣	通过直接在商品的现有价格
3	抽奖促销	消费者通过购买厂家商品获
4	派发赠品	消费者在购买本公司商品的
5	买一送一	买一送一是一种促销、优惠
6	积分兑换	积分兑换可利用积累积分免

图 5-23　添加的单条数据记录

3）利用 SQL 语句在促销类型表 t_pro_type 中插入两行如表 5-8 所示的数据

表 5-8　促销类型表 t_pro_type 的多条数据记录

t_pro_type_id	t_pro_type_name	t_pro_type_desc
7	满减优惠	购买金额到达一定数量进行优惠
8	多买多送	—

(1) 在 Navicat 中单击工具栏上的“查询”按钮，选择“新建查询”命令，打开代码查询编辑器。

(2) 根据任务执行相关操作，SQL 代码如下：

```
INSERT INTO t_pro_type VALUES('7','满减优惠','购买金额到达一定数量进行优惠'),('8','多买多送',
NULL);
```

(3) 代码运行调试。

添加的两条数据记录如图 5-24 所示。

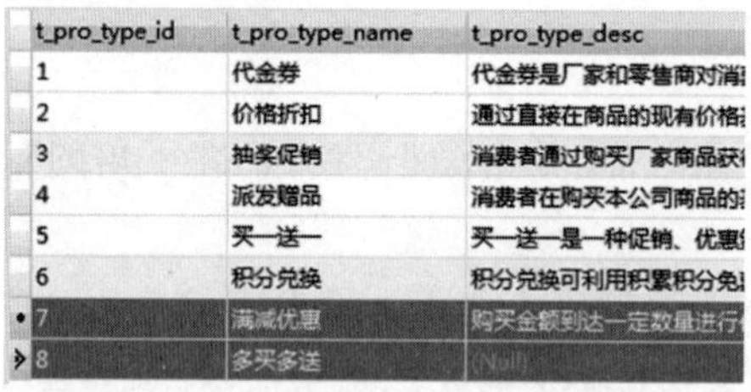

t_pro_type_id	t_pro_type_name	t_pro_type_desc
1	代金券	代金券是厂家和零售商对消
2	价格折扣	通过直接在商品的现有价格
3	抽奖促销	消费者通过购买厂家商品获
4	派发赠品	消费者在购买本公司商品的
5	买一送一	买一送一是一种促销、优惠
6	积分兑换	积分兑换可利用积累积分免
7	满减优惠	购买金额到达一定数量进行
8	多买多送	(Null)

图 5-24　添加的两条数据记录

4）利用 REPLACE 语句在促销类型表 t_pro_type 中插入一行与原有行中 PRIMARY KEY 有相同列值的数据(见表 5-9)，替换原有行

表 5-9　促销类型表 t_pro_type 的单条数据记录

t_pro_type_id	t_pro_type_name	t_pro_type_desc
6	拼单降价	—

课堂笔记

(1) 在 Navicat 中单击工具栏上的“查询”按钮，选择“新建查询”命令，打开代码查询编辑器。

(2) 根据任务执行相关操作，SQL 代码如下：

```
REPLACE INTO t_pro_type VALUES('6','拼单降价',NULL);
```

(3) 代码运行调试。

替换后的数据记录如图 5-25 所示。

t_pro_type_id	t_pro_type_name	t_pro_type_desc
1	代金券	代金券是厂家和零售商对消
2	价格折扣	通过直接在商品的现有价格
3	抽奖促销	消费者通过购买厂家商品获
4	派发赠品	消费者在购买本公司商品的
5	买一送一	买一送一是一种促销、优惠
6	拼单降价	(Null)
7	满减优惠	购买金额到达一定数量进行
8	多买多送	(Null)

图 5-25　替换后的数据记录

5) 创建一个名为 t_pro_type_copy 的数据表，其表结构与促销类型表 t_pro_type 相同，然后将 t_pro_type 表中促销类型编号为“1”的记录赋给 t_pro_type_copy 表

(1) 在 Navicat 中单击工具栏上的“查询”按钮，选择“新建查询”命令，打开代码查询编辑器。

(2) 根据任务执行相关操作，SQL 代码如下：

```
INSERT INTO t_pro_type_copy1 SELECT * FROM t_pro_type WHERE t_pro_type_id = "1";
```

(3) 代码运行调试。

添加的数据记录如图5-26 所示。

t_pro_type_id	t_pro_type_name	t_pro_type_desc
1	代金券	代金券是厂家和零售商

图 5-26　添加的数据记录

步骤 2　利用图形化工具和 SQL 语句修改数据记录

1) 利用图形化工具修改促销类型表 t_pro_type 中促销类型为“拼单降价”的促销类型描述

(1) 在 Navicat 中双击打开促销类型表 t_pro_type，其中的数据如图 5-27 所示。

(2) 双击想要修改的字段列进行内容修改。

(3) 修改完数据记录后，单击图 5-28 所示界面左下角的“√”标记，即可完成修改数据记录的保存操作。

2) 利用 SQL 语句修改促销类型表 t_pro_type 中促销类型为“多买多送”的促销类型描述

(1) 在 Navicat 中单击工具栏上的“查询”按钮，选择“新建查询”命令，打开代码查询编辑器。

课堂笔记

t_pro_type_id	t_pro_type_name	t_pro_type_desc
1	代金券	代金券是厂家和零售商对消
2	价格折扣	通过直接在商品的现有价格
3	抽奖促销	消费者通过购买厂家商品获
4	派发赠品	消费者在购买本公司商品的
5	买一送一	买一送一是一种促销、优惠
6	拼单降价	(Null)
7	满减优惠	购买金额到达一定数量进行
8	多买多送	(Null)

图 5-27 促销类型表 t_pro_type

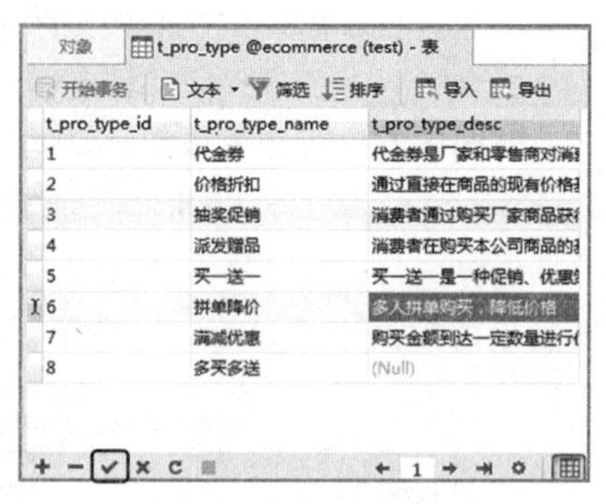

图 5-28 保存修改的数据记录

（2）根据任务执行相关操作，SQL 代码如下：

```
UPDATE t_pro_type SET t_pro_type_desc ='下单数量越多,价格越低' WHERE
t_pro_type_name ='多买多送';
```

（3）代码运行调试。

修改后的数据记录如图 5-29 所示。

步骤 3 利用图形化工具和 SQL 语句删除数据记录

1）利用图形化工具删除促销类型表 t_pro_type 中促销类型为“买一送一”的数据记录

删除数据记录操作

（1）在 Navicat 中双击打开促销类型表 t_pro_type。

（2）选中想要删除的数据记录行，单击窗口左下角的“－”标记，弹出确认删除记录行的对话框（见图 5-30），单击“删除一条记录”，即可完成数据记录的删除操作。

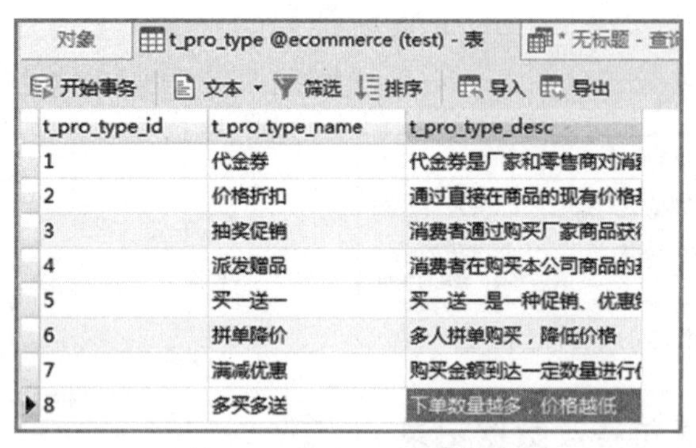

t_pro_type_id	t_pro_type_name	t_pro_type_desc
1	代金券	代金券是厂家和零售商对消
2	价格折扣	通过直接在商品的现有价格
3	抽奖促销	消费者通过购买厂家商品获
4	派发赠品	消费者在购买本公司商品的
5	买一送一	买一送一是一种促销、优惠
6	拼单降价	多人拼单购买，降低价格
7	满减优惠	购买金额到达一定数量进行
8	多买多送	下单数量越多，价格越低

图 5-29 修改后的数据记录

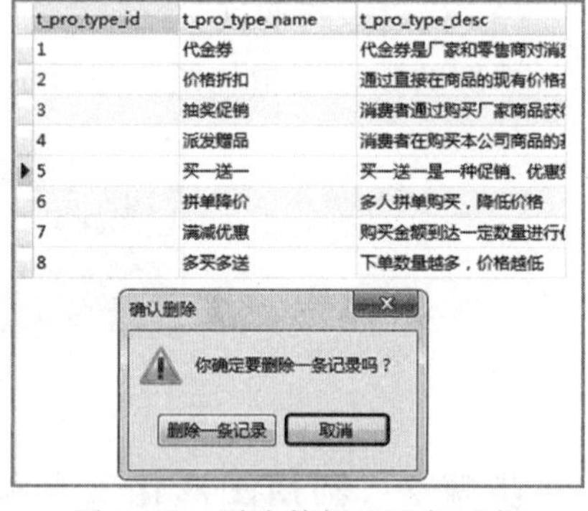

图 5-30 删除数据记录提示框

2）利用 SQL 语句删除促销类型表 t_pro_type 中促销类型为“拼单降价”“满减优惠”和“多买多送”的数据记录

（1）在 Navicat 中单击工具栏上的“查询”按钮，选择“新建查询”命令，打开代码查询编辑器。

（2）根据任务执行相关操作，SQL 代码如下：

```
DELETE FROM t_pro_type WHERE t_pro_type_name in('拼单降价','满减优惠','多买多送');
```

(3) 代码运行调试。成功删除数据记录后的数据表如图5-31所示。

t_pro_type_id	t_pro_type_name	t_pro_type_desc
1	代金券	代金券是厂家和零售商对消
2	价格折扣	通过直接在商品的现有价格
3	抽奖促销	消费者通过购买厂家商品获
4	派发赠品	消费者在购买本公司商品的

图5-31　成功删除数据记录后的数据表

3) 使用TRUNCATE TABLE命令删除t_pro_type_copy中所有数据记录

(1) 在Navicat中单击工具栏上的“查询”按钮，选择“新建查询”命令，打开代码查询编辑器。

(2) 根据任务执行相关操作，SQL代码如下：

```
TRUNCATE TABLE t_pro_type_copy;
```

(3) 代码运行调试。清空后的数据表如图5-32所示。

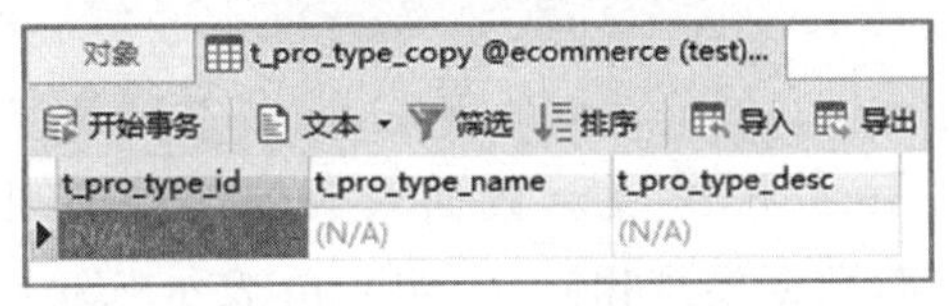

t_pro_type_id	t_pro_type_name	t_pro_type_desc
(N/A)	(N/A)	(N/A)

图5-32　清空数据表

知识点解析

1. 添加数据记录

MySQL使用INTERT语句向数据表中插入新的数据记录。该SQL语句可以通过以下四种方式使用：①插入完整的数据记录；②插入数据记录的一部分；③插入多条数据记录；④插入另一张表的查询结果。

1) 插入新记录

使用INSERT语句向表中插入一行或多行全新的记录，语法格式如下：

```
INSERT [INTO] 表名 [(列名1,列名2,...)]
VALUES({表达式1|DEFAULT},{表达式2|DEFAULT},...),(...),...
```

语法说明：

(1) 表名：用于存储数据的数据表的名称。

(2) 列名：需要插入数据的列名，如果要给所有列都插入数据，列名可以省略；如果只给表的部分列插入数据，则需要指定这些列。对于没有指出的列，将按下面的原则来处理。

- 具有AUTO_INCREMENT属性的列，系统生成序号值来唯一标记该列。
- 具有默认值的列，其值为默认值。
- 没有默认值的列，若允许为空值，则其值为空值；若不允许为空值，则出错。

课堂笔记

• 类型为 TIMESTAMP 的列，系统自动赋值。

(3) VALUES 子句：包含各列需要插入的数据清单，数据的顺序要与列的顺序相对应，若表名后不给出列名，则在 VALUES 子句中要给表中的每一列赋值，如果列值为空，则其值必须置为 NULL，否则会出错。

INSERT 语句可以同时向数据表中插入多条记录，插入时指定多个值列表，每个值列表之间用逗号分隔开。

若原有行中存在 PRIMARY KEY 或 UNIQUE 属性，而插入的数据行中含有与原有行中 PRIMARY KEY 或 UNIQUE 属性相同的列值，则 INSERT 语句无法插入此行。要插入这行数据需要使用 REPLACE 语句，它的用法与 INSERT 语句基本相同，其中 REPLACE 语句用 VALUES()的值替换已经存在的记录。

2) 插入另一张表的查询结果

INSERT 语句还可以将 SELECT 语句查询的结果插入表中，如果想将另外一张(或多张)表中合并个人信息到 teacher 表，不需要将每条记录的值逐个输入，只需使用一条 INSERT 语句和 SELECT 语句组成的复合语句。其语法格式如下：

```
INSERT INTO table_name1 (column_list1)SELECT (column_list2)FROM table_name2
WHERE (condition);
```

语法说明：table_name1 表示待插入数据的表；column_list1 表示要插入数据的字段；table_name2 表示数据来源表；column_list2 表示数据来源表的查询列，该列表必须与 column_list1 列表中的字段个数相同、数据类型相同，condition 表示 SELECT 语句的查询条件。

2. 修改数据记录

MySQL 中使用 UPDATE 语句修改表中的数据。修改数据时可以只修改单条记录，也可修改多条记录甚至全部记录。UPDATE 语句的语法格式如下：

```
UPDATE 表名 SET 列名 1 = 表达式 1,[列名 2 = 表达式 2,...][WHERE 条件];
```

语法说明：

(1) SET 子句，根据 WHERE 子句中指定的条件对符合条件的数据行进行修改。若语句中不设定 WHERE 子句，则更新所有行。

(2) 列名 1、列名 2、…为要修改列值的列名，表达式 1、表达式 2、…可以是常量、变量或表达式。使用 UPDATE 语句可以同时修改数据行的多个列值，中间用逗号隔开。

使用 UPDATE 语句修改数据时，可能会有多条记录满足 WHERE 条件，所以要保证 WHERE 子句的正确性，否则将会破坏所有改变的数据。工作和学习中也不能马虎，减少失误的发生。

3. 删除数据记录

1) 通过 DELETE 语句删除数据，具体的语法格式如下 ：

```
DELETE  FROM  tb_name  [WHERE <condition>];
```

语法说明：

(1) tb_name 指定要执行删除操作的表。[WHERE <condition>]为可选参数，指定删除条件。如果没有 WHERE 子句,DELETE 语句将删除表中的所有记录。

(2) FROM 子句:用于说明从何处删除数据,表名为要删除数据的表名。

(3) WHERE 子句:指定删除记录的条件。如果省略 WHERE 子句则删除该表的所有行。

删除表中的全部数据是很简单的操作,但也是一个危险的操作。一旦删除了所有记录,就无法恢复了。因此,在执行删除操作之前一定要对现有的数据进行备份。

2) 使用 TRUNCATE TABLE 语句清除表数据

使用 TRUNCATE TABLE 语句可删除指定表中的所有数据,因此也称其为清除表数据语句,其语法格式如下:

```
TRUNCATE TABLE 表名
```

语法说明:

(1) 使用 TRUNCATE TABLE 语句后,AUTO_INCREMENT 计数器被重新设置为该列的初始值。

(2) 对于设置了索引和视图的表,不能使用 TRUNCATE TABLE 删除其中数据,而应使用 DELETE 语句。

TRUNCATE TABLE 在功能上与不带 WHERE 子句的 DELETE 语句相同,二者均删除表中的全部行。但 TRUNCATE TABLE 比 DELETE 速度快,且使用的系统和事务日志资源少。DELETE 语句每删除一行,就要在事务日志中为所删除的行记录一项。而 TRUNCATE TABLE 通过释放存储表数据所用的数据页来删除数据,并且只在事务日志中记录页的释放。

实战演练

任务工单:操作数据表中数据记录

<table>
<tr><td>代码设计员 ID</td><td></td><td>代码设计员姓名</td><td></td><td colspan="2">所属项目组</td><td></td></tr>
<tr><td>MySQL 官网网址</td><td colspan="2">https://www.mysql.com</td><td colspan="3">MySQL 版本</td><td>MySQL 8.0 社区版</td></tr>
<tr><td>硬件配置</td><td colspan="2">CPU:2.3GHz 及以上双核或四核;硬盘:150GB 及以上;内存:8GB;网卡:千兆网卡</td><td colspan="2">软件系统</td><td colspan="2">mysql-8.0.23-winx64
navicat_premium_V11.2.7</td></tr>
<tr><td>操作系统</td><td colspan="2">Windows 7/Windows 10 或更高版本</td><td colspan="2">执行操作数据记录要求</td><td colspan="2">ecommerce 数据库成功创建
所有数据表创建完毕</td></tr>
<tr><td rowspan="5">任务执行前准备工作</td><td colspan="2">检测计算机软硬件环境是否可用</td><td colspan="2">□可用
□不可用</td><td colspan="2">不可用注明理由:</td></tr>
<tr><td colspan="2">检测操作系统环境是否可用</td><td colspan="2">□可用
□不可用</td><td colspan="2">不可用注明理由:</td></tr>
<tr><td colspan="2">检验 MySQL 服务能否正常启动</td><td colspan="2">□正常
□不正常</td><td colspan="2">不正常注明理由:</td></tr>
<tr><td colspan="2">检测 MySQL 图形化工具 Navicat 是否可用</td><td colspan="2">□可用
□不可用</td><td colspan="2">不可用注明理由:</td></tr>
<tr><td colspan="2">复习操作数据记录的语句语法格式和操作流程是否清楚</td><td colspan="2">□清楚
□有问题</td><td colspan="2">写明问题内容及缘由:</td></tr>
</table>

课堂笔记

续表

执行具体任务（在 MySQL 平台上编辑并运行主讲案例的操作任务）	利用图形化工具在促销类型表 t_pro_type 中插入一行数据	完成度：□未完成　□部分完成　□全部完成
	利用 SQL 语句在促销类型表 t_pro_type 中插入一行数据	完成度：□未完成　□部分完成　□全部完成
	利用 SQL 语句在促销类型表 t_pro_type 中插入多行数据	完成度：□未完成　□部分完成　□全部完成
	利用 REPLACE 语句在促销类型表 t_pro_type 中插入一行与原有行中 PRIMARY KEY 有相同列值的数据	完成度：□未完成　□部分完成　□全部完成
	创建一个名为 t_pro_type_copy 的数据表，其表结构与促销类型表 t_pro_type 相同，然后将 t_pro_type 表中促销类型编号为"1"的记录赋给 t_pro_type_copy 表	完成度：□未完成　□部分完成　□全部完成
	利用图形化工具修改促销类型表 t_pro_type 中促销类型为"拼单降价"的促销类型描述	完成度：□未完成　□部分完成　□全部完成
	利用 SQL 语句修改促销类型表 t_pro_type 中促销类型为"多买多送"的促销类型描述	完成度：□未完成　□部分完成　□全部完成
	利用图形化工具删除促销类型表 t_pro_type 中促销类型为"买一送一"的数据记录	完成度：□未完成　□部分完成　□全部完成
	利用 SQL 语句删除促销类型表 t_pro_type 中促销类型为"拼单降价""满减优惠"和"多买多送"的数据记录	完成度：□未完成　□部分完成　□全部完成
	使用 TRUNCATE TABLE 语句删除 t_pro_type_copy 中所有数据记录	完成度：□未完成　□部分完成　□全部完成
任务未成功的处理方案	采取的具体措施：	执行处理方案的结果：
备注说明	填写日期：	其他事项：

课堂笔记

任务评价

代码设计员 ID		代码设计员姓名		所属项目组		
评价栏目	任务详情	评价要素	分值	评价主体		
				学生自评	小组互评	教师点评
添加数据记录功能实现	利用图形化工具在促销类型表 t_pro_type 中插入一行数据	插入数据功能是否实现	10			
	利用 SQL 语句在促销类型表 t_pro_type 中插入一行数据	插入数据功能是否实现	10			
	利用 SQL 语句在促销类型表 t_pro_type 中插入多行数据	插入数据功能是否实现	10			
	利用 REPLACE 语句在促销类型表 t_pro_type 中插入一行与原有行中 PRIMARY KEY 有相同列值的数据	插入数据功能是否实现	10			
	创建一个名为 t_pro_type_copy 的数据表，其表结构与促销类型表 t_pro_type 相同，然后将 t_pro_type 表中促销类型编号为“1”的记录赋给 t_pro_type_copy 表	插入数据功能是否实现	10			
修改、删除数据记录功能实现	利用图形化工具修改促销类型表 t_pro_type 中促销类型为“拼单降价”的促销类型描述	修改数据功能是否实现	10			
	利用 SQL 语句修改促销类型表 t_pro_type 中促销类型为“多买多送”的促销类型描述	修改数据功能是否实现	10			
	利用图形化工具删除促销类型表 t_pro_type 中促销类型为“买一送一”的数据记录	删除数据功能是否实现	10			
	利用 SQL 语句删除促销类型表 t_pro_type 中促销类型为“拼单降价”“满减优惠”和“多买多送”的数据记录	删除数据功能是否实现	10			
	使用 TRUNCATE TABLE 语句删除 t_pro_type_copy 中所有数据记录	删除数据功能是否实现	10			
总　分			100			

课堂笔记

拓展训练

操作数据表中的数据记录的步骤如下。

1）实训操作

实训数据库	学校管理系统数据库 eleccollege 数据表：学生信息表 student、课程信息表 course、班级信息表 class、系部信息表 department、宿舍信息表 dormitory、成绩信息表 grade、教师信息表 teacher			
实训任务	任务内容	参考代码	操作演示微课视频	问题记录
	向 department 表中插入单条数据记录	INSERT INTO department(dep_no,dep_name,dep_head, dep _ phone, dep _ office) VALUES ('d00000000006','护理系','张新','022-27883988','C286');		
	向 department 表中插入多条数据记录	INSERT INTO department VALUES ('d00000000007','数学系','李新','022-27883987','C287'),('d00000000008','英语系','赵新','022-27883989','C288'),('d00000000009','体育系','王新','022-27883996','C289');		
	使用 REPLACE 语句向 department 表中插入数据	REPLACE into department VALUES ('d00000000007','数学系','李新','022-27883987','C300');		
	创建一个名为 teacher_copy 的数据表，其表结构与 teacher 表相同，然后将 teacher 表中职称为副教授的记录赋给 teacher_copy 表	INSERT INTO teacher_copy SELECT * FROM teacher WHERE tea_profession='副教授';		
	修改 department 表中体育系主任的办公地点及电话	UPDATE department SET dep_phone='022-27884000',dep_office='C301' WHERE dep_name='体育系';		
	删除 department 表中体育系和英语系主任的信息	DELETE FROM department WHERE dep_name in ('体育系','英语系');		

2）知识拓展

（1）在华为 GaussDB 数据库中，继续使用跨境贸易系统数据库 interecommerce 完成以下操作。

① 使用 INSERT 语句向洲信息表 state 中添加数据。参考语句如下。

```
INSERT INTO state VALUES('00001','亚洲',null);
INSERT INTO state VALUES('00002','欧洲',null);
INSERT INTO state VALUES('00003','非洲',null);
INSERT INTO state VALUES('00004','美洲',null);
```

```
INSERT INTO state VALUES('00005','大洋洲',null);
INSERT INTO state VALUES('00006','大洋洲',null);
```

② 使用 UPDATE 语句修改洲信息表 state，将 sta_id 为 00006 的洲名称修改为"大洋洲备份"。参考语句如下：

```
UPDATE state SET sta_name = '大洋洲备份'  WHERE sta_id = '00006';
```

③ 使用 DELETE 语句删除洲信息表 state 中 sta_id 编号为 00006 的记录。参考语句如下：

```
DELETE FROM  state  WHERE sta_id = '00006';
```

(2) 1+X 证书 Web 前端开发 MySQL 考核知识点如下。

① 插入记录：

```
INSERT [INTO]表名[(列名 1,列名 2,...)] VALUES(...),(...);
```

② 修改记录：

```
UPDATE 表名 SET 列名 1 = 表达式 1,[列名 2 = 表达式 2,...][WHERE 条件];
```

③ 删除记录：

```
DELETE FROM 表名 [WHERE 条件 ];
```

讨论反思与学习插页

任务总结：操作数据表中数据记录

<table>
<tr><td>代码设计员 ID</td><td></td><td>代码设计员姓名</td><td></td><td>所属项目组</td><td></td></tr>
<tr><td colspan="6">讨论反思</td></tr>
<tr><td>学习
研讨</td><td colspan="2">问题：添加数据记录时如果省略列名需要满足哪些条件，有哪些注意事项？</td><td colspan="3">解答：</td></tr>
<tr><td>立德
铸魂</td><td colspan="5">通过对数据记录的添加操作学习，学生学会如何运用插入语句完成数据的插入操作。我们应严格按照其基本语法格式，细心仔细检查插入数据的数量和顺序。同理，在生活中，我们也应遵守规章制度，认真细心做事，努力培养"细心谨慎、于细微处用心"的工匠精神</td></tr>
<tr><td colspan="6">学习插页</td></tr>
<tr><td>过程性
学习</td><td colspan="5">记录学习过程：</td></tr>
<tr><td>重点与
难点</td><td colspan="5">提炼操作数据表中数据记录的重难点：</td></tr>
</table>

课堂笔记

续表

阶段性评价总结	总结阶段性学习效果：
答疑解惑	记录学习过程中疑惑问题的解答情况：

任务5-4　设置数据完整性操作

任务描述

在正确创建了数据库之后，需要考虑数据的完整性、安全性等要求。数据库的完整性是指数据库中的数据应始终保持正确的状态，防止不符合语义的错误数据输入，以及无效操作所造成的错误结果。为了维护数据库的完整性，防止错误信息的输入和输出，关系模型提供了三类完整性约束规则：实体完整性、参照完整性和用户定义的完整性。本任务将利用约束规则对电商网站数据库系统中各个表进行约束，任务进度如表5-10所示。

表 5-10　设置数据完整性操作任务进度表

系统功能	任务下发时间	预期完成时间	任务负责人	版本号
利用图形化工具和 SQL 语句设置主键、外键、唯一性约束	10月15日	10月16日	张锋	V1.0
利用图形化工具和 SQL 语句设置非空、默认、检查性约束	10月17日	10月18日	张锋	V1.0

任务分析

在用户对数据进行插入、修改、删除等操作时，DBMS自动按照一定的约束条件对数据进行监测，使不符合规范的数据不能进入数据库，以确保数据库中存储的数据正确、有效、相容。约束是表级的强制规定，有以下六种：NOT NULL、UNIQUE、PRIMARY KEY、FOREIGN KEY、CHECK、DEFAULT。

任务目标

- 素质目标：培养立足整体视域的处事方式、以辩证思维发展观点分析解决问题的能力。
- 知识目标：理解数据完整性的概念和思路，掌握为数据表设置完整性约束条件的语句和方式。

课堂笔记

- 能力目标：能够考虑到数据的完整性、安全性等要求，掌握设置完整性约束条件的操作。

任务实施

操作前的准备工作如下：通过命令行方式启动 MySQL 8.0 服务，单击桌面上图形化工具快捷图标启动 Navicat，选择 ecommerce 作为当前的数据库。

步骤1 利用图形化工具和 SQL 语句设置主键、外键、唯一性约束

（1）利用图形化工具设置商品二级分类表 t_category2 中的二级分类编号 category2_id 为主键、二级分类名称 p_category2_name 为唯一性约束、一级分类编号 category1_id 为外键，参照商品一级分类表 t_category1 中的 category1_id 字段。具体操作如下。

① 右击商品二级分类表 t_category2，选择“设计表”选项，打开设计表界面。

② 通过“字段”选项卡的“键”列，在 Category2_id 字段名对应的位置单击，即为该字段设置了主键约束，如图5-33所示。

设置主键、外键、唯一性约束操作

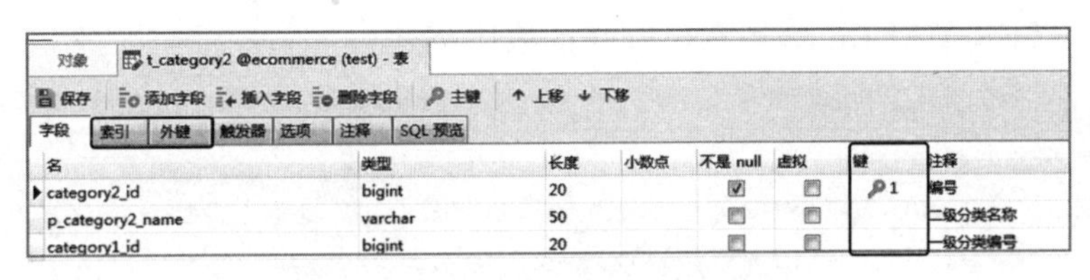

图5-33 商品二级分类设计界面

③ 单击“索引”选项卡标签，进入索引设置界面，选择 p_category2_name 字段，单击“索引类型”下拉按钮，选择唯一类型 'UNIQUE '，其他选项保持默认设置即可，如图5-34所示。单击“保存”按钮即可完成唯一性约束操作。

保存 添加索引 删除索引

字段 | 索引 | 外键 | 触发器 | 选项 | 注释 | SQL 预览

名	字段	索引类型	索引方法	注释
p_category2_name	'p_category2_name'	UNIQUE	BTREE	

图5-34 索引设置界面

④ 单击“外键”选项卡标签，进入外键设置界面，选择 category1_id 字段；选择被引用的表为 t_category1；选择被引用的字段为 category1_id；其他选项保持默认设置即可，如图5-35所示。单击“保存”按钮即可完成外键约束操作。

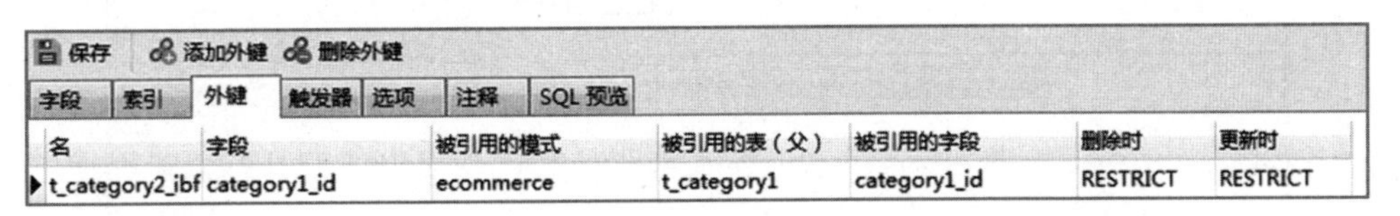

图5-35 外键设置界面

（2）利用 SQL 语句设置商品三级分类表 t_category3 中的三级分类编号 category3_id 为主键、三级分类名称 p_category3_name 为唯一性约束、二级分类编号 category2_id 为外

课堂笔记

键，参照商品二级分类表 t_category2 中的 category2_id 字段。具体操作如下。

① 在 Navicat 中单击工具栏上的“查询”按钮，选择“新建查询”命令，打开代码查询编辑器。

② 根据任务执行相关操作，编写相应的 SQL 代码。

在建立表时创建：

```
DROP TABLE IF EXISTS t_category3;
CREATE TABLE t_category3(
  category3_id bigint(20)NOT NULL COMMENT '编号',
  p_category3_name varchar(50)DEFAULT NULL COMMENT '三级分类名称' UNIQUE,
  category2_id bigint(20)DEFAULT NULL COMMENT '二级分类编号',
  PRIMARY KEY(category3_id),
  CONSTRAINT fk_t_category3_category2_id FOREIGN KEY(category2_id)REFERENCES
t_category2(category2_id)
);
```

或使用 ALTER TABLE 语句在已存在的表中创建：

```
ALTER TABLE t_category3 ADD CONSTRAINT fk_t_category3_category2_id FOREIGN
KEY(category2_id)REFERENCES t_category2(category2_id);
ALTER TABLE t_category3 ADD PRIMARY KEY(category3_id);
ALTER TABLE t_category3 ADD UNIQUE(p_category3_name);
```

③ 代码运行调试。

设置非空默认、检查性约束操作

步骤 2 利用图形化工具和 SQL 语句设置非空、默认、检查性约束

（1）利用图形化工具设置用户信息表 t_user 中的用户级别字段 u_user_level 不为空，默认为 1。具体操作如下。

① 右击用户信息表 t_user，选择“设计表”选项，打开设计表界面，如图 5-36 所示。

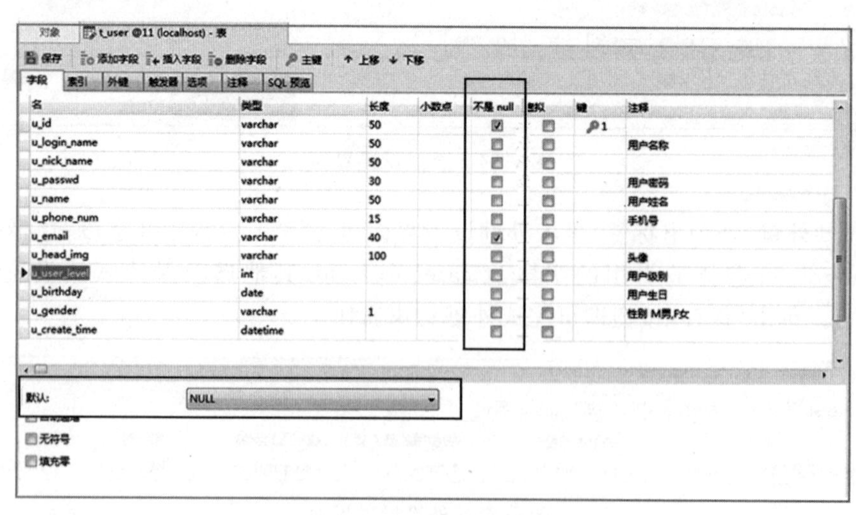

图 5-36 用户信息表设计界面

② 在“不是 null”列中，勾选 u_user_level 对应的复选框，即可设置该字段不为空，通过

课堂笔记

“默认”选项的下拉操作填写默认值，如图5-37所示。单击“保存”按钮即可完成本次设置非空、默认值的操作。

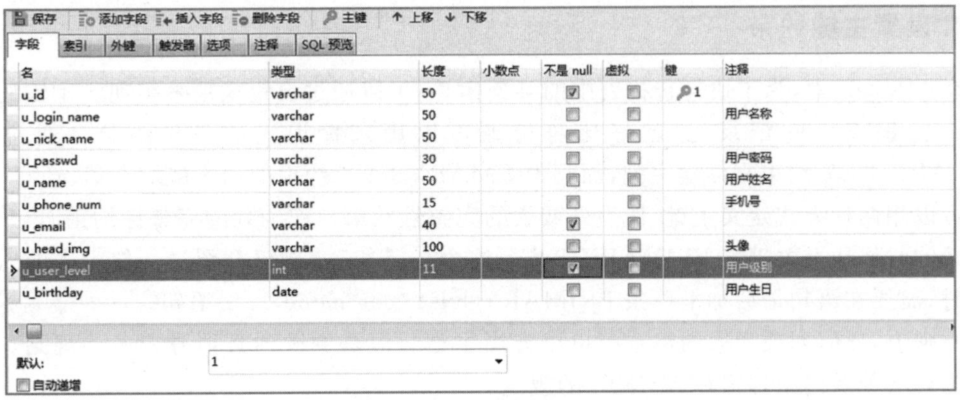

保存　添加字段　插入字段　删除字段　主键　上移　下移

字段　索引　外键　触发器　选项　注释　SQL预览

名	类型	长度	小数点	不是null	虚拟	键	注释
u_id	varchar	50		☑	☐	1	
u_login_name	varchar	50		☐	☐		用户名称
u_nick_name	varchar	50		☐	☐		
u_passwd	varchar	30		☐	☐		用户密码
u_name	varchar	50		☐	☐		用户姓名
u_phone_num	varchar	15		☐	☐		手机号
u_email	varchar	40		☑	☐		
u_head_img	varchar	100		☐	☐		头像
u_user_level	int	11		☑	☐		用户级别
u_birthday	date			☐	☐		用户生日

默认：1

☐自动递增

图5-37　设置非空、默认约束

（2）利用SQL语句设置商品评价表t_rating中的所有字段均不为空、用户评分字段u_p_score的默认值为5，设置检查性约束，数值应为1～5。具体操作如下。

① 在Navicat中单击工具栏上的“查询”按钮，选择“新建查询”命令，打开代码查询编辑器。

② 根据任务执行相关操作，SQL代码如下：

```
DROP TABLE IF EXISTS 't_rating';
CREATE TABLE 't_rating'(
  'pr_id' bigint(20) NOT NULL AUTO_INCREMENT COMMENT '编号',
  'u_id' varchar(50)  NOT NULL COMMENT '用户 ID',
  'sku_id' varchar(20)  NOT NULL COMMENT '商品 ID',
  'u_p_score' decimal(10,2)  NOT NULL COMMENT '商品的用户评分 1～5 分' DEFAULT
5 CHECK(u_p_score >= 1 AND u_p_score <= 5),
  'timestamp' datetime  NOT NULL COMMENT '评分的时间',
  PRIMARY KEY(pr_id)
);
```

（3）代码运行调试。

任务运行结果如图5-38所示。

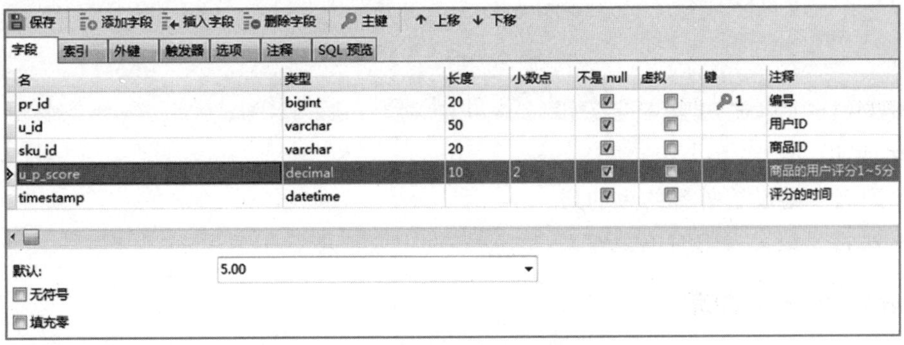

保存　添加字段　插入字段　删除字段　主键　上移　下移

字段　索引　外键　触发器　选项　注释　SQL预览

名	类型	长度	小数点	不是null	虚拟	键	注释
pr_id	bigint	20		☑	☐	1	编号
u_id	varchar	50		☑	☐		用户ID
sku_id	varchar	20		☑	☐		商品ID
u_p_score	decimal	10	2	☑	☐		商品的用户评分1~5分
timestamp	datetime			☑	☐		评分的时间

默认：5.00

☐无符号

☐填充零

图5-38　为商品评价表设置完整性约束

数据完整性

知识点解析

1. 设置主键约束

在 MySQL 中，为了快速查找表中的某条信息，可以通过设置主键来实现。主键约束可以唯一标识表中的记录，这就好比身份证可以用来标识人的身份一样。通过定义 PRIMARY KEY 约束来创建主键，而且 PRIMARY KEY 约束的列不能取空值。

可以用两种方式定义主键，作为列或表的完整性约束。作为列的完整性约束时，只需在列定义的时候加上关键字 PRIMARY KEY，这个在任务 5-1 中已介绍过。作为表的完整性约束时，需要在语句最后加上一条 PRIMARY KEY(col_name,...)语句。

原则上，任何列或者列的组合都可以充当主键。但是主键列必须遵守一些规则。这些规则源自于关系模型理论和 MySQL 的规定。

(1) 每个表只能定义一个主键。MySQL 并不要求表必须定义主键，即可以创建一个没有主键的表。但是，从安全角度应该为每个基本表指定一个主键。如果没有主键，可能在一个表中存储两个相同的行。当两个行不能彼此区分时，在查询过程中，它们将会满足同样的条件，更新的时候也总是一起更新，容易造成数据库崩溃。添加重复的数据不仅增加工作量，还浪费存储空间，得不偿失。

(2) 表中两个不同的行在主键上不能具有相同的值，这就是唯一性规则。

(3) 如果从一个复合主键中删除一列后，剩下的列仍能构成主键，那么，该复合主键就是不正确的，这条规则称为最小化规则。也就是说，复合主键不应该包含不必要的列。

(4) 一个列名在一个主键列表中只能出现一次。

2. 设置外键约束

外键用于建立和加强两个表的数据之间的联系。通过将第一个表中主键的一列或多列添加到第二个表中，创建两个表之间的链接，而这个列就成为第二个表的外键。可以称第一个为主键表(或父表)，第二个表为外键表(或子表)。建立外键约束，就是要将一个表中的主键字段与另一个表的外键字段建立关联关系。通过外键约束，可以强制参照完整性，以维护两个表之间的一致性关系。

在创建表时为其设置外键约束的语法格式如下：

```
CREATE TABLE 表名
(列名 数据类型,
  ...
CONSTRAINT 外键名称 FOREIGN KEY(列名 1)references  父表(列名 2)
```

语法说明：

(1) 列名 1 是设置外键约束的列。

(2) 列名 2 是父表中的主键列。

3. 设置唯一性约束

唯一性约束指定一个或多个列组合的值具有唯一性，以防止在列中输入重复的值。唯一性约束实现数据实体完整性。每个唯一性约束要建立一个唯一索引。

由于主键值具有唯一性，因此主键列不能再实施唯一性约束。与主键约束不同的是一个表可以定义多个唯一性约束，但是只能定义一个主键约束；唯一性约束指定的列可以设置为NULL，但是不允许有一行以上的值同时为空，而主键约束的列中不能有空值。

创建唯一性约束的语法格式如下：

```
CREATE TABLE 表名(列名 数据类型 列属性 UNIQUE)
```

4. 设置非空约束

每个字段都有一个是否允许为空值的选择，这就是对数据表中将要存储的数据提出的约束条件。

(1) NULL(允许空值)：表示数值未确定，并不是数字"0"或字符"空格"。

(2) NOT NULL(不允许空值)：表示数据列中不允许出现空值。这样可以确保数据列中必须包含有意义的值。如果数据列中设置"NOT NULL"，在向表中输入数据时就必须输入一个值，否则该行数据将不会被收入表中。

设置表的非空约束是指在创建表时为表的某些特殊字段加上NOT NULL约束条件。非空约束将保证所有记录中该字段都有值。如果在用户新插入的记录中，该字段为空值，则数据库系统会自动报错。如果数据库中的数据大多为空值，便失去最初设置该字段的意义。

5. 设置默认约束

有时候可能会有这种情况：当向表中装载新行时，可能不知道某一列的值，或该值尚不存在。如果该列允许空值，就可以将该行赋予空值；如果不希望有为空的列，更好的解决办法是为该列定义默认(DEFAULT)约束。默认约束指定在输入操作中没有提供输入值时，系统将自动提供给某列的值。创建默认值约束的语法格式如下：

```
CREATE TABLE 表名(列名 数据类型 列属性 DEFAULT  默认值表达式)
```

在使用DEFAULT约束时，用户需注意以下几点。

(1) DEFAULT约束只能用在INSERT语句中，且定义的值必须与该列的数据类型和精度一致。

(2) 每一列上只能有一个DEFAULT约束。如果有多个DEFAULT约束的话，系统将无法确定在该列上使用哪个约束。

(3) DEFAULT约束不能定义在数据类型为timestamp的列上，系统会自动提供数据，使用DEFAULT约束是没有意义的。

6. 设置检查性约束

利用主键和外键约束可以实现一些常见的完整性操作。在进行数据完整性管理时，还需要一些限制数据表的列取值范围的约束。例如，用户评分范围应为1～5，性别应该为男或者女。这样的规则可以使用检查性约束来指定。

检查性约束在创建表时定义，可以定义为列完整性约束，也可以定义为表的完整性约

课堂笔记

束。定义检查性约束时的格式比较简单。

```
CHECK(表达式)
```

其中,表达式为指定需要检查的条件,在更新表数据时,MySQL 会检查更新后的数据行是否满足检查性的条件。

使用检查性约束时应注意以下问题。

(1) 一个表可以定义多个检查性约束,但是每个 CREATE TABLE 语句只能为每列定义一个检查性约束。

(2) 当用户执行 INSERT 或 UPDATE 命令时,检查性约束便会检查添加或修改后字段中的数据是否符合指定的条件。

(3) 自动编号字段、TIMESTAMP 数据类型字段不能应用检查性约束。

实战演练

任务工单:设置数据完整性操作

代码设计员 ID		代码设计员姓名		所属项目组	
MySQL 官网网址	https://www.mysql.com		MySQL 版本		MySQL 8.0 社区版
硬件配置	CPU:2.3GHz 及以上双核或四核;硬盘:150GB 及以上;内存:8GB;网卡:千兆网卡		软件系统	mysql-8.0.23-winx64 navicat_premium_V11.2.7	
操作系统	Windows 7/Windows 10 或更高版本		设置数据完整性操作的资源要求	ecommerce 数据库成功创建 所有数据表创建完毕	
任务执行前准备工作	检测计算机软硬件环境是否可用		□可用 □不可用	不可用注明理由:	
	检测操作系统环境是否可用		□可用 □不可用	不可用注明理由:	
	检验 MySQL 服务是否能正常启动		□正常 □不正常	不正常注明理由:	
	检测 MySQL 图形化工具 Navicat 是否可用		□可用 □不可用	不可用注明理由:	
	复习设置数据完整性操作语句语法格式和运行流程,是否清楚		□清楚 □有问题	写明问题内容及缘由:	
执行具体任务(在 MySQL 平台上编辑并运行主讲案例的设置数据完整性操作任务)	利用图形化工具设置商品二级分类表 t_category2 中的二级分类编号 category2_id 为主键,为二级分类名称 p_category2_name 设置唯一性约束,设置一级分类编号 category1_id 为外键,参照商品一级分类表 t_category1 中的 category1_id 字段		完成度:□未完成 □部分完成 □全部完成		

课堂笔记

续表

执行具体任务（在MySQL平台上编辑并运行主讲案例的设置数据完整性操作任务）	利用SQL语句设置商品三级分类表t_category3中的三级分类编号category3_id为主键，为三级分类名称p_category3_name设置唯一性约束，设置二级分类编号category2_id为外键，参照商品二级分类表t_category2中的category2_id字段	完成度：□未完成　□部分完成　□全部完成
	利用图形化工具设置用户信息表t_user中的用户级别u_user_level字段不为空，默认为1	完成度：□未完成　□部分完成　□全部完成
	利用SQL语句设置商品评价表t_rating中的所有字段均不为空，用户评分字段u_p_score的默认值为5，设置检查性约束，数值应为1～5	完成度：□未完成　□部分完成　□全部完成
任务未成功的处理方案	采取的具体措施：	执行处理方案的结果：
备注说明	填写日期：	其他事项：

任务评价

代码设计员ID		代码设计员姓名		所属项目组			
评价栏目	任务详情	评价要素		分值	评价主体		
					学生自评	小组互评	教师点评
设置数据完整性操作功能实现	利用图形化工具和SQL语句设置主键、外键、唯一性约束	功能是否实现		50			
	利用图形化工具和SQL语句设置非空、默认、检查性约束	功能是否实现		50			
总　分				100			

拓展训练

设置数据完整性操作

1）实训操作

实训数据库	学校管理系统数据库eleccollege 数据表：学生信息表student、课程信息表course、班级信息表class、系部信息表department、宿舍信息表dormitory、成绩信息表grade、教师信息表teacher

课堂笔记

续表

	项目内容	参考代码	操作演示微课视频	问题记录
实训任务	创建成绩信息表 grade 用来记录每门课程的学生学号、课程号、考试成绩、考试时间和地点。其中学生学号和课程号构成复合主键			
	修改成绩信息表 grade，要求在学生未考完之前录入信息时，成绩一列默认为0分			
	在建立系部信息表 department 时，为系部名称列添加唯一性约束，保证系部名称不重复			
	在建立班级信息表 class 时，为班主任一列添加外键约束。其中 class_teacher 为外键，参照 teacher 表中的 tea_no 字段			
	在建立班级信息表 class 时，为班级人数 class_num 一列添加检查性约束，要求 class_num 的范围为1～60			

2）知识拓展

（1）在华为 GaussDB 数据库中继续使用跨境贸易系统数据库 interecommerce 完成以下操作：设置国家信息表 country，其中，需要对 cou_id 设置主键约束，对 cou_id、cou_name 和 cou_stateid 三个字段设置非空约束，对 cou_name 字段设置唯一性约束，对 cou_stateid 字段设置为外键约束。参考语句如下：

```
CREATE TABLE country(
  cou_id char(18)NOT NULL,
  cou_name varchar(100)NOT NULL,
  cou_stateid char(20)NOT NULL,
  cou_explain text,
  PRIMARY KEY(cou_id),
  UNIQUE KEY index_cou_name(cou_name),
  CONSTRAINT country_ibfk_1 FOREIGN KEY(cou_stateid)REFERENCES state(sta_id)
)ENGINE = InnoDB DEFAULT CHARSET = utf8;
```

（2）1+X 证书 Web 前端开发 MySQL 考核知识点：数据完整性约束条件设置。

课堂笔记

讨论反思与学习插页

任务总结:设置数据完整性操作

代码设计员 ID		代码设计员姓名		所属项目组	
讨论反思					
学习研讨	问题:主键约束和唯一性约束之间的相同点和不同点有哪些?	解答:			
立德铸魂	通过对电子商务网站数据库系统各数据表设置数据完整性约束,尤其是外键约束,能够使我们更加深入理解世界的物质性和普遍联系性,提醒我们立足整体视域、以辩证思维发展观点分析解决问题				
学习插页					
过程性学习	记录学习过程:				
重点与难点	提炼设置数据完整性操作的重难点:				
阶段性评价总结	总结阶段性学习效果:				
答疑解惑	记录学习过程中疑惑问题的解答情况:				

项目 6　查询电子商务系统数据表

项目导读

在创建完电子商务管理系统数据库并且输入完数据信息之后，日常主要工作之一就是根据用户不同需求对数据表信息进行查询操作。本项目将介绍单表查询、多表查询、嵌套查询和数据联合查询。

项目素质目标

树立以人为本、以用户为中心的设计理念，理解物质世界的普遍联系性，自觉养成优中取优的工匠精神和认真细致的工作态度。

项目知识目标

理解查询语句的语法规则，了解各种查询子句的含义，理解单表和多表查询的功能及分类，理解嵌套查询和联合查询功能及关键字的含义。

项目能力目标

掌握单表和多表数据查询操作，掌握嵌套数据查询操作，掌握数据联合查询操作。

项目导图

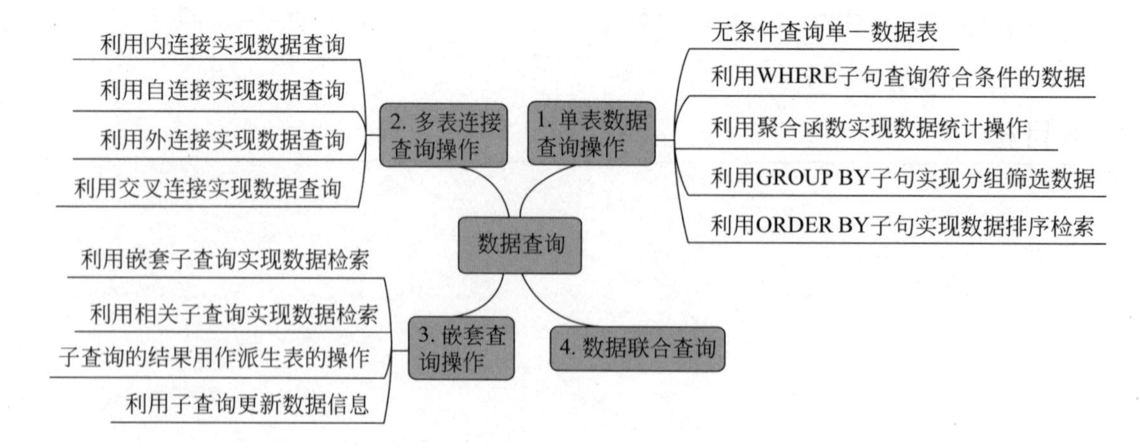

任务6-1　单表数据查询操作

任务描述

目前已进入某电子商务网站的后台数据库系统开发阶段，要实现商家、消费者、管理员等各类用户实时获取各种信息的功能，以便掌握网站动态数据。作为数据库管理员，需要根据功能需求设计满足查询单表信息的 SQL 程序代码，并在数据库系统集成开发平台上进行实现。本任务进度如表6-1所示。

表 6-1　实现单表数据查询任务进度表

任务描述	任务下发时间	预期完成时间	任务负责人	版本号
无条件查询单一数据表信息	10 月 19 日	10 月 20 日	张文莉	V1.0
查询符合条件的数据	10 月 21 日	10 月 22 日	张文莉	V1.0
实现数据统计操作	10 月 23 日	10 月 24 日	李晓华	V1.0
实现分组查询与筛选数据	10 月 25 日	10 月 26 日	李晓华	V1.0
实现数据排序检索	10 月 27 日	10 月 28 日	李晓华	V1.0

任务分析

目前数据库系统已经创建，数据表结构设计完毕，符合系统的规范化和优化要求，并且数据记录已经存在于数据表中，接下来要通过数据库系统中的数据查询技术实现对单一数据表信息的检索操作。这需要数据库管理员熟悉 SELECT 查询语句的语法格式，掌握各个子句的功能，关键字的正确书写，以及查询语句在集成开发平台的编辑、调试和运行等实践操作。

任务目标

- 素质目标：树立以用户为中心的设计理念和认真细致的工作态度。
- 知识目标：理解查询语句语法格式，了解各子句功能，掌握 SELECT、FROM、WHERE、GROUP、ORDER 子句的使用，掌握聚合函数和 AS、LIMIT、DISTINCT、BETWEEN... AND、LIKE、REGEXP、IN、NULL 等关键字的含义与使用方法。
- 能力目标：掌握完成单表数据查询功能语句的编写、调试及运行操作，由此实现对电子商务系统数据表指定数据列或数据行的精确查询和模糊查询，完成将查询结果输出到对应文件中的操作，检索出符合单一条件或多条件的数据记录，完成对数据信息的统计操作、分组筛选及排序输出。

课堂笔记

任务实施

步骤 1　启动代码查询编辑器

本任务在 Navicat 图形化工具中完成，具体操作流程如下：通过命令行方式启动 MySQL 8.0 服务，单击桌面上图形化工具快捷图标启动 Navicat，选择 ecommerce 作为当前的数据库，单击工具栏上的"查询"按钮，选择"新建查询"命令，打开代码查询编辑器。

步骤 2　根据查询任务设计 SQL 代码

1）无条件查询单一数据表信息

（1）查询单一数据表指定列信息。

① 查询全部商品一级分类基本信息，代码如下：

```
SELECT * FROM t_category1;
```

② 查询所有用户真实姓名、性别和昵称，代码如下：

```
SELECT u_name,u_gender,u_nick_name FROM t_user;
```

（2）为查询结果中的字段定义别名。

查询订单编号、收件人姓名和电话信息，代码如下：

```
SELECT o_id AS 订单编号,'收件人信息:',o_consignee AS 收件人姓名,o_consignee_tel AS 收件人电话 FROM t_order;
```

（3）查询经过计算的列。

① 查询全部用户的姓名和年龄信息，代码如下：

```
SELECT u_name AS 姓名,YEAR(CURDATE())-YEAR(u_birthday)AS 年龄 FROM t_user;
```

② 将商品促销价格的 90%作为该商品实际价格，代码如下：

```
SELECT sku_id,pmt_cost * 0.9 FROM t_promotion;
```

③ 将所有订单总金额增加 10%之后输出订单编号和总金额，代码如下：

```
SELECT o_id AS 订单编号,o_total_amount * 1.1 AS 总金额 FROM t_order;
```

（4）利用 LIMIT 子句实现规定行数的查询。

① 查询商品二级分类数据表中前 5 条记录，代码如下：

```
SELECT * FROM t_category2 LIMIT 5;
```

② 查询订单详情数据表中第 3 条记录后的 4 条记录信息，代码如下：

```
SELECT * FROM t_order_detail LIMIT 3,4;
```

（5）去掉重复行的数据查询。

查询订单表中用户的付款方式。

① 基本代码：

```
SELECT o_payment_way from t_order;
```

② 完善代码：

```
SELECT DISTINCT o_payment_way from t_order;
```

（6）利用查询结果创建新数据表。

创建一张存放订单简要信息的数据表 orderbrief，表中包括订单编号、收件人姓名、收件人电话、订单总金额和支付方式等信息，并显示新表内容。

① 创建新表语句：

```
CREATE TABLE orderbrief SELECT o_id,o_consignee,o_consignee_tel,o_total_amount,o_payment_way
FROM t_order;
```

② 查询新表语句：

```
SELECT * FROM orderbrief;
```

（7）查询结果输出到文本文件。

将用户评价信息备份到“C:/ProgramData/MySQL/ MySQL Server 8.0/Uploads/”目录下的 eval.txt 文本文件里（这里的路径是 MySQL 安装的默认路径），字段分隔符使用“、”。

```
SELECT * FROM t_rating INTO OUTFILE 'C:/ProgramData/MySQL/MySQL Server
8.0/Uploads/eval.txt' FIELDS TERMINATED BY '、';
```

2）利用 WHERE 子句查询符合条件的数据

（1）查询满足单一条件的数据表信息。

① 查询订单编号为 T000001 的订单详情，代码如下：

```
SELECT * FROM t_order_detail WHERE o_id = "T000001";
```

② 查询总额小于 100 元的订单编号和总额，代码如下：

```
SELECT o_id,o_total_amount FROM t_order WHERE o_total_amount < 100;
```

③ 查询用户评分不是满分的商品编号，代码如下：

```
SELECT sku_id FROM t_rating WHERE u_p_score <> 5;
```

（2）复合条件的数据查询操作。

① 查询用户级别是三级的女用户姓名和生日，代码如下：

```
SELECT u_name,u_birthday FROM t_user WHERE u_user_level = 3 AND u_gender = 'F';
```

② 查询用户级别是三级或 1992 年之后出生的用户姓名、生日和级别，代码如下：

```
SELECT u_name,u_birthday,u_user_level FROM t_user WHERE u_user_level = 3 OR
u_birthday >' = 1992-1-1';
```

③ 查询用户评分不是 5 分的用户编号，代码如下：

```
SELECT u_id FROM t_rating WHERE NOT u_p_score = 5;
```

（3）利用 BETWEEN...AND 实现限定范围的查询。

① 查询订单详情中购买数量为 2～3 的订单编号和购买数量，代码如下：

```
SELECT o_id,od_sku_num FROM t_order_detail WHERE od_sku_num BETWEEN 2 AND 3;
```

② 将①的功能实现利用条件表达式和逻辑运算符进行改写，代码如下：

```
SELECT o_id,od_sku_num FROM t_order_detail WHERE od_sku_num >= 2 AND
od_sku_num <= 3;
```

课堂笔记

(4) 利用匹配符 LIKE 实现模糊查询。

① 查询所有姓王的用户姓名和电话号码，代码如下：

```
SELECT u_name,u_phone_num FROM t_user WHERE u_name LIKE '王%';
```

② 查询商品描述中不包含“品牌”字样的商品编号，代码如下：

```
SELECT sku_id FROM t_sku WHERE sku_desc NOT LIKE '%品牌%';
```

③ 查询商品一级分类中第二个字是“品”的分类名称，代码如下：

```
SELECT p_category1_name FROM t_category1 WHERE p_category1_name LIKE '_品%';
```

(5) 使用正则表达式实现匹配查询。

① 查询商品一级分类中以“电”开头的分类名称，代码如下：

```
SELECT p_category1_name FROM t_category1 WHERE p_category1_name REGEXP '^电';
```

② 查询商品一级分类中以“器”结尾的分类名称，代码如下：

```
SELECT p_category1_name FROM t_category1 WHERE p_category1_name REGEXP '器$';
```

③ 查询用户电话号码中有数字“58”的用户姓名和电话号码，代码如下：

```
SELECT u_name,u_phone_num FROM t_user WHERE u_phone_num REGEXP'58';
```

(6) 利用 IN 关键字实现列表数据查询。

① 查询支付方式为在线支付和邮局汇款的订单编号和收货人，代码如下：

```
SELECT o_id,o_consignee FROM t_order WHERE o_payment_way in('在线支付','邮局汇款');
```

② 将①的功能实现利用条件表达式和逻辑运算符进行改写，代码如下：

```
SELECT o_id,o_consignee FROM t_order WHERE o_payment_way = '在线支付' or
o_payment_way = '邮局汇款';
```

(7) 利用空值关键字实现数据查询。

① 查询没有响应(即操作时间为空)的订单编号和订单创建时间，代码如下：

```
SELECT o_id,o_create_time FROM t_order WHERE o_operate_time is NULL;
```

② 查询已经响应(即操作时间为非空)的订单编号和订单创建时间，代码如下：

```
SELECT o_id,o_create_time FROM t_order WHERE o_operate_time is NOT NULL;
```

3)利用聚合函数实现数据的统计操作

(1) 利用 COUNT 和 SUM 实现数据统计。

① 统计商品一级分类的总条数，代码如下：

```
SELECT COUNT(*)AS 一级分类总条数 FROM t_category1;
```

② 统计订单共有几种付款方式，代码如下：

```
SELECT COUNT(DISTINCT o_payment_way)AS 付款方式总数 FROM t_order;
```

③ 计算货到付款方式的订单总金额，代码如下：

```
SELECT SUM(o_total_amount)FROM t_order WHERE o_payment_way = '货到付款';
```

(2) 利用 AVG、MAX 和 MIN 实现数据统计。

① 统计 1000003 客户订单的平均价钱，代码如下：

课堂笔记

```
SELECT AVG(o_total_amount)FROM t_order WHERE u_id = '1000003';
```

② 查询在线支付方式订单总额的最大值和最小值，代码如下：

```
SELECT MAX(o_total_amount)AS 最大值,MIN(o_total_amount)AS 最小值
FROM t_order WHERE o_payment_way = '在线支付';
```

③ 查询订单还未处理的客户人数，代码如下：

```
SELECT COUNT(DISTINCT u_id)AS 订单未处理的人数 FROM t_order WHERE
o_operate_time IS NULL;
```

4）利用 GROUP BY 子句分组筛选数据

（1）利用 GROUP BY 子句实现分组统计筛选。

① 分别统计男用户和女用户的人数，代码如下：

```
SELECT u_gender AS 性别,COUNT(*)AS 人数 FROM t_user GROUP BY u_gender;
```

② 统计不同付款方式的订单总额，代码如下：

```
SELECT o_payment_way AS 付款方式,SUM(o_total_amount)AS 订单总额
FROM t_order GROUP BY o_payment_way;
```

③ 统计不同级别男用户与女用户客户的人数，代码如下：

```
SELECT u_user_level AS 级别,u_gender AS 性别,COUNT(*)AS 客户人数 FROM t_user
GROUP BY u_user_level,u_gender;
```

（2）利用 HAVING 子句实现限定筛选数据。

① 查询订单总额大于 1 000 元的付款方式。

```
SELECT o_payment_way AS 付款方式,SUM(o_total_amount)AS 订单总额 FROM t_order
GROUP BY o_payment_way HAVING SUM(o_total_amount)> 1000;
```

② 统计男用户的人数，代码如下：

```
SELECT u_gender AS 性别,COUNT(*)AS 人数 FROM t_user GROUP BY u_gender HAVING
u_gender = 'M';
```

5）利用 ORDER BY 子句实现排序检索

（1）查询用户姓名和级别并按级别降序排列，代码如下：

```
SELECT u_name 用户姓名,u_user_level 用户级别 FROM t_user ORDER BY
u_user_level DESC;
```

（2）查询用户姓名和级别并按级别降序排列，级别相同时按姓名升序排列，代码如下：

```
SELECT u_name 用户姓名,u_user_level 用户级别 FROM t_user ORDER BY
u_user_level DESC,u_name ASC;
```

步骤 3　代码运行调试

运行操作：当查询语句输入完毕后，单击 Navicat 工具栏上的 ▶ 运行 按钮，完成查询操作显示查询结果。

调试操作：若代码存在语法错误或需要重新编辑，则需要在代码编辑器窗口修改或完善代码，按照上述运行操作再次执行。

查询任务运行结果如下。

课堂笔记

查询单一数据表指定列信息操作

1）无条件查询单一数据表信息

（1）查询单一数据表指定列信息。

① 查询全部商品一级分类基本信息，运行结果如图 6-1 所示。

② 查询所有用户编号、登录名和真实姓名，运行结果如图 6-2 所示。

信息 结果1 概况 状态

category1_id	p_category1_name
1	图书、音像、电子书刊
2	手机
3	家用电器
4	数码
5	家居家装
6	电脑办公
7	厨具
8	个护化妆
9	服饰内衣
10	钟表
11	鞋靴
12	母婴
13	礼品箱包
14	食品饮料、保健食品
15	珠宝
16	汽车用品
17	运动健康
18	玩具乐器

图 6-1　商品一级分类的所有信息

信息 结果1 概况 状态

u_id	u_login_name	u_name
1000001	feiya	张文
1000002	suoyi	刘亚飞
1000003	pengfei	孙成文
1000004	mingyi	李宝
1000005	haiwen	张兰非
1000006	daxiang	李兰兰
1000007	woyi	赵志强
1000008	xiuxiu	甘甜
1000009	qiuya	宋文哲
1000010	gaofei	姜晓丽
1000011	lala	李志鹏
1000012	maya	孙丽丽
1000013	pengzu	姜文成
1000014	zifei	刘飞儿
1000015	laopeng	王芸芸
1000016	kaka	王韵雅
1000017	dalan	张小非
1000018	meiyue	孙文斌
1000019	dingfe	李志刚
1000020	chinawen	王志国

图 6-2　用户编号、登录名和真实姓名信息

③ 查询所有用户真实姓名、性别和昵称，运行结果如图 6-3 所示。

答疑解惑

1. 问：结果集中列顺序可否与数据表原始顺序不一致？

答：可以，根据需求可自行更改顺序。在真实项目中要解放思想，从实际需求出发思考问题。

2. 问：SELECT 子句后写 * 和写数据表所有字段名功能是否一致？

答：显示效果和实现功能一致。除非需要使用表中所有数据，通常不建议使用“*”检索记录，以免获取数据量过多而降低查询性能。

为查询结果中的字段定义别名操作

（2）为查询结果中的字段定义别名。

查询订单编号、收件人姓名和电话信息，运行结果如图 6-4 所示。

（3）查询经过计算的列。

① 查询全部用户的姓名和年龄信息，运行结果如图 6-5 所示。

② 将商品促销价格的 90% 作为该商品实际价格，运行结果如图 6-6 所示。

③ 将所有订单总金额增加 10% 之后输出订单编号和总金额，运行结果如图 6-7 所示。

（4）利用 LIMIT 子句实现规定行数的查询。

① 查询商品二级分类数据表中前 5 条记录，运行结果如图 6-8 所示。

课堂笔记

u_name	u_gender	u_nick_name
张文	M	mink
刘亚飞	M	fox
孙成文	F	lafeng
李宝	F	bluecat
张兰非	M	aiyou
李兰兰	M	laming
赵志强	M	youli
甘甜	F	pengpeng
宋文哲	M	suk
姜晓丽	F	youyou
李志鹏	F	labi
孙丽丽	M	gaoren
姜文成	F	guojian
刘飞儿	M	dawen
王芸芸	M	xiaoke
王韵雅	M	lele
张小非	F	kele
孙文斌	F	meili
李志刚	M	meix
王志国	F	yigao

图 6-3 用户真实姓名、性别和昵称信息

订单编号	收件人信息:	收件人姓名	收件人电话
T000001	收件人信息:	孙成红	1319[illegible]
T000002	收件人信息:	王利祥	1369[illegible]
T000003	收件人信息:	韩刚龙	1389[illegible]
T000004	收件人信息:	郝爱莲	1316[illegible]
T000005	收件人信息:	王云飞	1339[illegible]
T000006	收件人信息:	孙丽萍	1347[illegible]
T000007	收件人信息:	丁冬琴	1391[illegible]
T000008	收件人信息:	王银喜	1305[illegible]

图 6-4 定义别名之后的订单编号、收件人姓名和电话信息

答疑解惑

问:将字段名重命名后,数据表中原始列名是否发生改变?

答:不改变,字段名重命名是显示需要,数据表原始列名不受影响。

学习小贴士

借助当前时间年份减去用户生日年份,计算用户的年龄。CURDATE()是系统函数,用于返回当前系统日期;YEAR()函数返回指定日期中的年份。

姓名	年龄
张文	55
刘亚飞	28
孙成文	49
李宝	36
张兰非	31
李兰兰	58
赵志强	26
甘甜	29
宋文哲	29
姜晓丽	50
李志鹏	39
孙丽丽	55
姜文成	49
刘飞儿	23
王芸芸	35
王韵雅	27
张小非	66
孙文斌	49
李志刚	23
王志国	70

图 6-5 用户姓名和年龄信息

sku_id	pmt_cost*0.9
S000001	3870.000
S000002	495.000
S000003	1800.000
S000004	18.000
S000005	81.000
S000006	7.110

图 6-6 促销价格 9 折信息

订单编号	总金额
T000001	11924.66
T000002	605
T000003	307.45
T000004	1167.65
T000005	319
T000006	736.34
T000007	74.36
T000008	76.56

图 6-7 总金额增加 10%后的信息

查询经过计算的列的操作

课堂笔记

利用 LIMIT 子句实现规定行数查询操作

category2_id	p_category2_name	category1_id
1	电子书刊	1
2	音像	1
3	英文原版	1
4	文艺	1
5	少儿	1

图 6-8　商品二级分类前 5 条记录信息

② 查询订单详情数据表中第 3 条记录后的 4 条记录信息，运行结果如图 6-9 所示。

od_id	o_id	sku_id	pmt_id	od_order_price	od_sku_num
TO00004	T000001	S000012	0	6299	1
TO00005	T000002	S000002	2	550	1
TO00006	T000003	S000004	4	20	3
TO00007	T000003	S000011	0	43.9	5

图 6-9　第 3 条记录后 4 条订单详情信息

答疑解惑

问："SELECT * FROM t_category2 LIMIT 5;"的等价语句是什么？

答：SELECT * FROM t_category2 LIMIT 0,5;

去掉重复行的数据查询操作

(5) 去掉重复行的数据查询。

查询订单表中用户的付款方式，运行结果如图 6-10 和图 6-11 所示。

o_payment_way
在线支付
货到付款
在线支付
邮局汇款
分期付款
货到付款
在线支付
邮局汇款

图 6-10　付款方式未去掉重复行信息

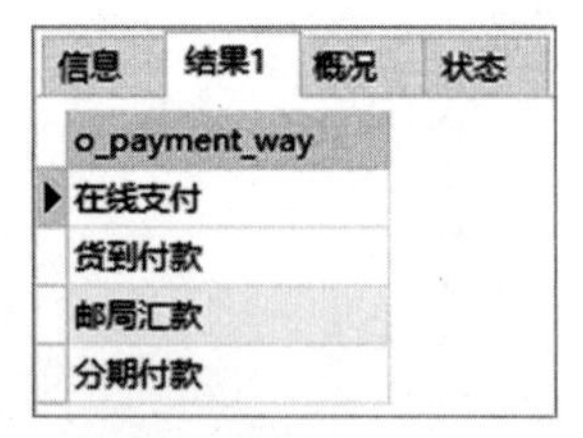

o_payment_way
在线支付
货到付款
邮局汇款
分期付款

图 6-11　付款方式去掉了重复行信息

利用查询结果创建新数据表操作

学习小贴士

第一次操作查询结果中有大量重复信息，如果只想检索出订单可以使用哪些支付方式，需要将重复的信息去掉。第二次操作利用关键字 DISTINCT，实现了去掉重复行的检索。

(6) 利用查询结果创建新数据表。

① 执行创建表语句，运行结果如图 6-12 所示。

② 查看 ecommerce 数据库中已有数据表，运行结果如图 6-13 所示。

③ 显示新表所有数据信息，运行结果如图 6-14 所示。

(7) 查询结果输出到文本文件。

① 执行数据表输出语句，运行结果如图 6-15 所示。

课堂笔记

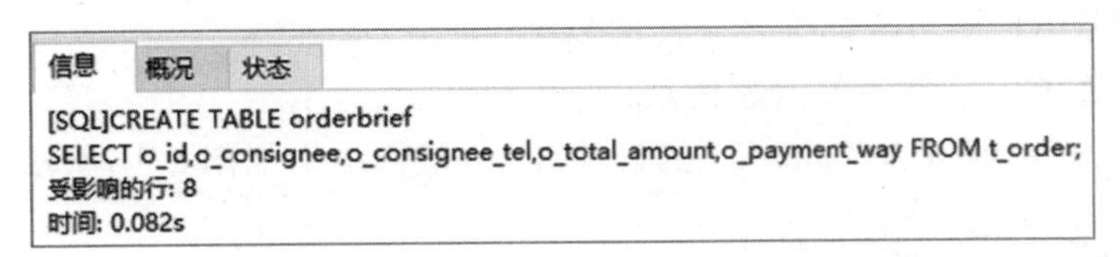

图 6-12　新数据表 orderbrief 创建成功显示界面

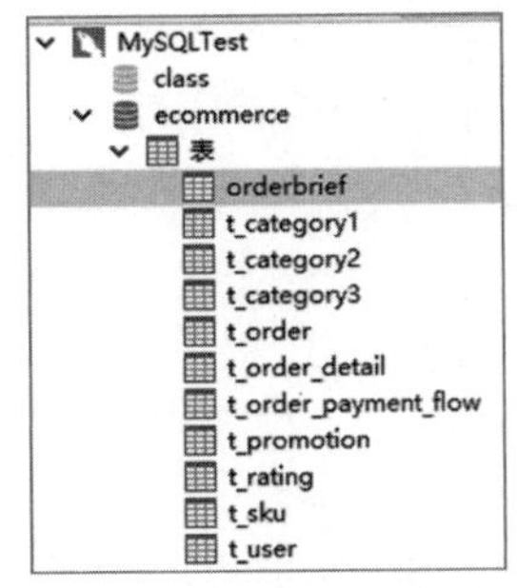

图 6-13　显示已有数据表

信息　结果1　概况　状态

o_id	o_consignee	o_consignee_tel	o_total_amount	o_payment_way
T000001	孙成红	1319	10840.6	在线支付
T000002	王利祥	1369	550	货到付款
T000003	韩刚龙	1389	279.5	在线支付
T000004	郝爱莲	1316	1061.5	邮局汇款
T000005	王云飞	1339	290	分期付款
T000006	孙丽萍	1347	669.4	货到付款
T000007	丁冬琴	1391	67.6	在线支付
T000008	王银喜	1305	69.6	邮局汇款

图 6-14　显示 orderbrief 数据表信息

查询结果输出到文本文件的操作

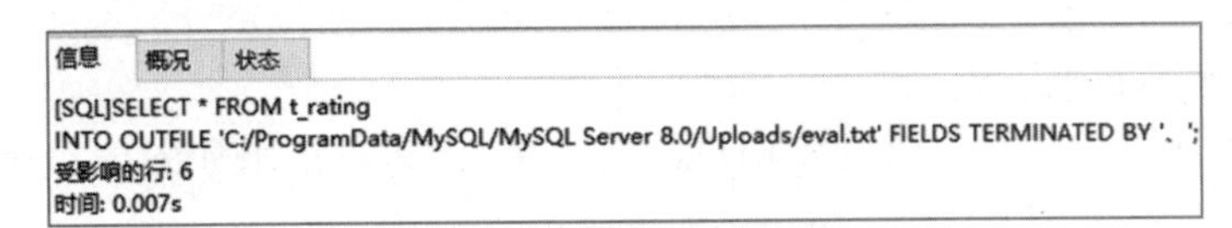

图 6-15　成功将数据输出到文本文件

② 打开文本文件所在位置(见图 6-16)，双击打开该文本文件，内容如图 6-17 所示。

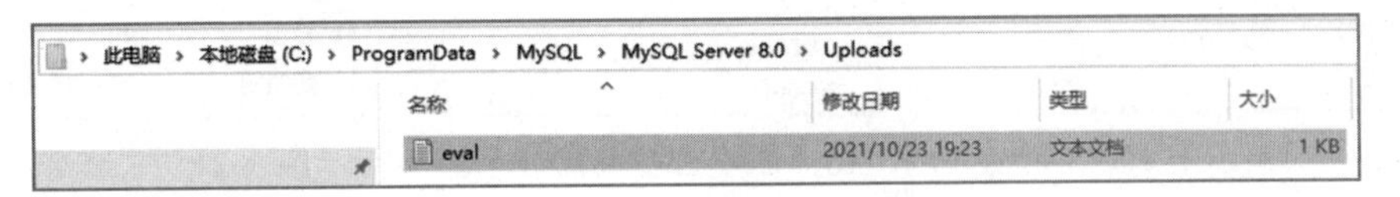

图 6-16　文本文件 eval. txt 所在位置

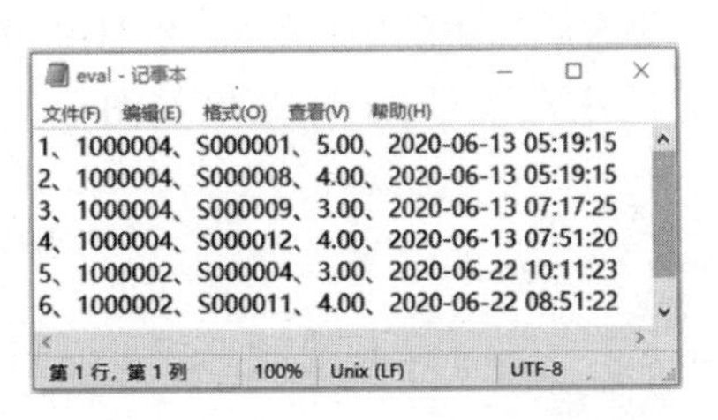

图 6-17　查看文本文件的具体内容

答疑解惑

问：语句执行出现如下提示怎么处理？

1290-The MySQL server is running with the-secure -file-priv option so it cannot execute this statement

答：打开配置文件 my，修改 secure-file-priv 的信息为如下内容：secure-file-priv＝""，重启服务器，再运行命令即可。

课堂笔记

查询满足单一条件的数据操作

2）利用 WHERE 子句查询符合条件的数据

（1）查询满足单一条件的数据表信息。

① 查询所有订单编号为 T000001 的订单详情，运行结果如图 6-18 所示。

信息 结果1 概况 状态

od_id	o_id	sku_id	pmt_id	od_order_price	od_sku_num
TO00001	T000001	S000001	1	4500	1
TO00002	T000001	S000008	0	34.8	5
TO00003	T000001	S000009	0	16.9	4
TO00004	T000001	S000012	0	6299	1

图 6-18　订单编号为 T000001 的订单详情

② 查询总额小于 100 元的订单编号和总额，运行结果如图 6-19 所示。

③ 查询用户评分不是满分的商品编号，运行结果如图 6-20 所示。

答疑解惑

问：MySQL 提供的两种不等于表现形式，即“<>”和“！＝”，二者等价吗？

答：二者功能是等价的，只是书写形式不同。

复合条件的数据查询操作

（2）复合条件的数据查询操作。

① 查询用户评分级别是三级的女用户姓名和生日，运行结果如图 6-21 所示。

信息 结果1 概况 状态

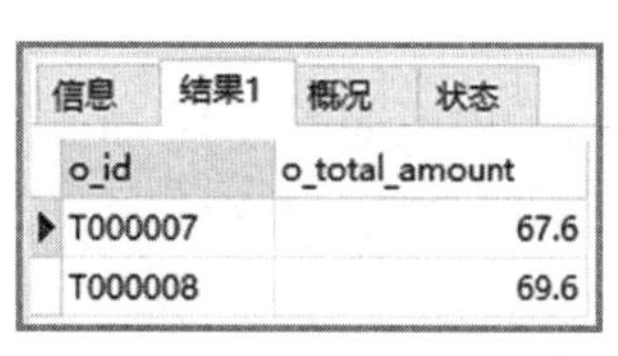

o_id	o_total_amount
T000007	67.6
T000008	69.6

图 6-19　总额小于 100 元的订单

信息 结果1 概况 状态

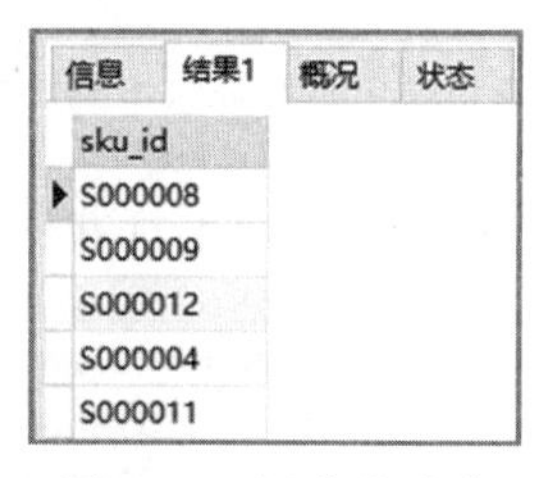

sku_id
S000008
S000009
S000012
S000004
S000011

图 6-20　评分非满分的商品

信息 结果1 概况 状态

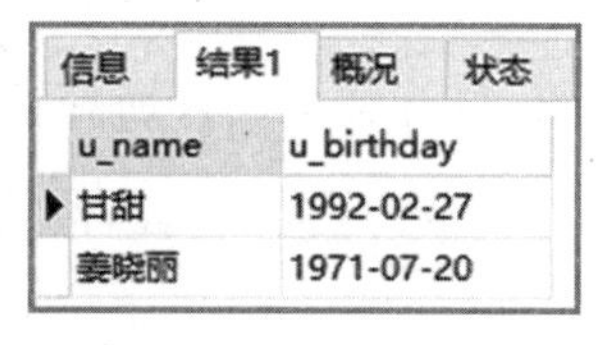

u_name	u_birthday
甘甜	1992-02-27
姜晓丽	1971-07-20

图 6-21　三级女用户信息

② 查询级别是三级或 1992 年之后出生的用户姓名、生日和级别，运行结果如图6-22所示。

③ 查询用户评分不是 5 分的用户编号，运行结果如图 6-23 所示。

信息 结果1 概况 状态

u_name	u_birthday	u_user_level
刘亚飞	1993-12-14	2
李兰兰	1963-05-15	3
赵志强	1995-02-01	2
甘甜	1992-02-27	3
宋文哲	1992-06-27	2
姜晓丽	1971-07-20	3
刘飞儿	1998-02-26	5
王韵雅	1994-07-15	3
李志刚	1998-10-09	1

图 6-22　级别是三级或 1992 年之后出生的用户信息

信息 结果1

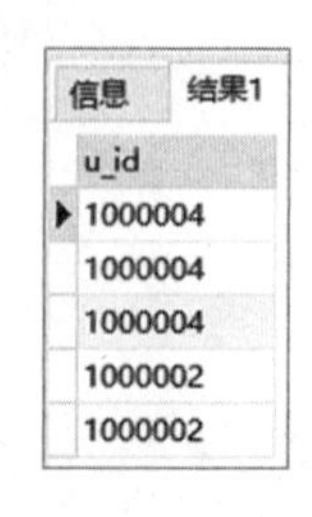

u_id
1000004
1000004
1000004
1000002
1000002

图 6-23　用户评分非满分的用户编号

答疑解惑

问:NOT 和! 运算符二者能等价使用吗?

答:二者是等价的,查询用户评分不是5分的用户编号等价的 SELECT 语句为

SELECT u_id FROM t_rating WHERE u_p_score! =5;

(3) 利用 BETWEEN...AND 实现限定范围的查询。

查询订单详情中购买数量为2~3的订单编号和购买数量,运行结果如图6-24所示。

(4) 利用匹配符 LIKE 实现模糊查询。

① 查询所有姓王的用户姓名和电话号码,运行结果如图6-25所示。

② 查询商品描述中不包含"品牌"字样的商品编号,运行结果如图6-26所示。

o_id	od_sku_num
T000003	3
T000004	2
T000005	3
T000005	3
T000008	2

图6-24 购买数量为2~3的订单

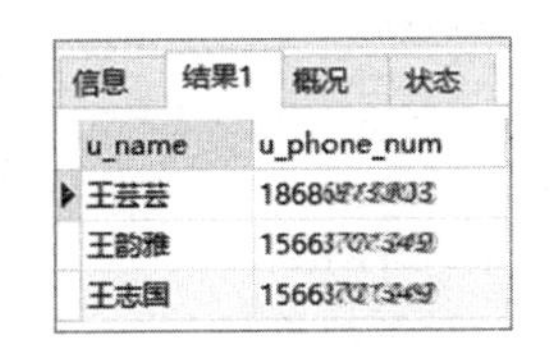

u_name	u_phone_num
王芸芸	1868[illegible]
王韵雅	1566[illegible]
王志国	1566[illegible]

图6-25 王姓用户信息

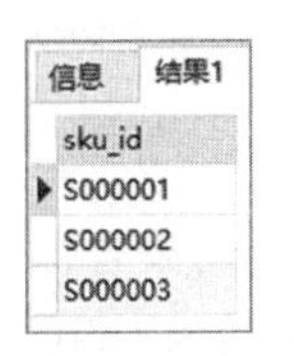

sku_id
S000001
S000002
S000003

图6-26 不包含"品牌"字样的商品

③ 查询商品一级分类中第二个字是"品"的分类名称,运行结果如图6-27所示。

(5) 使用正则表达式实现匹配查询。

① 查询商品一级分类中以"电"开头的分类名称,运行结果如图6-28所示。

② 查询商品一级分类中以"器"结尾的分类名称,运行结果如图6-29所示。

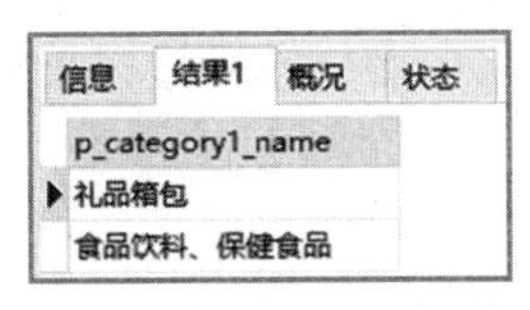

p_category1_name
礼品箱包
食品饮料、保健食品

图6-27 第二个字是"品"的分类名称

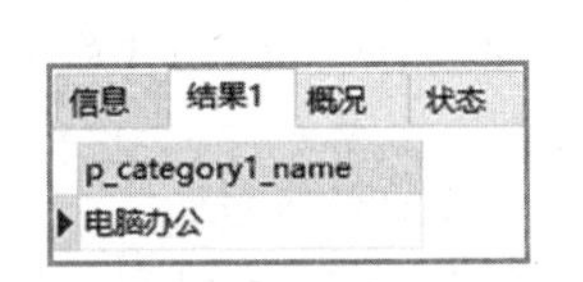

p_category1_name
电脑办公

图6-28 以"电"开头的分类名称

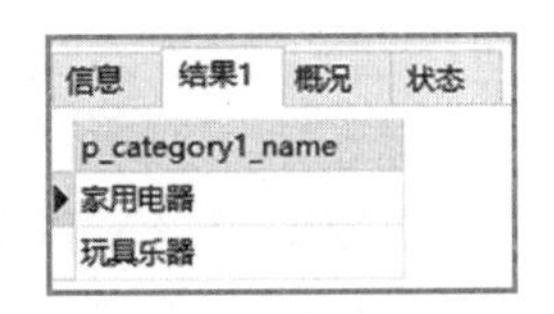

p_category1_name
家用电器
玩具乐器

图6-29 以"器"结尾的分类名称

③ 查询用户电话号码中有数字"58"的用户姓名和电话号码,运行结果如图6-30所示。

(6) 利用 IN 关键字实现列表数据查询。

查询支付方式为在线支付和邮局汇款的订单编号和收货人,运行结果如图6-31所示。

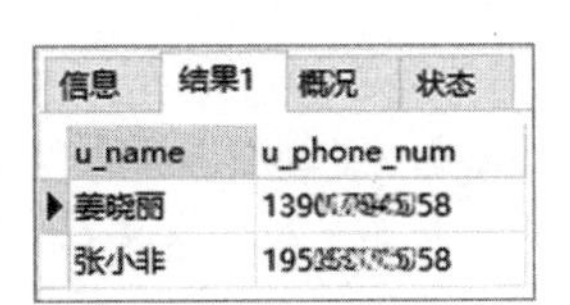

u_name	u_phone_num
姜晓丽	1390[illegible]58
张小非	195[illegible]58

图6-30 电话号码包含数字"58"的用户信息

o_id	o_consignee
T000001	孙成红
T000003	韩刚龙
T000004	郝爱莲
T000007	丁冬琴
T000008	王银喜

图6-31 付款方式为在线支付和邮局汇款的订单

课堂笔记

利用 BETWEEN AND 实现限定范围的查询操作

通配符 LIKE 实现模糊查询操作

使用正则表达式实现匹配查询操作

利用 IN 关键字实现列表数据查询操作

课堂笔记

利用空值关键字实现数据查询操作

(7) 利用空值关键字实现数据查询。

① 查询没有响应(即操作时间为空)的订单编号和订单创建时间,运行结果如图6-32所示。

② 查询已经响应(即操作时间为非空)的订单编号和订单创建时间,运行结果如图6-33所示。

o_id	o_create_time
T000002	2020-06-12 18:02:30
T000003	2020-06-12 08:00:08
T000004	2020-06-12 18:14:53
T000005	2020-06-12 18:30:36
T000006	2020-06-12 05:53:18

图6-32　没有响应的订单

o_id	o_create_time
T000001	2020-06-12 05:46:16
T000007	2020-06-12 12:13:44
T000008	2020-06-12 05:14:27

图6-33　已经响应的订单

3) 利用聚合函数实现数据的统计操作

利用COUNT和SUM实现统计操作

(1) 利用COUNT和SUM实现数据统计。

① 统计商品一级分类的总条数,运行结果如图6-34所示。

② 统计订单共有几种付款方式,运行结果如图6-35所示。

③ 计算货到付款方式的订单总金额,运行结果如图6-36所示。

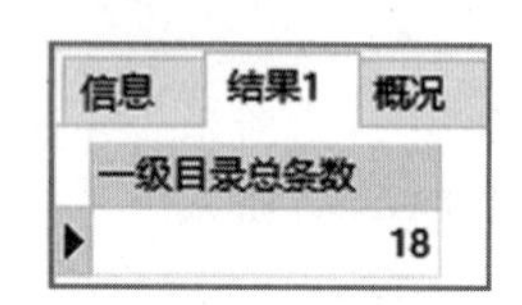

一级目录总条数
18

图6-34　商品一级分类总数

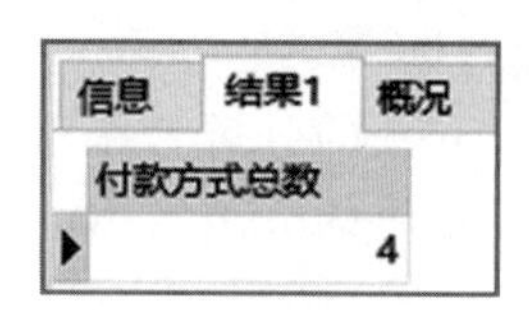

付款方式总数
4

图6-35　付款方式总数

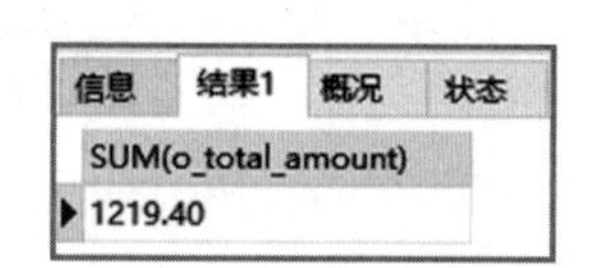

SUM(o_total_amount)
1219.40

图6-36　货到付款订单总额

利用AVG、MAX和MIN实现统计操作

(2) 利用AVG、MAX和MIN实现数据统计。

① 统计1000003客户订单的平均价钱,运行结果如图6-37所示。

② 查询在线支付方式订单总额的最大值和最小值,运行结果如图6-38所示。

③ 查询订单还未被处理的客户人数,运行结果如图6-39所示。

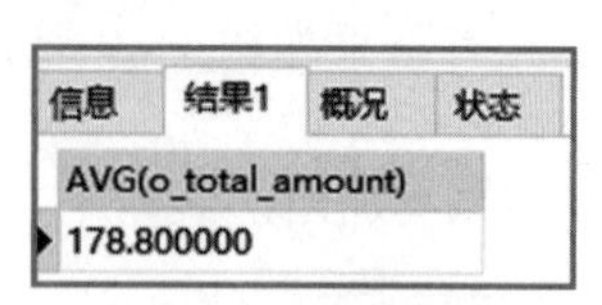

AVG(o_total_amount)
178.800000

图6-37　订单平均价钱

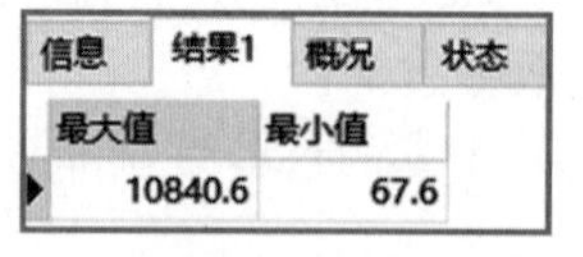

最大值	最小值
10840.6	67.6

图6-38　订单总额最大值与最小值

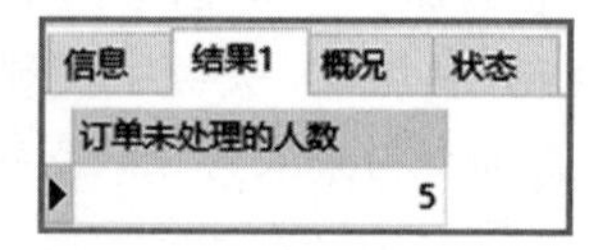

订单未处理的人数
5

图6-39　订单未处理的人数

学习小贴士

统计任务"查询订单还未处理的客户人数"的含义:如果同一客户多个订单未被处理,人数记为1。只要客户有未被处理的订单,无论是几单业务都记为1人。所以要去掉客户编号重复值,客户订单未处理说明操作时间为空,业务没有安排处理时间。

4) 利用GROUP BY子句分组筛选数据

(1) 利用GROUP BY子句实现分组统计筛选。

课堂笔记

① 分别统计男用户和女用户的人数,运行结果如图 6-40 所示。

② 统计不同付款方式的订单总额,运行结果如图 6-41 所示。

性别	人数
F	9
M	11

图 6-40　男女用户人数

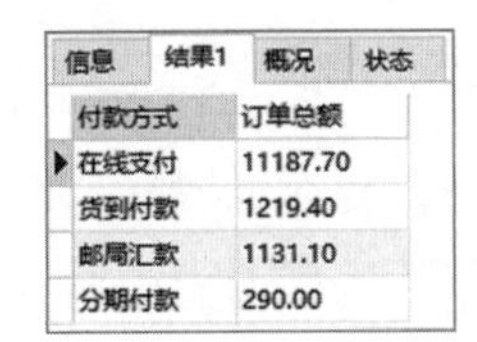

付款方式	订单总额
在线支付	11187.70
货到付款	1219.40
邮局汇款	1131.10
分期付款	290.00

图 6-41　不同付款方式订单总额

利用 GROUP BY 子句实现分组筛选数据操作

③ 统计不同级别男用户与女用户的人数,运行结果如图 6-42 所示。

(2) 利用 HAVING 子句实现限定筛选数据。

① 查询订单总额大于 1000 元的付款方式,运行结果如图 6-43 所示。

② 统计男用户的人数,运行结果如图 6-44 所示。

利用 HAVING 子句实现限定筛选数据操作

级别	性别	客户人数
1	M	1
2	F	2
2	M	3
3	F	2
3	M	2
4	F	2
4	M	3
5	F	3
5	M	2

图 6-42　不同级别男女用户人数

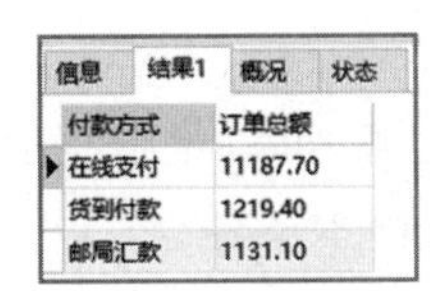

付款方式	订单总额
在线支付	11187.70
货到付款	1219.40
邮局汇款	1131.10

图 6-43　每种付款方式总额大于 1000 元

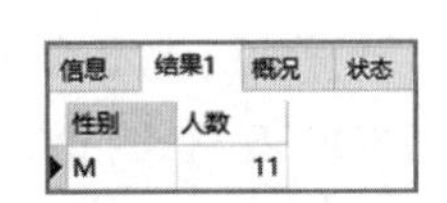

性别	人数
M	11

图 6-44　男用户人数

学习小贴士

"统计男用户的人数"这个任务的等价语句:

```
SELECT u_gender AS 性别,COUNT(*)AS 人数 FROM t_user WHERE u_gender = 'M' GROUP BY u_gender;
```

5) 利用 ORDER BY 子句实现排序检索

① 查询用户姓名和级别并按级别降序排列,运行结果如图 6-45 所示。

② 查询用户姓名和级别并按级别降序排列,级别相同时按姓名升序排列,运行结果如图 6-46 所示。

利用 ORDER BY 子句实现数据排序检索操作

用户姓名	用户级别
孙成文	5
刘飞儿	5
王芸芸	5
张小非	5
王志国	5
张文	4
李宝	4
张兰非	4
孙丽丽	4
龚文成	4
李兰兰	3
甘甜	3
姜晓丽	3
王韵雅	3
刘亚飞	2
赵志强	2
宋文哲	2
李志鹏	2
孙文斌	2
李志刚	1

图 6-45　按级别降序排列

用户姓名	用户级别
刘飞儿	5
孙成文	5
张小非	5
王志国	5
王芸芸	5
龚文成	4
孙丽丽	4
张兰非	4
张文	4
李宝	4
姜晓丽	3
李兰兰	3
王韵雅	3
甘甜	3
刘亚飞	2
孙文斌	2
宋文哲	2
李志鹏	2
赵志强	2
李志刚	1

图 6-46　按双关键字排序

课堂笔记

知识点解析

1. 查询语句基本功能

数据查询是最基本、最常见、最重要的操作，为了满足用户对数据的查看、计算、统计、分析等需求，查询操作需要从数据表中筛选出符合条件的数据，并放入关系模式结果集，以数据表的形式显示。MySQL 数据库系统提供了功能强大、结构灵活的查询语句。

2. 查询语句语法格式

```
SELECT [ALL|DISTINCT]子句 1 [AS <显示列名>]FROM 子句 2 [WHERE 表达式 1][GROUP BY 子句 3
[HAVING 表达式 2]][ORDER BY 子句 4][UNION 运算符] [LIMIT [M,]N]  [INTO OUTFILE 输出文件名];
```

查询语句
语法概述

子句功能说明：

(1) SELECT 子句：指定查询结果中需要显示的列，ALL 关键字表示输出所有数据记录，DISTINCT 关键字表示在查询结果集中去掉重复数据项，AS 关键字用于重新命名列名，AS 可省略。

(2) FROM 子句：指定查询的数据源，可以是数据表或视图。

资料
扫描二维码获取
知识点详情

(3) WHERE 表达式：指定查询的检索条件。

(4) GROUP BY 子句：指定查询结果的分组条件。

(5) HAVING 表达式：指定分组或集合的筛选条件。

(6) ORDER BY 子句：指定查询结果的排序列和排序方法。

(7) UNION 运算符：将多个 SELECT 语句的查询结果组合成一个结果集，包含在联合查询中所检索出来的全部数据记录。

(8) LIMIT [M,]N：用于限制查询结果集的行数。

(9) INTO OUTFILE 输出文件名：将查询的结果集保存到指定的文件中。

答疑解惑

1. 问：当指定多个列名进行排序时，需要逐一指出各列是升序排序还是降序排序吗？

答：是的，必须指出。编写查询语句时要竖立系统思维，全局性规划，以免出现偏差。

2. 问：利用 HAVING 子句和使用 WHERE 子句进行条件筛选时，是否有严格规定？

答：二者的使用没有严格规定，主要视编程者的习惯，只要理解二者的不同点，在实施查询操作时可以正确检索出结果集即可。

利用 WHERE
查询符合条件
的数据

3. 利用 WHERE 子句查询符合条件的数据

(1) 功能含义：日常应用中查询工作聚焦于获取满足需求的数据，因此需要指定查询条件，SELECT 语句中查询条件由 WHERE 子句限定。

(2) 具体说明：WHERE 子句中的表达式是借助运算符将列名、常量、函数、变量及子查询连接起来的逻辑表达式，常用运算符如表 6-2 所示，比较运算符及其含义如表 6-3 所示。

表 6-2 运算符的分类与表述符号

查询条件	运算符
比较运算符	=、<、>、<=、>=、<>、!=、!<、!>
范围运算符	BETWEEN...AND、NOT BETWEEN...AND
列表运算符	IN、NOT IN
字符匹配符	LIKE、NOT LIKE
空值	IS NULL、IS NOT NULL
逻辑运算符	AND、OR、NOT

表 6-3 比较运算符含义

运算符	含义	运算符	含义	运算符	含义
=	等于	<=	小于等于	!=	不等于
<	小于	>=	大于等于	!<	不小于
>	大于	<>	不等于	!>	不大于

(3) 复合条件的数据查询操作:在执行查询操作时,如果用户需求相对复杂,要同时指定多个查询条件,则使用逻辑运算符将多个查询条件连接起来,形成逻辑表达式。可供使用的逻辑运算符有 AND、OR 和 NOT,上述三个逻辑运算符可以联合使用。AND 表示逻辑与运算;OR 表示逻辑或运算;NOT 表示逻辑非运算。

(4) 利用 BETWEEN...AND 实现限定范围的查询:用于查找某一范围内的数据。如果使用 NOT BETWEEN...AND 关键字,则可以查找不在某一范围内的数据。

(5) 利用通配符 LIKE 实现模糊查询:使用 LIKE 或 NOT LIKE 完成表达式或字符串比较,实现字符串模糊查询。MySQL 数据库系统要用单引号(')或双引号(")将字符串与通配符一同引起来。通配符的含义如表 6-4 所示。

表 6-4 通配符的含义

通配符	说明	示例
%	任意多个字符	g%:表示查询以 g 开头的任意字符串,如 good %g:表示查询以 g 结尾的任意字符串,如 bag %g%:表示查询在任何位置包含字母 g 的所有字符串,如 dog、game、danger
_	任何单个字符	_o:表示查询以任意一个字符开头,以 o 结尾且长度为 2 的字符串,如 do、go a_:表示查询以 a 开头,后面跟任意一个字符且长度为 2 的字符串,如 at、as

(6) 使用正则表达式实现匹配查询:正则表达式用来检索或替换符合某个模式的文本内容,根据指定的匹配模式匹配文本中符合要求的特殊字符串。

(7) 利用 IN 关键字实现列表数据查询:如果要确定某一表达式的值是否存在于某个列表值所规定的范围之中,则使用关键字 IN 或 NOT IN 限定查询条件。

(8) 利用空值关键字判断字段值是否为空:当表中的列未提供任何数据值时,系统自动设置为空值,使用 IS NULL 关键字可以判断数据表的值是否为空。

课堂笔记

学习小贴士

SELECT 语句用“[ ]”表示的部分为可选项；所有 SQL 代码均在 Navicat 图形化工具界面进行编辑和运行；每条 SQL 语句以“;”结束；命令中的标点符号一律为半角。

利用聚合函数实现数据统计

4. 利用聚合函数实现数据的统计操作

聚合函数的功能是对数据进行汇总统计分析，包括计数、求和、求平均值、求最大值和最小值等操作。MySQL 提供的常用聚合函数如表 6-5 所示。

表 6-5　聚合函数的语法及含义

聚合函数名	语 法 格 式	含　　义
COUNT	COUNT(＊)	统计并返回元组个数
	COUNT([DISTINCT|ALL]<列名>)	统计列名所规定的数据列中值的个数
SUM	SUM([DISTINCT|ALL]<列名>)	统计列名所规定的数据列中值的总和
AVG	AVG([DISTINCT|ALL]<列名>)	统计列名所规定的数据列中值的平均值
MAX	MAX([DISTINCT|ALL]<列名>)	统计列名所规定的数据列中值的最大值
MIN	MIN([DISTINCT|ALL]<列名>)	统计列名所规定的数据列中值的最小值

利用 GROUPBY 子句分组筛选数据

5. 利用 GROUP BY 子句分组筛选数据

分组统计仅对数据表全部数据进行汇总统计，往往不能较好地满足用户需求，需要针对具体组别进行分类汇总。GROUP BY 子句可以对查询结果按照某一指定列或多列进行数据值的分组统计，利用 HAVING 子句可以实现对分组信息的再次筛选。

利用 ORDERBY 子句实现排序检索

6. 利用 ORDER BY 子句实现排序检索

ORDER BY 子句的功能是将查询结果按照指定的先后顺序输出，可以将查询结果按照一个或多个数据列升序(ASC)或降序(DESC)排列，默认值为升序。

实战演练

任务工单：单表数据查询

代码设计员 ID		代码设计员姓名		所属项目组	
MySQL 官网网址	https://www.mysql.com		MySQL 版本		MySQL 8.0 社区版
硬件配置	CPU：2.3GHz 及以上双核或四核；硬盘：150GB 及以上；内存：8GB；网卡：千兆网卡		软件系统	mysql-8.0.23-winx64 navicat_premium_V11.2.7	
操作系统	Windows 7/Windows 10 或更高版本		执行 SELECT 语句的资源要求	ecommerce 数据库成功创建，所有数据表创建完毕，数据记录均录入完毕	
任务执行前准备工作	检测计算机软硬件环境是否可用		□可用 □不可用	不可用注明理由：	

续表

任务执行前准备工作	检测操作系统环境是否可用	□可用 □不可用	不可用注明理由：
	检验 MySQL 服务是否能正常启动	□正常 □不正常	不正常注明理由：
	检测 MySQL 图形化工具 Navicat 是否可用	□可用 □不可用	不可用注明理由：
	复习无条件查询单一数据表，使用 SELECT 语句语法是否清楚	□清楚 □有问题	写明问题内容及缘由：
	复习 SELECT 语句中 WHERE 子句的使用方法以及各种判定条件的基本语法是否清楚	□清楚 □有问题	写明问题内容及缘由：
	复习 SELECT 语句中所引用的各种聚合函数的语法格式和使用方法是否清楚	□清楚 □有问题	写明问题内容及缘由：
	复习 SELECT 语句中 GROUP BY 子句和 HAVING 子句使用方法及基本语法是否清楚	□清楚 □有问题	写明问题内容及缘由：
	复习 SELECT 语句中 ORDER BY 子句使用方法及基本语法是否清楚	□清楚 □有问题	写明问题内容及缘由：
执行具体任务（在 MySQL 平台上编辑并运行主讲案例的查询任务）	查询全部商品一级分类基本信息	完成度：□未完成　□部分完成　□全部完成	
	查询所有用户真实姓名、性别和昵称	完成度：□未完成　□部分完成　□全部完成	
	查询订单编号、收件人姓名和电话信息	完成度：□未完成　□部分完成　□全部完成	
	查询全部用户的姓名和年龄信息	完成度：□未完成　□部分完成　□全部完成	
	将商品促销价格的 90% 作为该商品实际价格	完成度：□未完成　□部分完成　□全部完成	
	将所有订单总金额增加 10% 之后输出订单编号和总金额	完成度：□未完成　□部分完成　□全部完成	
	查询商品二级分类数据表中前 5 条记录	完成度：□未完成　□部分完成　□全部完成	
	查询订单详情数据表中第 3 条记录后的 4 条记录信息	完成度：□未完成　□部分完成　□全部完成	
	查询订单表中用户的付款方式	完成度：□未完成　□部分完成　□全部完成	
	创建一张存放订单简要信息的数据表 orderbrief	完成度：□未完成　□部分完成　□全部完成	
	备份用户评价信息到 eval. txt 文本文件	完成度：□未完成　□部分完成　□全部完成	
	查询所有订单编号为 T000001 的订单详情	完成度：□未完成　□部分完成　□全部完成	

课堂笔记

续表

执行具体任务（在 MySQL 平台上编辑并运行主讲案例的查询任务）	查询总额小于 100 元的订单编号和总额	完成度：□未完成　□部分完成　□全部完成
	查询用户评分不是满分的商品编号	完成度：□未完成　□部分完成　□全部完成
	查询级别是三级的女用户姓名和生日	完成度：□未完成　□部分完成　□全部完成
	查询级别是三级或 1992 年之后出生的用户姓名、生日和级别	完成度：□未完成　□部分完成　□全部完成
	查询用户评分不是 5 分的用户编号	完成度：□未完成　□部分完成　□全部完成
	查询订单详情中购买数量为 2～3 的订单号和购买数量	完成度：□未完成　□部分完成　□全部完成
	查询所有姓王的用户姓名和电话号码	完成度：□未完成　□部分完成　□全部完成
	查询商品描述中不包含“品牌”字样的商品编号	完成度：□未完成　□部分完成　□全部完成
	查询商品一级分类中第二个字是品的分类名称	完成度：□未完成　□部分完成　□全部完成
	查询商品一级分类中以“电”开头的分类名称	完成度：□未完成　□部分完成　□全部完成
	查询商品一级分类中以“器”结尾的分类名称	完成度：□未完成　□部分完成　□全部完成
	查询用户电话中有数字“58”的用户姓名和电话号码	完成度：□未完成　□部分完成　□全部完成
	查询支付方式为在线支付和邮局汇款的订单编号和收货人	完成度：□未完成　□部分完成　□全部完成
	将上述功能的实现利用条件表达式和逻辑运算符进行改写	完成度：□未完成　□部分完成　□全部完成
	查询没有响应（即操作时间为空）的订单编号和订单创建时间	完成度：□未完成　□部分完成　□全部完成
	查询已经响应（即操作时间为非空）的订单编号和订单创建时间	完成度：□未完成　□部分完成　□全部完成
	统计商品一级分类的总条数	完成度：□未完成　□部分完成　□全部完成
	统计订单共有几种付款方式	完成度：□未完成　□部分完成　□全部完成
	计算货到付款方式的订单总金额	完成度：□未完成　□部分完成　□全部完成
	统计 1000003 客户订单的平均价钱	完成度：□未完成　□部分完成　□全部完成

课堂笔记

续表

执行具体任务（在 MySQL 平台上编辑并运行主讲案例的查询任务）	查询在线支付方式的订单总额的最大值和最小值	完成度：□未完成 □部分完成 □全部完成
	查询订单还未处理的客户人数	完成度：□未完成 □部分完成 □全部完成
	分别统计男用户和女用户的人数	完成度：□未完成 □部分完成 □全部完成
	统计不同付款方式的订单总额	完成度：□未完成 □部分完成 □全部完成
	统计不同级别男用户与女用户的人数	完成度：□未完成 □部分完成 □全部完成
	查询订单总额大于 1000 元的付款方式	完成度：□未完成 □部分完成 □全部完成
	统计男用户的人数	完成度：□未完成 □部分完成 □全部完成
	查询用户姓名和级别并按级别降序排列	完成度：□未完成 □部分完成 □全部完成
	查询用户姓名和级别并按级别降序排列，级别相同时按姓名升序排列	完成度：□未完成 □部分完成 □全部完成
任务未成功的处理方案	采取的具体措施：	执行处理方案的结果：
备注说明	填写日期：	其他事项：

任务评价

代码设计员 ID		代码设计员姓名		所属项目组			
评价栏目	任 务 详 情	评 价 要 素	分值	评价主体			
				学生自评	小组互评	教师点评	
实现无条件查询单一数据表功能	查询单表指定列信息	查询功能是否实现	2				
	为查询字段定义别名	查询功能是否实现	3				
	查询计算列	查询功能是否实现	3				
	规定行数查询	查询功能是否实现	3				
	去掉重复行数据	查询功能是否实现	3				
	利用查询结果创建新表	查询功能是否实现	3				
	查询结果输出到文件	查询功能是否实现	3				

课堂笔记

续表

评价栏目	任务详情	评价要素	分值	评价主体		
				学生自评	小组互评	教师点评
实现查询符合条件的数据功能	查询满足单一条件	查询功能是否实现	2			
	查询满足复合条件	查询功能是否实现	3			
	实现限定范围查询	查询功能是否实现	3			
	实现模糊查询	查询功能是否实现	3			
	实现匹配查询	查询功能是否实现	3			
	查询列表数据	查询功能是否实现	3			
	利用空值实现查询	查询功能是否实现	3			
实现数据统计功能	利用 COUNT 聚合函数实现数据统计	统计功能是否实现	4			
	利用 SUM 聚合函数实现数据统计	统计功能是否实现	4			
	利用 AVG 聚合函数实现数据统计	统计功能是否实现	4			
	利用 MAX 聚合函数实现数据统计	统计功能是否实现	4			
	利用 MIN 聚合函数实现数据统计	统计功能是否实现	4			
实现分组筛选数据功能和排序检索功能	利用 GROUP BY 子句实现分组筛选	筛选功能是否实现	2			
	利用 HAVING 子句实现限定筛选数据	筛选功能是否实现	1			
	利用 ORDER BY 子句实现数据排序检索	检索功能是否实现	2			
代码编写规范	查询语句格式	Select 子句编写是否规范并符合要求	2			
		WHERE 子句编写是否规范，查询条件书写是否符合要求	2			
		各种聚合函数在 SELECT 查询语句中的应用是否正确	2			
		GROUP BY 子句、HAVING 子句、ORDER BY 子句在 SELECT 查询语句中的应用是否正确	1			
	关键字书写	关键字书写是否正确	1			
		各种聚合函数关键字书写是否正确	1			
		各子句关键字书写是否正确	1			

续表

评价栏目	任务详情	评价要素	分值	评价主体		
				学生自评	小组互评	教师点评
代码编写规范	标点符号使用	是否正确使用英文标点符号	1			
	标识符设计	标识符是否按规定格式设置并做到见名知意	1			
	代码可读性	代码可读性是否良好	1			
	代码优化程度	代码是否已被优化	1			
	代码执行耗时	执行时间可否接受	1			
操作熟练度	代码编写流程	编写流程是否熟练	2			
	程序运行操作	运行操作是否正确	2			
	调试与完善操作	调试过程是否合规	2			
创新性	代码编写思路	设计思路是否有创新性	2			
	查询结果显示效果	显示界面是否有创新性	1			
	统计结果显示效果	显示界面是否有创新性	1			
职业素养	态度	是否认真细致、遵守课堂纪律、学习积极，具有团队协作精神	1			
	操作规范	是否有实训环境保护意识，实训设备使用是否合规，操作前是否对硬件设备和软件环境检查到位，有无损坏机器设备的情况，能否保持实训室卫生	3			
	设计理念	是否突显以人为本的设计理念	2			
		是否突显精益求精的工匠精神	2			
	代码编写	是否突显严谨认真的工作作风	1			
		是否突显冷静思考、执着钻研的精神	1			
总分			100			

拓展训练

1. 实训操作

实训数据库	学校管理系统数据库 eleccollege 数据表：学生信息表 student、课程信息表 course、班级信息表 class、系部信息表 department、宿舍信息表 dormitory、成绩信息表 grade、教师信息表 teacher

课堂笔记

续表

	任务内容	参考代码	操作演示微课视频	问题记录
实训任务	查询全体教师的姓名及教龄	SELECT tea_name AS 姓名,YEAR (CURDATE()) －YEAR(tea_worktime) AS 教龄 FROM teacher;		
	将考试成绩的80%作为该课程的期末成绩输出	SELECT gra_stuid, gra_couno, gra_score * 0.8 FROM grade;		
	查询学生信息表中前5条记录	SELECT * FROM student LIMIT 5;		
	查询教师专业技术职称的名称	SELECT DISTINCT tea_profession FROM teacher;		
	查询所有专任教师信息	SELECT * FROM teacher WHERE tea_ appointment ='专任教师';		
	查询所有课程学分大于4的课程名称和学分	SELECT cou_name, cou_credit FROM course WHERE cou_credit > 4;		
	查询软件技术专业男同学的姓名、所学专业和政治面貌	SELECT stu_name 姓名, stu_speciality 所学专业, stu_politicalstatus 政治面貌 FROM student WHERE stu_speciality ='软件技术' AND stu_sex='男';		
	查询参加工作时间在2014年之后或者技术职称是讲师的教师的姓名、参加工作时间和职称信息	SELECT tea_name 姓名,tea_worktime 参加工作时间,tea_profession 技术职称 FROM teacher WHERE tea_worktime >='2014－01－01' OR tea_profession ='讲师';		
	查询所有姓王的学生的姓名和出生日期	SELECT stu_name, stu_birthday FROM student WHERE stu_name LIKE '王%';		
	查询生源地不是天津市的学生的姓名和生源地	SELECT stu_name, stu_address FROM student WHERE stu_address NOT LIKE '%天津市%';		
	查询课程名以"计"开头的课程名和开课学期	SELECT cou_name, cou_term FROM course WHERE cou_name REGEXP '^计';		
	查询课程名以应用结尾的课程名和开课学期	SELECT cou_name, cou_term FROMcourse WHERE cou_name REGEXP '应用$';		
	查询软件技术专业、网络技术专业和视觉传达专业学生的姓名和所学专业的名称	SELECT stu_name, stu_speciality FROM student WHERE stu_speciality IN ('软件技术','网络技术','视觉传达');		

续表

	任务内容	参考代码	操作演示微课视频	问题记录
实训任务	查询没有指定班长的班级信息	SELECT * FROM class WHERE class_monitor IS NULL;		
	计算公共基础课总学分	SELECT SUM(cou_credit) FROM course WHERE cou_type='公共基础';		
	查询参加考试的学生人数	SELECT COUNT(DISTINCT gra_stuid) AS 参加考试的人数 FROM grade WHERE gra_score IS NOT NULL;		
	统计各专业男生、女生的人数	SELECT stu_speciality AS 专业,stu_sex AS 性别,COUNT(*) AS 学生人数 FROM student GROUP BY stu_speciality,stu_sex;		
	显示课程平均成绩大于80分的课程代码和平均成绩	SELECT gra_couno AS 课程代码,AVG(gra_score) AS 平均成绩 FROM grade GROUP BY gra_couno HAVING AVG(gra_score)> 80;		
	查询所有学生所有课程的考试成绩,按照成绩降序排列,成绩相同者按照学号升序排列	SELECT gra_stuid 学号, gra_score 成绩 FROM grade ORDER BY gra_score DESC,gra_stuid ASC;		

2. 知识拓展

(1) 在华为 GaussDB 数据库中使用跨境贸易系统数据库 interecommerce,基于洲信息表 state、国家信息表 country、供应商信息表 supplier、商品信息表 goods、消费者信息表 customer、订单信息表 order、订单详情信息表 lineitem 完成以下操作。

① 查询供应商的名称、联系电话和账户余额,代码如下:

```
SELECT sup_name AS 供应商名称,sup_telephone AS 联系电话, sup_balance AS
账户余额  FROM supplier;
```

② 将所有商品价格下降10%之后,显示商品名称、原始价格和新价格,代码如下:

```
SELECT goo_name,goo_price,goo_price * 0.9 AS 调整后价格 FROM goods;
```

③ 查询商品种类是电脑并且包装方式是包装盒的商品信息,代码如下:

```
SELECT * FROM goods WHERE goo_kind = '电脑' AND goo_package = '包装盒';
```

④ 查询商品价格在3000元与5000元之间的商品名称和商品价格,代码如下:

```
SELECT goo_name,goo_price FROM goods WHERE
goo_price BETWEEN 3000 AND 5000;
```

⑤ 查询供应商联系电话中有数字"56"的供应商信息,代码如下:

```
SELECT * FROM supplier WHERE sup_telephone REGEXP'56';
```

课堂笔记

⑥ 查询商品名称中包含“机”字的商品，代码如下：

```
SELECT * FROM goods WHERE goo_name LIKE '%机%';
```

⑦ 查询隶属于洲编号是 00001、00003 或 00005 的国家信息，代码如下：

```
SELECT * FROM country WHERE cou_stateid IN('00001','00003','00005');
```

⑧ 统计与公司进行交易的客户种类数，代码如下：

```
SELECT COUNT(DISTINCT cus_market) AS 客户种类数 FROM customer;
```

⑨ 查询隶属于不同洲的国家的数量，将数量大于等于 3 的信息显示输出，代码如下：

```
SELECT COUNT(*)FROM country GROUP BY cou_stateid HAVING COUNT(*)>=3;
```

⑩ 按照订单总额降序排列输出订单编号和订单总额，代码如下：

```
SELECT ord_id,ord_total FROM order1 ORDER BY ord_total DESC;
```

(2) 1+X 证书 Web 前端开发 MySQL 考核知识点如下。

① 指定字段：

```
SELECT 字段 1,字段 2... FROM 表名;
```

② 所有字段：

```
SELECT * FROM 表名;
```

③ 去重复行：

```
SELECT DISTINCT 字段 FROM 表名;
```

④ 指定记录条数：

```
SELECT * FROM 表名 LIMIT N,M;
```

⑤ 单一条件：

```
SELECT * FROM 表名 WHERE 判断条件;
```

⑥ 多条件：

```
SELECT * FROM 表名 WHERE 判断条件 逻辑运算符 判断条件;
```

⑦ 设定区间：

```
SELECT * FROM 表名 WHERE BETWEEN AND;
```

⑧ IN 查询：

```
SELECT * FROM 表名 WHERE 表达式 IN(列表);
```

⑨ 模糊查询：

```
SELECT * FROM 表名 WHERE LIKE'%或_';
```

⑩ COUNT：

```
SELECT COUNT(*)FROM 表名 WHERE 条件;
```

⑪ SUM：

```
SELECT SUM (*) FROM 表名 WHERE 条件;
```

⑫ AVG：

```
SELECT AVG (*) FROM 表名 WHERE 条件;
```

课堂笔记

⑬ MAX：

```
SELECT MAX ( * ) FROM 表名 WHERE 条件;
```

⑭ MIN：

```
SELECT MIN ( * ) FROM 表名 WHERE 条件;
```

⑮ 分组查询：

```
SELECT 列名 FROM 表名 GROUP BY 分组列名;
```

⑯ 分组筛选：

```
SELECT 列名 FROM 表名 GROUP BY 分组列名 HAVING 筛选条件;
```

⑰ 排序查询：

```
SELECT 列名 FROM 表名 ORDER BY 排序列名 (ASC/DESC), ORDER BY 排序列名 (ASC/DESC)...;
```

讨论反思与学习插页

1. 任务总结：无条件查询单一数据表

<table>
<tr><td colspan="2">代码设计员 ID</td><td></td><td>代码设计员姓名</td><td></td><td>所属项目组</td><td></td></tr>
<tr><td colspan="7">讨论反思</td></tr>
<tr><td rowspan="3">学习
研讨</td><td colspan="2">问题：在数据库实践项目中，如果要查询数据表中所有字段全部数据记录的内容，在 SELECT 子句后面是写 * 号，还是将所有列名全部写于此，哪种方案好，为什么？</td><td colspan="4">解答：</td></tr>
<tr><td colspan="2">问题：数据表中字段名为英文时，如何设计查询语句使其显示效果更加友好，便于用户浏览？</td><td colspan="4">解答：</td></tr>
<tr><td colspan="6">经验集锦：根据数据库开发规范，使用 DISTINCT 关键字会增加查询和 I/O 的操作次数，应当慎重使用；通常在 SELECT 子句后必须指明需要读取的具体字段；查询语句避免写得过长，长语句最好分成多行书写，便于阅读；查询语句的关键字要大写</td></tr>
<tr><td>立德
铸魂</td><td colspan="6">借助 AS 关键字的重命名功能，可以实现数据表字段名使用英文名字，查询结果显示信息使用中文名字的效果，一则不会影响程序代码的编写，英文名字有利于系统的编译；二则增强了用户浏览的可视化效果和界面显示的友好性。对查询语句的如此设计，既不用修改数据表结构，又能体现为用户着想，以用户为中心的原则，以人为本的理念，所设计的应用系统数据库使用户用起来得心应手</td></tr>
<tr><td colspan="7">学习插页</td></tr>
<tr><td>过程性
学习</td><td colspan="6">记录学习过程：</td></tr>
<tr><td>重点与
难点</td><td colspan="6">提炼无条件查询单一数据表的重难点：</td></tr>
</table>

课堂笔记

续表

阶段性评价总结	总结阶段性学习效果：
答疑解惑	记录学习过程中疑惑问题的解答情况：

2. 任务总结：利用 WHERE 子句查询符合条件的数据

代码设计员 ID		代码设计员姓名		所属项目组	

<table>
<tr><td colspan="3">讨论反思</td></tr>
<tr><td rowspan="2">学习研讨</td><td>问题：在数据库实践项目中实现同一查询功能，以下两种方案哪种好，为什么？第一种：利用 BETWEEN...AND 关键字实现限定范围查询；第二种：利用条件表达式和逻辑运算符实现查询</td><td>解答：</td></tr>
<tr><td>问题：在数据库实践项目中实现同一查询功能，以下两种方案哪种好，为什么？第一种：利用 IN 关键字实现列表数据查询；第二种：利用条件表达式和逻辑运算符实现查询</td><td>解答：</td></tr>
<tr><td>立德铸魂</td><td colspan="2">对同一查询功能可以设计多种查询方案，编写多种查询语句，要以辩证的思维分析每种查询方案的优势与劣势，根据具体查询场景选择一种最为适宜的，性能、功能实现最优的方案。不要以完成工作任务为最终结点，要在众多方案中选择最优的一种。在日常学习与工作中要自觉树立一种精益求精、方得始终的工匠精神，只有这样才能将知识理解透彻，将工作做到极致</td></tr>
<tr><td colspan="3">学习插页</td></tr>
<tr><td>过程性学习</td><td colspan="2">记录学习过程：</td></tr>
<tr><td>重点与难点</td><td colspan="2">提炼利用 WHERE 子句查询符合条件数据的重难点：</td></tr>
</table>

课堂笔记

续表

阶段性评价总结	总结阶段性学习效果：
答疑解惑	记录学习过程中疑惑问题的解答情况：

3. 任务总结：利用聚合函数实现数据的统计操作

扫描右侧二维码下载并完成此任务总结。

任务总结：利用聚合函数实现数据的统计操作

4. 任务总结：利用 GROUP BY 子句分组筛选数据与利用 ORDER BY 子句实现排序检索

扫描右侧二维码下载并完成此任务总结。

任务总结：利用GROUP BY子句分组筛选数据与利用ORDER BY子句实现排序检索

任务6-2　多表连接查询操作

任务描述

某电子商务网站的各类用户在实践业务操作中需要从多张数据表获取信息，实现应用系统查询功能。因此，数据库管理员根据功能需求设计多表数据查询的 SQL 代码，并在数据库系统集成开发平台上进行实现。本任务进度如表6-6所示。

表 6-6　实现多表连接查询任务进度表

系 统 功 能	任务下发时间	预期完成时间	任务负责人	版本号
利用交叉连接实现数据查询	10 月 29 日	10 月 30 日	刘莉莉	V1.0
利用内连接实现数据查询	10 月 31 日	11 月 01 日	刘莉莉	V1.0
利用自连接实现数据查询	11 月 02 日	11 月 03 日	王小强	V1.0
利用外连接实现数据查询	11 月 04 日	11 月 05 日	王小强	V1.0

任务分析

在数据库应用系统开发中，不可能一张数据表包含所有数据信息，这不符合数据库应用系统设计的规范化，也会产生大量数据冗余。为了获取有效数据、往往要涉及从多张数据表中检索数据信息，这需要用到多表连接查询。目前数据库系统处于平稳运行之中，已经完成了对单一数据表实施的各类查询操作，需要数据库管理员熟悉多表连接查询的基本原理、

课堂笔记

SELECT 查询语句语法格式，掌握各种子句功能，关键字的正确书写，以及查询语句在集成开发平台的编辑、调试和运行等实践操作。

任务目标

- 素质目标：深入理解世界的物质性和物质之间的普遍联系性哲学原理，培养团队合作意识，增强集体荣誉感。
- 知识目标：理解实现交叉连接、自连接、内连接、外连接查询的基本原理，以及对应查询语句语法格式，掌握利用 SELECT 语句实现多表连接查询操作的各类关键字的含义与使用方法。
- 能力目标：掌握完成多表连接查询功能的语句编写、调试及运行操作，实现对电子商务系统多张数据表的连接查询功能，以满足不同类型用户的查询需求。

任务实施

实施步骤同任务 6-1，此处不再赘述，仅写出根据查询任务设计的 SQL 代码和系统运行对应的显示界面。

1）利用交叉连接实现数据查询

查询所有商品所能参与的全部促销类型，列出商品编号和促销类型的名称，运行结果如图 6-47 所示。

利用交叉连接实现数据查询操作

```
SELECT s.sku_id 商品编号,t.t_pro_type_name 促销类型名称 FROM t_sku
s ,t_pro_type t;
```

答疑解惑

问：在实践应用中交叉连接有什么作用？在什么环境中应用？

答：实际应用中使用得较少，因为利用交叉连接检索数据的应用意义不大。但是利用交叉连接可以产生大量的数据库测试数据，有助于实施连接操作的运算并可以完成数据库应用系统的测试工作。

2）利用内连接实现数据查询

利用内连接实现数据查询操作

（1）查询订单收货人姓名和所订商品编号，运行结果如图 6-48 所示。

```
SELECT o1.o_consignee,o2.sku_id FROM t_order o1 INNER JOIN t_order_detail o2
ON o1.o_id = o2.o_id;
```

（2）查询每种商品订单金额大于 4000 元的收货人姓名、所订商品编号和订单金额，运行结果如图 6-49 所示。

```
SELECT o1.o_consignee,o2.sku_id,o2.od_order_price FROM t_order o1 INNER JOIN
t_order_detail o2 ON o1.o_id = o2.o_id WHERE od_order_price > 4000;
```

利用自连接实现数据查询操作

3）利用自连接实现数据查询

（1）查询同时购买了 S000001 和 S000009 商品的订单编号，运行结果如图 6-50 所示。

```
SELECT d1.o_id FROM t_order_detail d1,t_order_detail d2 WHERE
d1.o_id = d2.o_id AND d1.sku_id = 'S000001' AND d2.sku_id = 'S000009';
```

课堂笔记

商品编号	促销类型名称
S000017	抽奖促销
S000017	派发赠品
S000015	代金券
S000015	价格折扣
S000015	抽奖促销
S000015	派发赠品
S000006	代金券
S000006	价格折扣
S000006	抽奖促销
S000006	派发赠品
S000007	代金券
S000007	价格折扣
S000007	抽奖促销
S000007	派发赠品
S000018	代金券
S000018	价格折扣
S000018	抽奖促销
S000018	派发赠品
S000009	代金券
S000009	价格折扣
S000009	抽奖促销
S000009	派发赠品
S000016	代金券
S000016	价格折扣
S000016	抽奖促销
S000016	派发赠品

图 6-47　商品参与的部分促销类型

o_consignee	sku_id
孙成红	S000001
孙成红	S000008
孙成红	S000009
孙成红	S000012
王利祥	S000002
韩刚龙	S000004
韩刚龙	S000011
郝爱莲	S000005
郝爱莲	S000015
郝爱莲	S000011
王云飞	S000006
王云飞	S000009
王云飞	S000010
孙丽萍	S000004
孙丽萍	S000005
孙丽萍	S000006
孙丽萍	S000007
孙丽萍	S000008
丁冬琴	S000009
王银喜	S000010

图 6-48　收货人姓名和所订商品编号

o_consignee	sku_id	od_order_price
孙成红	S000001	4500
孙成红	S000012	6299

图 6-49　金额大于 4000 元订单

（2）查询与用户 1000001 级别相同的男用户的姓名和电话号码，运行结果如图 6-51 所示。

```
SELECT u2.u_name,u2.u_phone_num FROM t_user u1,t_user u2 WHERE
u1.u_user_level = u2.u_user_level AND u1.u_id = '1000001' AND
u2.u_id! = '1000001' AND u2.u_gender = 'M';
```

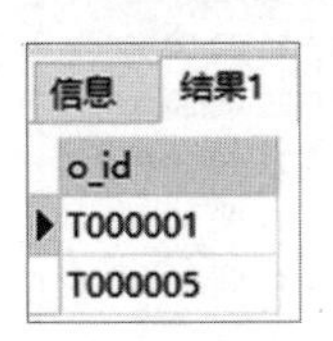

o_id
T000001
T000005

图 6-50　同时购买两件商品的订单编号

u_name	u_phone_num
张兰非	13947766628
孙立立	16719281666

图 6-51　与指定用户级别相同的男用户

课堂笔记

利用外连接实现数据查询操作

4）利用外连接实现数据查询

（1）查询所有商品名称和订单详情编号与价格信息，此时要了解所有商品名称，既包括已被选购的也包括未被选购的，运行结果如图6-52所示。

```
SELECT t_sku.sku_name,t_order_detail.od_id,t_order_detail.od_order_price
FROM t_sku LEFT JOIN t_order_detail ON t_order_detail.sku_id = t_sku.sku_id;
```

（2）查询所有促销订单的编号和开始、结束时间及所有促销类型的名称，无论该促销手段是否被使用都要检索，运行结果如图6-53所示。

```
SELECT t_pro_type_name,pmt_id,pmt_begin_date,pmt_end_date FROM t_promotion RIGHT
JOIN t_pro_type ON t_promotion.pmt_reduction_type = t_pro_type.t_pro_type_id;
```

信息　结果1　概况　状态

sku_name	od_id	od_order_price
华为 65英寸QX2 超薄全面屏 4K超高清HDR 120Hz 智能补帧QL	TO00001	4500
华为 65英寸QX2 超薄全面屏 4K超高清HDR 120Hz 智能补帧QL	TO00021	50
JBL KMC300 蓝牙无线麦克风 全民K歌话筒音响音箱一体麦克风	TO00005	550
创维(SKYWORTH)455升 冰箱双开门四开门 二级能效省电 升级冈	(Null)	(Null)
多奈屋保鲜盒 冰箱保鲜盒水果盒 厨房收纳盒可密封食品冷冻饺子	TO00006	20
多奈屋保鲜盒 冰箱保鲜盒水果盒 厨房收纳盒可密封食品冷冻饺子	TO00014	20
寂益 牛仔裤女韩版高腰显瘦2021夏秋季新款弹力修身显高ins风潮	TO00008	90
寂益 牛仔裤女韩版高腰显瘦2021夏秋季新款弹力修身显高ins风潮	TO00015	90
无核葡萄干新疆吐鲁番特产大颗粒特级零食蜜饯干果绿提子 葡萄	TO00011	9.5
无核葡萄干新疆吐鲁番特产大颗粒特级零食蜜饯干果绿提子 葡萄	TO00016	9.5
阿婆家的薯片8包组合儿童休闲零食大礼包办公聚会小吃年货食品	TO00017	7.9
思烨 蚊帐家用1.5*1.8m米双人蒙古包学生1.2米床 文纹帐方顶免	TO00002	34.8
思烨 蚊帐家用1.5*1.8m米双人蒙古包学生1.2米床 文纹帐方顶免	TO00018	34.8
娃哈哈ad钙奶220ml*20瓶儿童牛奶整箱学生早餐酸奶饮料网红哇	TO00003	16.9
娃哈哈ad钙奶220ml*20瓶儿童牛奶整箱学生早餐酸奶饮料网红哇	TO00012	16.9
娃哈哈ad钙奶220ml*20瓶儿童牛奶整箱学生早餐酸奶饮料网红哇	TO00019	16.9
UANDI 【当天发货】真无线蓝牙5.0耳机双耳隐形入耳式降噪苹果	TO00013	59
UANDI 【当天发货】真无线蓝牙5.0耳机双耳隐形入耳式降噪苹果	TO00020	34.8
贝亲(Pigeon) 婴儿润肤露 婴儿润肤乳 婴儿身体乳 70g IA155	TO00007	43.9
贝亲(Pigeon) 婴儿润肤露 婴儿润肤乳 婴儿身体乳 70g IA155	TO00010	43.9
小米11 Ultra 至尊 5G 骁龙888 2K AMOLED四曲面柔性屏 影像	TO00004	6299
梦美斯宣 沙发欧式真皮沙发大小户型实木雕花别墅客厅奢华乌金	(Null)	(Null)
JBL Soundgear Bta 音乐魔环 可穿戴式无线音箱 户外便携音箱	(Null)	(Null)
乐卡（Lecoco）儿童滑板车宝宝折叠滑行车2-8岁可坐单脚踏二合	TO00009	241
好想你红枣 新疆特产大枣 蜜饯果干健康休闲零食品 免洗灰枣840	(Null)	(Null)
花王洁霸（ATTACK）瞬清无磷洗衣液 弱酸泡沫技术 3kg	(Null)	(Null)
紫蓝花海 冬虫夏草西藏虫草礼盒装 5条/g 10克 50条	(Null)	(Null)

图 6-52　部分已被选购和未被选购商品

信息　结果1　概况　状态

t_pro_type_name	pmt_id	pmt_begin_date	pmt_end_date
代金券	1	2020-06-01 00:00:00	2020-12-31 00:00:00
代金券	3	2020-06-01 00:00:00	2020-12-31 00:00:00
价格折扣	2	2020-06-01 00:00:00	2020-12-31 00:00:00
价格折扣	5	2020-06-01 00:00:00	2020-12-31 00:00:00
价格折扣	6	2020-06-01 00:00:00	2020-12-31 00:00:00
抽奖促销	(Null)	(Null)	(Null)
派发赠品	4	2020-06-01 00:00:00	2020-12-31 00:00:00

图 6-53　所有促销手段及促销信息

课堂笔记

资料 2：
扫描二维码
获取知识点详情

多表连接查询
知识点解析

知识点解析

1. 多表连接查询基本功能

需要从多张相关数据表提取数据进行检索，此方法称为连接查询。通常包括交叉连接(Cross Join)、内连接(Inner Join)、自连接(Self Join)和外连接(Outer Join)等。

2. 多表连接查询代码设计

首先，分析待检索数据来自哪些数据表；其次，通过主、外键剖析各数据表之间关联关系；再次，根据要实现的查询功能，选择一个适宜的多表连接方案；然后，规划需要显示的列名及连接条件和检索条件；最后，编写 SELECT 语句完成多表连接操作。

3. 交叉连接实现数据查询的语法

```
SELECT [ALL|DISTINCT] [别名.]<选项 1> [AS <显示列名>] [,[别名.]<选项 2> [AS <显示列名>]
[,...]] FROM <表名 1>[别名 1],<表名 2>[别名 2];
```

4. 内连接实现数据查询的语法

```
SELECT [ALL|DISTINCT] [别名.]<选项 1>[AS <显示列名>] [,[别名.]<选项 2>[AS <显示列名>]
[,...]] FROM <表名 1>[别名 1],<表名 2>[别名 2] [,...] WHERE <连接条件表达式> [AND <条件表
达式>];
```

或者

```
SELECT [ALL|DISTINCT] [别名.]<选项 1>[AS <显示列名>] [,[别名.]<选项 2>[AS <显示列名>]
[,...]] FROM <表名 1>[别名 1] INNER JOIN <表名 2>[别名 2] ON <连接条件表达式>[WHERE <条件表
达式>];
```

其中，连接条件表达式格式如下：

```
[<表名 1>]<别名 1.列名><比较运算符>[<表名 2>]<别名 2.列名>
```

5. 自连接实现数据查询的语法

```
SELECT [ALL|DISTINCT] [别名.]<选项 1>[AS <显示列名>] [,[别名.]<选项 2>[AS <显示列名>]
[,...]] FROM <表名 1>[别名 1],<表名 1>[别名 2] [,...] WHERE <连接条件表达式> [AND <条件表
达式>];
```

6. 外连接实现数据查询的语法

```
SELECT [ALL|DISTINCT] [别名.]<选项 1>[AS <显示列名>] [,[别名.]<选项 2>[AS <显示列名>]
[,...]] FROM <表名 1> LEFT|RIGHT|FULL[OUTER] JOIN <表名 2> ON <表名 1.列 1> = <表名 2.列 2>;
```

课堂笔记

实战演练

任务工单：利用多表连接实现数据查询

<table>
<tr><td>代码设计员 ID</td><td></td><td>代码设计员姓名</td><td></td><td>所属项目组</td><td></td></tr>
<tr><td>MySQL 官网网址</td><td colspan="2">https://www.mysql.com</td><td colspan="2">MySQL 版本</td><td>MySQL 8.0 社区版</td></tr>
<tr><td>硬件配置</td><td colspan="2">CPU：2.3GHz 及以上双核或四核；硬盘：150GB 及以上；内存：8GB；网卡：千兆网卡</td><td>软件系统</td><td colspan="2">mysql-8.0.23-winx64
navicat_premium_V11.2.7</td></tr>
<tr><td>操作系统</td><td colspan="2">Windows 7/Windows 10 或更高版本</td><td>执行 Select 语句的资源要求</td><td colspan="2">ecommerce 数据库成功创建；
所有数据表创建完毕；
数据记录均录入完毕；
数据表之间关联关系建立完毕</td></tr>
<tr><td rowspan="5">任务执行前准备工作</td><td colspan="2">检测计算机软硬件环境是否可用</td><td>□可用
□不可用</td><td colspan="2">不可用注明理由：</td></tr>
<tr><td colspan="2">检测操作系统环境是否可用</td><td>□可用
□不可用</td><td colspan="2">不可用注明理由：</td></tr>
<tr><td colspan="2">检验 MySQL 服务是否能正常启动</td><td>□正常
□不正常</td><td colspan="2">不正常注明理由：</td></tr>
<tr><td colspan="2">检测 MySQL 图形化工具 Navicat 是否可用</td><td>□可用
□不可用</td><td colspan="2">不可用注明理由：</td></tr>
<tr><td colspan="2">复习交叉连接、内连接、自连接、外连接查询的基本原理及对应的 SELECT 语句语法格式和运行流程，是否清楚</td><td>□清楚
□有问题</td><td colspan="2">写明问题内容及缘由：</td></tr>
<tr><td rowspan="7">执行具体任务（在 MySQL 平台上编辑并运行主讲案例的查询任务）</td><td colspan="2">查询所有商品所能参与的全部促销类型，列出商品编号和促销类型的名称</td><td colspan="3">完成度：□未完成　□部分完成　□全部完成</td></tr>
<tr><td colspan="2">查询订单收货人姓名和所订商品编号</td><td colspan="3">完成度：□未完成　□部分完成　□全部完成</td></tr>
<tr><td colspan="2">查询每种商品订单金额大于 4000 元的收货人姓名、所订商品编号和订单金额</td><td colspan="3">完成度：□未完成　□部分完成　□全部完成</td></tr>
<tr><td colspan="2">查询同时购买了 S000001 和 S000009 商品的订单编号</td><td colspan="3">完成度：□未完成　□部分完成　□全部完成</td></tr>
<tr><td colspan="2">查询与用户 1000001 级别相同的男用户姓名和电话号码</td><td colspan="3">完成度：□未完成　□部分完成　□全部完成</td></tr>
<tr><td colspan="2">查询所有商品名称和订单详情编号与价格信息，要了解所有商品名称，既包括已被选购的也包括未被选购的</td><td colspan="3">完成度：□未完成　□部分完成　□全部完成</td></tr>
<tr><td colspan="2">查询所有促销订单的编号和开始、结束时间及所有促销类型的名称，无论该促销手段是否被使用都要检索</td><td colspan="3">完成度：□未完成　□部分完成　□全部完成</td></tr>
</table>

课堂笔记

续表

任务未成功的处理方案	采取的具体措施：	执行处理方案的结果：
备注说明	填写日期：	其他事项：

任务评价

代码设计员 ID		代码设计员姓名		所属项目组			
评价栏目	任务详情		评价要素	分值	评价主体		
					学生自评	小组互评	教师点评
实现查询功能	利用交叉连接实现数据查询		查询功能是否实现	10			
	利用内连接实现数据查询		查询功能是否实现	15			
	利用自连接实现数据查询		查询功能是否实现	15			
	利用外连接实现数据查询		查询功能是否实现	20			
代码编写规范	多表连接检索的查询语句格式		多表连接查询 SELECT 语句编写是否规范并符合要求	1			
	关键字书写		关键字书写是否正确	1			
	标点符号使用		是否正确使用英文标点符号	1			
	标识符设计		标识符是否按规定格式设置并做到见名知意	2			
	代码可读性		代码可读性是否良好	2			
	代码优化程度		代码是否已被优化	2			
	代码执行耗时		执行时间可否接受	1			
操作熟练度	代码编写流程		编写流程是否熟练	4			
	程序运行操作		运行操作是否正确	4			
	调试与完善操作		调试过程是否合规	2			
创新性	代码编写思路		设计思路是否有创新性	5			
	查询结果显示效果		显示界面是否有创新性	5			
职业素养	态度		是否认真细致、遵守课堂纪律、学习积极、具有团队协作精神	3			

课堂笔记

续表

评价栏目	任务详情	评价要素	分值	评价主体		
				学生自评	小组互评	教师点评
职业素养	操作规范	是否有实训环境保护意识，实训设备使用是否合规，操作前是否对硬件设备和软件环境检查到位，有无损坏机器设备的情况，能否保持实训室卫生	3			
	设计理念	是否突显以用户为中心的设计理念	4			
总分			100			

拓展训练

1. 实训操作

实训数据库	学校管理系统数据库 eleccollege 数据表:学生信息表 student、课程信息表 course、班级信息表 class、系部信息表 department、宿舍信息表 dormitory、成绩信息表 grade、教师信息表 teacher			
实训任务	任务内容	参考代码	操作演示微课视频	问题记录
	查询每名学生的学号、姓名、政治面貌、所学专业、课程代码和考试成绩	SELECT stu_no,stu_name,stu_politicalstatus,stu_speciality,gra_couno,gra_score FROM student,grade WHERE stu_no=gra_stuid;		
		SELECT stu_no,stu_name,stu_politicalstatus,stu_speciality,gra_couno,gra_score FROM student,grade WHERE student.stu_no=grade.gra_stuid;		
	查询考试成绩在 80 分以上的学生姓名和课程名称以及考试成绩	SELECT S.stu_name 学生姓名,C.cou_name 课程名称,G.gra_score 考试成绩 FROM student S,course C,grade G WHERES.stu_no=G.gra_stuid AND C.cou_no=G.gra_couno and gra_score >=80;		
		SELECT stu_name 学生姓名,cou_name 课程名称,gra_score 考试成绩 FROM student S INNER JOIN grade G ON S.stu_no = G.gra_stuid INNER JOIN course C ON C.cou_no = G.gra_couno WHERE gra_score>=80;		

课堂笔记

续表

	任务内容	参考代码	操作演示微课视频	问题记录
实训任务	查询同时参加了 c0000001 和 c1000002 课程考试的学生学号	SELECT G1. gra_stuid FROM grade G1, grade G2 WHERE G1. gra_stuid=G2. gra_stuid AND G1. gra_couno='c0000001'AND G2. gra_couno='c1000002';		
	查询与李晓梅老师在同一个系部的专任教师姓名、系部编号与聘任岗位	SELECT T2. tea_name, T2. tea_department, T2. tea_appointment FROM teacherT1, teacher T2 WHERE T1. tea_department=T2. tea_department AND T1. tea_name='李晓梅' AND T2. tea_name!='李晓梅' AND T2. tea_appointment='专任教师';		

2. 知识拓展

(1) 发挥我国超大规模市场优势，及时获取贸易数据，实现资源联动配置。在华为 GaussDB 数据库中继续使用跨境贸易系统数据库 interecommerce 完成以下操作。

① 查找已发货的订单编号、订单登记人、每种商品的购买数量，代码如下：

```
SELECT ord_id,ord_registrar,lin_quantity FROM order1 O JOIN lineitem L ON
O.ord_id = L.lin_orderid WHERE ord_status = '已发货';
```

② 查询与中国在同一个洲的国家名称，代码如下：

```
SELECT c2.cou_name FROM country c1,country c2 WHERE
c1.cou_stateid = c2.cou_stateid AND c1.cou_name = '中国' and c2.cou_name! = '中国'
and c1.cou_stateid = '00001';
```

③ 查询所有供应商的基本信息以及由供应商所提供的商品基本信息，代码如下：

```
SELECT s.sup_name,g.goo_name FROM goods g RIGHTJOIN supplier s ON
g.goo_supplierid = s.sup_id;
```

等价的 SQL 代码：

```
SELECT s.sup_name,g.goo_name FROM supplier s LEFT JOIN goods g ON
g.goo_supplierid = s.sup_id;
```

(2) 1+X 证书 Web 前端开发 MySQL 考核知识点如下。

多表连接查询的语法格式如下：

```
SELECT 别名 1.列名 1,别名 1.列名 2,别名 2.列名 1,别名 2.列名 2,...FROM 表名 1 AS 别名 1,表名 2
AS 别名 2,...WHERE 连接条件 AND 查询条件;
```

等价式：

```
SELECT 别名 1.列名 1,别名 1.列名 2,别名 2.列名 1,别名 2.列名 2,...FROM 表名 1 AS 别名 1 INNER
JOIN 表名 2 AS 别名 2,...ON 连接条件 WHERE 查询条件;
```

课堂笔记

讨论反思与学习插页

任务总结:多表连接查询操作

<table>
<tr><td>代码设计员 ID</td><td></td><td>代码设计员姓名</td><td></td><td>所属项目组</td><td></td></tr>
<tr><td colspan="6">讨论反思</td></tr>
<tr><td rowspan="2">学习
研讨</td><td colspan="2">问题:各种多表连接查询方法的特点及适用环境是什么?</td><td colspan="3">解答:</td></tr>
<tr><td colspan="2">问题:使用 WHERE 子句设定连接条件和使用 ON 关键字设定连接条件有哪些异同点,实际工作中应当如何选择?</td><td colspan="3">解答:</td></tr>
<tr><td>立德
铸魂</td><td colspan="5">多表连接查询的依据是数据表之间具有相关性。同一数据库中多表之间存在着千丝万缕的联系,如果某个表与其他众多数据表之间没有任何关联,此表存在的价值和意义也荡然无存。只有梳理清楚多表之间的关联关系,才能更好地运用多个表中存在的数据完成各种查询操作,满足用户检索需求。可见,只有相互联系的数据表才能更好地协同工作。由此及彼,提示学生我们生存的物质世界,事物之间也是相互联系的。这就是马克思主义哲学的精髓,即世界是物质的,物质之间的联系是普遍存在的。在对辩证唯物主义核心思想深层次理解的基础上,教育学生应当自觉树立团队协议意识和团队合作精神,只有这样才能设计出优秀的数据库作品,由此增强学生的集体荣誉感</td></tr>
<tr><td colspan="6">学习插页</td></tr>
<tr><td>过程性
学习</td><td colspan="5">记录学习过程:</td></tr>
<tr><td>重点与
难点</td><td colspan="5">提炼利用多表连接实现数据查询操作的重难点:</td></tr>
<tr><td>阶段性
评价总结</td><td colspan="5">总结阶段性学习效果:</td></tr>
<tr><td>答疑解惑</td><td colspan="5">记录学习过程中疑惑问题的解答情况:</td></tr>
</table>

任务6-3　嵌套查询操作

任务描述

事物间存在关联性，只有相互配合，共同发力才能取得预期成果。诚然，在实践应用中，某电子商务网站需要设定复杂的查询条件，甚至查询条件要依赖于其他查询结果。为了清晰地表现查询条件的层次，实现多层查询需求，首选嵌套查询操作。因此，数据库管理员要根据功能需求设计并实现嵌套查询的 SQL 程序代码。本任务进度如表 6-7 所示。

表 6-7　实现嵌套查询任务进度表

系统功能	任务下发时间	预期完成时间	任务负责人	版本号
利用嵌套子查询实现数据检索	10 月 06 日	10 月 07 日	孙维	V1.0
利用相关子查询实现数据检索	10 月 08 日	10 月 09 日	孙维	V1.0
子查询结果用作派生表的操作	10 月 10 日	10 月 11 日	胡毅	V1.0
利用子查询更新数据信息	10 月 12 日	10 月 13 日	胡毅	V1.0

任务分析

在数据库应用系统开发中，嵌套查询是实现多表间查询的又一有效方法，即将一条 SELECT 语句作为另一条 SELECT 语句的一部分设定查询条件，实施查询操作。利用各种嵌套查询实现数据检索操作，并借助查询结果完成数据更新是电子商务网站系统开发的重要内容。目前数据库处于平稳运行中，具备执行嵌套查询的数据基础。需要数据库管理员熟悉嵌套查询的基本概念和执行过程、查询语句语法格式，掌握利用子查询进行数据检索操作和数据更新操作，以及查询语句在集成开发平台的编辑、调试和运行等实践操作，以此解决数据查询过程中的实际问题。

任务目标

- 素质目标：深入理解具体问题具体分析的辩证思维模式的内涵，教育学生要立足整体视域，以动态发展的视角思考问题，培养学生在实践中自觉运用马克思主义科学方法论的能力。
- 知识目标：理解嵌套子查询和相关子查询的基本原理与查询程序执行流程，以及对应查询语句的语法格式，掌握利用 SELECT 语句实现嵌套查询的各类关键字的含义与使用方法。
- 能力目标：掌握完成嵌套查询功能的语句编写、调试及运行操作，实现对电子商务系统数据表的各类嵌套查询功能，满足用户查询需求，为应用程序设计夯实数据库信息查询基础。

课堂笔记

任务实施

实施步骤同任务6-1，此处不再赘述，仅写出根据查询任务设计的SQL代码和系统运行对应的显示界面。

步骤1　利用嵌套子查询实现数据检索

1）利用比较运算符实现子查询

（1）查询商品价格高于平均单价的商品编号，代码如下所示，运行结果如图6-54所示。

```
SELECT sku_id FROM t_sku WHERE price >(SELECT AVG(price)FROM t_sku);
```

利用比较运算符实现子查询

（2）查询与甘甜是同一用户级别的登录名，代码如下运行结果如图6-55所示。

```
SELECT u_login_name FROM t_user WHERE u_user_level = (SELECT u_user_level
FROM t_user WHERE u_name = '甘甜');
```

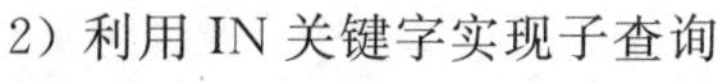

如果与甘甜是同一级别的用户中没有重名的情况，子查询结果是单个值，用等号"="作为外层查询的比较运算符没有问题；如果存在重名现象，子查询结果是一个值列表，应当使用IN关键字作为外层查询的操作符。要具体问题具体分析，不能一概而论处理事情。

利用IN关键字实现子查询

2）利用IN关键字实现子查询

查询订单未被理的用户姓名，代码如下，运行结果如图6-56所示。

```
SELECT u_name FROM t_user WHERE u_id IN(SELECT u_id FROM t_order WHERE
o_operate_time IS NULL);
```

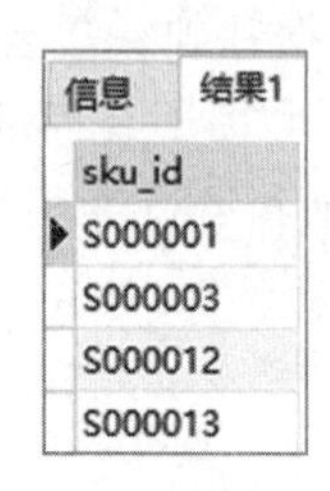

图6-54　价格高于均价的商品编号

图6-55　与甘甜级别相同的登录名

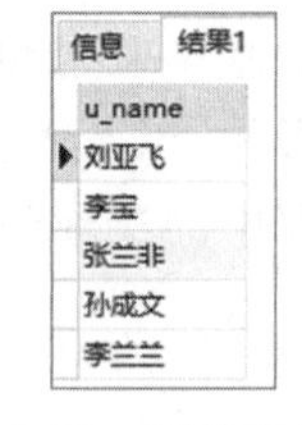

图6-56　订单未处理的用户姓名

3）利用ANY(SOME)和ALL关键字实现子查询

利用ANY、ALL关键字实现子查询

（1）查询比在线支付任意一订单总额高的货到付款订单编号和订单总额，运行结果如图6-57所示。

```
SELECT o_id,o_total_amount FROM t_order WHERE o_total_amount > ANY
(SELECT o_total_amount FROM t_order WHERE o_payment_way = '在线支付')AND
o_payment_way <>'在线支付';
```

（2）查询比所有货到付款订单总额都少的在线支付订单编号和总额，运行结果如图6-58所示。

```
SELECT o_id,o_total_amount FROM t_order WHERE o_total_amount < ALL
(SELECT o_total_amount FROM t_order WHERE o_payment_way = '货到付款')AND
o_payment_way<>'货到付款';
```

答疑解惑

问：如何利用聚合函数等价改写“查询比所有货到付款订单总额都少的在线支付订单编号和总额”的SQL代码？

答：SELECT o_id,o_total_amount FROM t_order WHERE o_total_amount <(SELECT MIN (o_total_amount)FROM t_order WHERE o_payment_way = '货到付款')AND o_payment_way <>'货到付款';

步骤 2　利用相关子查询实现数据检索

(1) 查询订单编号是 T000003 的商品名称，代码如下，运行结果如图 6-59 所示。

```
SELECT sku_name FROM t_sku WHERE EXISTS(SELECT * FROM t_order_detail WHERE
t_sku.sku_id = t_order_detail.sku_id AND o_id = 'T000003');
```

利用 EXISTS 关键字实现相关子查询操作

(2) 查询没有任何订单预定过的商品名称，代码如下，运行结果如图 6-60 所示。

```
SELECT sku_name FROM t_sku WHERE NOT EXISTS(SELECT * FROM t_order_detail WHERE
t_sku.sku_id = t_order_detail.sku_id);
```

子查询结果用作派生表操作

步骤 3　子查询结果用作派生表的操作

查询在线支付订单的订单编号和操作天数，代码如下，运行结果如图 6-61 所示。

```
SELECT * FROM(SELECT o_id,(day(o_operate_time)-
day(o_create_time))AS o_day FROM t_order)AS ordertemp
WHERE o_payment_way = '在线支付';
```

信息　结果1　概况　状态

o_id	o_total_amount
T000002	550
T000004	1061.5
T000005	290
T000006	669.4
T000008	69.6

图 6-57　比在线支付总额高的订单

信息　结果1　概况　状态

o_id	o_total_amount
T000003	279.5
T000005	290
T000007	67.6
T000008	69.6

图 6-58　比货到付款总额少的订单

信息　结果1　概况　状态

sku_name
多亲屋保鲜盒 冰箱保鲜盒水果盒 厨房收纳盒
贝亲(Pigeon) 婴儿润肤露 婴儿润肤乳 婴儿身

图 6-59　订单编号为 T000003 的商品名称

信息　结果1　概况　状态

sku_name
创维(SKYWORTH)455升 冰箱双开门四开门
梦美斯宣 沙发欧式真皮沙发大小户型实木雕花
JBL Soundgear Bta 音乐魔环 可穿戴式无线
好想你红枣 新疆特产大枣 蜜饯果干健康休闲
花王洁霸 (ATTACK) 瞬清无磷洗衣液 弱酸
紫蓝花海 冬虫夏草西藏虫草礼盒装 5条/g 10
西瑞 非转基因食用油5L 含55%浓香压榨菜籽
【德国品牌】佳仁 (JARE) 按摩椅家用零重

图 6-60　未被预定的商品名称

信息　结果1　概况　状态

o_id	o_payment_way	o_day
T000001	在线支付	0
T000003	在线支付	2
T000007	在线支付	1

图 6-61　在线支付订单信息

课堂笔记

利用子查询更新数据信息操作

步骤 4　利用子查询更新数据信息

(1) 将手机、数码、家用电器检索出来创建商品一级分类备用表 t_category1space，代码如下，运行结果如图 6-62 所示。

```
CREATE TABLE t_category1space LIKE t_category1;
INSERT INTO t_category1space SELECT * FROM t_category1 WHERE
p_category1_name IN('手机','数码','家用电器');
```

(2) 对于单价超过 4000 元的商品，将原促销价格再下调 10%，代码如下，运行结果如图 6-63 所示。

```
信息　概况　状态
[SQL]CREATE TABLE t_category1space LIKE t_category1;
受影响的行: 0
时间: 0.041s

[SQL]
INSERT INTO t_category1space SELECT * FROM t_category1
WHERE p_category1_name IN('手机','数码','家用电器');
受影响的行: 3
时间: 0.008s
```

图 6-62　成功创建分类备用表

```
信息　概况　状态
[SQL]UPDATE t_promotion SET pmt_cost=pmt_cost*0.9 WHERE sku_id
IN(SELECT sku_id FROM t_sku WHERE price>4000);
受影响的行: 1
时间: 0.005s
```

图 6-63　成功修改促销价格

```
UPDATE t_promotion SET pmt_cost = pmt_cost * 0.9 WHERE sku_id IN(SELECT sku_id
FROMt_sku WHERE price > 4000);
```

(3) 放入商品一级分类备用表中的信息从一级分类表中删除，代码如下，运行结果如图 6-64 所示。

```
信息　概况　状态
[SQL]DELETE FROM t_category1 WHERE p_category1_name IN(SELECT p_category1_name FROM t_category1space);
受影响的行: 3
时间: 0.017s
```

图 6-64　成功删除放入备用表中的分类

```
DELETE FROM t_category1 WHERE p_category1_name IN(SELECT p_category1_name
FROM t_category1space);
```

资料：扫描二维码获取知识点详情

知识点解析

1. 嵌套查询基本功能

将 SELECT...FROM...WHERE 语句构建的查询块嵌入另一个查询块的 WHERE 子句或 HAVING 子句的判定条件中，就是嵌套查询或子查询。嵌入的查询块称为内层查询；被嵌入的查询块称为外层查询。执行顺序是由里向外逐层处理，在上一级查询处理之前，该层查询必须处理完毕，并将子查询结果用于建立其上一级查询的检索条件。

嵌套查询操作简介

2. 利用嵌套子查询实现数据检索

(1) 用比较运算符实现子查询的语法格式：WHERE 表达式 比较运算符(子查询)。

(2) 用 IN 关键字实现子查询的语法格式：WHERE 表达式 [NOT] IN(子查询)。

课堂笔记

(3) 用 ANY 和 ALL 关键字实现子查询的语法格式:<字段><比较运算符>[ANY|ALL]<子查询>,关键字的具体用法如表6-8所示。

表 6-8　ANY(SOME)和 ALL 关键字用法

用法	基本含义	用法	基本含义
>ANY	大于子查询结果集中某个值	<=ANY	小于等于子查询结果集中某个值
>ALL	大于子查询结果集中所有值	<=ALL	小于等于子查询结果集中所有值
< ANY	小于子查询结果集中某个值	=ANY	等于子查询结果集中某个值
< ALL	小于子查询结果集中所有值	=ALL	等于子查询结果集中所有值
>= ANY	大于等于子查询结果集中某个值	!=ANY 或<>ANY	不等于子查询结果集中某个值
>=ALL	大于等于子查询结果集中所有值	!=ALL 或<>ALL	不等于子查询结果集中任意一个值

3. 利用相关子查询实现数据检索

执行相关子查询要根据外层查询的某个属性获取查询结果集,要反复执行相应查询过程。利用 EXISTS 进行子查询不返回任何实际数据,只返回一个逻辑值,TRUE 表示存在,FALSE 是不存在。语法格式如下:

```
WHERE [NOT] EXISTS(子查询)
```

4. 子查询结果用作派生表的操作

子查询结果集可以作为查询操作的数据源表放在 FROM 子句后面,此时的数据源表称为派生表。在 SELECT 语句使用过程中,要借助别名引用派生表。

5. 利用子查询更新数据信息

子查询结果集可以执行插入数据操作,即将一张表中满足限定条件的记录的某些列复制到另一张表中。语法格式如下:

```
INSERT [INTO] 表名 SELECT 列名 1[,列名 2,...,列名 n] FROM 表名 WHERE 条件表达式
```

实战演练

任务工单:利用嵌套查询实现数据检索

代码设计员 ID		代码设计员姓名		所属项目组	
MySQL 官网网址	https://www.mysql.com		MySQL 版本		MySQL 8.0 社区版
硬件配置	CPU:2.3GHz 及以上双核或四核;硬盘:150GB 及以上;内存:8GB;网卡:千兆网卡		软件系统	mysql-8.0.23-winx64 navicat_premium_V11.2.7	

课堂笔记

续表

操作系统	Windows 7/Windows 10 或更高版本	执行 Select 语句的资源要求	ecommerce 数据库成功创建； 所有数据表创建完毕； 数据记录均录入完毕； 数据表之间关联关系建立完毕
任务执行前准备工作	检测计算机软硬件环境是否可用	□可用 □不可用	不可用注明理由：
	检测操作系统环境是否可用	□可用 □不可用	不可用注明理由：
	检验 MySQL 服务是否能正常启动	□正常 □不正常	不正常注明理由：
	检测 MySQL 图形化工具 Navicat 是否可用	□可用 □不可用	不可用注明理由：
	复习嵌套子查询的基本原理，子查询结果作为派生表的含义和操作，根据子查询结果进行记录插入、修改、删除操作的过程及对应 SELECT 语句的语法格式和运行流程，是否清楚	□清楚 □有问题	写明问题内容及缘由：
执行具体任务（在 MySQL 平台上编辑并运行主讲案例的查询任务）	查询商品价格高于平均单价的商品编号	完成度：□未完成　□部分完成　□全部完成	
	查询与甘甜是同一用户级别的登录名	完成度：□未完成　□部分完成　□全部完成	
	查询未处理的订单的用户姓名	完成度：□未完成　□部分完成　□全部完成	
	查询比在线支付某一订单总额高的货到付款订单编号和订单总额	完成度：□未完成　□部分完成　□全部完成	
	查询比所有货到付款订单总额都少的在线支付订单编号和订单总额	完成度：□未完成　□部分完成　□全部完成	
	查询订单编号是 T000003 的商品名称	完成度：□未完成　□部分完成　□全部完成	
	查询没有任何订单预定过的商品名称	完成度：□未完成　□部分完成　□全部完成	
	查询在线支付订单的订单编号、操作天数	完成度：□未完成　□部分完成　□全部完成	
	将手机、数码、家用电器检索出来创建商品一级分类备用表 t_category1space	完成度：□未完成　□部分完成　□全部完成	
	单价超过 4000 元的商品，将原促销价格再下调 10%	完成度：□未完成　□部分完成　□全部完成	
	将放入商品一级分类备用表中的目录信息从一级分类表中删除	完成度：□未完成　□部分完成　□全部完成	

课堂笔记

续表

任务未成功的处理方案	采取的具体措施：	执行处理方案的结果：
备注说明	填写日期：	其他事项：

任务评价

代码设计员 ID		代码设计员姓名		所属项目组			
评价栏目	任务详情	评价要素	分值	评价主体			
				学生自评	小组互评	教师点评	
查询功能实现	利用嵌套子查询实现数据检索	查询功能是否实现	20				
	利用相关子查询实现数据检索	查询功能是否实现	15				
	子查询结果用作派生表的操作	查询功能是否实现	10				
	利用子查询更新数据信息	查询功能是否实现	15				
代码编写规范	嵌套查询的语句格式	嵌套查询 SELECT 语句编写是否规范并符合要求	1				
	关键字书写	关键字书写是否正确	1				
	标点符号使用	是否正确使用英文标点符号	1				
	标识符设计	标识符是否按规定格式设置并做到见名知意	2				
	代码可读性	代码可读性是否良好	2				
	代码优化程度	代码是否已被优化	2				
	代码执行耗时	执行时间可否接受	1				
操作熟练度	代码编写流程	编写流程是否熟练	4				
	程序运行操作	运行操作是否正确	4				
	调试与完善操作	调试过程是否合规	2				
创新性	代码编写思路	设计思路是否有创新性	5				
	查询结果显示效果	显示界面是否有创新性	5				
职业素养	态度	是否认真细致、遵守课堂纪律、学习积极、具有团队协作精神	3				

课堂笔记

续表

职业素养	操作规范	是否有实训环境保护意识，实训设备使用是否合规，操作前是否对硬件设备和软件环境检查到位，有无损坏机器设备的情况，能否保持实训室卫生	3			
	设计理念	是否突显具体问题具体分析的科学思维模式	4			
总　　分			100			

拓展训练

1. 实训操作

实训数据库	学校管理系统数据库 eleccollege 数据表：学生信息表 student、课程信息表 course、班级信息表 class、系部信息表 department、宿舍信息表 dormitory、成绩信息表 grade、教师信息表 teacher			
实训任务	任务内容	参考代码	操作演示微课视频	问题记录
	查询所有教龄小于平均教龄的教师姓名	SELECT tea_name FROM teacher WHERE YEAR（CURDATE（ ））-YEAR（tea _ worktime）<（SELECT AVG（YEAR（CURDATE（ ））-YEAR（tea _ worktime））FROM teacher）;		
	查询与王丽莉专修同一专业的同学姓名和所学专业名称	SELECT stu _ name，stu _ speciality FROM student WHERE stu_speciality=(SELECT stu_speciality FROM student WHERE stu_name='王丽莉');		
	查询没有参加大学英语课程考试的学生姓名和所学专业	SELECT stu _ name，stu _ speciality FROM student WHERE stu_no NOT IN (SELECT gra_stuid FROM grade WHERE gra_couno IN(SELECT cou_no FROM course WHERE cou_name='大学英语'));		
	查询比所有公共基础课学分都少的课程名称和学分	SELECT cou _ name，cou _ credit FROM course WHERE cou_credit< ALL(SELECT cou_credit FROM course WHERE cou_type='公共基础')AND cou_type<>'公共基础';		
		SELECT cou _ name，cou _ credit FROM course WHERE cou_credit<(SELECT MIN (cou_credit) FROM course WHERE cou_type='公共基础')AND cou_type<>'公共基础';		

续表

	任务内容	参考代码	操作演示微课视频	问题记录
实训任务	对于平均成绩大于 85 分的贫困生，将其所交学费在原金额的基础上下调 2%	UPDATE student SET stu_fee=stu_fee * 0.98 WHERE stu_poor = 1 AND stu_no IN (SELECT gra_stuid FROM grade GROUP BY gra_stuid HAVING AVG(gra_score)>=85);		

2. 知识拓展

(1) 在华为 GaussDB 数据库中继续使用跨境贸易系统数据库 interecommerce 完成以下操作。

① 查询有过购买记录的客户姓名和客户类型，代码如下：

```
SELECT cus_name,cus_market FROM customer WHERE EXISTS(SELECT * FROM order1
WHERE ord_customerid=cus_id);
```

② 查询所有价格小于平均价格的商品名称和商品单价，代码如下：

```
SELECT goo_name,goo_price FROM goods WHERE goo_price<(SELECT AVG(goo_price)
FROM goods);
```

③ 查询已经下过订单的客户名称，代码如下：

```
SELECT cus_name FROM customer WHERE cus_id IN(SELECT cus_id FROM order1);
```

(2) 1+X 证书 Web 前端开发 MySQL 考核知识点如下。

① 嵌套子查询：

```
SELECT 列名 1,列名 2,...FROM 表名 WHERE 列名 条件表达式/IN/ANY/ALL(SELECT 列名 FROM 表名 WHERE
条件表达式);
SELECT 列名 1,列名 2,...FROM 表名 WHERE EXISTS(SELECT 列名 FROM 表名 WHERE 条件表达式);
```

② 子查询更新数据信息：

```
INSERT INTO 表名(SELECT 子查询);
UPDATE 表名 SET 表达式 WHERE(SELECT 子查询);
DELETE FROM 表名 WHERE(SELECT 子查询);
```

讨论反思与学习插页

任务总结：嵌套查询操作

代码设计员 ID		代码设计员姓名		所属项目组	
讨论反思					
学习研讨	问题：嵌套子查询和相关子查询各自的特点及适用环境是什么？	解答：			

课堂笔记

续表

学习研讨	问题：针对同一查询任务如何选择最为适宜的查询方案，使其代码最优化，性能达到最优状态？	解答：
立德铸魂	通过实践操作告诫学生，没有任何一种查询方案是放之四海而皆准的。在进行数据库系统的查询操作时，要具体情况具体分析，综合考虑每种查询方案的优缺点，利用辩证的思维模式，立足整体视域，以动态发展的理念思考问题，才能设计出最优的查询方案。由此以润物无声的方式让学生理解并接受马克思主义科学方法论的内涵，并积极践行于数据库系统的实践开发中	

学习插页

过程性学习	记录学习过程：
重点与难点	提炼利用嵌套查询实现数据检索操作的重难点：
阶段性评价总结	总结阶段性学习效果：
答疑解惑	记录学习过程中疑惑问题的解答情况：

任务6-4　数据联合查询操作

任务描述

在日常应用中，某电子商务网站所要查询的信息来自多张数据表，数据联合查询既能够清楚地标明具体查询内容来源于哪张数据表，又能将查询结果显示在一个数据集中。在本任务中，数据库管理员要根据功能需求设计数据联合查询的SQL程序代码，并在数据库系统集成开发平台上进行实现。任务进度如表6-9所示。

表 6-9　实现数据联合查询任务进度表

系统功能	任务下发时间	预期完成时间	任务负责人	版本号
利用联合查询检索订单信息	11 月 14 日	11 月 15 日	张锋	V1.0
利用联合查询检索支付信息	11 月 16 日	11 月 17 日	张锋	V1.0

任务分析

在数据库实践项目中，有时查询任务相对复杂，会涉及多张数据表，如果利用连接查询或子查询编写查询条件，则查询代码复杂度较高，可读性较差，这时可以考虑将多个简单查询结果进行联合，在实现查询功能的同时降低查询条件复杂度。本任务要求会分解较为复杂的查询任务，针对每个小任务实施查询，将多个 SELECT 语句查询返回的结果集合并成一个内容丰富的大结果集，结果集包含每个小查询任务所生成的查询结果集中全部数据记录行。目前数据库处于平稳运行中，具备执行数据联合查询的基础。数据库管理员需要熟悉数据联合查询基本概念和执行过程、查询语句语法格式，掌握运用数据联合查询检索信息的方法，以及查询语句在集成开发平台的编辑、调试和运行等实践操作，以此解决数据查询过程中的实际问题。

任务目标

- 素质目标：使学生自觉树立科学的钻研精神，面对复杂问题时能够层层拨开事物表象，抓住本质。
- 知识目标：理解数据联合查询的基本原理、查询程序执行流程，以及对应查询语句的语法格式，掌握利用 SELECT 语句实现数据联合查询的各类关键字的含义与使用方法。
- 能力目标：掌握完成数据联合查询功能的语句编写、调试及运行操作，实现电子商务系统数据表的联合查询功能，以满足用户的查询需求，为应用程序设计夯实数据库信息查询基础。

任务实施

数据联合查询操作

实施步骤同任务 6-1，此处不再赘述，仅写出根据查询任务设计的 SQL 代码和系统运行对应的显示界面。

步骤 1　查询付款方式是在线支付及收货地址是上海或深圳的订单编号、收货人姓名、支付方式和收货地点，代码如下，运行结果如图 6-65 所示

```
SELECT o_id,o_consignee,o_payment_way,o_delivery_address FROM t_order WHERE
o_payment_way='在线支付' UNION SELECT o_id,o_consignee,o_payment_way,
o_delivery_address FROM t_order WHERE o_delivery_address LIKE '%上海%' OR
o_delivery_address LIKE '%深圳%';
```

课堂笔记

步骤 2　在支付信息表中查询在线支付总额和 2020 年 6 月 12 日支付的总额，代码如下，运行结果如图 6-66 所示

```
SELECT SUM(op_total_amount)FROM t_order_payment_flow WHERE op_payment_type =
'在线支付' UNION SELECT SUM(op_total_amount)FROM t_order_payment_flow WHERE
op_payment_time BETWEEN '2020-06-12 00:00:00' AND '2020-06-12 23:59:59';
```

信息　结果1　概况　状态

o_id	o_consignee	o_payment_way	o_delivery_address
T000001	孙成红	在线支付	宝鸡市XX路yy小区5-601
T000003	韩刚龙	在线支付	北京市xx路yy小区7-203
T000007	丁冬琴	在线支付	大连市xx路yy小区3-502
T000004	郝爱莲	邮局汇款	上海市xx路yy小区6-401
T000006	孙丽萍	货到付款	深圳市xx路yy小区4-403

图 6-65　在线支付和收货地点是上海或深圳的订单

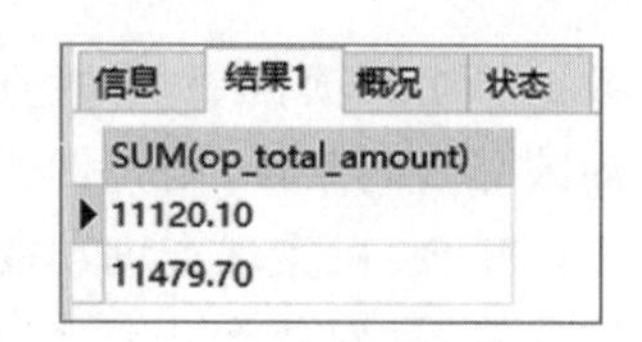

信息　结果1　概况　状态

SUM(op_total_amount)
11120.10
11479.70

图 6-66　在线支付和支付日期为 2020-6-12 的支付总额

知识点解析

资料：扫描二维码获取知识点详情

联合查询是由符合查询条件的数据记录组成的集合，对查询结果可以进行集合操作，但是 MySQL 只支持并（UNION）运算。语法格式为：SELECT 语句 1 UNION［ALL］SELECT 语句 2［UNION［ALL］< SELECT 语句 3 >］［... n］，各条 SELECT 语句列表字段务必在数量、数据类型、顺序上保持一致。

实战演练

任务工单：利用联合查询实现数据检索操作

<table>
<tr><td>代码设计员 ID</td><td></td><td>代码设计员姓名</td><td></td><td>所属项目组</td><td></td></tr>
<tr><td>MySQL 官网网址</td><td colspan="2">https://www.mysql.com</td><td colspan="2">MySQL 版本</td><td>MySQL 8.0 社区版</td></tr>
<tr><td>硬件配置</td><td colspan="2">CPU：2.3GHz 及以上双核或四核；硬盘：150GB 及以上；内存：8GB；网卡：千兆网卡</td><td>软件系统</td><td colspan="2">mysql-8.0.23-winx64
navicat_premium_V11.2.7</td></tr>
<tr><td>操作系统</td><td colspan="2">Windows 7/Windows 10 或更高版本</td><td>执行 Select 语句的资源要求</td><td colspan="2">ecommerce 数据库成功创建；
所有数据表创建完毕；
数据记录均录入完毕；
数据表之间关联关系建立完毕</td></tr>
<tr><td rowspan="3">任务执行前准备工作</td><td colspan="2">检测计算机软硬件环境是否可用</td><td>□可用
□不可用</td><td colspan="2">不可用注明理由：</td></tr>
<tr><td colspan="2">检测操作系统环境是否可用</td><td>□可用
□不可用</td><td colspan="2">不可用注明理由：</td></tr>
<tr><td colspan="2">检验 MySQL 服务是否能正常启动</td><td>□正常
□不正常</td><td colspan="2">不正常注明理由：</td></tr>
</table>

课堂笔记

续表

任务执行前准备工作	检测 MySQL 图形化工具 Navicat 是否可用	□可用 □不可用	不可用注明理由：
	复习数据联合查询基本原理及对应 SELECT 语句语法格式和运行流程，是否清楚	□清楚 □有问题	写明问题内容及缘由：
执行具体任务（在 MySQL 平台上编辑并运行主讲案例的查询任务）	查询付款方式是在线支付及收货地址是上海或深圳的订单编号、收货人姓名、支付方式和收货地点	完成度：□未完成　□部分完成　□全部完成	
	在支付信息表中查询在线支付总额和 2020 年 6 月 12 日支付的总额	完成度：□未完成　□部分完成　□全部完成	
任务未成功的处理方案	采取的具体措施：	执行处理方案的结果：	
备注说明	填写日期：	其他事项：	

任务评价

代码设计员 ID		代码设计员姓名		所属项目组			
评价栏目	任 务 详 情		评 价 要 素	分值	评价主体		
					学生自评	小组互评	教师点评
查询功能实现	针对订单信息进行数据联合查询		查询功能是否实现	30			
	针对支付信息进行数据联合查询		查询功能是否实现	30			
代码编写规范	数据联合查询的语句格式		数据联合查询 SELECT 语句编写是否规范并符合要求	1			
	关键字书写		关键字书写是否正确	1			
	标点符号使用		是否正确使用英文标点符号	1			
	标识符设计		标识符是否按规定格式设置并做到见名知意	2			
	代码可读性		代码可读性是否良好	2			
	代码优化程度		代码是否已被优化	2			
	代码执行耗时		执行时间可否接受	1			

课堂笔记

续表

评价栏目	任务详情	评价要素	分值	评价主体		
				学生自评	小组互评	教师点评
操作熟练度	代码编写流程	编写流程是否熟练	4			
	程序运行操作	运行操作是否正确	4			
	调试与完善操作	调试过程是否合规	2			
创新性	代码编写思路	设计思路是否有创新性	5			
	查询结果显示效果	显示界面是否有创新性	5			
职业素养	态度	是否认真细致、遵守课堂纪律、学习积极、具有团队协作精神	3			
	操作规范	是否有实训环境保护意识，实训设备使用是否合规，操作前是否对硬件设备和软件环境检查到位，有无损坏机器设备的情况，能否保持实训室卫生	3			
	设计理念	是否自觉运用拨开现象抓住事物本质的科学思维	4			
总　分			100			

拓展训练

1. 实训操作

实训数据库	学校管理系统数据库 eleccollege 数据表：学生信息表 student、课程信息表 course、班级信息表 class、系部信息表 department、宿舍信息表 dormitory、成绩信息表 grade、教师信息表 teacher			
实训任务	任务内容	参考代码	操作演示微课视频	问题记录
	查询软件技术专业以及政治面貌是共青团员的学生学号、姓名、政治面貌和所学专业	SELECT stu_no, stu_name, stu_politicalstatus, stu_speciality FROM student WHERE stu_speciality="软件技术" UNION SELECT stu_no, stu_name, stu_politicalstatus, stu_speciality FROM student WHERE stu_politicalstatus="共青团员";		
	查询职称是副教授以及研究领域是人工智能的教师姓名、工作时间、职称和研究领域	SELECT tea_name, tea_worktime, tea_profession, tea_research FROM teacher WHERE tea_profession="副教授" UNION SELECT tea_name, tea_worktime, tea_profession, tea_research FROM teacher WHERE tea_research="人工智能";		

课堂笔记

续表

	任务内容	参考代码	操作演示微课视频	问题记录
实训任务	查询课程类型是专业基础课以及课程学分大于等于3.5的课程名称、课程类型和课程学分	SELECT cou_name,cou_type,cou_credit FROM course WHERE cou_type="专业基础" UNION SELECT cou_name,cou_type,cou_credit FROM course WHERE cou_credit>=3.5;		

2. 知识拓展

(1) 在华为GaussDB数据库中继续使用跨境贸易系统数据库interecommerce完成以下操作。

① 查询商品品牌是华为以及价格在5000元之上的商品名称、品牌和价格,代码如下:

```
SELECT goo_name,goo_brand,goo_price FROM goods WHERE goo_brand = "华为" UNION
SELECT goo_name,goo_brand,goo_price FROM goods WHERE goo_price > 5000;
```

② 查询不同运输方式所运商品的总金额以及不同运输状态的商品总金额,代码如下:

```
SELECT lin_shippingmethod,lin_transportstate,SUM(lin_extendprice)FROM
lineitem GROUP BY lin_shippingmethod UNION SELECT lin_shippingmethod,
lin_transportstate,SUM(lin_extendprice)FROM lineitem GROUP BY
lin_transportstate;
```

(2) 1+X证书Web前端开发MySQL考核知识点如下。

数据联合查询:

```
SELECT 列名 FROM 数据表 WHERE 查询条件1 UNION
SELECT 列名 FROM 数据表 WHERE 查询条件2
```

讨论反思与学习插页

任务总结:数据联合查询操作

代码设计员ID		代码设计员姓名		所属项目组	
讨论反思					
学习研讨	问题:数据联合查询的特点及主要适用的查询环境是什么?	解答:			
	问题:数据联合查询与多表连接查询、嵌套子查询相比有哪些优势与劣势,在实践项目中应当如此选择数据查询方法?	解答:			

课堂笔记

续表

立德铸魂	数据联合查询的设计思路体现了自顶向下和自底向上软件开发模式。自顶向下的核心思想是从上往下、步步细化、不断分解，直至用精确的思维定性、定量地描述问题；自底向上的核心思想是从下往上、步步抽象、不断归纳，以小程序为基础，再逐步扩大、不断补充和升级功能，直到形成稳定的系统。可见，针对繁杂问题，应先逐层分解，明确问题导向，再层层拨开事物表象、抓住本质，进而解决问题。由此教育学生勇于面对技术难关，自觉树立刻苦钻研、永不言败的精神，同时还要懂得运用拨开表象抓住本质的思维模式
学习插页	
过程性学习	记录学习过程：
重点与难点	提炼利用数据联合查询实现数据检索操作的重难点：
阶段性评价总结	总结阶段性学习效果：
答疑解惑	记录学习过程中疑惑问题的解答情况：

课堂笔记

项目 7　优化电子商务系统数据库

项目导读

为了增强电子商务系统数据库中数据的安全性、有效性和完整性，提高信息的检索效率，在数据库应用系统的开发中应充分利用索引和视图，以实现系统优化，提升系统整体性能。本项目将为电子商务系统数据库创建索引和视图并利用其优化系统性能。

项目素质目标

养成以用户为中心的设计理念、培养优中取优的工匠精神。

项目知识目标

了解索引和视图的基本概念，理解索引和视图的作用，掌握创建与使用索引和视图的方法，理解索引对数据查询的影响。

项目能力目标

掌握创建、修改、删除与维护索引和视图的操作，掌握利用视图操作数据的方法。

项目导图

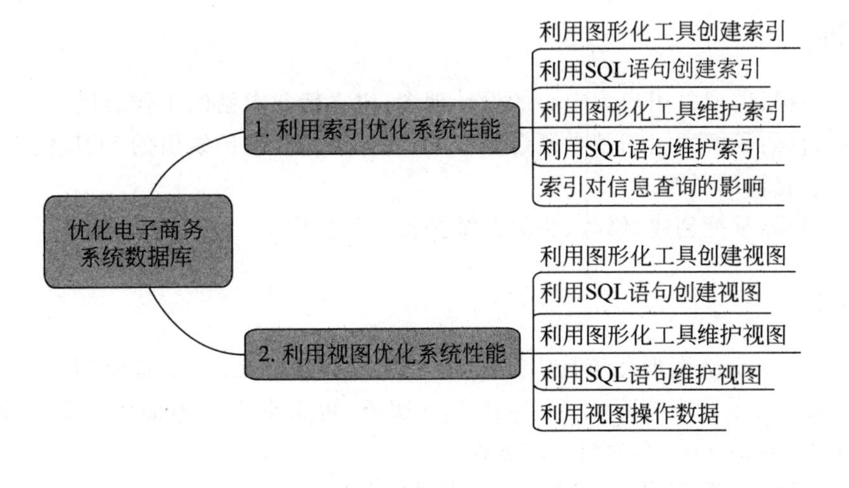

课堂笔记

任务7-1 利用索引优化系统性能

任务描述

在系统数据库中，存储的数据记录越来越多，而数据库很重要的一个功能便是为用户查询符合条件的数据，因此提高查询速度即系统的查询性能显得尤为重要。如何能够有效地提高系统性能是一个值得思考的问题。在进行信息查询时使用索引，会提高数据库系统的检索效率，利用索引进行数据信息的查询，能够减少查询的记录个数，进而实现优化查询的目的。本任务进度如表7-1所示。

表7-1 利用索引优化系统性能任务进度表

任 务 描 述	任务下发时间	预期完成时间	任务负责人	版本号
利用图形化工具和SQL语句创建索引	11月18日	11月19日	张文莉	V1.0
利用图形化工具和SQL语句维护索引	11月20日	11月21日	张文莉	V1.0
分析索引对信息查询的影响	11月22日	11月23日	李晓华	V1.0

任务分析

在数据库应用系统中合理地设计与使用索引，能够极大地提高信息查询速度和系统运行的整体效率。在关系数据库中，索引是一种加速数据检索的数据结构，在不用查询整体数据库的前提下快速找出所需数据，以此提高系统操作速度，优化系统性能。

任务目标

- 素质目标：养成以用户为中心的设计理念，树立精益求精的工作态度。
- 知识目标：了解索引的基本概念和作用，掌握创建和维护索引的SQL代码，理解索引对数据查询的影响。
- 能力目标：掌握创建、修改、删除与维护索引的操作 。

任务实施

创建索引操作

本任务在Navicat图形化工具中完成，在完成具体任务之前，要启动Navicat，具体操作流程如下：通过命令行方式启动MySQL 8.0服务，单击桌面上图形化工具快捷图标启动Navicat，选择ecommerce作为当前的数据库

步骤1 利用图形化工具和SQL语句创建索引

(1) 利用图形化工具为用户信息表(t_user)中的用户名称字段(u_login_name)设置名为index_u_login_name的唯一索引。

① 右击用户信息表(t_user)，选择“设计表”选项，打开设计表界面，如图7-1所示。

课堂笔记

对象　t_user @ecommerce (test) - 表

保存　添加字段　插入字段　删除字段　主键　↑上移　↓下移

字段　索引　外键　触发器　选项　注释　SQL 预览

名	类型	长度	小数点	不是 null	虚拟	键	注释
u_id	varchar	50		☑	☐	1	
u_login_name	varchar	50		☐	☐		用户名称
u_nick_name	varchar	50		☐	☐		
u_passwd	varchar	30		☐	☐		用户密码
u_name	varchar	50		☐	☐		用户姓名
u_phone_num	varchar	15		☐	☐		手机号
u_email	varchar	40		☑	☐		
u_head_img	varchar	100		☐	☐		头像
u_user_level	int	11		☐	☐		用户级别
u_birthday	date			☐	☐		用户生日

图 7-1　用户信息表设计表界面

② 单击“索引”选项卡标签，进入索引设置界面，单击“添加索引”按钮后，单击“名”下方的文本框，输入 index_u_login_name；单击“字段”下方文本框，出现[…]按钮，单击后在弹出的窗口中勾选 u_login_name，选取需要建立索引的列；单击“索引类型”下方文本框，出现[▾]按钮，单击后在弹出的下拉列表中选择 UNIQUE 选项，即选择索引类型为唯一索引；索引方法和注释采用默认设置即可，单击“保存”按钮，完成创建索引的操作。创建的索引如图 7-2 所示。

图 7-2　唯一索引创建成功

(2) 利用 SQL 语句在建立表时创建索引，在创建商品促销表(t_promotion)时，为促销类型(pmt_reduction_type)设置名为 f_promotion_type 的普通索引。

① 单击工具栏上的“查询”按钮，选择“新建查询”命令，打开代码查询编辑器。

② 根据任务执行相关操作，SQL 代码如下：

```
DROP TABLE IF EXISTS 't_promotion';
CREATE TABLE't_promotion'(
  'pmt_id' bigint(20)NOT NULL AUTO_INCREMENT COMMENT '编号',
  'sku_id' varchar(20)DEFAULT NULL COMMENT '商品 id',
  'pmt_reduction_type' char(1)CHARACTER SET utf8 COLLATE utf8_general_ci
DEFAULT NULL COMMENT '促销类型',
  'pmt_cost' decimal(12,2)DEFAULT NULL COMMENT '促销价格',
  'pmt_begin_date' datetime DEFAULT NULL COMMENT '促销开始日期',
  'pmt_end_date' datetime DEFAULT NULL COMMENT '促销结束日期',
  PRIMARY KEY('pmt_id'),
  INDEX'f_promotion_type'('pmt_reduction_type')
)ENGINE = InnoDB AUTO_INCREMENT = 7 DEFAULT CHARSET = utf8;
```

③ 代码运行调试。单击 Navicat 工具栏上的“运行”按钮完成操作，显示运行结果。

课堂笔记

(3) 在已存在的表中创建索引,为用户信息表(t_user)中的用户昵称字段(u_nick_name)设置名为 index_u_nick_name 的普通索引。

① 单击工具栏上的"查询"按钮,选择"新建查询"命令,打开代码查询编辑器。

② 根据任务执行相关操作,SQL 代码如下。

使用 CREATE INDEX 语句:

```
CREATE INDEX index_u_nick_name ON t_user(u_nick_name);
```

使用 ALTER TABLE 语句:

```
ALTER TABLE t_user ADD INDEX index_u_nick_name(u_nick_name);
```

③ 代码运行调试。单击 Navicat 工具栏上的"运行"按钮完成操作,然后可通过索引设置界面查看完成情况,如图 7-3 所示。

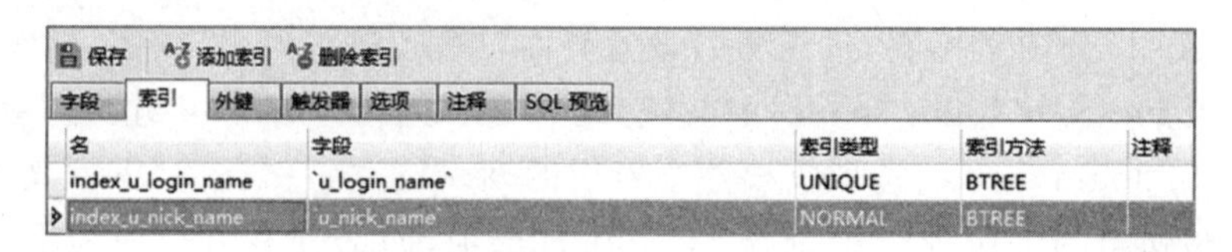

图 7-3　设置普通索引 index_u_nick_name

步骤 2　利用图形化工具和 SQL 语句维护索引

(1) 利用图形化工具查看用户信息表(t_user)所有索引,并修改名为 index_u_nick_name 的索引类型为唯一索引。修改完成后,将名为 index_u_login_name 的索引删除。

维护索引操作

① 右击用户信息表(t_user),选择"设计表"选项,打开设计表界面。单击"索引"选项卡标签,进入索引设置界面,可查看当前数据表的所有索引,如图 7-4 所示。

图 7-4　查看数据表所有索引

② 单击名为 index_u_nick_name 的索引行中"索引类型"下方的▼按钮,在弹出的下拉列表中选择 UNIQUE 选项,更改索引类型为唯一索引,如图 7-5 所示。单击"保存"按钮,完成索引的修改操作。

图 7-5　修改索引成功

③ 单击名为 index_u_login_name 的索引行最左侧的高亮区域,选中整行。单击"删除索引"按钮,弹出确认删除索引提示框(见图 7-6),单击"删除"按钮;再单击"保存"按钮,完成索引的删除操作。

课堂笔记

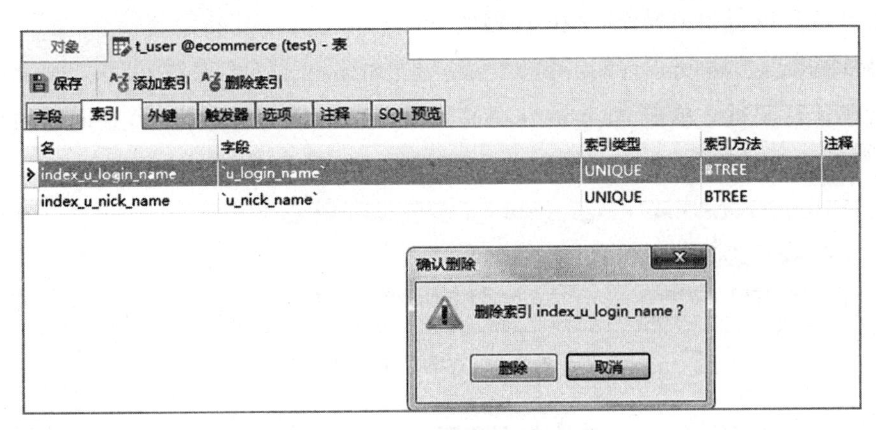

图 7-6　删除索引界面

(2) 利用 SHOW INDEX FROM 语句查看商品促销表(t_promotion)的索引信息。

① 单击工具栏上的“查询”按钮，选择“新建查询”命令，打开代码查询编辑器。

② 根据任务执行相关操作，SQL 代码如下：

```
SHOW INDEX FROM t_promotion;
```

③ 代码运行调试。单击 Navicat 工具栏上的“运行”按钮完成操作。查看到的索引信息如图 7-7 所示。

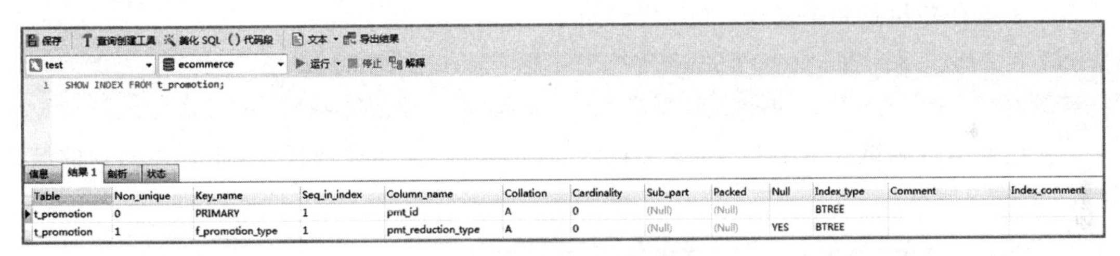

图 7-7　查看索引信息

(3) 删除商品促销表(t_promotion)中名为 f_promotion_type 的普通索引。

① 单击工具栏上的“查询”按钮，选择“新建查询”命令，打开代码查询编辑器。

② 根据任务执行相关操作，SQL 代码如下。

使用 DROP INDEX 语句：

```
DROP INDEX f_promotion_type ON t_promotion;
```

使用 ALTER TABLE 语句：

```
ALTER TABLE t_promotion DROP INDEX f_promotion_type;
```

③ 代码运行调试。单击 Navicat 工具栏上的“运行”按钮完成操作，通过索引设置界面查看完成情况。

步骤 3　分析索引对信息查询的影响

索引对信息查询的影响

(1) 使用 EXPLAIN 分析 SELECT 语句未使用索引的查询情况。查询商品三级分类表(t_category3) 中三级分类名称(p_category3_name)是“烹饪美食”的数据记录。

① 单击工具栏上的“查询”按钮，选择“新建查询”命令，打开代码查询编辑器。

课堂笔记

② 根据任务执行相关操作，SQL 代码如下：

```
EXPLAIN SELECT * FROM t_category3 WHERE p_category3_name = '烹饪美食';
```

③ 代码运行调试。单击 Navicat 工具栏上的“运行”按钮完成操作，查询到的结果分析如图 7-8 所示。

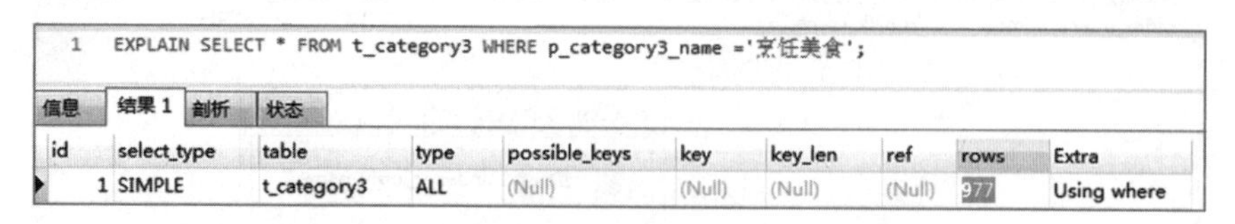

id	select_type	table	type	possible_keys	key	key_len	ref	rows	Extra
1	SIMPLE	t_category3	ALL	(Null)	(Null)	(Null)	(Null)	977	Using where

图 7-8　查询结果分析

在图 7-8 中，表格字段 rows 的值为 977，表示在查询过程中，t_category3 数据表中已经存在的 977 条数据记录都被查询了一遍。如果数据的存储量较少，查询操作不会对系统有太大的影响，但是当数据库中存储着庞大的资源信息时，用户为了搜索一条数据而要遍历整个数据库中的所有数据记录，这将会耗费大量的时间，从而导致数据库系统性能大幅下降。

(2) 为商品三级分类表(t_category3)中三级分类名称(p_category3_name)设置名为 index_p_category3_name 的普通索引，然后再次使用 EXPLAIN 关键字进行查询结果的分析。

① 单击工具栏上的“查询”按钮，选择“新建查询”命令，打开代码查询编辑器。

② 根据任务执行相关操作，SQL 代码如下：

```
CREATE INDEX index_p_category3_name ON t_category3(p_category3_name);
EXPLAIN SELECT * FROM t_category3 WHERE p_category3_name = '烹饪美食';
```

③ 代码运行调试。单击 Navicat 工具栏上的“运行”按钮完成操作，此时查询到的结果分析如图 7-9 所示。

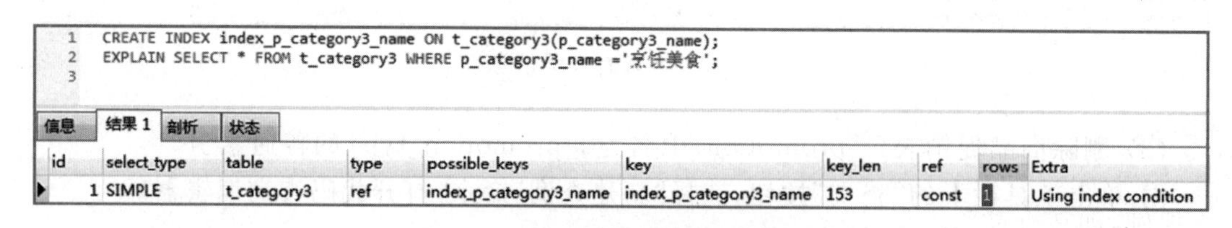

id	select_type	table	type	possible_keys	key	key_len	ref	rows	Extra
1	SIMPLE	t_category3	ref	index_p_category3_name	index_p_category3_name	153	const	1	Using index condition

图 7-9　创建索引后的查询结果分析

上述结果显示，创建索引后访问的数据行数由 977 行减少到 1 行。因此，查询操作中，使用索引可以自动优化查询效率，同时也会降低服务器的系统开销。

知识点解析

1. 索引的概念

索引通常也称为“键(KEY)”，是数据表中一列或若干列的集合，是存储引擎用于快速检索信息记录的一种数据结构，可以快速查找数据表中特定的数据记录。索引的建立依赖于数据表，表的存储由两部分组成，即数据页面和索引页面。索引犹如图书目录，如果想查找书中的某个内容，首先要查询书的目录，然后根据目录对应的页码快速找到相应查询内容。MySQL 的存储引擎使用索引查询信息时，先搜索索引页面寻找对应值，然后依据匹配的索引信息在数据页面检索需要查询的数据行。索引创建完毕后，由数据库系统自动管理。

2. 使用索引的优缺点

(1) 使用索引具有如下优点。

① 使用索引可以提高访问数据的速度。

② 创建适当的唯一索引能够保证表中数据记录的唯一性。

③ 在实施数据参照完整性时，创建索引可以加速表与表之间的连接。

④ 利用分组和排序子句实施查询操作，创建索引可以减少分组与排序时间。

(2) 索引虽然具有诸多的优点，但是也不能无节制地创建大量索引，这样不但不能优化系统性能，反而增加系统负担，降低系统维护速度。具体讲使用索引具有如下缺点。

① 对索引的创建与维护需要消耗系统时间，并且随着数据量的增加，耗费的时间随之增加。

② 索引要占用磁盘空间，如果设置不当，创建了大量的索引，索引文件将先于数据文件达到文件大小的上限。

③ 对数据表执行增加、删除、修改操作时，已经建立了索引的表，数据库系统自动在索引中完成相应的维护操作，由此降低系统运行速度。

使用索引有优点，也有缺点，事物的好坏也没有绝对之分。

3. 索引的分类

在 MySQL 数据库系统中，索引被分成如下六种类型。

(1) 普通索引：MySQL 中基本的索引类型，针对已经定义了索引的列可以插入空值和重复值。

(2) 唯一索引：定义了索引的列，其值必须唯一，允许是空值。主键索引是一种不允许有空值的特殊唯一索引；若是组合索引，列值的组合一定是唯一的。

(3) 单列索引：只对单一数据列建立的索引就是单列索引，一张数据表可以包含若干个单列索引。

(4) 组合索引：针对数据表多个字段的组合所创建的索引。使用组合索引遵循最左前缀原则，即在查询条件里必须使用组合中最左侧的字段时，索引才能发挥作用。

(5) 全文索引：这是一种特殊类型的索引，定义了索引的列支持全文查找，不是对索引值直接做比较，在索引列中可以插入空值或重复值。全文索引可以在 CHAR、VARCHAR、TEXT 类型的列上创建，MySQL 中只有 MYISAM 存储引擎支持全文索引。

(6) 空间索引：针对空间数据类型的字段建立的索引。MySQL 中的空间数据类型有四种：GEOMETRY、POINT、LINESTRING、POLYGON。创建空间索引的列必须声明为 NOT NULL，MySQL 中只有 MYISAM 存储引擎支持创建空间索引。

4. 索引的设计原则

适当使用索引可以实现优化系统、提高运行效率的目的，但是索引规划不合理或者缺少索引设计则会影响数据库系统的应用性能。看清事物本质才能发挥其最大价值。因此，设计索引时一定要遵循相应的准则。

(1) 并非索引创建得越多越好。针对一张数据表要设计适当个数的索引,创建、使用效率最高的索引。索引数量过多,既占用存储空间,又影响插入、删除、修改语句的执行速度。进行数据更新时,索引随着调整与更新,会导致系统性能下降。

(2) 更新频率较高的表避免建立大量索引。经常需要更新的表不要创建大量索引,用于建立索引的列也要尽量减少,仅对频繁查询的字段建立索引即可。

(3) 数据信息较少的表没有必要建立索引。数据量不大时,查询消耗的时间可能比遍历索引的时间还要短,即使创建了索引也不会起到预想的优化作用。

(4) 数据列的取值变化不大时建议不要创建索引。针对取值变化较大的数据列建立索引,可以提高条件表达式的运行效率。例如,“性别”字段的取值只有“男”与“女”,无须建立索引。若创建了索引,不会明显提高检索效率,反而使更新速度大幅下降。

(5) 根据数据本身的特性选择性地设置唯一索引。创建唯一索引要视数据本身的特性而定,设置的目的是要确保该列数据的完整性,提高查询速度。例如,“学号”字段就具备设置唯一索引的特性,在同一张表中学号不能有重复,对于这样的字段建立唯一索引能够快速找到对应学生的信息。

(6) 频繁进行排序、分组、联合查询操作的字段要建立索引。针对经常进行排序、分组、联合查询的列要创建索引,若待排序的数据列有多个,可考虑在这些列上建立组合索引。

5. 创建索引的说明

所谓创建索引,就是在某张数据表的一列或多列上建立索引。如果为数据表创建了UNIQUE 约束,MySQL 会自动创建唯一索引。建立唯一索引时,要保证创建索引的列没有重复的数据值,同时也不能包括两个或两个以上的空值。两个空值将被看成是重复数据,其解决方法是在空值中补充数据或者将其删除,否则无法成功创建索引。索引名称要遵循 MySQL 命名规则,在数据表中必须具有唯一性。创建索引通常有两种方法:在创建数据表时创建索引;为现存数据表添加索引。值得注意的是,只有表的所有者才可以为表创建索引。

6. 利用 SQL 语句在建立表时创建索引

1) 语法格式

MySQL 数据库系统允许使用 CREATE TABLE 语句在建立新数据表的同时创建索引,此方法的操作较为直接、简单、方便。其语法结构如下:

```
CREATE TABLE <表名>(<字段 1><数据类型 1>[<列级完整性约束 1>]
[,<字段 2><数据类型 2>[<列级完整性约束 2>]][,...]
[,<表级完整性约束 1>][,<表级完整性约束 2>][,...]
[UNIQUE|FULLTEXT|SPATIAL]< INDEX|KEY >[索引名](属性名[(长度)][,...]));
```

2) 参数说明

(1) UNIQUE|FULLTEXT|SPATIAL:此项为可选参数,三个参数依次表示,唯一索引、全文索引和空间索引,操作时三项任选其一。如果该参数不做选择,系统默认为普通索引。

(2) INDEX|KEY:两者为同义词,只选其一,表示索引关键字。

(3) 索引名:用于指定即将创建索引的名称,是可选参数。没有明确指定时,MySQL 的默认字段名即为索引名。

课堂笔记

(4) 属性名:指定索引对应的字段名,该字段一定是表中已经定义的字段。

(5) 长度:设定索引长度,只有字符串类型才使用。

7. 利用SQL语句在已存在的表中创建索引

1) 语法格式

MySQL数据库系统允许使用CREATE INDEX语句或者ALTER TABLE语句在已经存在的数据表中创建索引。

(1) 使用CREATE INDEX语句在已存在的表中创建索引,语法结构如下:

```
CREATE [UNIQUE|FULLTEXT|SPATIAL] INDEX <索引名> ON <表名>(属性名[(长度)][,...]);
```

提示:

关键字ON后面的表名表示需要创建索引的数据表的名称。

(2) 使用ALTER TABLE语句在已存在的表中创建索引,语法结构如下:

```
ALTER TABLE 表名 ADD [UNIQUE|FULLTEXT|SPATIAL] INDEX <索引名>(属性名[(长度)][,...]);
```

2) 参数说明

具体请参照CREATE T ABLE的参数说明。

8. 查看、修改与删除索引

1) 查看索引

索引创建完毕,可以通过SQL语句查看索引的相关信息。利用SHOW INDEX FROM语句查看指定表的索引信息,其语法格式如下:

```
SHOW INDEX FROM 表名;
```

查看索引命令运行结果如图7-10所示,图中显示了一共建立了两个索引。表中各字段具体说明如下。

(1) Table:建立索引的表名。

信息　结果1　剖析　状态

Table	Non_unique	Key_name	Seq_in_index	Column_name	Collation	Cardinality	Sub_part	Packed	Null	Index_type	Comment	Index_comment
t_promotion	0	PRIMARY	1	pmt_id	A	0	(Null)	(Null)		BTREE		
t_promotion	1	f_promotion_type	1	pmt_reduction_type	A	0	(Null)	(Null)	YES	BTREE		

图7-10　数据表索引信息

(2) Non_unique:索引是否能包含重复值,不能包含为0,否则为1。

(3) Key_name:索引的名称,取值为PRIMARY时,是主键索引。

(4) Seq_in_index:索引的序列号,通常从1开始。

(5) Column_name:建立索引的列名称。

(6) Collation:列以某种方式存储到索引中,A代表升序;NULL代表无分类。

(7) Cardinality:索引中唯一值个数的估计值。

(8) Sub_part:若列只是被部分地编入索引,则是被编入索引的字符的数目;如果整列被编入索引,则是NULL。

(9) Packed:关键字被压缩的方法,NULL代表没有被压缩。

(10) Null:如果列含有 NULL 值,则为 YES,否则为 NO。

(11) Index_type:索引的方法。

(12) Comment:注释说明。

(13) Index_comment:类型说明。

2) 修改索引

MySQL 没有提供直接用来修改索引的 SQL 命令,若要修改索引,需要先将已有的索引删除,再根据需求创建一个同名索引,以此实现对索引的修改操作,进而优化数据库系统性能。

3) 删除索引

当某一索引不再需要时,应当立即将其删除,释放索引所占用的系统资源。

使用 ALTER TABLE 语句删除索引,其语法格式如下:

```
ALTER TABLE 表名 DROP INDEX 索引名;
```

使用 DROP INDEX 语句删除索引,其语法格式如下:

```
DROP INDEX 索引名 ON 表名;
```

提示:

删除表中的列时,与该列相关的索引信息也一并被删除。如果要删除的列是某一索引的组成部分,删除该列时,该列也会从索引中删除;如果组成索引的所有列都被删除,则整个索引将被删除。

实战演练

任务工单:利用索引优化系统性能

<table>
<tr><td>代码设计员 ID</td><td></td><td>代码设计员姓名</td><td></td><td>所属项目组</td><td></td></tr>
<tr><td>MySQL 官网网址</td><td colspan="2">https://www.mysql.com</td><td colspan="2">MySQL 版本</td><td>MySQL 8.0 社区版</td></tr>
<tr><td>硬件配置</td><td colspan="2">CPU:2.3GHz 及以上双核或四核;硬盘:150GB 及以上;内存:8GB;网卡:千兆网卡</td><td>软件系统</td><td colspan="2">mysql-8.0.23-winx64
navicat_premium_V11.2.7</td></tr>
<tr><td>操作系统</td><td colspan="2">Windows 7/Windows 10 或更高版本</td><td>执行索引操作的资源要求</td><td colspan="2">ecommerce 数据库成功创建;
所有数据表创建完毕;
数据记录均录入完毕</td></tr>
<tr><td rowspan="5">任务执行前准备工作</td><td colspan="2">检测计算机软硬件环境是否可用</td><td>□可用
□不可用</td><td colspan="2">不可用注明理由:</td></tr>
<tr><td colspan="2">检测操作系统环境是否可用</td><td>□可用
□不可用</td><td colspan="2">不可用注明理由:</td></tr>
<tr><td colspan="2">检验 MySQL 服务是否能正常启动</td><td>□正常
□不正常</td><td colspan="2">不正常注明理由:</td></tr>
<tr><td colspan="2">检测 MySQL 图形化工具 Navicat 是否可用</td><td>□可用
□不可用</td><td colspan="2">不可用注明理由:</td></tr>
<tr><td colspan="2">复习创建、维护索引操作的基本语法,是否清楚</td><td>□清楚
□有问题</td><td colspan="2">写明问题内容及缘由:</td></tr>
</table>

课堂笔记

续表

执行具体任务（在 MySQL 平台上编辑并运行主讲案例的创建索引任务）	利用图形化工具为用户信息表(t_user)中的用户名称字段(u_login_name)设置名为 index_u_login_name 的唯一索引	完成度：□未完成　□部分完成　□全部完成
	利用 SQL 语句在创建商品促销表(t_promotion)时为促销类型(pmt_reduction_type)设置名为 f_promotion_type 的普通索引	完成度：□未完成　□部分完成　□全部完成
	利用 SQL 语句在已存在的用户信息表(t_user)中为用户昵称字段(u_nick_name)设置名为 index_u_nick_name 的普通索引	完成度：□未完成　□部分完成　□全部完成
	利用图形化工具查看用户信息表(t_user)所有索引，并修改名为 index_u_nick_name 的索引类型为唯一索引，修改完成后，将名为 index_u_login_name 的索引删除	完成度：□未完成　□部分完成　□全部完成
	(2) 利用 SHOW INDEX FROM 语句查看商品促销表(t_promotion)的索引信息	完成度：□未完成　□部分完成　□全部完成
	删除商品促销表(t_promotion)中名为 f_promotion_type 的普通索引	完成度：□未完成　□部分完成　□全部完成
执行具体任务（在 MySQL 平台上编辑并运行主讲案例的查询任务）	在未使用索引的情况下，查询商品三级分类表(t_category3)中三级分类名称(p_category3_name)是“烹饪美食”的数据记录，然后使用 EXPLAIN 分析 SELECT 语句的查询结果	完成度：□未完成　□部分完成　□全部完成
	为商品三级分类表(t_category3)中三级分类名称(p_category3_name)设置名为 index_p_category3_name 的普通索引，然后再次使用 EXPLAIN 关键字进行查询结果的分析	完成度：□未完成　□部分完成　□全部完成
任务未成功的处理方案	采取的具体措施：	执行处理方案的结果：
备注说明	填写日期：	其他事项：

课堂笔记

任务评价

代码设计员 ID		代码设计员姓名		所属项目组				
评价栏目	任务详情	评价要素		分值	评价主体			
					学生自评	小组互评	教师点评	
创建索引功能实现	利用图形化工具创建索引	创建索引功能是否实现		6				
	利用 SQL 语句在建立表时创建索引	创建索引功能是否实现		6				
	利用 SQL 语句在已存在的表中创建索引	创建索引功能是否实现		6				
维护索引功能实现	利用图形化工具查看索引	功能是否实现		6				
	利用图形化工具修改索引	功能是否实现		6				
	利用图形化工具删除索引	功能是否实现		6				
	利用 SQL 语句查看索引	功能是否实现		6				
	利用 SQL 语句删除索引	功能是否实现		6				
索引对信息查询的影响	使用 EXPLAIN 关键字进行查询结果的分析	功能是否实现		6				
	为数据表创建索引	功能是否实现		6				
代码编写规范	语句格式	语句编写是否规范并符合要求		1				
	关键字书写	关键字书写是否正确		1				
	标点符号使用	是否正确使用英文标点符号		1				
	标识符设计	标识符是否按规定格式设置并做到见名知意		2				
	代码可读性	代码可读性是否良好		2				
	代码优化程度	代码是否已被优化		2				
	代码执行耗时	执行时间可否接受		1				
操作熟练度	代码编写流程	编写流程是否熟练		4				
	程序运行操作	运行操作是否正确		4				
	调试与完善操作	调试过程是否合规		2				
创新性	代码编写思路	设计思路是否有创新性		5				
	查询结果显示效果	显示界面是否有创新性		5				
职业素养	态度	是否认真细致、遵守课堂纪律、学习积极、具有团队协作精神		3				

课堂笔记

续表

评价栏目	任务详情	评价要素	分值	评价主体		
				学生自评	小组互评	教师点评
职业素养	操作规范	是否有实训环境保护意识，实训设备使用是否合规，操作前是否对硬件设备和软件环境检查到位，有无损坏机器设备的情况，能否保持实训室卫生	3			
	设计理念	是否突显以人为本的设计理念	4			
总　分			100			

拓展训练

1. 利用图形化工具和 SQL 语句创建索引

1）实训操作

实训数据库	学校管理系统数据库 eleccollege 数据表：学生信息表 student、课程信息表 course、班级信息表 class、系部信息表 department、宿舍信息表 dormitory、成绩信息表 grade、教师信息表 teacher			
实训任务	任务内容	参考操作/代码	操作演示微课视频	问题记录
	利用图形化工具新建立一张数据表 coursebrief 用于存放简要课程信息，主要包括课程代码（cou_no）、课程名称（cou_name）和课程学分（cou_credit）字段，针对课程名称列创建名为 index_cou_name 的唯一索引	选中“表”右击，打开新建表界面，输入相应的字段名、数据类型、长度、小数点、是否为空等内容，输入完毕，单击“保存”按钮，在弹出的对话框中输入新建表的名称即可		
	对于已经创建完毕的学生信息表 student，请利用图形化工具对学生简历字段（stu_resume）建立一个名为 index_stu_resume 的全文索引	选中 Student 表，右击选择“设计表”打开表结构，单击“索引”选项卡，输入索引的名字（index_stu_resume），选择对应的栏位（stu_resune），单击索引类型（full_text）全文索引，输入完毕，单击“保存”按钮即可		
	在创建班级信息表 class 时，为班级编号字段（class_id）建立唯一索引 index_class_id	CREATE TABLE class (class_id CHAR(15), class_name VARCHAR(30), class_num INT, class_monitor CHAR(15), class_teacher CHAR(12), class_enteryear DATETIME, UNIQUE INDEX index_class_id(class_id));		

课堂笔记

续表

	任务内容	参考操作/代码	操作演示微课视频	问题记录
实训任务	在创建班级信息表 class 时，为班长字段(class_monitor)建立普通索引 index_class_monitor	CREATE TABLE class (class_id CHAR(15),class_name VARCHAR(30),class_num INT,class_monitor CHAR(15),class_teacher CHAR(12),class_enteryear DATETIME,INDEX index_class_monitor(class_monitor))；		
	利用 CREATE INDEX 语句为学生信息表 student 的政治面貌字段(stu_politicalstatus)创建名为 index_stu_politicalstatus 的普通索引	CREATE INDEX index_stu_politicalstatus ON student (stu_politicalstatus)；		
	利用 ALTER TABLE 语句为教师信息表 teacher 的研究领域字段(tea_research)和专业技术职称字段(tea_profession)创建名为 index_research_profession 的组合索引	ALTER TABLE teacher ADD INDEX index_research_profession (tea_research,tea_profession)；		

2）知识拓展

(1) 在华为 GaussDB 数据库中使用跨境贸易系统数据库 interecommerce 完成以下操作。

① 为 country 表的国家名称字段建立名为 index_cou_name 的唯一索引，参考语句如下：

```
CREATE UNIQUE INDEX index_cou_name ON country(cou_name);
```

② 为 goods 表的商品种类字段建立名为 index_goo_kind 的普通索引，参考语句如下：

```
CREATE INDEX index_goo_kind ON goods(goo_kind);
```

③ 为 goods 表的品牌名称和商品种类字段建立名为 index_goo_brand_kind 的组合索引，参考语句如下：

```
CREATE INDEX index_goo_brand_kind ON goods(goo_brand.goo_kind);
```

④ 为 supplier 表供应商地址字段建立名为 index_sup_address 的全文索引，参考语句如下：

```
CREATE FULLTEXT INDEX index_sup_address ON supplier(sup_address);
```

(2) 1+X 证书 Web 前端开发 MySQL 考核知识点如下。

① 在建立表时创建索引的语句格式如下：

```
CREATE TABLE <表名>(<字段 1><数据类型 1>[<列级完整性约束 1>][,<字段 2><数据类型 2>
[<列级完整性约束 2>]][,...][,<表级完整性约束 1>][,<表级完整性约束 2>][,...] [UNIQUE|
FULLTEXT|SPATIAL]< INDEX|KEY>[索引名](属性名[(长度)][,...]));
```

② 在已存在的表中创建索引：

课堂笔记

```
CREATE [UNIQUE|FULLTEXT|SPATIAL] INDEX <索引名> ON <表名>;
```

或

```
ALTER TABLE 表名 ADD [UNIQUE|FULLTEXT|SPATIAL] INDEX <索引名>;
```

2. 利用图形化工具和SQL语句维护索引

1）实训操作

实训数据库	学校管理系统数据库eleccollege 数据表：学生信息表student、课程信息表course、班级信息表class、系部信息表department、宿舍信息表dormitory、成绩信息表grade、教师信息表teacher			
实训任务	任务内容	参考操作/代码	操作演示微课视频	问题记录
	查看student表的索引信息	SHOW INDEX FROM student;		
	利用图形化工具将组合索引index_research_profession删除			
	删除class表上名为index_class_id的唯一索引	ALTER TABLE class DROP INDEX index_class_id;		
	删除student表上名为index_stu_resume的全文索引	DROP INDEX index_stu_resume ON student;		

2）知识拓展

（1）在华为GaussDB数据库中继续使用跨境贸易系统数据库interecommerce完成以下操作。

① 查看goods表的索引信息，参考语句如下：

```
SHOW INDEX FROM goods;
```

② 删除supplier表上名为index_sup_address的全文索引，参考语句如下：

```
DROP INDEX index_sup_address ON supplier;
```

（2）1+X证书Web前端开发MySQL考核知识点如下。

① 查看索引：

```
SHOW INDEX FROM 表名;
```

② 删除索引：

```
ALTER TABLE 表名 DROP INDEX 索引名;或 DROP INDEX 索引名 ON 表名;
```

3. 索引对信息查询的影响

1）实训操作

实训数据库	学校管理系统数据库eleccollege 数据表：学生信息表student、课程信息表course、班级信息表class、系部信息表department、宿舍信息表dormitory、成绩信息表grade、教师信息表teacher

课堂笔记

续表

	任务内容	参考代码	操作演示微课视频	问题记录
实训任务	使用 EXPLAIN 关键字查询 student 表中政治面貌是共青团员的学生信息	EXPLAIN SELECT * FROM student WHERE stu_politicalstatus = '共青团员';		
	为 student 表的政治面貌字段建立名为 index_stu_politicalstatus 的索引	CREATE INDEX index_stu_politicalstatus ON student (stu_politicalstatus);		
	针对已经建立了索引的 student 表,再次使用 EXPLAIN 关键字进行查询结果的分析	EXPLAIN SELECT * FROM student WHERE stu_politicalstatus = '共青团员';		

2）知识拓展

（1）在华为 GaussDB 数据库中继续使用跨境贸易系统数据库 interecommerce 完成以下操作：使用 EXPLAIN 关键字分析为数据表 country 添加 index_cou_name 索引后查询效率的提升情况。例如，检索国家名称中包含“国”字的数据信息，参考语句如下：

```
EXPLAIN SELECT * FROM country WHERE cou_name LIKE '%国%';
```

（2）1+X 证书 WEB 前端开发 MySQL 考核知识点如下。

使用 EXPLAIN 关键字分析查询语句执行信息，参考语句如下：

```
EXPLAIN SELECT * FROM 表名;
```

讨论反思与学习插页

任务总结：利用索引优化系统性能

代码设计员 ID		代码设计员姓名		所属项目组	
讨论反思					
学习研讨	问题：数据完整性约束和索引之间的区别是什么？	解答：			
	问题：你对索引有何理解，其有哪些优缺点？	解答：			
立德铸魂	在进行信息查询时，使用索引可以提高数据库系统的检索效率。这提醒我们工作中应以用户为中心，不断提升自己能力，发扬精益求精的工匠精神				
学习插页					
过程性学习	记录学习过程：				

课堂笔记

续表

重点与难点	提炼利用索引优化系统性能的重难点：
阶段性评价总结	总结阶段性学习效果：
答疑解惑	记录学习过程中疑惑问题的解答情况：

任务7-2 利用视图优化系统性能

任务描述

数据库管理员在实践业务操作中经常需要从多张数据表中获取信息，以实现应用系统的查询功能。每次进行数据查询时，可能要将复杂的查询语句重复书写，从而增加了操作数据的工作量。可以通过合理使用视图来提高查询性能，同时不同权限的用户仅能查看可见的数据，也增强了对数据使用的安全性。本任务进度如表7-2所示。

表7-2 利用视图优化系统性能任务进度表

系统功能	任务下发时间	预期完成时间	任务负责人	版本号
利用图形化工具和SQL语句创建视图	11月24日	11月25日	刘莉莉	V1.0
利用视图操作数据	11月26日	11月27日	刘莉莉	V1.0
利用图形化工具和SQL语句维护视图	11月28日	11月29日	王小强	V1.0

任务分析

数据库程序员可以根据需求合理地设计与使用视图，这样不仅可以提高数据的操作效率和存取性能，而且可以增强数据使用的安全性，从而提升系统的整体性能。

任务目标

- 素质目标：培养刻苦钻研、一丝不苟、字斟句酌、积极进取的工作态度，自觉树立一种精益求精、方得始终的工匠精神。
- 知识目标：了解视图的概念，理解视图的作用，掌握创建和维护视图的方法，掌握通过

课堂笔记

视图来操作数据的方法。

- 能力目标：掌握创建和维护视图的操作，掌握利用视图操作数据。

任务实施

本任务在 Navicat 图形化工具中完成，启动 Navicat 的具体操作流程如下：通过命令行方式启动 MySQL 8.0 服务，单击桌面上图形化工具快捷图标启动 Navicat，选择 ecommerce 作为当前的数据库。

步骤 1　利用图形化工具和 SQL 语句创建视图

创建视图操作

1）利用图形化工具为 ecommerce 创建一个名为 view_userRating 的视图

本视图用于查看用户评价商品的信息，显示用户名称（u_login_name）、商品名称（sku_name）、评分（u_p_score）。需要通过用户信息表（t_user）、商品评分表（t_rating）、商品信息表（t_sku）多表进行连接查询，从不同表中取出所需要的字段定义对应视图。

（1）在窗口左侧窗格中展开 ecommerce 数据库，选择“视图”并右击，在快捷菜单中选择“新建视图”命令，出现视图定义界面，单击“视图创建工具”按钮，弹出视图创建工具框，如图 7-11 所示。

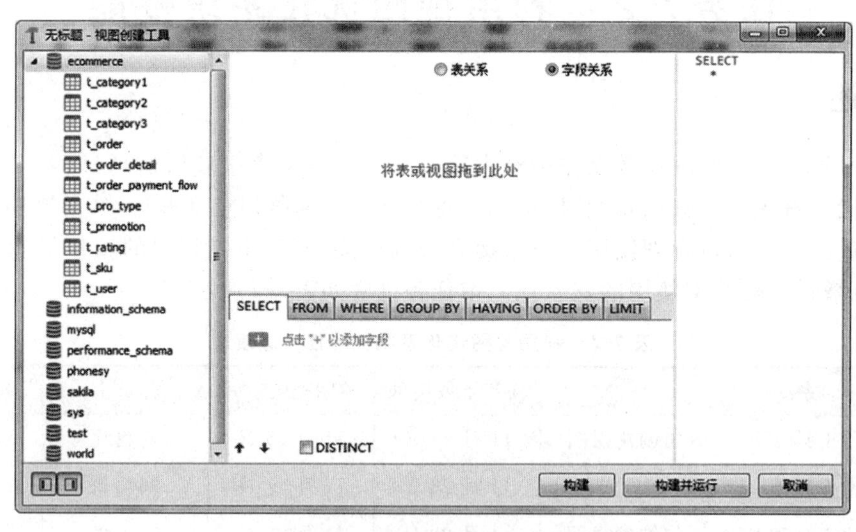

图 7-11　视图创建工具界面

（2）必须添加表到视图，从左侧数据库对象窗口拖动数据表到图表设计窗口或双击相应的数据表，在图表设计窗口双击表名并输入别名，选中相应数据表对象的字段名复选框。添加查询条件，在语法窗口的 WHERE 子句单击“＋”标签，然后单击“＜值＞＝＜值＞”中的“＜值＞”，从当前所建查询中添加的所有数据表字段列表中选择一个字段，如图 7-12 所示。

（3）单击视图创建工具界面右下角的“构建并运行”按钮，如果能查询到指定信息，说明创建视图的语句正确。预览结果如图 7-13 所示。

（4）单击左上角的“保存”按钮，弹出“视图名”对话框，输入视图名后单击“确定”按钮完成对视图的创建操作，如图 7-14 所示。

课堂笔记

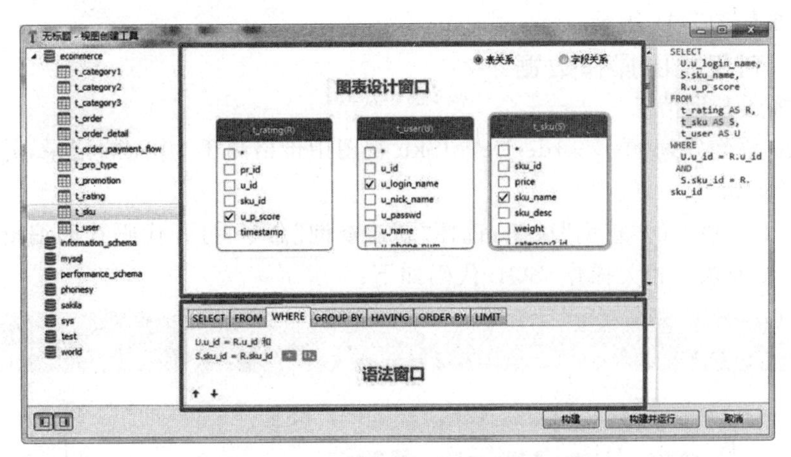

图 7-12　操作完成后的视图创建工具界面

图 7-13　预览视图中的数据

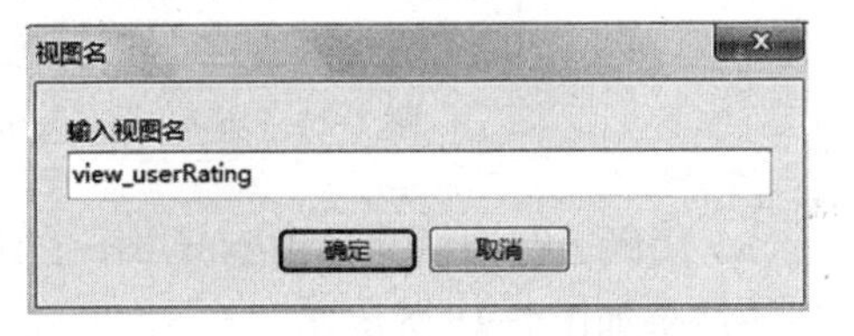

图 7-14　“视图名”对话框

2）利用 SQL 语句为 ecommerce 创建一个名为 view_orderDetailSku 的视图

该视图用于查看收货人购买的物品信息，显示收货人（o_consignee）、商品名称（sku_name）、购买价格（od_order_price）。需要通过订单表（t_order）、订单详情表（t_order_detail）、商品库存单元信息表（t_sku）多表进行连接查询，从不同表中取出所需要的字段定义对应视图。

（1）单击工具栏上的“查询”按钮，选择“新建查询”命令，打开代码查询编辑器。

（2）根据任务执行相关操作，SQL 代码如下：

```
CREATE VIEW view_orderDetailSku AS SELECT O.o_consignee, S.sku_name,
D.od_order_price FROM t_order O, t_order_detail D, t_sku S WHERE O.o_id = D.o_id
AND D.sku_id = S.sku_id;
```

（3）代码运行调试。单击 Navicat 工具栏上的“运行”按钮完成操作，代码成功执行。

（4）在左侧窗格中双击“视图”下新建的 view_orderDetailSku 视图，查看视图中的所有

课堂笔记

利用视图操作数据

信息，显示结果如图 7-15 所示。

步骤 2　利用视图操作数据

1）利用视图查询信息

利用 SQL 语句查询 view_orderDetailSku 视图中价格高于 30 元的记录，并按照价格降序排序具体操作如下。

（1）单击工具栏上的“查询”按钮，选择“新建查询”命令，打开代码查询编辑器。

（2）根据任务执行相关操作，SQL 代码如下：

```
SELECT * from view_orderDetailSku WHERE od_order_price > 30 GROUP BY
od_order_price DESC;
```

对象　view_orderdetailsku @ecommerce (t...

开始事务　文本　筛选　排序　导出

o_consignee	sku_name	od_order_price
孙成红	思烨 蚊帐家用1.5*1.8m米双人蒙古包学生1.2米床 文纹帐方顶免	34.80
孙成红	娃哈哈ad钙奶220ml*20瓶儿童牛奶整箱学生早餐酸奶饮料网红	16.90
韩刚龙	多亲屋保鲜盒 冰箱保鲜盒水果盒 厨房收纳盒可密封食品冷冻饺	20.00
韩刚龙	贝亲(Pigeon) 婴儿润肤露 婴儿润肤乳 婴儿身体乳 70g IA155	43.90
郝爱莲	寂益 牛仔裤女韩版高腰显瘦2021夏秋季新款弹力修身显高ins风	90.00
郝爱莲	乐卡（Lecoco）儿童滑板车宝宝折叠滑行车2-8岁可坐单脚踏二	241.00
郝爱莲	贝亲(Pigeon) 婴儿润肤露 婴儿润肤乳 婴儿身体乳 70g IA155	43.90
王云飞	无核葡萄干新疆吐鲁番特产大颗粒特级零食蜜饯干果绿提子 葡萄	9.50
王云飞	娃哈哈ad钙奶220ml*20瓶儿童牛奶整箱学生早餐酸奶饮料网红	16.90
孙丽萍	多亲屋保鲜盒 冰箱保鲜盒水果盒 厨房收纳盒可密封食品冷冻饺	20.00
孙丽萍	寂益 牛仔裤女韩版高腰显瘦2021夏秋季新款弹力修身显高ins风	90.00
孙丽萍	无核葡萄干新疆吐鲁番特产大颗粒特级零食蜜饯干果绿提子 葡萄	9.50
孙丽萍	阿婆家的薯片8包组合儿童休闲零食大礼包办公聚会小吃年货食品	7.90
孙丽萍	思烨 蚊帐家用1.5*1.8m米双人蒙古包学生1.2米床 文纹帐方顶免	34.80
丁冬琴	娃哈哈ad钙奶220ml*20瓶儿童牛奶整箱学生早餐酸奶饮料网红	16.90

图 7-15　查看 view_orderDetailSku 视图中的所有信息

（3）代码运行调试。单击 Navicat 工具栏上的“运行”按钮完成操作，代码成功执行。查询到的结果如图 7-16 所示。

信息　结果 1　剖析　状态

o_consignee	sku_name	od_order_price
郝爱莲	乐卡（Lecoco）儿童滑板车	241.00
郝爱莲	寂益 牛仔裤女韩版高腰显瘦	90.00
韩刚龙	贝亲(Pigeon) 婴儿润肤露	43.90
孙成红	思烨 蚊帐家用1.5*1.8m米双	34.80

图 7-16　查询指定条件的视图信息

2）借助视图插入数据

首先利用 SQL 语句为 ecommerce 创建一个名为 view_user 的视图，用来查看用户信息表的部分信息，显示用户 ID（u_id）、用户昵称（u_nick_name）、密码（u_passwd）、邮箱（u_email）。然后向 view_user 视图中插入一条数据，用户 ID 为 1000021，用户昵称为 xixihaha，密码为 123456，邮箱为 123456@qq. com。

（1）单击工具栏上的“查询”按钮，选择“新建查询”命令，打开代码查询编辑器。

课堂笔记

（2）根据任务执行相关操作，SQL 代码如下：

```
CREATE VIEW view_user AS SELECT u_id 用户编号，u_nick_name 昵称，u_passwd
密码，u_email 邮箱 FROM t_user;
INSERT into view_user VALUES("1000021","xixihaha","123456","123456@
qq.com");
```

（3）代码运行调试。单击 Navicat 工具栏上的"运行"按钮，插入命令，说明数据信息已被成功插入。

（4）通过查看 view_user 视图的内容（见图 7-17）和基本表 t_user 的内容（见图7-18）再次验证数据插入成功。

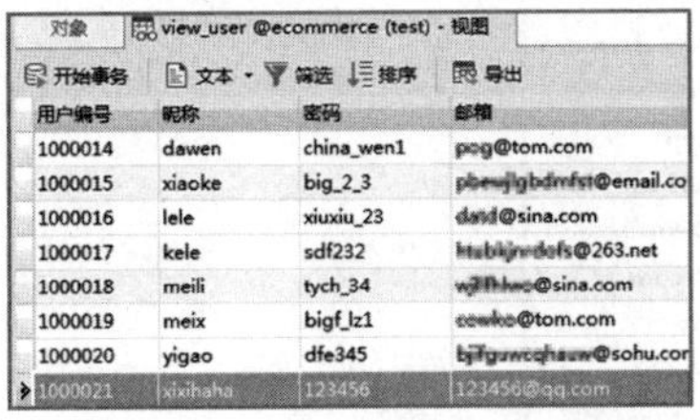

用户编号	昵称	密码	邮箱
1000014	dawen	china_wen1	[illegible]@tom.com
1000015	xiaoke	big_2_3	[illegible]@email.co
1000016	lele	xiuxiu_23	[illegible]@sina.com
1000017	kele	sdf232	[illegible]@263.net
1000018	meili	tych_34	[illegible]@sina.com
1000019	meix	bigf_lz1	[illegible]@tom.com
1000020	yigao	dfe345	[illegible]@sohu.cor
1000021	xixihaha	123456	123456@qq.com

图 7-17　插入数据后查询视图 view_user 的信息

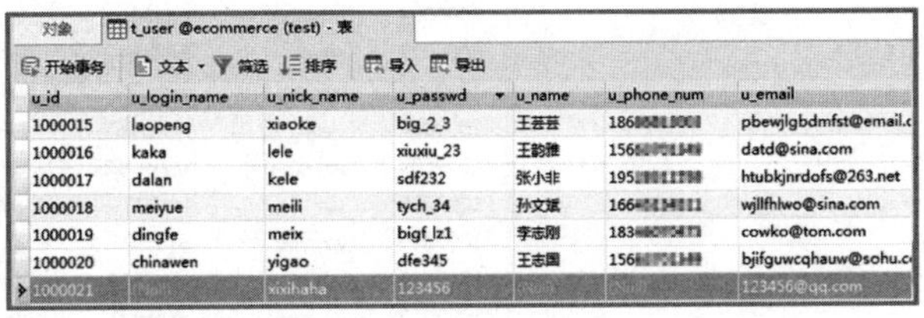

u_id	u_login_name	u_nick_name	u_passwd	u_name	u_phone_num	u_email
1000015	laopeng	xiaoke	big_2_3	王芸芸	186[illegible]	pbewjlgbdmfst@email.c
1000016	kaka	lele	xiuxiu_23	王韵雅	156[illegible]	datd@sina.com
1000017	dalan	kele	sdf232	张小非	195[illegible]	htubkjnrdofs@263.net
1000018	meiyue	meili	tych_34	孙文斌	166[illegible]	wjllfhlwo@sina.com
1000019	dingfe	meix	bigf_lz1	李志刚	183[illegible]	cowko@tom.com
1000020	chinawen	yigao	dfe345	王志国	156[illegible]	bjifguwcqhauw@sohu.c
1000021	(Null)	xixihaha	123456	(Null)	(Null)	123456@qq.com

图 7-18　插入数据后查询基本表 t_user 的信息

3）借助视图修改数据

修改 view_user 视图中用户 ID 为 1000021 的用户昵称为 xiha，操作如下。

（1）单击工具栏上的"查询"按钮，选择"新建查询"命令，打开代码查询编辑器。

（2）根据任务执行相关操作，SQL 代码如下。

```
UPDATE view_user SET 昵称 = "xiha" WHERE 用户编号 = "1000021";
```

（3）代码运行调试。

单击 Navicat 工具栏上的"运行"按钮，修改命令，说明数据信息已被成功修改。

（4）通过查看 view_user 视图的内容（见图 7-19）和基本表 t_user 的内容（见图7-20）再次验证数据修改成功。

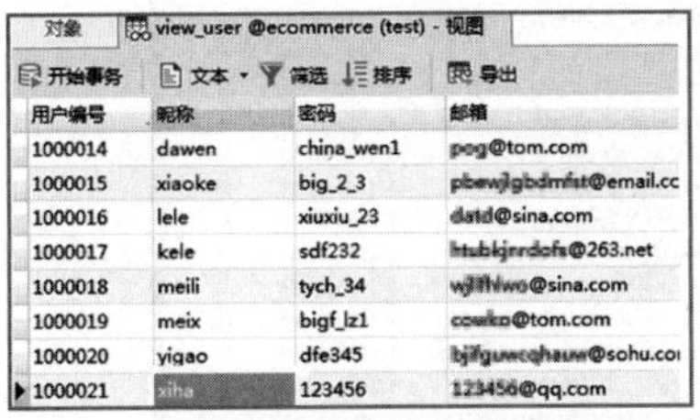

用户编号	昵称	密码	邮箱
1000014	dawen	china_wen1	[illegible]@tom.com
1000015	xiaoke	big_2_3	[illegible]@email.cc
1000016	lele	xiuxiu_23	[illegible]@sina.com
1000017	kele	sdf232	[illegible]@263.net
1000018	meili	tych_34	[illegible]@sina.com
1000019	meix	bigf_lz1	[illegible]@tom.com
1000020	yigao	dfe345	[illegible]@sohu.coı
1000021	xiha	123456	123456@qq.com

图 7-19　修改数据后查询视图 view_user 的信息

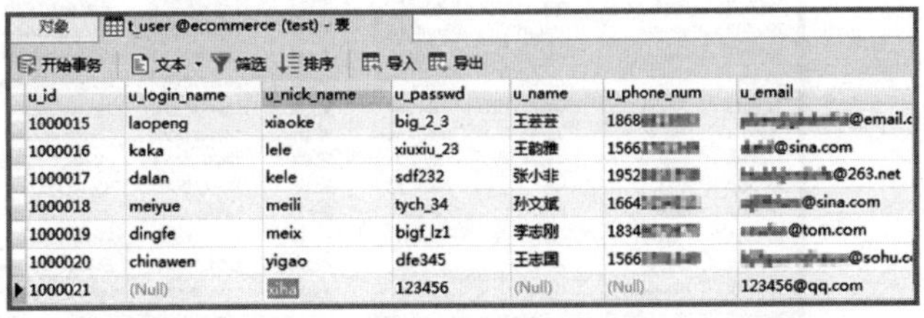

u_id	u_login_name	u_nick_name	u_passwd	u_name	u_phone_num	u_email
1000015	laopeng	xiaoke	big_2_3	王芸芸	1868[illegible]	[illegible]@email.c
1000016	kaka	lele	xiuxiu_23	王韵雅	1566[illegible]	[illegible]@sina.com
1000017	dalan	kele	sdf232	张小非	1952[illegible]	[illegible]@263.net
1000018	meiyue	meili	tych_34	孙文斌	1664[illegible]	[illegible]@sina.com
1000019	dingfe	meix	bigf_lz1	李志刚	1834[illegible]	[illegible]@tom.com
1000020	chinawen	yigao	dfe345	王志国	1566[illegible]	[illegible]@sohu.c
1000021	(Null)	xiha	123456	(Null)	(Null)	123456@qq.com

图 7-20　修改数据后查询基本表的 t_user 信息

4）借助视图删除数据

删除 view_user 视图中用户 ID 为 1000021 的数据记录，具体操作如下。

（1）单击工具栏上的"查询"按钮，选择"新建查询"命令，打开代码查询编辑器。

（2）根据任务执行相关操作，SQL 代码如下：

课堂笔记

维护视图后相关操作

```
DELETE FROM view_user WHERE 用户编号 = "1000021";
```

(3) 代码运行调试。单击 Navicat 工具栏上的“运行”按钮，执行删除命令，说明数据信息已被成功删除。

(4) 通过查看 view_user 视图的内容(见图 7-21)和基本表 t_user 的内容(见图7-22)再次验证数据删除成功。

对象 | view_user @ecommerce (test) - 视图

开始事务 文本 筛选 排序 导出

用户编号	昵称	密码	邮箱
1000001	mink	123123	[illegible]@sohu.com
1000002	fox	234232	[illegible]@265.com
1000003	lafeng	sdf23	[illegible]@yahoo.com.cn
1000004	bluecat	sds34	[illegible]@china.
1000005	aiyou	helloz	[illegible]@msn.cc
1000006	laming	tom223	[illegible]@com
1000007	youli	china267	[illegible]@163.net
1000008	pengpeng	mayar123	[illegible]@email.com
1000009	suk	lan223	[illegible]@35.com
1000010	youyou	asdf123	[illegible]@qq.com
1000011	labi	shu2534	[illegible]@265.com
1000012	gaoren	mingzz1	[illegible]@eyou.com
1000013	guojian	lalan23	[illegible]@sina.com
1000014	dawen	china_wen1	[illegible]@tom.com
1000015	xiaoke	big_2_3	[illegible]@email.co
1000016	lele	xiuxiu_23	[illegible]@sina.com
1000017	kele	sdf232	[illegible]@263.net
1000018	meili	tych_34	[illegible]@sina.com
1000019	meix	bigf_lz1	[illegible]@tom.com
1000020	yigao	dfe345	[illegible]@sohu.cor

图 7-21　删除数据后查询视图 view_user 的信息

对象 | t_user @ecommerce (test) - 表

开始事务 文本 筛选 排序 导入 导出

u_id	u_login_name	u_nick_name	u_passwd	u_name	u_phone_num	u_email	u_head_img	u_user_level	u_birthday	u_gend
1000001	feiya	mink	123123	张文	1384[illegible]	[illegible]@sohu.com	http://CVWULWxxUhbMJ\	4	1966-01-14	M
1000002	suoyi	fox	234232	刘亚飞	1364[illegible]	[illegible]@265.com	http://goYdwXzEyCshJLLy	2	1993-12-14	M
1000003	pengfei	lafeng	sdf23	孙成文	1395[illegible]	[illegible]@yahoo.com.cn	http://ogPFHtYKJcptZOYzl	5	1972-10-29	F
1000004	mingyi	bluecat	sds34	李宝	1396[illegible]	[illegible]@china.	http://zbKvWyAimOgodw	4	1985-11-08	F
1000005	haiwen	aiyou	helloz	张兰非	1394[illegible]	[illegible]@msn.cc	http://LCJvmVVOizXqMNI	4	1990-09-18	M
1000006	daxiang	laming	tom223	李兰兰	1391[illegible]	[illegible]@com	http://iDqTwDARJJAAbHd	3	1963-05-15	M
1000007	woyi	youli	china267	赵志强	1396[illegible]	[illegible]@163.net	http://COmUMZNPMoiZz	2	1995-02-01	M
1000008	xiuxiu	pengpeng	mayar123	甘甜	1393[illegible]	[illegible]@email.com	http://aToNbPWoDcCBdL	3	1992-02-27	F
1000009	qiuya	suk	lan223	宋文哲	1396[illegible]	[illegible]@35.com	http://bNIcomrYSutJrJeBx	2	1992-06-27	M
1000010	gaofei	youyou	asdf123	龚晓丽	1390[illegible]	[illegible]@qq.com	http://bNIcomrYSutJrJeBx	3	1971-07-20	F
1000011	lala	labi	shu2534	李志鹏	1657[illegible]	[illegible]@265.com	http://aRggoborTpUDjlBk	2	1982-12-15	F
1000012	maya	gaoren	mingzz1	孙立立	1671[illegible]	[illegible]@eyou.com	http://bsKuUnHviExAkxKf	4	1966-10-07	M
1000013	pengzu	guojian	lalan23	龚文成	1364[illegible]	[illegible]@sina.com	http://JzxLqsSmHzCnJtYLL	4	1972-08-29	F
1000014	zifei	dawen	china_wen1	刘飞儿	1664[illegible]	[illegible]@tom.com	http://rzyUavcYKFXXTzTTI	5	1998-02-26	M
1000015	laopeng	xiaoke	big_2_3	王菲菲	1868[illegible]	[illegible]@email.co	http://cSioSzQIQgjAbHeyl	5	1986-04-29	M
1000016	kaka	lele	xiuxiu_23	王韵雅	1566[illegible]	[illegible]@sina.com	http://nAQCqWLONydXBI	3	1994-07-15	M
1000017	dalan	kele	sdf232	张小非	1952[illegible]	[illegible]@263.net	http://SSLcfqpBMgtBAXm	5	1955-06-24	F
1000018	meiyue	meili	tych_34	孙文斌	1664[illegible]	[illegible]@sina.com	http://OBskXfKhHQglJMI	2	1972-01-25	F
1000019	dingfe	meix	bigf_lz1	李志刚	1834[illegible]	[illegible]@tom.com	http://oSvCAUVWUJMHbl	1	1998-10-09	M
1000020	chinawen	yigao	dfe345	王志国	1566[illegible]	[illegible]@sohu.cor	http://szuxcXJlmDfQMmb	5	1951-10-22	F

图 7-22　删除数据后查询基本表 t_user 的信息

步骤 3　利用图形化工具和 SQL 语句维护视图

1) 利用图形化工具修改 view_userrating 视图的定义

在 view_userrating 视图中增加显示评分时间的 timestamp 字段，具体操作如下。

(1) 在左侧窗格中展开 ecommerce 数据库，选择 view_userrating 视图并右击，在快捷菜单中选择“设计视图”命令，该视图已经定义的 SQL 代码显示在屏幕中，单击“视图创建工具”按钮，弹出视图创建工具框，选中 t_rating 数据表中 timestamp 字段名复选框。

（2）单击视图创建工具界面右下角的“构建并运行”按钮，预览数据如图 7-23 所示，说明修改成功。

（3）单击左上角“保存”按钮，完成对视图的修改操作。

2）利用 SQL 语句修改 view_orderDetailSku 视图定义

修改 view_orderDetailSku 视图的定义，使其只显示购买价格大于 30 元的记录，并按照购买价格降序排序，具体操作如下。

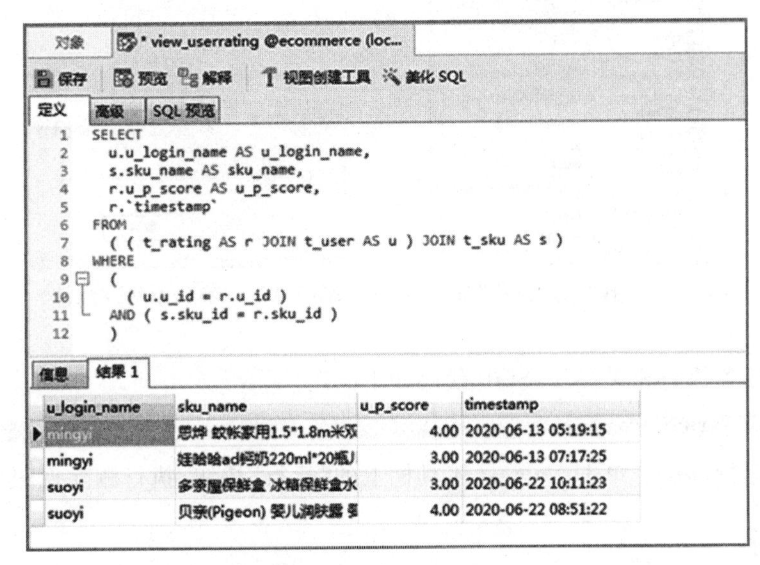

```
SELECT
  u.u_login_name AS u_login_name,
  s.sku_name AS sku_name,
  r.u_p_score AS u_p_score,
  r.`timestamp`
FROM
  ( ( t_rating AS r JOIN t_user AS u ) JOIN t_sku AS s )
WHERE
  (
    ( u.u_id = r.u_id )
  AND ( s.sku_id = r.sku_id )
  )
```

u_login_name	sku_name	u_p_score	timestamp
mingyi	思烨 蚊帐家用1.5*1.8m米双	4.00	2020-06-13 05:19:15
mingyi	娃哈哈ad钙奶220ml*20瓶	3.00	2020-06-13 07:17:25
suoyi	多亲屋保鲜盒 冰箱保鲜盒水	3.00	2020-06-22 10:11:23
suoyi	贝亲(Pigeon) 婴儿润肤露 婴	4.00	2020-06-22 08:51:22

图 7-23　预览增加 timestamp 字段后视图中的数据

（1）单击工具栏上的“查询”按钮，选择“新建查询”命令，打开代码查询编辑器。

（2）根据任务执行相关操作，SQL 代码如下：

```
ALTER VIEW view_orderDetailSku AS SELECT O.o_consignee, S.sku_name,
D.od_order_price FROM t_order O, t_order_detail D, t_sku S WHERE O.o_id = D.o_id
AND D.sku_id = S.sku_id AND D.od_order_price > 30 GROUP BY od_order_price
DESC ;
```

（3）代码运行调试。单击 Navicat 工具栏上的“运行”按钮，执行修改视图的命令。

（4）双击“视图”下的 view_orderDetailSku 视图，查看该视图中的所有信息，如图 7-24 所示。

o_consignee	sku_name	od_order_price
郝爱莲	乐卡（Lecoco）儿童滑板车宝	241.00
郝爱莲	寂益 牛仔裤女韩版高腰显瘦202	90.00
韩刚龙	贝亲(Pigeon) 婴儿润肤露 婴儿	43.90
孙成红	思烨 蚊帐家用1.5*1.8m米双人	34.80

图 7-24　显示 view_orderDetailSku 视图中的所有信息

课堂笔记

3）利用图形化工具删除视图 view_userrating

在左侧窗格中展开 ecommerce 数据库，选择“view_userrating”视图并右击，在快捷菜单中选择“删除视图”命令，如图 7-25 所示。弹出“确认删除”对话框，单击“删除”按钮，即可删除已选中的视图，如图 7-26 所示。

4）利用 SQL 语句删除视图 view_orderdetailsku

（1）单击工具栏上的“查询”按钮，选择“新建查询”命令，打开代码查询编辑器。

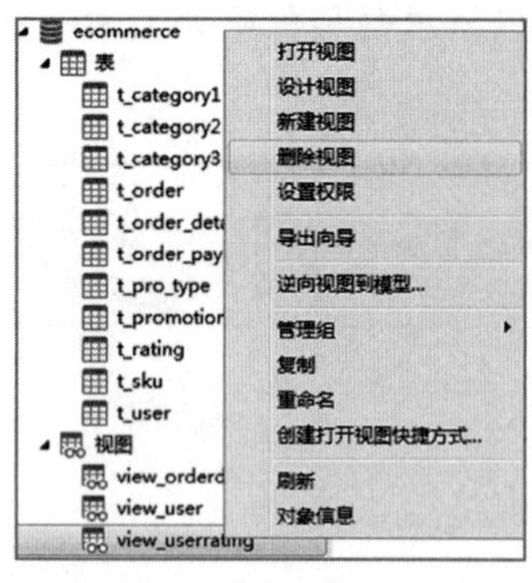

图 7-25　选择“删除视图”命令

图 7-26　“确认删除”对话框

（2）根据任务执行相关操作，SQL 代码如下。

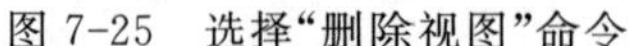

```
DROP VIEW view_orderdetailsku;
```

（3）代码运行调试。单击 Navicat 工具栏上的“运行”按钮，执行删除视图命令。

知识点解析

1. 视图的概念与优势

1）视图的概念

所谓视图是从一张或多张基本表，或已存在的视图中导出的虚拟表，从现有数据表中选择对应子集组成用户所需的特殊表。由于视图的构成和结果集是由行和列组成，与数据表的样子十分相似，故而称为虚表。通常，利用 SELECT 语句构建视图，引用视图的方法和引用基本表的方法是相同的。创建与存储视图的实质只是将视图的定义保存到数据库里，视图中显示的数据仍旧保存在基本表中。当用户使用视图时，才从基本表中查找对应数据，将其在视图中动态生成并显示出来，视图中的数据随着基本表数据源的变化而变化。

2）视图的优势

（1）简化数据操作：对于用户经常使用的多表连接查询、联合查询、子查询、复合条件选择查询等，可以将其定义成视图。每次进行数据查询时，只需写一条简单的数据查询语句即可，不必将复杂的查询语句重复书写，由此极大地简化了用户操作数据的工作量也达到了化繁为简的目的。

（2）增强数据安全保障：视图可以作为一种数据安全机制使用。借助视图用户只能浏览和修改可见的数据，对于不在视图定义中的数据，用户是不可见的，当然也就不能进行访问了，从而保护了数据的安全性。在大数据时代，我们也更应该培养和增强数据安全意识。

(3) 方便数据的合并与分割：随着数据量的增大，在表的设计与使用过程中经常需要对表进行水平或垂直分割，这就导致表结构要频繁发生变化，不利于应用程序的有效运行。利用视图灵活地保存原有数据表结构，在外模式不变的情况下，应用程序完全可以利用视图重载数据。

(4) 完成数据导入或导出操作：利用视图可以将基本表中的数据进行导入或导出。

(5) 集中显示所需要的数据：由于用户可以根据实际需要定义视图，只可以看到视图中定义的数据而非基本表中的全部数据，因此，视图可以使用户集中精力观察感兴趣的特定数据或实现的特定任务，进而提升数据操作效率。

(6) 使用自定义数据：不同水平的用户在使用同一数据库时，利用视图能够使不同用户以各自不同的方式观察到相同或不同的数据集。显然，用户根据自己的需求可以定义相应的数据集。

2. 创建视图

创建视图是指在已存在的基本表或已有的视图上建立视图。对于新建视图的命名，可以根据所包含的内容灵活定义，视图一旦创建完毕作为一种数据库对象永久性地存在在磁盘上，就可以当作基本表来引用。访问已存在的视图时，需要从基本表中提取对应的行、列数据，视图对基本表有永久的依赖性。

MySQL 数据库系统允许使用 CREATE VIEW 语句创建视图，语法结构如下：

```
CREATE VIEW view_name[(Column1 [,...,Columnn])]
AS select_statement [WITH CHECK OPTION];
```

语法说明：

(1) view_name：用来定义要创建的视图名称，该参数不能省略，其命名规则与标识符的命名规则相同，建议根据视图的具体内容使用有意义的视图名。同时要确保同一数据库中的视图名具有唯一性，不能重名。

(2) Column：用来声明视图中要使用的列名。

(3) AS：视图定义的关键字，用来说明视图要完成的具体操作。

(4) select_statement：用来定义视图中的 SELECT 命令，但是，在视图定义中的 SELECT 命令里不能启用 ORDER BY 子句。

(5) WITH CHECK OPTION：用来强制所有通过视图修改的数据必须满足 select_statement 语句中指定的选择条件。

对视图进行保存时，实际上保存的是定义视图时对应的 SELECT 查询，具体保存内容是视图的定义，而不是 SELECT 查询的结果数据。如果创建视图的 SELECT 语句中包含字符串表达式比较的 WHERE 子句，要保证服务器端与客户端、数据库与数据表、各字段之间字符编码的一致性，否则在比较过程中将会出现乱码现象，无法进行比较操作，进而不能成功创建视图。

3. 利用视图操作数据

视图成功创建后，就可以像使用基本表一样，利用视图完成对数据信息的添加、修改、删除及查询等相关的操作。值得注意的是，通过视图更新数据时，实际上也是修改基本表中的数

课堂笔记

据。同样，基本表中的数据如果发生了改变，系统也会自动地反映到由基本表产生的视图中。

1）借助视图查询数据

执行视图的检索操作总是将其转换为视图所依赖的基本表的等价查询，由于创建视图可以向终端用户隐藏复杂得多表连接或多层次的子查询操作细节，因而简化了用户查询语句的SQL程序设计。利用SQL的SELECT命令和图形化工具均可以实施视图的查询操作，具体方法与查询基本表的操作一样。

使用视图进行数据查询时，如果该视图所依赖的基本表添加了新字段，则在视图定义没有修改之前，该视图的检索结果不包含新字段。如果该视图所依赖的基本表或其他视图已经被删除，此时该视图将不能成功执行查询命令。

2）理解可更新视图的概念

通过视图对基本表进行数据插入、修改或删除操作时，必须保证该视图是可更新视图，并非所有的视图都是可更新的视图。如果视图包含以下结构中的任何一种，则该视图就不是可更新视图。

（1）定义视图的SELECT语句中包含聚合函数。

（2）使用了DISTINCT关键字。

（3）启用了GROUP BY子句、ORDER BY子句或HAVING子句。

（4）运用了UNION运算符。

（5）SELECT语句中包含子查询。

（6）FROM子句中包含多张数据表。

（7）SELECT子句中引用了不可更新的视图或常量视图。

（8）WHERE子句中的子查询引用了FROM子句中的表。

（9）视图对应的数据表上存在没有默认值且不为空的列，而该列没有包含在视图里。例如，系部联系电话字段dep_phone设置了不允许为空的属性，但是该字段又没在对应的视图中定义，在做插入操作时系统将会报错。

可见，虽然通过更新视图可以操作相关数据表中的数据信息，但还是有一定的限制。在实际应用中，视图还是仅作为查询数据的虚表，以此优化系统，提高性能，而不要过于频繁地利用视图去更新数据表中的信息。

3）借助视图插入数据

使用INSERT语句更新视图的方式向基本表中插入数据，语法格式如下：

```
INSERT [INTO]视图名(列名列表)VALUES(值列表1),(值列表1),...,(值列表n);
```

语法说明与基本表INSERT语句参数含义相同。

通过视图向基本表中插入数据，必须保证该视图是可更新视图，对于可更新视图，视图中的行和基本表中的行要实时保持一对一的关系。如果在创建视图时使用了WITH CHECK OPTION子句，该子句会在更新数据时检查新数据是否符合视图定义中WHERE子句的条件。WITH CHECK OPTION子句只能和可更新视图一起使用。

4）借助视图修改数据

使用UPDATE语句更新视图的方式修改基本表中的数据，语法格式如下：

```
UPDATE 视图名 SET 列名1=值1,列名2=值2,...,列名n=值n
WHERE 条件表达式;
```

语法说明与基本表 UPDATE 语句参数含义相同。

5）借助视图删除数据

使用 DELETE 语句更新视图的方式删除基本表中的数据，语法格式如下：

```
DELETE FROM 视图名 [WHERE 条件表达式];
```

语法说明与基本表 DELETE 语句参数含义相同。

4. 修改视图的定义

视图被定义之后，随着使用的需要，如基本表的字段有所改变或者需要添加/删除视图定义中的某一列或某几列，此时需要对视图的定义进行相应的修改。MySQL 提供了利用图形化工具和 SQL 语句修改两种方式。

利用 SQL 语句修改视图定义使用的是 ALTER VIEW 语句，修改视图的语法格式如下：

```
ALTER VIEW view_name [(Column1[,...Columnn])]
AS select_statement [WITH CHECK OPTION];
```

修改视图语句的参数含义与创建视图 CREATE VIEW 命令中的参数含义一致。如果创建视图时包含了 WITH CHECK OPTION 选项，则修改视图定义时，在 ALTER VIEW 语句中也要使用 WITH CHECK OPTION 选项。

5. 删除视图

对于不再需要的视图应当及时将其删除，释放视图定义所占的存储空间。MySQL 提供了利用图形化工具和 SQL 语句删除两种方式。

利用 SQL 语句删除视图，使用 DROP VIEW 语句，删除视图的语法格式如下：

```
DROP VIEW view_name1 [,...view_namen];
```

利用 DROP VIEW 语句能够删除由视图名 view_name 指定的具体视图，执行一次该语句既可以删除一个视图也可以删除多个视图。各视图之间要用逗号分隔，执行视图删除操作的用户一定要拥有 DROP 权限。对视图执行删除操作时，不仅从系统目录中删除该视图的定义，而且与该视图相关的其他信息也一并被删除，同时删除视图的所有权限。

提示：

若某一视图被另一视图引用，删除了被引用的视图，当调用另一视图时，系统将提示出错信息。所以通常情况下，视图的定义都是基于基本表的，最好不要基于其他视图来定义视图。如果使用 DROP TABLE 命令删除指定的数据表，该表上的任何视图都必须使用 DROP VIEW 命令进行删除。

实战演练

任务工单：利用视图优化系统性能

代码设计员 ID		代码设计员姓名		所属项目组	
MySQL 官网网址	https://www.mysql.com		MySQL 版本		MySQL 8.0 社区版

课堂笔记

续表

<table>
<tr><td>硬件配置</td><td>CPU：2.3GHz及以上双核或四核；硬盘：150GB及以上；内存：8GB；网卡：千兆网卡</td><td>软件系统</td><td>mysql-8.0.23-winx64
navicat_premium_V11.2.7</td></tr>
<tr><td>操作系统</td><td>Windows 7/Windows 10或更高版本</td><td>执行创建视图语句和操作的资源要求</td><td>ecommerce数据库成功创建；
所有数据表创建完毕；
数据记录均录入完毕；
数据表之间关联关系建立完毕</td></tr>
<tr><td rowspan="5">任务执行前准备工作</td><td>检测计算机软硬件环境是否可用</td><td>□可用
□不可用</td><td>不可用注明理由：</td></tr>
<tr><td>检测操作系统环境是否可用</td><td>□可用
□不可用</td><td>不可用注明理由：</td></tr>
<tr><td>检验MySQL服务是否能正常启动</td><td>□正常
□不正常</td><td>不正常注明理由：</td></tr>
<tr><td>检测MySQL图形化工具Navicat是否可用</td><td>□可用
□不可用</td><td>不可用注明理由：</td></tr>
<tr><td>复习创建、操作和维护视图SQL语句的语法格式、运行流程，是否清楚</td><td>□清楚
□有问题</td><td>写明问题内容及缘由：</td></tr>
<tr><td rowspan="2">执行具体任务（在MySQL平台上编辑并运行主讲案例的视图创建任务）</td><td>利用图形化工具为ecommerce创建一个名为view_userRating的视图</td><td colspan="2">完成度：□未完成 □部分完成 □全部完成</td></tr>
<tr><td>利用SQL语句为ecommerce创建一个名为view_orderDetailSku的视图</td><td colspan="2">完成度：□未完成 □部分完成 □全部完成</td></tr>
<tr><td rowspan="4">执行具体任务（在MySQL平台上编辑并运行主讲案例的视图操作数据任务）</td><td>利用SQL语句查询view_orderDetailSku视图中价格高于30元的记录，并按照价格降序排列</td><td colspan="2">完成度：□未完成 □部分完成 □全部完成</td></tr>
<tr><td>借助视图插入数据</td><td colspan="2">完成度：□未完成 □部分完成 □全部完成</td></tr>
<tr><td>修改view_user视图中用户ID为1000021的用户昵称为xiha</td><td colspan="2">完成度：□未完成 □部分完成 □全部完成</td></tr>
<tr><td>删除view_user视图中用户ID为1000021的数据记录</td><td colspan="2">完成度：□未完成 □部分完成 □全部完成</td></tr>
<tr><td rowspan="4">执行具体任务（在MySQL平台上编辑并运行主讲案例的维护视图任务）</td><td>利用图形化工具修改view_userrating视图定义，增加显示评分时间的timestamp字段</td><td colspan="2">完成度：□未完成 □部分完成 □全部完成</td></tr>
<tr><td>利用SQL语句修改view_orderDetailSku视图定义，只显示购买价格高于30元的记录，并按照购买价格降列</td><td colspan="2">完成度：□未完成 □部分完成 □全部完成</td></tr>
<tr><td>利用图形化工具删除视图view_userrating</td><td colspan="2">完成度：□未完成 □部分完成 □全部完成</td></tr>
<tr><td>利用SQL语句删除视图view_orderDetailSku</td><td colspan="2">完成度：□未完成 □部分完成 □全部完成</td></tr>
</table>

课堂笔记

续表

任务未成功的处理方案	采取的具体措施：	执行处理方案的结果：
备注说明	填写日期：	其他事项：

任务评价

代码设计员 ID		代码设计员姓名		所属项目组			
评价栏目	任务详情	评价要素	分值	评价主体			
				学生自评	小组互评	教师点评	
视图操作功能实现	利用图形化工具创建视图	创建功能是否实现	10				
	利用 SQL 语句创建视图	创建功能是否实现	15				
	利用视图操作数据	功能是否实现	15				
	利用图形化工具维护视图	维护功能是否实现	10				
	利用 SQL 语句维护视图	维护功能是否实现	10				
代码编写规范	视图操作相关语句格式	视图操作相关语句编写是否规范并符合要求	1				
	关键字书写	关键字书写是否正确	1				
	标点符号使用	是否正确使用英文标点符号	1				
	标识符设计	标识符是否按规定格式设置并做到见名知意	2				
	代码可读性	代码可读性是否良好	2				
	代码优化程度	代码是否已被优化	2				
	代码执行耗时	执行时间可否接受	1				
操作熟练度	代码编写流程	编写流程是否熟练	4				
	程序运行操作	运行操作是否正确	4				
	调试与完善操作	调试过程是否合规	2				
创新性	代码编写思路	设计思路是否有创新性	5				
	查询结果显示效果	显示界面是否有创新性	5				
职业素养	态度	是否认真细致、遵守课堂纪律、学习积极、具有团队协作精神	3				

课堂笔记

续表

评价栏目	任务详情	评价要素	分值	评价主体		
				学生自评	小组互评	教师点评
职业素养	操作规范	是否有实训环境保护意识，实训设备使用是否合规，操作前是否对硬件设备和软件环境检查到位，有无损坏机器设备的情况，能否保持实训室卫生	3			
	设计理念	是否突显以用户为中心的设计理念	4			
总　　分			100			

拓展训练

利用视图优化系统性能

1. 实训操作

实训数据库	学校管理系统数据库 eleccollege 数据表：学生信息表 student、课程信息表 course、班级信息表 class、系部信息表 department、宿舍信息表 dormitory、成绩信息表 grade、教师信息表 teacher			
实训任务	任务内容	参考操作/代码	操作演示微课视频	问题记录
	利用图形化工具为 eleccollege 数据库创建一个名为 view_stuinfo 的视图	(SELECT S. stu_name 学生姓名，C. cou_name 课程名称，G. gra_score 考试成绩 FROM student S，course C，grade G WHERE S. stu_no= G. gra_stuid AND C. cou_no = G. gra_couno)；		
	利用 SQL 语句创建一个名为 view_teainfo 的视图	CREATE VIEW view_teainfo AS SELECT T. tea_name，D. dep_name FROM teacher T JOIN department D ON T. tea_department = D. dep_no WHERE T. tea_appointment='专任教师'； SELECT * FROM view_teainfo；		
	利用图形化工具查询 view_stuinfo 视图的所有内容			
	利用 SQL 语句查询 view_stuinfo 视图中成绩及格的信息并按成绩降序排列	SELECT * FROM view_stuinfo WHERE 考试成绩>=60 ORDER BY 考试成绩 DESC；		

课堂笔记

续表

	任务内容	参考操作/代码	操作演示微课视频	问题记录
实训任务	通过 view_depinfo 视图向基本表 department 中添加一条记录。借助该视图添加一个新系部的信息，新系部编号为“d00000000006”；名称为“经济与管理系”	CREATE VIEW view_depinfo AS SELECT dep_no,dep_name FROM department; INSERT INTO view_depinfo(dep_no,dep_name)VALUES('d00000000006', '经济与管理系'); SELECT * FROM view_depinfo; SELECT * FROM department;		
	通过 view_depinfo 视图修改系部名称，将“经济与管理系”修改成“经管系”	SELECT dep_no, dep_name FROM department WHERE dep_no= 'd00000000006'; UPDATE view_depinfo SET dep_name='经管系' WHERE dep_no='d00000000006'; SELECT * FROM view_depinfo WHERE dep_no='d00000000006'; SELECT * FROM department WHERE dep_no='d00000000006';		
	通过 view_depinfo 视图删除系部名称是“经管系”的记录	DELETE FROM view_depinfo WHERE dep_name='经管系'; SELECT * FROM view_depinfo; SELECT * FROM department;		
	利用图形化工具修改已创建的视图 view_stuinfo，只显示成绩不及格的信息	SELECT S.stu_name 学生姓名, C.cou_name 课程名称, G.gra_score 考试成绩 FROM student S,course C, grade G WHERE S.stu_no=G.gra_stuid AND C.cou_no=G.gra_couno AND G.gra_score < 60; SELECT * FROM view_stuinfo;		
	修改视图 view_teainfo，增加专业技术职称和研究领域两个字段	ALTER VIEW view_teainfo AS SELECT T.tea_name,D.dep_name,T.tea_profession,T.tea_research FROM teacher T JOIN department D ON T.tea_department=D.dep_no WHERE T.tea_appointment='专任教师'; SELECT * FROM view_teainfo;		
	利用图形化工具删除 view_stuinfo 视图	选中要删除的视图，右击，选择“删除视图”即可		
	利用 SQL 语句删除视图 view_teainfo	DROP VIEW view_teainfo;		

2. 知识拓展

(1) 在华为 GaussDB 数据库中继续使用跨境贸易系统数据库 interecommerce 完成以下操作。

① 创建一个名为 view_cou_sup 的视图，该视图包含洲名称、国家名称和供应商名称等

课堂笔记

信息,参考语句如下:

```
CREATE VIEW view_cou_sup
AS SELECT S.sta_name,C.cou_name, U.sup_name
FROM state S,country C, supplier U
WHERE S.sta_id = C.cou_stateid AND U.sup_countryid = C.cou_id;
```

② 创建一个名为 view_goods 视图,该视图包含商品编号和商品名称,参考语句如下:

```
CREATE VIEW view_goods AS SELECT goo_id,goo_name FROM goods;
```

③ 查看 view_goods 视图中的所有信息,参考语句如下:

```
SELECT * FROM view_goods;
```

④ 利用 view_goods 视图向 goods 表添加信息。例如,商品编号为“000000000004”,商品名称为“惠普打印机”,参考语句如下:

```
INSERT INTO view_goods(goo_id,goo_name)VALUES('000000000004','惠普打印机');
```

⑤ 利用 view_goods 视图修改 goods 表中的信息。例如,将商品名称由“惠普打印机”改变成“惠普复印机”,参考语句如下:

```
UPDATE view_goods SET goo_name = '惠普复印机'WHERE goo_id = '000000000004';
```

⑥ 利用 view_goods 视图删除 goods 表中指定的信息。例如,将商品编号为“000000000004”的商品记录删除,参考语句如下:

```
DELETE FROM view_goods WHERE goo_id = '000000000004';
```

⑦ 修改 view_goods 视图的定义。例如,为该视图添加一个零售价格新字段 goo_price,同时该视图只显示价格在 3000 元以上的商品,参考语句如下:

```
ALTER VIEW view_goods AS SELECT goo_id,goo_name,goo_price FROM goods WHERE goo_price >= 3000;
```

⑧ 删除 view_goods 视图,参考语句如下:

```
DROP VIEW view_goods;
```

(2) 1+X 证书 Web 前端开发 MySQL 考核知识点如下。

① 创建视图:

```
CREATE VIEW view_name[(Column1[,...,Columnn])] AS select_statement [WITH CHECK OPTION];
```

② 修改视图的定义:

```
ALTER VIEW view_name [(Column1[,...,Columnn])] AS select_statement [WITH CHECK OPTION];
```

③ 删除视图:

```
DROP VIEW view_name1 [,...,view_namen];
```

④ 借助视图插入数据:

```
INSERT [INTO]视图名(列名列表)VALUES(值列表 1),(值列表 1),...,(值列表 n);
```

⑤ 借助视图修改数据:

```
UPDATE 视图名 SET 列名 1 = 值 1, 列名 2 = 值 2,..., 列名 n = 值 n WHERE 条件表达式;
```

⑥ 借助视图删除数据：

```
DELETE FROM 视图名[WHERE 条件表达式];
```

讨论反思与学习插页

任务总结:利用视图优化系统性能

<table>
<tr><td>代码设计员 ID</td><td></td><td>代码设计员姓名</td><td></td><td>所属项目组</td><td></td></tr>
<tr><td colspan="6">讨论反思</td></tr>
<tr><td rowspan="2">学习研讨</td><td colspan="2">问题:请简述视图与基本表之间的异同点。</td><td colspan="3">解答：</td></tr>
<tr><td colspan="2">问题:利用视图操作数据需要具备哪些条件?</td><td colspan="3">解答：</td></tr>
<tr><td>立德铸魂</td><td colspan="5">借助视图应用与复杂查询的对比,使学生明白在数据库系统中实现某一个具体的功能,其途径不是唯一的。但是,在众多的方法中要取最优的,并不是以功能实现为终点,而是要在原有基础上进行优化,使其各种指标达到最优。因而,在日常学习与工作中,应当消除松散懈怠的心理状态,培养刻苦钻研、一丝不苟、字斟句酌、积极进取的工作态度,自觉树立一种精益求精、方得始终的工匠精神</td></tr>
<tr><td colspan="6">学习插页</td></tr>
<tr><td>过程性学习</td><td colspan="5">记录学习过程：</td></tr>
<tr><td>重点与难点</td><td colspan="5">提炼利用视图优化系统性能的重难点：</td></tr>
<tr><td>阶段性评价总结</td><td colspan="5">总结阶段性学习效果：</td></tr>
<tr><td>答疑解惑</td><td colspan="5">记录学习过程中疑惑问题的解答情况：</td></tr>
</table>

课堂笔记

项目 8　编程实现对电子商务系统数据表的处理

项目导读

为了提高电子商务系统数据库的处理速度，增强数据库的可重用性，在数据库应用系统的开发中充分运用存储过程、自定义函数、触发器和事务，可以增强数据库的健壮性，使数据库更加完整，同时，减少数据库开发人员的工作量。

项目素质目标

培养学生认真细致的工作态度和立足全局的思考方式，让学生理解世界的物质性和关联性，帮助学生培养正确的思辨方式和有始有终的工作方式。

项目知识目标

掌握 SQL 编程的基础知识；掌握创建和调用存储过程的方法；掌握创建和调用自定义函数的方法；掌握触发器的使用方法；掌握事务的基本原理和使用方法。

项目能力目标

掌握创建、使用与维护存储过程的操作；掌握创建、调用与维护自定义函数的操作；掌握创建与使用触发器的操作；掌握建立与使用事务的操作。

项目导图

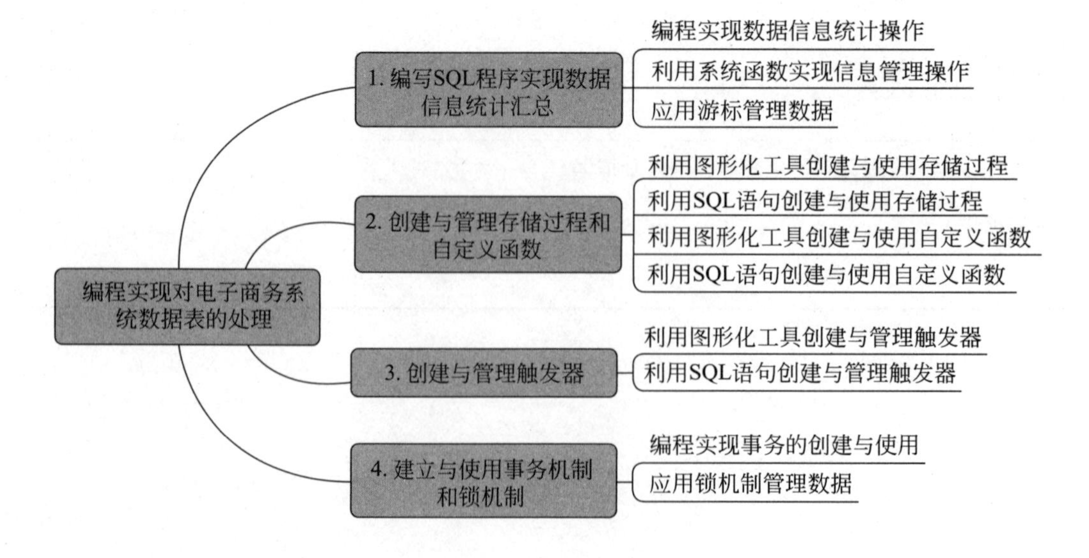

课堂笔记

任务 8-1　编写 SQL 程序实现数据信息统计汇总

任务描述

电子商务系统数据库已经创建完成，数据表结构设计完成，具备增、删、查、改功能，也通过视图和索引完成了查询优化工作，但是，电子商务系统有许多信息统计汇总需求通过简单的增、删、查、改操作是无法实现的，需要借助数据库编程才能实现。作为数据库管理员，需要根据需求编程实现复杂的数据库管理操作，并在数据库系统集成开发平台上实现。本任务进度表如表 8-1 所示。

表 8-1　编写 SQL 程序实现数据信息统计汇总任务进度表

系统功能	任务下发时间	预期完成时间	任务负责人	版本号
编程实现数据信息统计操作	12 月 2 日	12 月 4 日	张文莉	V1.0
编程实现有条件数据信息汇总操作	12 月 5 日	12 月 7 日	张文莉	V1.0
利用系统函数实现信息管理操作	12 月 8 日	12 月 9 日	李晓华	V1.0

任务分析

电子商务系统数据库中复杂的数据管理任务需要数据库编程才能实现，这就要求数据库开发人员具备数据库编程的基础知识，包括变量、常量、数据类型、运算符、表达式、函数、游标、流程控制语句等。除此之外，还要求数据库开发人员能根据系统需求设计、开发、调试 SQL 程序代码，并在数据库系统集成开发平台上实现。

任务目标

- 素质目标：培养学生认真细致、严谨求实、追求卓越的优秀品质。
- 知识目标：了解变量与常量的概念；了解运算符与表达式的含义；了解常用系统函数的功能；掌握流程控制语句的使用；了解游标的使用流程。
- 能力目标：掌握变量、常量、运算符、表达式的使用方法；掌握常用系统函数的作用和使用方法；掌握流程控制语句的使用方法；掌握游标的声明和使用方法；具备使用数据库编程实现复杂任务的能力。

任务实施

步骤 1　编程实现数据信息统计操作

数据信息统计

(1) 创建存储过程 my_orders，查询 ecommerce 数据库中 u_id 为 1000004 的用户是否有购买记录，代码如下：

```
CREATE PROCEDURE my_orders()
BEGIN
```

课堂笔记

```
    DECLARE num INT;
    SELECT count( * )INTO num FROM t_order_payment_flow WHERE u_id = '1000004';
    IF num > 0 THEN
      SELECT '有购买记录';
    ELSE
      SELECT '无购买记录';
    END IF;
END
```

运行存储过程 my_orders，结果如图 8-1 所示。

（2）查询 t_user 表中的前 5 条记录，输出 u_name 字段和 u_gender 字段的值。当 u_gender 字段的值为'M'时，输出'男'；否则，输出'女'，代码如下：

```
SELECT u_name AS '姓名',IF(u_gender = 'M','男','女')AS '性别'
FROM t_user
LIMIT 5;
```

运行以上 SQL 语句，结果如图 8-2 所示。

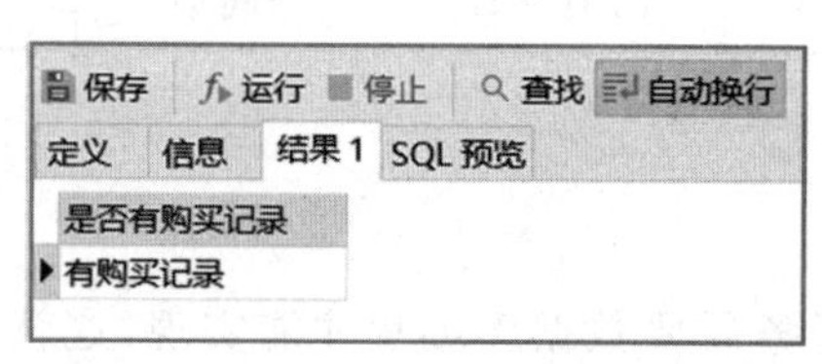

图 8-1　存储过程 my_orders 运行结果

姓名	性别
张文	男
刘亚飞	男
孙成文	女
李宝	女
张兰非	男

图 8-2　IF 函数运行示例

步骤 2　利用系统函数实现数据管理操作

数据管理操作

（1）获取系统当前日期的年份值、月份值、日期值、小时值和分钟值，代码如下：

```
SET @mydate = CURRENT_DATE();
SET @mytime = CURRENT_TIME();
SELECT YEAR(@mydate),MONTH(@mydate),DAYOFMONTH(@mydate),
HOUR(@mytime),MINUTE(@mytime);
```

运行上述代码，结果如图 8-3 所示。

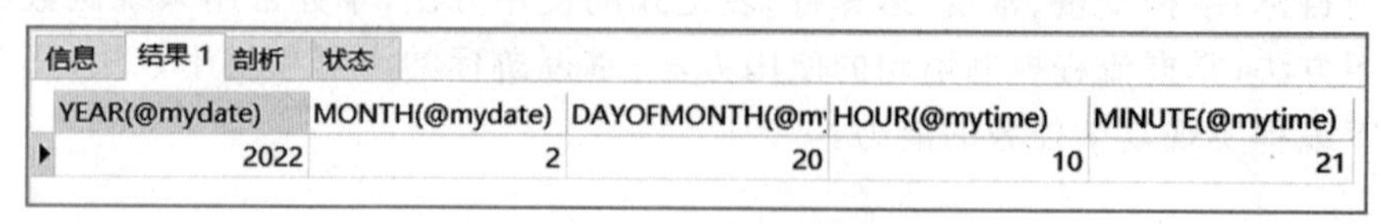

YEAR(@mydate)	MONTH(@mydate)	DAYOFMONTH(@m	HOUR(@mytime)	MINUTE(@mytime)
2022	2	20	10	21

图 8-3　日期时间函数使用示例

（2）获取 MySQL 版本号、连接数和数据库名，代码如下：

```
SELECT VERSION(),CONNECTION_ID(),DATABASE();
```

运行上述代码，结果如图 8-4 所示。

课堂笔记

信息	结果 1	剖析	状态

VERSION()	CONNECTION_ID()	DATABASE()
8.0.26	53	ecommerce

图 8-4　系统信息函数使用示例

步骤 3　应用游标管理数据

应用游标管理数据

创建存储过程 delAllOrdersByUid，删除指定用户的全部订单，同时删除每个订单的订单明细，代码如下：

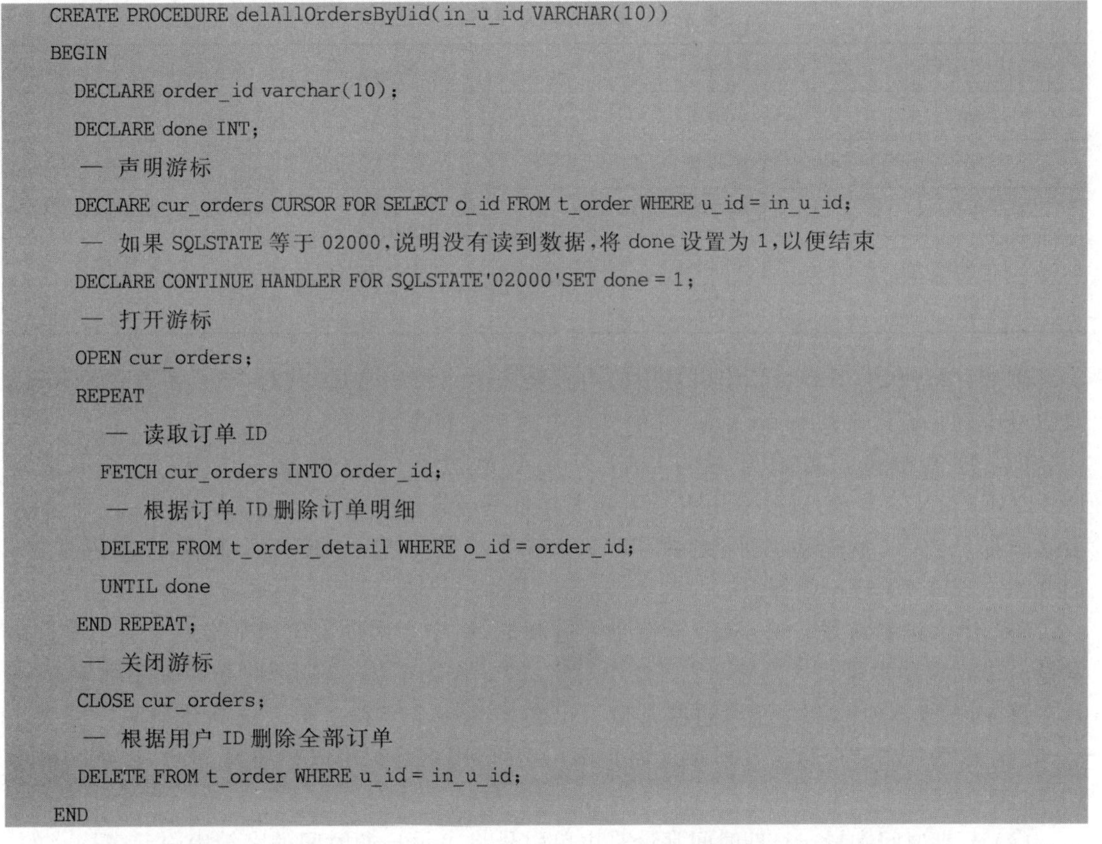

```
CREATE PROCEDURE delAllOrdersByUid(in_u_id VARCHAR(10))
BEGIN
  DECLARE order_id varchar(10);
  DECLARE done INT;
  — 声明游标
  DECLARE cur_orders CURSOR FOR SELECT o_id FROM t_order WHERE u_id = in_u_id;
  — 如果 SQLSTATE 等于 02000，说明没有读到数据，将 done 设置为 1，以便结束
  DECLARE CONTINUE HANDLER FOR SQLSTATE'02000'SET done = 1;
  — 打开游标
  OPEN cur_orders;
  REPEAT
    — 读取订单 ID
    FETCH cur_orders INTO order_id;
    — 根据订单 ID 删除订单明细
    DELETE FROM t_order_detail WHERE o_id = order_id;
    UNTIL done
  END REPEAT;
  — 关闭游标
  CLOSE cur_orders;
  — 根据用户 ID 删除全部订单
  DELETE FROM t_order WHERE u_id = in_u_id;
END
```

运行存储过程 delAllOrdersByUid，输入用户 ID，可删除该用户的全部订单，同时删除每个订单的订单明细。

知识点解析

1. 常量与变量的概念

1）常量

常量也称为文字值或标量值，表示一个特定数据值的符号，是指在存储过程中值始终不变的量。常量的格式取决于它所表示的值的数据类型。MySQL 中的常量主要有以下六种类型。

课堂笔记

(1) 字符串常量。字符串常量是用单引号或双引号括起来的一串字符序列,分为ASCII字符串常量和Unicode字符串常量。其中ASCII字符串常量是用单引号括起来的,由ASCII字符构成的符号串,其字符可以是字母、数字或特殊字符,如'Hi'、'Hello'等。Unicode字符串常量与ASCII字符串常量相似,但它前面有一个N标志符(N代表SQL－92标准中的区域语言),前缀N必须是大写字母。例如,'Beijing'是ASCII字符串常量,而N'Beijing'是Unicode字符串常量。在字符串中不仅可以使用普通的字符,也可使用转义字符,用来表示特殊的字符。每个转义字符都以一个反斜杠("\")开始,指出后面的字符使用转义字符来解释,而不是普通字符。常用的转义字符如表8-2所示。

表8-2　常用的转义字符及其含义

转义字符	含　义	转义字符	含　义
\0	一个ASCII 0(NUL)字符	\'	一个单引号
\n	一个换行符	\"	一个双引号
\r	一个回车符	\\	一个反斜线
\t	一个定位符	\%	一个百分号
\b	一个退格符	_	一个"_"

例如,'MySQL Server':单引号中的内容是一个字符串常量,共有12个字符;"Xi'an":双引号中的字符串内容为Xi'an;'':单引号中为空字符串。

(2) 数值常量。数值常量可以分为整型常量和小数常量。其中,整型常量即INTEGER(INT)常量,以没有用引号引起来并且不包含小数点的数字字符串表示。整型常量必须都是数字,不能包含小数,如369、90等。小数常量,即使用小数点的数值常量,如3.89、－90.78、5E－3等。

(3) 十六进制常量。MySQL支持十六进制值,一个十六进制值通常指定为一个字符串常量。十六进制常量以大写字母"X"或小写字母"x"作为前缀,在引号中可以使用数字0～9及字母a～f或A～F,每个十六进制常量可以转换为一个字符。十六进制数值不区分大小写,其前缀"X"或"x"可以被"0x"取代而且不用引号,即X'41'可以替换为0x41,注意"0x"中x一定要小写。

(4) 日期时间常量。日期时间常量是由单引号将表示日期时间的字符串引起来构成的。日期型常量包括年、月、日,数据类型为DATE,如'2019－01－01'。时间型常量包括时、分、秒,数据类型为TIME,如'10:20:30'。MySQL还支持日期/时间的组合,数据类型为DATETIME或TIMESTAMP,如'2018-02-14 10:08:20'。DATETIME和TIMESTAMP的区别在于:DATETIME的年份为1000—9999,而TIMESTAMP的年份为1970—2037,另外TIMESTAMP在插入带微秒的日期时间时会将微秒省略。

在MySQL中,日期是按"年-月-日"的顺序表示的,中间的间隔符"-"也可以替换为"\"或"@"等特殊符号,如'2020-05-01 12:12:20'是一个日期时间常量。需要注意的是,日期时间常量的值必须符合日期和时间的标准,如'2020-02-30'是错误的。

(5) 布尔值。布尔值只包括两个可能的值:TRUE和FALSE。其中,TRUE的数值为"1",FALSE的数值为"0"。在MySQL中,使用下列语句来获取TRUE和FALSE的值:

```
SELECT TRUE, FALSE;
```

(6) NULL值。NULL通常用来表示“没有值”或“没数据”等含义，可适用于各种数据类型，并且不同于数字类型的“0”或字符串类型的空字符串。

2) 变量

(1) 局部变量。局部变量一般是在SQL语句块中定义的，如存储过程中的BEGIN...END。其作用域从定义开始，直到语句块结束，即在该语句块执行完毕后，局部变量就消失了。局部变量用DECLARE进行声明，其声明语法格式如下：

```
DECLARE <变量名称> <数据类型> [DEFAULT <默认值>];
```

语法说明：

① DEFAULT子句为变量指定默认值，如果不指定则默认为Null。

② 变量名称必须符合MySQL标识符的命名规则。例如：

```
DECLARE num int DEFAULT 0;--定义整型变量num,默认值为0
DEFAULT name varchar(20);--定义字符串变量name,长度为20
```

(2) 用户变量。用户变量是指用户自己定义的变量，其作用域比局部变量要广。用户变量在整个连接中都可以使用，但是当前连接断开后，所定义的用户变量就会消失。定义和初始化一个用户变量可以使用SET语句，其语法格式如下：

```
SET @<变量名1>=<表达式1>[,@<变量名2>=<表达式2>,...];
```

语法说明：

① 用户变量以“@”开始，形式为“@变量名”，以便将用户变量和局部变量予以区分。变量名必须符合MySQL标识符的命名规则。

② <表达式>可以为整数、实数、字符串或者NULL值，例如：

```
SET @name="apple";
```

③ 在MySQL中，用户变量还可以通过以下方法进行定义并赋值：

```
SELECT @变量名[:=表达式]
```

例如：

```
SELECT @num;
SELECT @sum := a + b;
```

(3) 会话变量。会话变量是服务器为每个连接的客户端维护的一系列会话变量。会话变量的作用域仅限于当前连接，即连接断开后，会话变量便消失。每个连接的会话变量是独立的。

(4) 全局变量。当MySQL启动时，全局变量就初始化了，它们可以应用于每个打开的会话中，服务器会将所有全局变量初始化为默认值，这些默认值可以在选项文件中或在命令行中指定的选项进行更改。

2. 运算符与表达式的含义

1) 运算符

MySQL支持四种类型的运算符：算术运算符、比较运算符、逻辑运算符及位运算符。

(1) 算术运算符。算术运算符是 MySQL 中最常用的一类运算符,用来执行算术运算。MySQL 支持五种算术运算符,即加(＋)、减(－)、乘(＊)、除(/)、求余(%)。

五种算术运算符的使用方法如表8-3所示。

表 8-3　算术运算符

运算符	作　用	示　例
＋	加法运算,返回两操作数之和	5＋2,结果为 7
－	减法运算,返回两操作数之差	8－5,结果为 3
＊	乘法运算,返回两操作数之积	7＊2,结果为 14
/(或 DIV)	除法运算,返回两操作数之商	7/3,结果为 2
%(或 MOD)	求余运算,返回两操作数之余数	7/3,结果为 1

注:在除法运算及求余运算中,如果除数为 0,则非法,返回结果为 NULL。

(2) 比较运算符。比较运算符是查询数据时最常用的一类运算符,用于对两个表达式进行比较:比较结果为真,则返回 1;否则返回 0。比较运算符常应用于 SELECT 语句中的 WHERE 子句或 HAVING 子句中。通过比较运算符,可以获取表中符合条件的数据记录。MySQL 中常用的比较运算符有＝(等于)、＞(大于)、＜(小于)、＞＝(大于等于)、＜＝(小于等于)、! ＝(不等于)、＜＞(不等于)、BETWEEN... AND...(在两值之间)、NOT BETWEEN... AND...(不在两值之间)、IN(在集合中)、NOT IN(不在集合中)、IS NULL(为空)、IS NOT NULL(不为空)。

(3) 逻辑运算符。逻辑运算符用来判断表达式的真假:表达式为真,则结果返回 1;否则返回 0。MySQL 中的逻辑运算符有 AND 或 &&(逻辑与)、OR 或||(逻辑或)、NOT 或!(逻辑非)、XOR(逻辑异或)。

(4) 位运算符。位运算符用于对两个表达式进行二进制位操作。在进行位运算时,会先将操作数变成二进制数,进行位运算,然后将计算结果从二进制数转换为十进制数。MySQL 中的位运算符有 &(按位与)、|(按位或)、^(按位异或)、～(取反)、＞＞(右移)、＜＜(左移)。

当一个复杂的表达式中含有多个运算符时,运算符优先级决定了执行运算的先后次序。不同的执行次序会得到不同的运算结果。MySQL 中的运算符优先级如表8-4所示。

表 8-4　MySQL 的运算符优先级

优先级	运　算　符
最高	!
2	－(负号)、～(按位取反)
3	^(按位异或)
4	＊、/(DIV)、%(MOD)
5	＋、－
6	＞＞、＜＜

课堂笔记

续表

<table>
<tr><th>优先级</th><th>运 算 符</th></tr>
<tr><td>7</td><td>&</td></tr>
<tr><td>8</td><td>|</td></tr>
<tr><td>9</td><td>=、<=>、>=、<=、>、<、<>、!=、IN、IS、LIKE</td></tr>
<tr><td>10</td><td>BETWEEN... AND...</td></tr>
<tr><td>11</td><td>NOT</td></tr>
<tr><td>12</td><td>&&、AND</td></tr>
<tr><td>13</td><td>||、OR、XOR</td></tr>
</table>

2）表达式

表达式是由操作数、运算符、列名、分组符合（括号）和函数构成的组合。MySQL 可以对表达式进行运算以获取结果，一般一个表达式可以得到一个值。与常量和变量一样，表达式的值同样具有数据类型。表达式的值的数据类型一般有数值类型、字符类型、日期时间类型。因此，根据值的类型，表达式可以分为数值型表达式、字符型表达式和日期表达式。

根据表达式的形式不同，表达式还可以分为单一表达式和复合表达式。单一表达式是指由单一的值构成的表达式，如常量、列名；复合表达式是由运算符将多个单一表达式连接而成的表达式，如 3 * 5、a+8 等。表达式一般用在 SELECT 及 SELECT 语句的 WHERE 子句中。

3. 系统常用函数的功能

1）字符串函数

字符串函数是使一种用于处理字符串的函数，用频率比较高。MySQL 提供了丰富的字符串函数，其中常用如表 8-5 所示。

表 8-5 MySQL 中常用字符串函数一览表

函 数	描 述
CONTACT(str1,str2,...)	将 str1,str2,... 拼接成一个新的字符串
INSERT(str,index,n,newstr)	将字符串 str 从第 index 位置开始的 *n* 个字符替换成 newstr
LENGTH(str)	获取字符串 str 的长度
LOWER(str)	将字符串 str 的每个字符转换成小写形式
UPPER(str)	将字符串 str 的每个字符转换成大写形式
LEFT(str,n)	获取字符串 str 最左边的 *n* 个字符
RIGHT(str,n)	获取字符串 str 最右边的 *n* 个字符
LPAD(str,n,pad)	使用字符串 pad 在字符串 str 左边进行填充，直到长度为 *n*
RPAD(str,n,pad)	使用字符串 pad 在字符串 str 右边进行填充，直到长度为 *n*
LTRIM(str)	去除字符串 str 左边的空格

课堂笔记

续表

函　　数	描　　述
RTRIM(str)	去除字符串 str 右边的空格
TRIM(str)	去除字符串 str 左右两边的空格
REPLACE(str,oldstr,newstr)	用字符串 newstr 替换字符串 str 中所有的子字符串 oldstr
REVERSE(str)	将字符串 str 中的字符逆序排列
STRCMP(str1,str2)	比较字符串 str1 和 str2 的大小
SUBSTRING(str,index,n)	获取字符串 str 从第 index 位置开始的 *n* 个字符

2）数值函数

数值函数是用来处理数值运算的函数，常用的数值函数如表 8-6 所示。

表 8-6　MySQL 中常用数值函数一览表

函　　数	描　　述
ABS(num)	返回 num 的绝对值
CEIL(num)	返回大于 num 的最小整数(向上取整)
FLOOR(num)	返回小于 num 的最大整数(向下取整)
MOD(num1,num2)	返回 num1/num2 的余数(取模)
PI()	返回圆周率的值
POW(num,n)或 POWER(num,n)	返回 num 的 *n* 次方
RAND(num)	返回 0～num 的随机数
ROUND(num,n)	返回 num 四舍五入后的值，保留小数点后 *n* 位
TRUNCATE(num,n)	返回 num 被舍去至小数点后 *n* 位的值

3）时间日期函数

MySQL 提供了丰富的日期与时间函数，其中常用的日期与时间函数如图 8-7 所示。

表 8-7　MySQL 中常用日期与时间函数一览表

函　　数	描　　述
CURDATE()	返回当前日期
CURTIME	返回当前时间
NOW	返回当前日期和时间
SYSDATE	返回该函数执行时的日期和时间
DAYOFYEAR(date)	返回日期 date 为一年中的第几天
WEEK(date)或 WEEKOFYEAR(date)	返回日期 date 为一年中的第几周
DATE_FORMAT(date,format)	返回按字符串 format 格式化后的日期 date

续表

函数	描述
DATE_ADD(date,INTERVAL expr unit) 或 ADDDATE(date,INTERVAL expr unit)	返回 date 加上一个时间间隔后的新的时间值
DATE_SUB(date,INTERVAL expr unit) 或 SUBDATE(date,INTERVAL expr unit)	返回 date 减去一个时间间隔后的新的时间值
DATEDIFF(date1,date2)	返回日期 date1 与日期 date2 之间间隔的天数

4. 流程控制语句的使用

1) BEGIN...END 语句

BEGIN...END 语句用于将多条 SQL 语句组成一个语句块,相当于一个整体,从而达到一起执行的目的。BEGIN...END 语句的语法格式如下:

```
BEGIN
  语句 1;
  语句 2;
  ...
END;
```

MySQL 中允许嵌套使用 BEGIN...END 语句。

2) IF...THEN...ELSE...语句

IF...THEN...ELSE...语句用于条件判断,根据是否满足条件,执行不同的语句,从而实现程序的选择结构。IF...THEN...ELSE...语句的语法格式如下:

```
IF <条件> THEN
  <语句块 1>;
[ELSE
  <语句块 2>;]
END IF;
```

3) CASE 语句

CASE 语句是条件判断语句的一种,用于计算条件列表并根据匹配结果从多个可能结果表达式中返回一个,从而可以实现程序的多分支结构。虽然使用 IF...THEN...ELSE...语句也可以实现多分支结构,但是程序的可读性不如 CASE 语句强。MySQL 中 CASE 语句的常用格式如下:

```
CASE <测试表达式>
  WHEN <表达式 1> THEN < SQL 语句 1 >
  WHEN <表达式 2> THEN < SQL 语句 2 >
  ...
  WHEN <表达式 n> THEN < SQL 语句 n >
  [ELSE < SQL 语句 n+1 >]
END CASE;
```

课堂笔记

4）WHILE 语句

WHILE 语句用于实现循环结构，当满足循环条件时执行循环体内的语句。WHILE 语句的语法格式如下：

```
WHILE <条件> DO
  <语句块>
END WHILE;
```

WHILE 语句的执行过程：首先判断 WHILE 语句中的条件是否成立；如果成立即条件为 TRUE，则执行语句块；然后再进行条件判断，若为 TRUE，则继续执行循环，否则结束循环。

5）LOOP 语句

LOOP 语句用于实现循环结构，但是 LOOP 语句自身没有停止循环的机制，只有在碰到 LEAVE 语句才能停止循环。LOOP 语句的语法格式如下：

```
LOOP
  <语句块>
END LOOP;
```

LOOP 循环语句允许语句块执行多次，实现简单的循环。在循环体内的语句一直重复执行指定循环被强迫停止。终止时一般使用 LEAVE 语句。

6）LEAVE 语句

LEAVE 语句通常用于跳出循环结构。其语法格式如下：

```
LEAVE <标签>;
```

使用 LEAVE 语句可以退出被标注的循环语句，标签是自定义的表示循环语句的标注名称。

7）ITERATE 语句

ITERATE 语句用于跳出本次循环，随后直接进入下一次循环。其语法格式如下：

```
ITERATE <标签>;
```

提示：

ITERATE 语句和 LEAVE 语句都是用来跳出循环语句的，但是两者的功能不同。LEAVE 语句用于跳出整个循环，然后执行循环结构后面的语句；ITERATE 语句用于跳出本次循环，然后进入下一次循环。

5. 游标的概念及使用

MySQL 中的游标起到了指针的作用，用于对查询结果集进行遍历，以便处理结果集中的数据。实际上，游标是一种能从包括多条数据记录的结果集中每次提取一条记录的机制。

1）声明游标

声明游标的语法格式如下：

```
DECLARE <游标名> CURSOR FOR < SELECT 语句>;
```

2）打开游标

打开游标的语法格式如下：

```
OPEN <游标名>;
```

3）读取游标

读取游标的语法格式如下：

```
FETCH <游标名> INTO 变量名 1[, 变量名 2,...];
```

4）关闭游标

关闭游标的语法格式如下：

```
CLOSE <游标名>;
```

说明：

（1）游标名必须符合 MySQL 中标识符的命名规范，SELECT 语句可以返回一行或多行数据记录。

（2）打开游标命令里的游标名必须是已经声明过的。

（3）利用已打开的游标读取一行数据并赋给对应的变量，然后游标指针下移，指向结果集的下一行。

（4）关闭的游标必须是一个已经打开的游标。

实战演练

任务工单：编程实现数据信息统计汇总操作

<table>
<tr><td>代码设计员 ID</td><td></td><td>代码设计员姓名</td><td></td><td>所属项目组</td><td></td></tr>
<tr><td>MySQL 官网网址</td><td colspan="2">https://www.mysql.com</td><td colspan="2">MySQL 版本</td><td>MySQL 8.0 社区版</td></tr>
<tr><td>硬件配置</td><td colspan="2">CPU：2.3GHz 及以上双核或四核；硬盘：150GB 及以上；内存：8GB；网卡：千兆网卡</td><td>软件系统</td><td colspan="2">mysql-8-0.23-winx64
navicat_premium_V11.2.7</td></tr>
<tr><td>操作系统</td><td colspan="2">Windows 7/Windows 10 或更高版本</td><td>执行数据库深度编程资源要求</td><td colspan="2">ecommerce 数据库成功创建；
所有数据表创建完毕；
数据记录均录入完毕；
数据表之间关联关系建立完毕</td></tr>
<tr><td rowspan="6">任务执行前准备工作</td><td colspan="2">检测计算机软硬件环境是否可用</td><td>□可用
□不可用</td><td colspan="2">不可用注明理由：</td></tr>
<tr><td colspan="2">检测操作系统环境是否可用</td><td>□可用
□不可用</td><td colspan="2">不可用注明理由：</td></tr>
<tr><td colspan="2">检验 MySQL 服务是否正常启动</td><td>□正常
□不正常</td><td colspan="2">不正常注明理由：</td></tr>
<tr><td colspan="2">检测 MySQL 图形化工具 Navicat 是否可用</td><td>□可用
□不可用</td><td colspan="2">不可用注明理由：</td></tr>
<tr><td colspan="2">复习数据库编程基础，常量、变量、运算符、表达式、系统函数、流程控制等基础知识是否清楚</td><td>□清楚
□有问题</td><td colspan="2">写明问题内容及缘由：</td></tr>
<tr><td colspan="2">复习游标的概念及使用，数据库编程基础等基础知识是否清楚</td><td>□清楚
□有问题</td><td colspan="2">写明问题内容及缘由：</td></tr>
</table>

课堂笔记

续表

执行具体任务（在 MySQL 平台上编辑并运行主讲案例的查询任务）	创建存储过程，查询 ecommerce 数据库中 u_id 为‘1000004’的用户是否有购买记录；	完成度：□未完成　□部分完成　□全部完成
	查询 t_user 表中的前 5 条记录，输出 u_name 字段和 u_gender 字段的值。当 u_gender 字段的值为‘M’时，输出‘男’，否则，输出‘女	完成度：□未完成　□部分完成　□全部完成
	在商品二级分类表（t_category2）中，以商品一级分类进行分组，统计统商品一级分类下设置的商品二级分类的数量	完成度：□未完成　□部分完成　□全部完成
	在商品库存信息表（t_sku）中，以商品三级分类进行分组，查询商品的平均价格	完成度：□未完成　□部分完成　□全部完成
	获取系统当前日期的年份值、月份值、日期值、小时值和分钟值	完成度：□未完成　□部分完成　□全部完成
	获取 MySQL 版本号、连接数和数据库名	完成度：□未完成　□部分完成　□全部完成
	创建存储过程，删除指定用户的全部订单时，同时删除每个订单的明细	完成度：□未完成　□部分完成　□全部完成
任务未成功的处理方案	采取的具体措施：	执行处理方案的结果：
备注说明	填写日期：	其他事项：

任务评价

代码设计员 ID		代码设计员姓名		所属项目组			
评价栏目	任务详情		评价要素	分值	评价主体		
					学生自评	小组互评	教师点评
任务功能实现	编程实现数据信息统计操作		任务功能是否实现	10			
	编程实现有条件数据信息汇总操作		任务功能是否实现	15			
	利用系统函数实现数据信息管理		任务功能是否实现	15			
	应用游标管理数据		任务功能是否实现	20			

课堂笔记

续表

评价栏目	任务详情	评价要素	分值	评价主体		
				学生自评	小组互评	教师点评
代码编写规范	数据库编程基础知识	数据库编程基础知识是否扎实,SQL代码编写是否规范并符合要求	1			
	关键字书写	关键字书写是否正确	1			
	标点符号使用	是否正确使用英文标点符号	1			
	标识符设计	标识符是否按规定格式设置并做到见名知意	2			
	代码可读性	代码可读性是否良好	2			
	代码优化程度	代码是否已被优化	2			
	代码执行耗时	执行时间可否接受	1			
操作熟练度	代码编写流程	编写流程是否熟练	4			
	程序运行操作	运行操作是否正确	4			
	调试与完善操作	调试过程是否合规	2			
创新性	代码编写思路	设计思路是否有创新性	5			
	查询结果显示效果	显示界面是否有创新性	5			
职业素养	态度	是否认真细致、遵守课堂纪律、学习积极、团队协作	3			
	操作规范	是否有实训环境保护意识,实训设备使用是否合规,操作前是否对硬件设备和软件环境检查到位,有无损坏机器设备的情况,能否保持实训室卫生	3			
	设计理念	是否突显以用户为中心的设计理念	4			
总　分			100			

拓展训练

1. 实训操作

实训数据库	学校管理系统数据库 eleccollege 数据表:学生信息表 student、课程信息表 course、班级信息表 class、系部信息表 department、宿舍信息表 dormitory、成绩信息表 grade、教师信息表 teacher

课堂笔记

续表

<table>
<tr><th></th><th>任务内容</th><th>参考代码</th><th>操作演示微课视频</th><th>问题记录</th></tr>
<tr><td rowspan="4">实训任务</td><td>创建存储过程，查询eleccollege数据库中tea_no为‘t00000000001’的教师是否有授课任务</td><td><pre>CREATE PROCEDURE my_course()
BEGIN
  DECLARE num INT;
  SELECT count(*)INTO num FROM course
WHERE cou_teacher ='t00000000001';
  IF num > 0 THEN
    SELECT '有授课任务';
  ELSE
    SELECT '无授课任务';
  END IF;
END</pre></td><td rowspan="2"></td><td></td></tr>
<tr><td>查询student表中的前5条记录，输出stu_name和stu_address字段的值。当stu_address字段的值以‘天津’开头时，输出‘本地’，否则输出‘外地’</td><td><pre>SELECT stu_name AS '姓名',IF(LEFT(stu_
address,2)='天津','本地','外地')AS'生源'
FROM student
LIMIT 5;</pre></td><td></td></tr>
<tr><td>查询student表中的stu_name字段和stu_birthday字段，利用系统函数，根据学生的出生日期计算学生的年龄</td><td><pre>SELECT stu_name AS '姓名',DATE_
FORMAT(FROM_DAYS(TO_DAYS(NOW
())-TO_DAYS(stu_birthday)),'%Y')+0
AS age FROM student</pre></td><td></td><td></td></tr>
<tr><td>创建存储过程，删除teacher表中指定教师信息，同时删除course表中该教师的授课数据</td><td><pre>CREATE PROCEDURE delTeacherByTeaId
(in_tea_id VARCHAR(20))
BEGIN
  DECLARE cou_id VARCHAR(20);
  DECLARE done INT;
  --声明游标
   DECLARE cur_tea CURSOR FOR
SELECT cou_no FROM course WHERE cou_
teacher = in_tea_id;
  --如果 SQLSTATE 等于 02000,说明没有
读到数据,将 done 设置为 1,以便结束
  DECLARE CONTINUE HANDLER FOR
SQLSTATE '02000' SET done = 1;
  --打开游标
  OPEN cur_tea;
  REPEAT
    --读取订单 ID
    FETCH cur_tea INTO cou_id;
    --根据订单 ID 删除订单明细
    DELETE FROM course WHERE cou_no
=cou_id;
    UNTIL done
  END REPEAT;</pre></td><td></td><td></td></tr>
</table>

续表

	任务内容	参考代码	操作演示微课视频	问题记录
实训任务		--关闭游标 CLOSE cur_tea; --根据用户 ID 删除全部订单 DELETE FROM teacher WHERE tea_no = in_tea_id; END		

2. 知识拓展

(1) GuassDB 体现了国产自主可控在数据库领域的新成果，基于华为 GaussDB 数据库，以跨境贸易系统数据库 interecommerce 为载体完成以下操作。

创建存储过程，删除指定用户的全部订单，同时删除每个订单的订单明细，代码如下：

```
CREATE PROCEDURE delAllOrdersByUid(in_u_id VARCHAR(10))
BEGIN
  DECLARE order_id VARCHAR(10);
  DECLARE done INT;
  --声明游标
  DECLARE cur_orders CURSOR FOR SELECT ord_id FROM order WHERE ord_customerid = in_u_id;
  --如果 SQLSTATE 等于 02000,说明没有读到数据,将 done 设置为 1,以便结束
  DECLARE CONTINUE HANDLER FOR SQLSTATE '02000' SET done = 1;
  --打开游标
  OPEN cur_orders;
  REPEAT
    --读取订单 ID
    FETCH cur_orders INTO order_id;
    --根据订单 ID 删除订单明细
    DELETE FROM lineitem WHERE lin_orderid = order_id;
    UNTIL done
  END REPEAT;
  --关闭游标
  CLOSE cur_orders;
  --根据用户 ID 删除全部订单
  DELETE FROM order WHERE ord_customerid = in_u_id;
END
```

(2) 1+X 证书 Web 前端开发 MySQL 考核知识点：数据库编程的基础知识；系统函数的使用；流程控制语句的使用；游标的概念及使用。

课堂笔记

讨论反思与学习插页

<table>
<tr><td>代码设计员 ID</td><td></td><td>代码设计员姓名</td><td></td><td>所属项目组</td><td></td></tr>
<tr><td colspan="6">讨论反思</td></tr>
<tr><td rowspan="2">学习
研讨</td><td>问题：局部变量和用户变量有什么不同？</td><td colspan="4">解答：</td></tr>
<tr><td>问题：MySQL 常用的流程控制语句有哪些？</td><td colspan="4">解答：</td></tr>
<tr><td>立德
铸魂</td><td colspan="5">编写 SQL 程序实现数据信息统计汇总操作，对完成一些复杂的数据库管理任务来说非常重要，不仅需要数据库开发人员掌握常量、变量、运算符、表达式、系统函数、程序控制结构、游标等数据库编程基础知识，还需要数据库开发人员具备将具体的数据库管理需求转化成 SQL 程序的能力。设计、开发、调试 SQL 代码的过程往往很枯燥，一不小心还会出现各种异常和错误，以此教育学生养成吃苦耐劳、严谨求实的优秀品质。此外，实现同一个数据库管理任务的 SQL 代码，因为代码质量不同，运行的效率会有很大的差别。高质量的 SQL 代码运行起来耗时低，资源占用少。以此教育学生在开发 SQL 代码时，不能仅仅满足于实现功能，在实现功能的前提下，还应不断优化 SQL 程序，具备精益求精、追求卓越的工匠精神</td></tr>
<tr><td colspan="6">学习插页</td></tr>
<tr><td>过程性
学习</td><td colspan="5">记录学习过程：</td></tr>
<tr><td>重点与
难点</td><td colspan="5">提炼编写 SQL 程序实现数据信息统计汇总的重难点：</td></tr>
<tr><td>阶段性
评价
总结</td><td colspan="5">总结阶段性学习效果：</td></tr>
<tr><td>答疑解惑</td><td colspan="5">记录学习过程中疑惑问题的解答情况：</td></tr>
</table>

课堂笔记

任务8-2 创建与管理存储过程和自定义函数

任务描述

数据库开发过程中，经常会遇到同一个功能模块多次调用的情况，如果每次都编写代码会浪费大量时间，为了避免这类问题，MySQL从5.0版本开始就引入了存储过程。存储过程可以提高代码的可重用性，提高数据库开发人员的工作效率。在使用MySQL的过程中，有时MySQL自带的函数满足不了项目的业务需求，这时就需要自定义函数。本任务进度如表8-8所示。

表8-8 创建与管理存储过程和自定义函数任务进度表

系统功能	任务下发时间	预期完成时间	任务负责人	版本号
利用图形化工具创建与使用存储过程	12月10日	12月11日	刘莉莉	V1.0
利用SQL语句创建的使用存储过程	12月12日	12月13日	刘莉莉	V1.0
利用图形化工具创建与调用自定义函数	12月14日	12月15日	王小强	V1.0
利用SQL语句自定义函数	12月16日	12月17日	王小强	V1.0

任务分析

存储过程是一组为了完成特定功能的SQL语句块，经编译后存储在数据库中，用户通过指定存储过程的名称并给定参数(如果该存储过程带有参数)来调用并执行它。存储过程可以重复使用，从而可以大大减少数据库开发人员的工作量。自定义函数是一种与存储过程十分相似的过程化数据库对象，与存储过程一样，都是使用SQL语句和过程化语句组成的代码片段，并且可以被应用程序和其他SQL语句调用。

任务目标

- 素质目标：培养学生立足全局的思考方式，在全局视域下去思考问题、解决问题。
- 知识目标：了解使用存储过程和自定义函数的优点，理解创建、使用、维护、管理存储过程和自定义函数的方法与技巧，知道存储过程和自定义函数的区别。
- 能力目标：掌握存储过程的创建、使用、维护与管理操作，掌握自定义函数的创建、调用、维护与管理操作。

任务实施

步骤1 利用图形化工具创建与使用存储过程

1) 利用图形化工具创建存储过程

(1) 在Navicat图形化工具左侧的ecommerce数据库中右击“函数”，在弹出的快捷菜

课堂笔记

单中选择“新建函数”命令，打开“函数向导”窗口，如图8-5所示。

（2）在“函数向导”窗口输入存储过程名称，例程类型默认为“过程”，不需要修改，表示创建的是存储过程。如果存储过程没有参数，直接单击“完成”按钮，进入存储过程SQL定义界面；如果存储过程有参数，则单击“下一步”按钮，进入存储过程参数输入窗口，如图8-6所示。

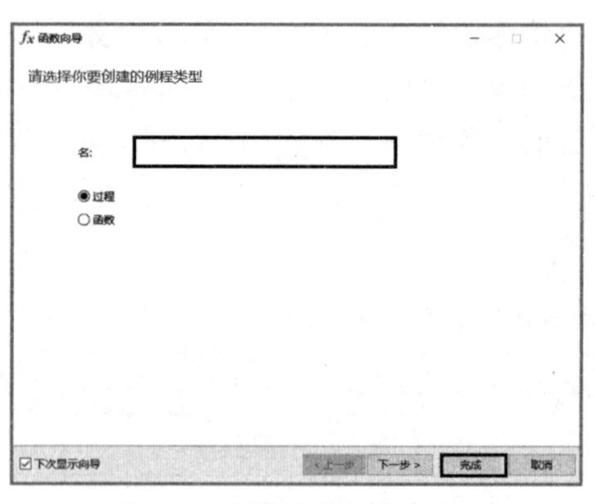

图8-5　存储过程名输入窗口

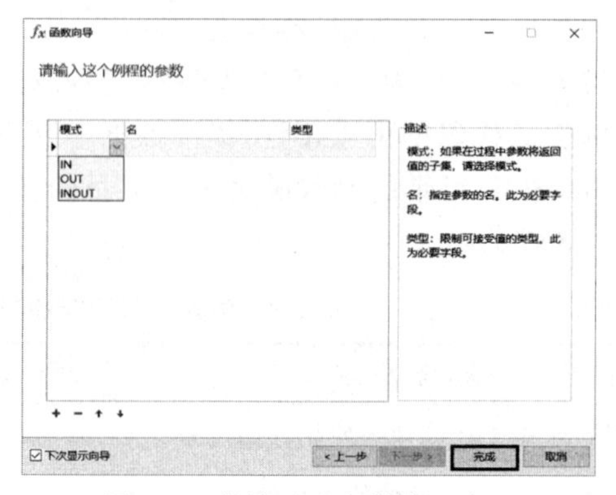

图8-6　存储过程参数输入窗口

（3）在存储过程参数输入窗口中，根据参数模式、参数名、参数类型完成参数输入操作。输入完成后单击“完成”按钮，进入存储过程SQL定义界面，如图8-7所示。

（4）在存储过程SQL定义界面中编辑存储过程体。采用图形化工具创建存储过程，工具会自动生成一部分代码。但是，BEGIN与END之间的存储过程体需要数据库开发人员手动编辑。编辑完成后，单击Navicat工具栏上的“保存”按钮，完成存储过程的创建。

存储过程创建完成后，在右侧“函数”子目录下可以看到刚刚创建的存储过程proc_801，如图8-8所示。

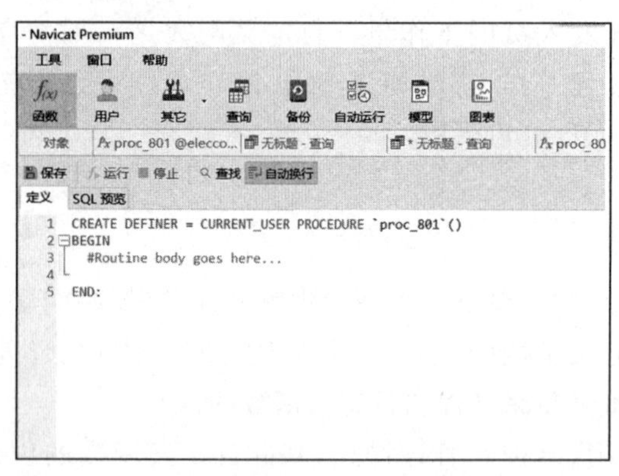

图8-7　存储过程SQL定义界面

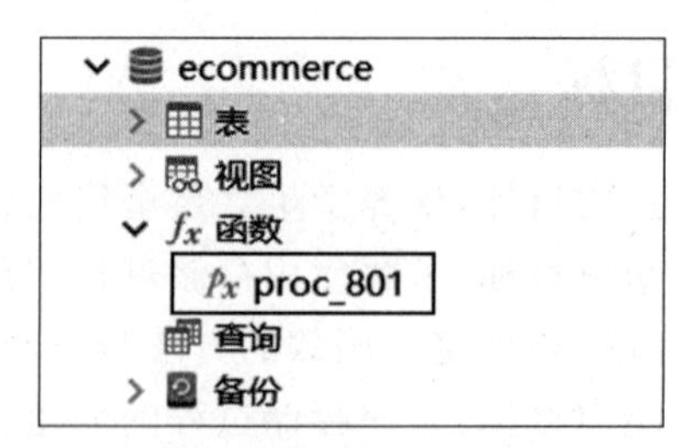

图8-8　数据库下的存储过程

2）利用图形化工具使用存储过程

具体操作流程如下：在Navicat图形化工具的左侧打开ecommerce数据库下的函数子目录，可以看到ecommerce数据库下创建的所有存储过程，右击要使用的存储过程，选择“运行函数”命令。如果存储过程没有参数，直接显示存储过程运行结果；如果存储过程有参数，则弹出参数输入窗口，如图8-9所示。输入参数后，单击“确定”按钮，显示存储过程运行结果，如图 8-10 所示。

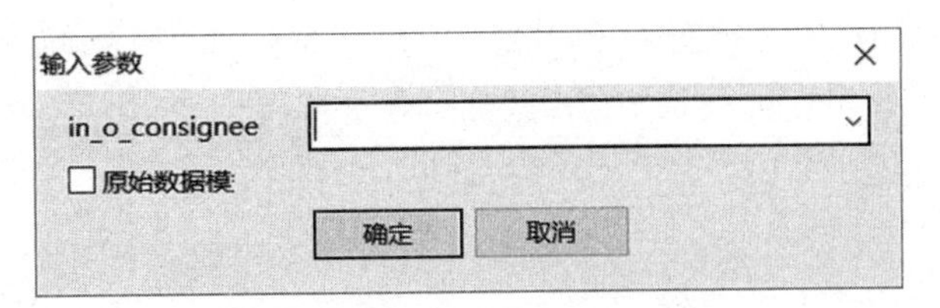

图 8-9　调用存储过程时输入参数

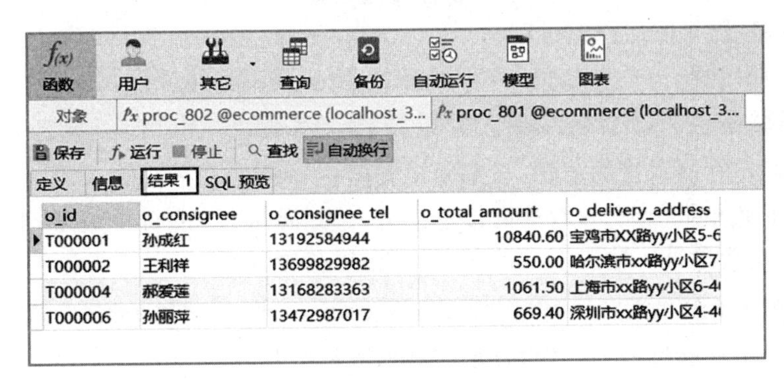

o_id	o_consignee	o_consignee_tel	o_total_amount	o_delivery_address
T000001	孙成红	13192584944	10840.60	宝鸡市XX路yy小区5-6
T000002	王利祥	13699829982	550.00	哈尔滨市xx路yy小区7
T000004	郝爱莲	13168283363	1061.50	上海市xx路yy小区6-4
T000006	孙丽萍	13472987017	669.40	深圳市xx路yy小区4-4

图 8-10　存储过程运行结果

步骤 2　利用 SQL 语句创建与使用存储过程

1）利用 SQL 语句创建存储过程

（1）创建存储过程 proc_801，其功能是显示订单总金额在 500 元以上的订单编号、收货人、收件人电话、总金额及送货地址。创建存储过程 proc_801 的 SQL 语句如下：

```
CREATE PROCEDURE proc_801()
BEGIN
  SELECT o_id,o_consignee,o_consignee_tel,o_total_amount,o_delivery_address
  FROM t_order
  WHERE o_total_amount > 500;
END
```

输入完成后，执行查询，即可成功创建存储过程 proc_801。

（2）创建存储过程 proc_802，其功能是通过输入订单的收货人，输出其对应订单的订单编号、收货人、收件人电话、总金额及送货地址。创建存储过程 proc_802 的 SQL 语句如下：

```
CREATE PROCEDURE proc_802(IN in_o_consignee VARCHAR(100))
BEGIN
  SELECT o_id, o_consignee, o_consignee_tel, o_total_amount, o_delivery_address
  FROM t_order
  WHERE  o_consignee = in_o_consignee;
END
```

输入完成后，执行查询，即可成功创建存储过程 proc_802。

（3）创建存储过程 proc_803，其功能是通过输入订单的编号，输出对应订单的总金额。

课堂笔记

创建存储过程 proc_803 的 SQL 语句如下：

```
CREATE PROCEDURE proc_803(IN in_o_id VARCHAR(20), OUT out_o_total_amount DECIMAL(10))
BEGIN
  SELECT o_total_amount INTO out_o_total_amount
  FROM t_order
  WHERE  o_id = in_o_id;
END
```

输入完成后，执行查询，即可成功创建存储过程 proc_803。

2）利用 SQL 语句使用存储过程

（1）调用存储过程 proc_801。输入下面 SQL 语句调用存储过程：

```
CALL proc_801();
```

执行上述调用存储过程的语句，显示结果如图 8-11 所示。

（2）调用存储过程 proc_802，查询订单收货人为‘孙成红’的订单编号、收货人、收件人电话、总金额及送货地址。输入下面 SQL 语句调用存储过程：

```
CALL proc_802('孙成红');
```

执行上述调用存储过程的语句，显示结果如图 8-12 所示。

信息 结果 1 剖析 状态

o_id	o_consignee	o_consignee_tel	o_total_amount	o_delivery_address
T000001	孙成红	131[illegible]	10840.60	宝鸡市xx路yy小区5-6
T000002	王利祥	136[illegible]	550.00	哈尔滨市xx路yy小区7-
T000004	郝爱莲	131[illegible]	1061.50	上海市xx路yy小区6-4
T000006	孙丽萍	134[illegible]	669.40	深圳市xx路yy小区4-4

图 8-11　调用存储过程 proc_801 的结果

信息 结果 1 剖析 状态

o_id	o_consignee	o_consignee_tel	o_total_amount	o_delivery_address
T000001	孙成红	131[illegible]	10840.60	宝鸡市xx路yy小区5-6

图 8-12　调用存储过程 proc_802 的结果

（3）调用存储过程 proc_803，查询订单编号为‘T000001’的订单的总金额，并将总金额输出。输入下面 SQL 语句调用存储过程：

```
CALL proc_803('T000001',@o_taotal_amount);
  SELECT'T000001',@o_taotal_amount
```

执行上述调用存储过程的语句，显示结果如图 8-13 所示。

信息 结果 1 剖析 状态

T000001	@o_taotal_amount
T000001	10841

图 8-13　调用存储过程 proc_803 的结果

步骤 3　利用图形化工具创建与使用自定义函数

1）利用图形化工具创建自定义函数

（1）在 Navicat 图形化工具左侧的 ecommerce 数据库下右击“函数”，在弹出的菜单中选择“新建函数”命令，打开“函数向导”窗口，如图 8-14 所示。

（2）在函数向导窗口输入函数名称，例程类型默认为“过程”，需要手动修改为“函数”，表示创建的是自定义函数。如果自定义函数没有参数，则直接单击“完成”按钮，进入自定义函数SQL定义界面，如图8-15所示。如果自定义函数有参数，则单击“下一步”按钮，进入自定义函数参数输入窗口，如图8-16所示。

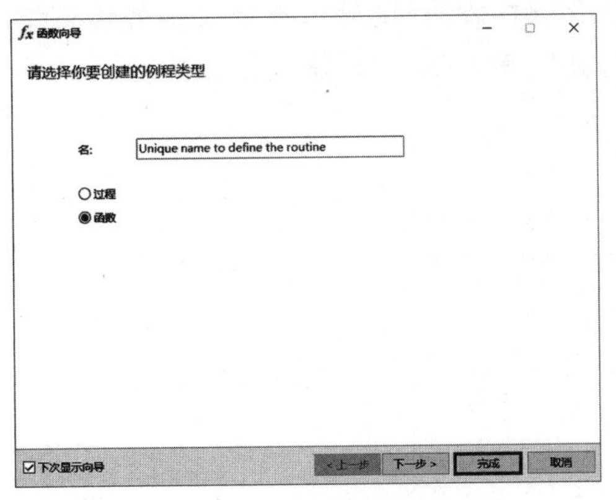

图8-14　函数向导窗口

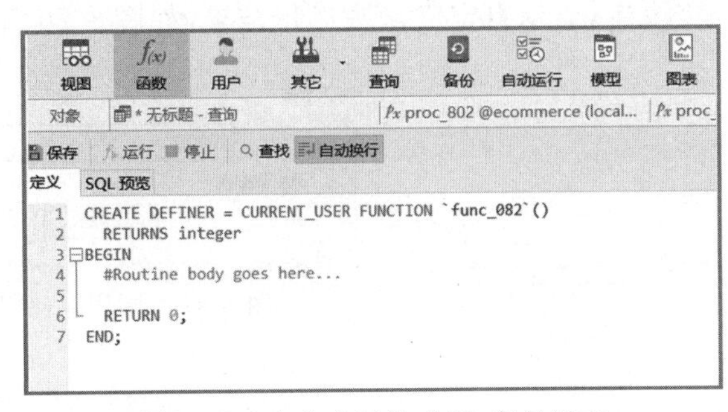

图8-15　自定义函数SQL定义界面

(3) 在自定义函数参数输入窗口中输入参数名称，选择参数类型，完成参数输入操作。如果自定义函数没有返回值，则直接单击“完成”按钮，进入自定义函数SQL定义界面，如图8-15所示。如果自定义函数有返回值，则单击“下一步”按钮，进入自定义函数返回值类型定义窗口，如图8-17所示。

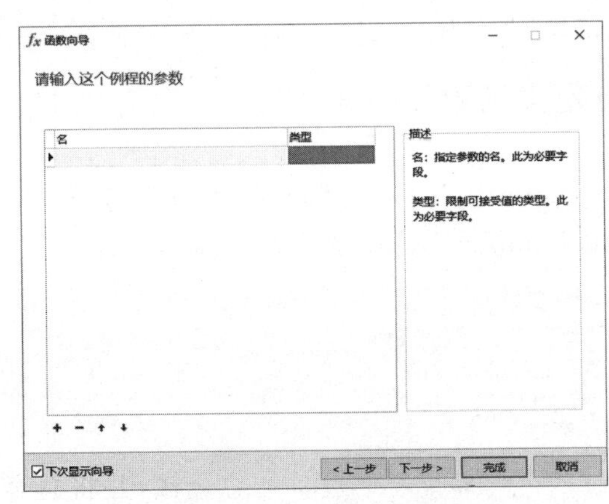

图8-16　自定义函数参数输入窗口

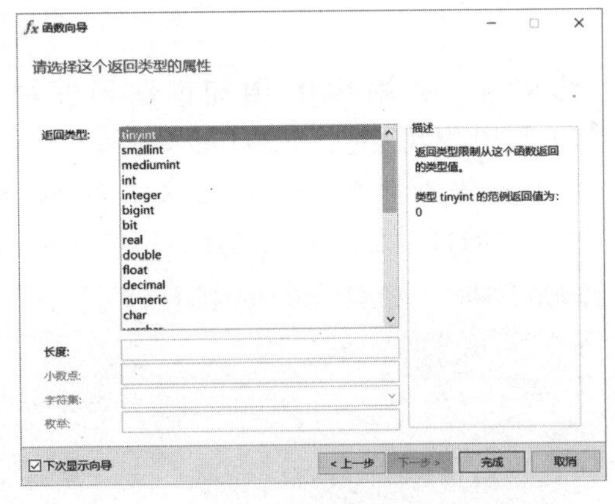

图8-17　自定义函数返回值类型定义窗口

(4) 在自定义函数返回值类型定义窗口中，选择返回值类型，根据返回值类型输入对应的属性；完成自定义函数返回值类型定义后，单击“完成”按钮，进入自定义函数SQL定义界面，如图8-15所示。

(5) 在自定义函数SQL定义界面中编辑函数体。采用图形化工具创建自定义函数，工具会自动生成一部分代码，但BEGIN与END之间的函数体需要数据库开发人员手动编辑。编辑完成后，单击Navicat工具栏上的“保存”按钮，完成自定义函数的创建。

自定义函数创建完成后，在左侧“函数”子目录下可以看到刚刚创建的自定义函数，如图8-18所示。

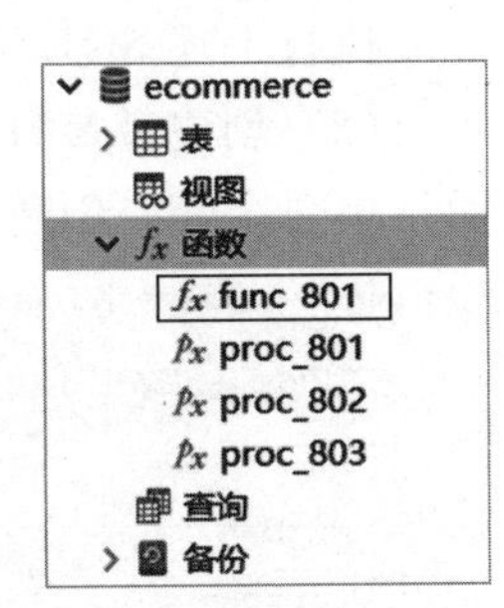

图8-18　数据库下的自定义函数

课堂笔记

2）利用图形化工具调用自定义函数

具体操作流程如下：在 Navicat 图形化工具的左侧，打开 ecommerce 数据库下的“函数”子目录，可以看到 ecommerce 数据库中所有自定义函数。右击要调用的自定义函数，在弹出的菜单中选择“运行函数”命令。如果自定义函数没有参数，直接显示自定义函数运行结果。如果自定义函数有参数，则弹出参数输入窗口，如图 8-19 所示。输入参数后，单击“确定”按钮，显示自定义函数运行结果，如图 8-20 所示。

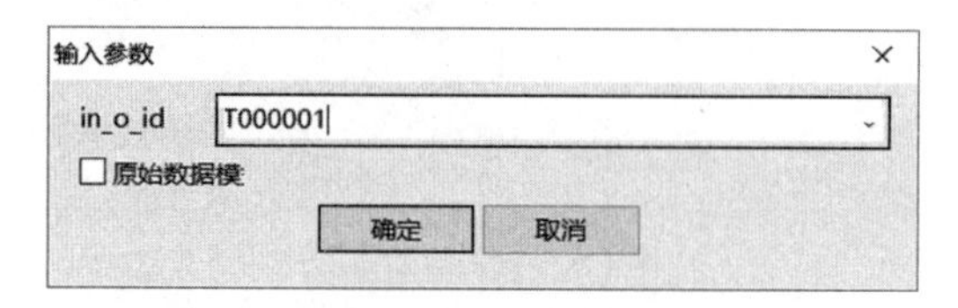

图 8-19　调用存储过程时输入参数

图 8-20　自定义函数运行结果

步骤 4　利用 SQL 语句创建与使用自定义函数

1）利用 SQL 语句创建自定义函数

（1）创建不带参数的自定义函数 selectAmountById1，其功能是返回订单编号为‘T000001’的订单总金额。创建自定义函数 selectAmountById1 的 SQL 代码如下：

```
CREATE FUNCTION selectAmountById1()
RETURNS DECIMAL(10,2)
BEGIN
  RETURN
  (SELECT o_total_amount FROM t_order WHERE o_id = 'T000001');
END
```

执行上述 SQL 语句，即可成功创建 selectAmountById1 函数。

（2）创建带参数的自定义函数 selectAmountById2，其功能是根据输入的订单编号返回订单总金额。创建自定义函数 selectAmountById2 的 SQL 代码如下：

```
CREATE FUNCTION select AmountById2(in_o_id CHAR(12))
RETURNS DECIMAL(10,2)
BEGIN
  RETURN
  (SELECT o_total_amount FROM t_order WHERE o_id = in_o_id);
END
```

执行上述 SQL 语句，即可成功创建 selectAmountById2 函数。

2）利用 SQL 语句调用自定义函数

(1) 调用自定义函数 selectAmountById1。调用语句如下：

```
SELECT selectAmountById1();
```

执行上述语句，结果如图 8-21 所示。

(2) 调用自定义函数 selectAmountById2，查询订单编号为'T000001'的订单总金额。调用语句如下：

```
SELECT selectAmountById2();
```

执行上述语句，结果如图 8-22 所示。

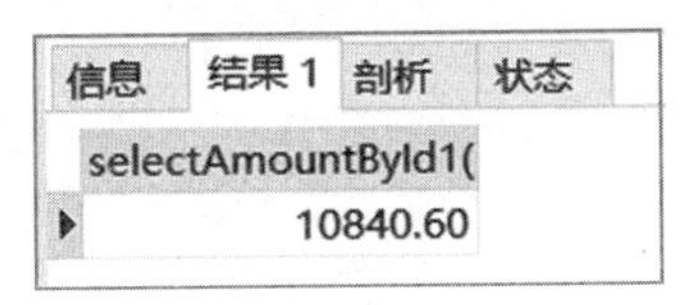

图 8-21　调用函数 selectAmountById1 的结果

图 8-22　调用函数 selectAmountById2 的结果

知识点解析

1. 存储过程概述

存储过程是一组为了完成特定功能的 SQL 语句块，经编译后存储在数据库中，用户通过指定存储过程的名称并给定参数(如果该存储过程带有参数)来调用并执行它，存储过程可以重复使用，从而可以大大减少数据库开发人员的工作量。

存储过程主要有以下优点。

(1) 效率高。存储过程是预编译的，存储在数据库服务器端，可以直接调用，从而提高了 SQL 语句的执行效率。

(2) 灵活性好。存储过程使用结构化语句编写，可以完成较复杂的运算和判断。

(3) 可重用性好。存储过程创建后，可以多次调用，而不必重新编写该存储过程。

(4) 安全性高。存储过程可以被作为一种安全机制来充分利用。系统管理员通过对某一存储过程的权限进行限制，能够实现对相应的数据访问权限的限制，避免非授权用户对数据的访问，从而保证数据的安全性。

(5) 减少网络流量。在客户端调用存储过程时，网络中传送的只是调用语句，而不是全部代码，从而降低了网络负载。

2. 创建存储过程

MySQL 中创建存储过程的语法格式如下：

```
CREATE PROCEDURE 存储过程名(参数列表)
BEGIN
    <存储过程体>
END
```

课堂笔记

语法说明：

(1) 当存储过程不需要参数时，参数列表为空，即存储过程名后面为一对空括号()。

(2) 当存储过程需要参数时，参数列表的格式如下：

```
[IN]|OUT|INOUT 参数名数据类型[,[IN]|OUT|INOUT 参数名数据类型...]
```

存储过程根据需要可能会有三种类型的参数：输入参数(IN)、输出参数(OUT)、输入输出参数(INOUT)。当存储过程中需要多个参数时，参数之间用半角逗号分隔开。

- IN 参数：IN 参数的值必须在调用存储过程时指定，在存储过程执行过程中该参数的值不会改变。IN 可以省略，即默认状态下参数为输入参数。
- OUT 参数：OUT 参数的值在存储过程中可以改变，并可以返回。
- INOUT 参数：INOUT 参数既作为输入参数，又作为输出参数，该参数的值在调用时指定，在存储过程执行过程中可以改变并返回。

(3) 存储过程体放在 BEGIN...END 之间。

3. 调用存储过程

存储过程创建完成后，可以在程序、触发器或其他的存储过程中被调用，调用存储过程的语法格式如下：

```
CALL 存储过程名([实参列表]);
```

语法说明：如果在定义存储过程时没有使用参数，那么在调用该存储过程时，实参列表为空，即直接使用“CALL 存储过程名()”；如果定义存储过程时使用了参数，那么在调用该存储过程时，必须使用参数，即实参列表不能为空，而且实参列表中的参数个数和顺序必须同形参列表一一对应。

4. 删除存储过程

删除存储过程可以使用 DROP 语句，其语法格式如下：

```
DROP PROCEDURE [IF EXISTS]存储过程 1[,存储过程 2,... ] ;
```

语法说明：IF EXISTS 用于判断要删除的存储过程是否存在，避免存储过程不存在而发生错误，它会产生一个警告，该警告可以使用 SHOW WARNINGS 进行查询。

5. 自定义函数与存储过程的区别

自定义函数和存储过程都是持久性存储模块，但两者间是有区别的：

(1) 自定义函数不能有输出参数，因为自定义函数本身就是输出参数；而存储过程可以有输出参数。

(2) 自定义函数只会返回一个值，不允许返回一个结果集；而存储过程返回的是一个结果集。

(3) 自定义函数可以直接被调用执行而不需要使用 CALL 命令；而存储过程在调用时必须使用 CALL 语句。

6. 创建自定义函数

创建自定义函数的语法格式如下：

```
CREATE FUNCTION <函数名>([参数列表])RETURNS 数据类型
BEGIN
    函数体;
END
```

语法说明：

(1) 函数名指自定义函数的名称，且函数名在当前数据库中必须是唯一的。

(2) 当函数不需要输入参数时，参数列表为空，即函数名后面为一对空括号()。

(3) 当函数需要输入参数时，参数列表的格式如下：

```
参数名 数据类型[, 参数名 数据类型,...]
```

函数中的参数都是输入参数，只有名称和数据类型，不能指定关键字 IN、OUT、INOUT。

(4) RETURNS 数据类型：用来声明自定义函数返回值的数据类型，其中类型用来指定返回值的数据类型。

(5) 函数体：自定义函数的主体部分，所有在存储过程中可以使用的 SQL 语句在自定义函数中同样适用，包括局部变量、SET 语句、流程控制语句、游标等。

(6) RETURN 值：自定义函数的函数体中必须包含一个"RETURN 值"语句，其中值用于指定自定义函数的返回值。

7. 调用自定义函数

成功创建完自定义函数后，就可以像调用系统内置函数一样，使用关键字 SELECT 调用自定义函数了，调用自定义函数的语法格式如下：

```
SELECT <自定义函数名>([<参数>[,...]])
```

语法说明：如果在创建自定义函数时参数列表为空，那么在调用该函数时，实参列表为空，即直接使用 SELECT <自定义函数名>()；如果定义函数时使用了参数，那么在调用该函数时，必须使用参数，即实参列表不能为空，而且实参列表中的参数个数和顺序必须同形参列表一一对应。

8. 删除自定义函数

当自定义函数不再需要或要修改自定义函数的内容时，需要删除自定义函数。删除自定义函数的语法格式如下：

```
DROP FUNCTION <函数名>;
```

实战演练

任务工单：创建与使用存储过程和自定义函数

代码设计员 ID		代码设计员姓名		所属项目组	
MySQL 官网网址	https://www.mysql.com		MySQL 版本		MySQL 8.0 社区版

课堂笔记

续表

硬件配置	CPU:2.3GHz 及以上双核或四核;硬盘:150GB 及以上;内存:8GB;网卡:千兆网卡	软件系统	mysql-8-0.23-winx64 navicat_premium_V11.2.7
操作系统	Windows 7/Windows 10 或更高版本	执行数据库深度编程资源要求	ecommerce 数据库成功创建 所有数据表创建完毕 数据记录均录入完毕 数据表之间关联关系建立完毕
任务执行前准备工作	检测计算机软硬件环境是否可用	□可用 □不可用	不可用注明理由:
	检测操作系统环境是否可用	□可用 □不可用	不可用注明理由:
	检验 MySQL 服务是否正常启动	□正常 □不正常	不正常注明理由:
	检测 MySQL 图形化工具 Navicat 是否可用	□可用 □不可用	不可用注明理由:
	复习用图形化工具创建、使用与管理存储过程方法,操作步骤是否清楚	□清楚 □有问题	写明问题内容及缘由:
	复习用 SQL 语句创建、使用与管理存储过程方法,语法格式是否清楚	□清楚 □有问题	写明问题内容及缘由:
	复习用图形化工具创建、调用与管理自定义函数的方法,操作步骤是否清楚	□清楚 □有问题	写明问题内容及缘由:
	复习用 SQL 语句创建、调用与管理自定义函数的方法,语法格式是否清楚	□清楚 □有问题	写明问题内容及缘由:
执行具体任务(在 MySQL 平台上编辑并运行主讲案例的查询任务)	利用图形化工具创建带参数的存储过程	完成度:□未完成 □部分完成 □全部完成	
	利用图形化工具使用存储过程	完成度:□未完成 □部分完成 □全部完成	
	利用 SQL 语句创建带参数的存储过程	完成度:□未完成 □部分完成 □全部完成	
	利用 SQL 语句使用存储过程	完成度:□未完成 □部分完成 □全部完成	
	利用图形化创建带参数和返回值的自定义函数	完成度:□未完成 □部分完成 □全部完成	
	利用图形化工具使用自定义函数	完成度:□未完成 □部分完成 □全部完成	
	利用图形化创建带参数和返回值的自定义函数	完成度:□未完成 □部分完成 □全部完成	
	利用图形化工具使用自定义函数	完成度:□未完成 □部分完成 □全部完成	
任务未成功的处理方案	采取的具体措施:	执行处理方案的结果:	

课堂笔记

续表

备注说明	填写日期：	其他事项：

任务评价

代码设计员 ID		代码设计员姓名		所属项目组			
评价栏目	任务详情	评价要素	分值	评价主体		
				学生自评	小组互评	教师点评
任务功能实现	利用图形化工具创建、使用与管理存储过程	任务功能是否实现	10			
	利用 SQL 语句创建、使用与管理存储过程	任务功能是否实现	15			
	利用图形化工具创建、调用与管理自定义函数	任务功能是否实现	15			
	利用 SQL 语句创建、调用与管理自定义函数	任务功能是否实现	20			
代码编写规范	利用 SQL 语句创建与管理存储过程和自定义函数的语法格式	语句编写是否规范并符合要求	1			
	关键字书写	关键字书写是否正确	1			
	标点符号使用	是否正确使用英文标点符号	1			
	标识符设计	标识符是否按规定格式设置并做到见名知意	2			
	代码可读性	代码可读性是否良好	2			
	代码优化程度	代码是否已被优化	2			
	代码执行耗时	执行时间可否接受	1			
操作熟练度	代码编写流程	编写流程是否熟练	4			
	程序运行操作	运行操作是否正确	4			
	调试与完善操作	调试过程是否合规	2			
创新性	代码编写思路	设计思路是否有创新性	5			
	查询结果显示效果	显示界面是否有创新性	5			
职业素养	态度	是否认真细致、遵守课堂纪律、学习积极、具有团队协作精神	3			

续表

评价栏目	任务详情	评价要素	分值	评价主体		
				学生自评	小组互评	教师点评
职业素养	操作规范	是否有实训环境保护意识，实训设备使用是否合规，操作前是否对硬件设备和软件环境检查到位，有无损坏机器设备的情况，能否保持实训室卫生	3			
	设计理念	是否突显以用户为中心的设计理念	4			
总　分			100			

拓展训练

1. 实训操作

实训数据库	学校管理系统数据库 eleccollege 数据表：学生信息表 student、课程信息表 course、班级信息表 class、系部信息表 department、宿舍信息表 dormitory、成绩信息表 grade、教师信息表 teacher			
实训任务	任务内容	参考代码	操作演示微课视频	问题记录
	创建存储过程 proc_801，其功能是显示考试成绩在 90 分以上的学生学号、姓名、课程名称及分数	CREATE PROCEDURE proc_801() BEGIN SELECT s.stu_no, s.stu_name, c.cou_name, g.gra_score FROM student s, course c, grade g WHERE s.stu_no = g.gra_stuid AND c.cou_no = g.gra_couno AND g.gra_score >= 90; END		
	创建存储过程 proc_802，其功能是通过输入学生的学号，显示该学生的学号、姓名、所在系部及联系方式	CREATE PROCEDURE proc_802(IN in_stu_no CHAR(12)) BEGIN SELECT stu_no, stu_name,stu_speciality, stu_telephone FROM student WHERE stu_no = in_stu_no; END		

课堂笔记

续表

	任务内容	参考代码	操作演示微课视频	问题记录
实训任务	创建存储过程 proc_803，其功能是通过输入学生的学号输出其所在专业	CREATE PROCEDURE proc_803(IN in_stu_no CHAR(12), OUT stu_spec VARCHAR(40)) BEGIN SELECT stu_speciality INTO stu_spec FROM student WHERE stu_no = in_stu_no; END		
	调用存储过程 proc_801	CALL proc_801();		
	调用存储过程 proc_802，查询学号为'201803010001'的学生学号、姓名、所在系部及联系方式	CALL proc_802('201803010001');		
	调用存储过程 proc_803，查询学号为'201803010001'的学生姓名，并将姓名输出	CALL proc_803('201803010001', @spec); SELECT '201803010001',@spec;		
	查看数据库中名为"proc_801"的存储过程的信息	SHOW PROCEDURE STATUS LIKE 'proc_801';		
	查看数据库中名为"proc_802"的存储过程的信息	SELECT * FROM information_schema.ROUTINES WHERE ROUTINE_NAME = 'proc_802';		
	修改存储过程 proc_802 的定义，将读写权限修改为 MODIFIES SQL DATA，并指明调用者可以执行	ALTER PROCEDURE proc_802 MODIFIES SQL DATA SQL SECURITY INVOKER;		
	删除存储过程 proc_802	DROP PROCEDURE proc_802;		
	创建不带参数的自定义函数 sclSnameById，其功能是返回学号为'201901010001'的学生姓名	CREATE FUNCTION selSnameById() RETURNS CHAR(20) BEGIN RETURN (SELECT stu_name FROM student WHERE stu_no ='201901010001'); END		
	创建带参数的自定义函数 selSnameById2，其功能是根据输入的学号返回学生姓名	CREATE FUNCTION selSnameById2(stuno CHAR(12))RETURNS CHAR(20) BEGIN RETURN (SELECT stu_name FROM student WHERE stu_no = stuno); END		

课堂笔记

续表

	任务内容	参考代码	操作演示微课视频	问题记录
实训任务	调用自定义函数selSnameById2,查询学号为'201901010001'的学生姓名	SELECT selSnameById2('201901010001');		
	查看自定义函数selSnameById的创建语句	SHOW CREATE FUNCTION selSnameById;		
	删除自定义函数selSnameById	DROP FUNCTION selSnameById;		

2. 知识拓展

(1) 在华为GaussDB数据库中继续使用跨境贸易系统数据库interecommerce完成以下操作。

创建存储过程proc1,其功能是通过输入国家的id,显示该国家所在的大洲。代码如下:

```
CREATE PROCEDURE proc1(IN in_cou_id CHAR(18))
BEGIN
  SELECT s.sta_name FROM country c, state s
  WHERE c.cou_stateid = s.sta_id
  AND c.cou_id = in_cou_id;
END
```

调用存储过程proc1,代码如下:

```
CALL proc1('000000000000000001');
```

创建带参数的自定义函数selBrandById,输入商品编号,返回品牌信息,代码如下:

```
CREATE FUNCTION selBrandById(id CHAR(12))
RETURNS CHAR(30)
BEGIN
  RETURN
  (SELECT goo_brand FROM goods WHERE goo_id = id);
END
```

调用存储过程selBrandById,代码如下:

```
SELECT selBrandById('000000000001');
```

(2) 1+X证书Web前端开发MySQL考核知识点如下。

- 存储过程的基本概念;创建与使用存储过程的语法。
- 自定义函数的基本概念;创建与调用自定义函数的语法。

课堂笔记

讨论反思与学习插页

<table>
<tr><td>代码设计员 ID</td><td></td><td>代码设计员姓名</td><td></td><td>所属项目组</td><td></td></tr>
<tr><td colspan="6">讨论反思</td></tr>
<tr><td rowspan="2">学习研讨</td><td colspan="2">问题：自定义函数与存储过程都是持久性存储模块，两者之间有区别吗？</td><td colspan="3">解答：</td></tr>
<tr><td colspan="2">问题：如果要修改函数内容，应该怎么做？</td><td colspan="3">解答：</td></tr>
<tr><td>立德铸魂</td><td colspan="5">存储过程和自定义函数可以实现很多复杂的数据管理操作，但是在编写存储过程和自定义函数的过程中，一不小心就可能导致程序运行出现各种错误和异常，因此，要求数据库开发人员认真细致，充分考虑各种情况、各种因素。通过这一点，告诫学生在思考问题时要立足全局，在全局视域下以动态发展的理念思考问题，才能设计出最优的查询方案。由此以润物无声的方式让学生理解并接受马克思主义科学方法论的内涵，并积极践行于数据库系统的实践开发中。</td></tr>
<tr><td colspan="6">学习插页</td></tr>
<tr><td>过程性学习</td><td colspan="5">记录学习过程：</td></tr>
<tr><td>重点与难点</td><td colspan="5">提炼创建与管理自定义函数和存储过程的重难点：</td></tr>
<tr><td>阶段性评价总结</td><td colspan="5">总结阶段性学习效果：</td></tr>
<tr><td>答疑解惑</td><td colspan="5">记录学习过程中疑惑问题的解答情况：</td></tr>
</table>

任务8-3　创建与管理触发器

任务描述

电子商务网站在实际应用中会存在一些复杂的业务逻辑，当对某一个数据表进行增、

课堂笔记

删、查、改操作后，与之关联的其他数据表也需要进行相应的修改，以确保数据库端数据的完整性。如果仅仅依靠人工操作，可能出现遗漏或者错误，这时就可以使用触发器来完成。本任务进度如表8-9所示。

表8-9　创建与管理触发器任务进度表

系统功能	任务下发时间	预期完成时间	任务负责人	版本号
利用图形化工具创建与管理触发器	12月18日	12月19日	孙维	V1.0
利用SQL语句创建与管理触发器	12月20日	12月21日	孙维	V1.0

任务分析

触发器是数据库中的独立对象，为了确保数据完整性，数据库开发人员可以用触发器实现复杂的业务逻辑。例如，当用户选购好商品并完成了订单之后，商品的库存量应该根据用户订单中商品的数量相应地减少。触发器在满足定义条件时触发，执行触发器中定义的语句集合。触发器的这种特性可以使其应用在数据库端，确保数据的完整性。

任务目标

- 素质目标：让学生理解世界的物质性和关联性，帮助学生培养正确的思辨方式。
- 知识目标：了解触发器的基本概念，了解NEW和OLD关键字的作用，掌握创建、查看、删除触发器的SQL语法。
- 能力目标：掌握使用图形化工具和SQL语句创建、查看、删除触发器的操作。

任务实施

步骤1　利用图形化工具创建与管理触发器

1）利用图形化工具创建触发器

（1）创建触发器trig_insert_to_order_detail：当向订单详情表（t_order_detail）插入一条记录时，订单表（t_order）对应记录的o_total_amount的值增加，增加的值为订单详情表中对应商品的单价乘以商品数量。具体操作流程如下。

① 右击ecommerce数据库中的订单详情表（t_order_detail），在弹出的菜单中选择“设计表”命令，打开表设计界面，如图8-23所示。

图8-23　订单详情表设计界面

课堂笔记

② 在表设计界面单击“触发器”选项卡标签，进入触发器设计界面，如图8-24所示。

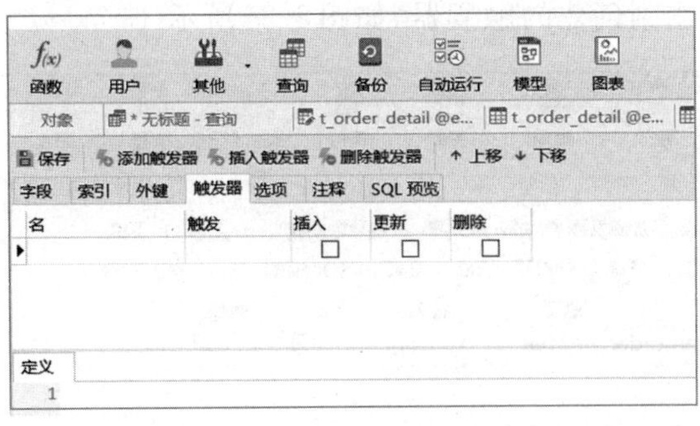

图 8-24　触发器设计界面 1

③ 输入触发器名，设置触发时间(BEFORE 或 AFTER)，选择激活触发器的语句类型(插入、更新或者删除)。在界面下方的“定义”框中输入触发时执行的 SQL 语句，如图8-25所示。单击工具栏中的“保存”按钮完成触发器的创建。

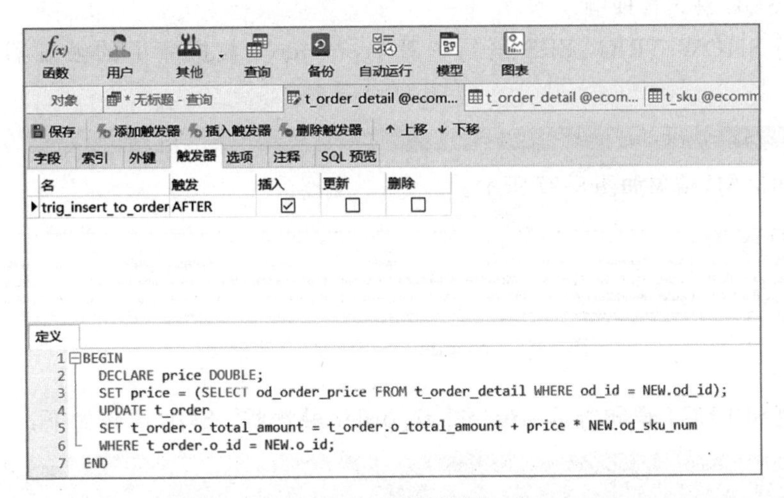

图 8-25　触发器设计界面 2

2) 利用图形化工具管理触发器

右击数据库中的数据表，在弹出的菜单中选择“设计表”命令，打开表设计界面，单击“触发器”选项卡标签，切换到“触发器”管理界面。

步骤 2　利用 SQL 语句创建与管理触发器

1) 利用 SQL 语句创建触发器

创建触发器 trig_delete_order，当删除订单表(t_order)中的一条记录时，删除订单详情表(t_order_detail)中与该订单对应的记录。创建触发器 trig_delete_order 的 SQL 代码如下：

```
CREATE TRIGGER trig_delete_order AFTER DELETE ON t_order FOR EACH ROW
BEGIN
  DELETE FROM t_order_detail WHERE o_id = OLD.o_id;
END
```

执行上述SQL语句，即可成功创建trig_delete_order触发器。在订单表(t_order)的触发器管理界面可以看到刚刚创建的触发器，如图8-26所示。

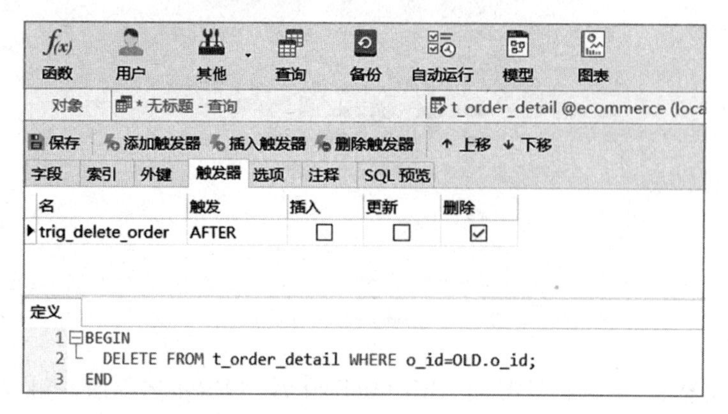

图8-26　创建trig_delete_order触发器

2）利用SQL语句管理触发器

（1）利用SHOW TRIGGERS语句查看ecommerce数据库中的触发器。SQL语句如下：

```
SHOW TRIGGERS FROM ecommerce;
```

执行上述语句，结果如图8-27所示。

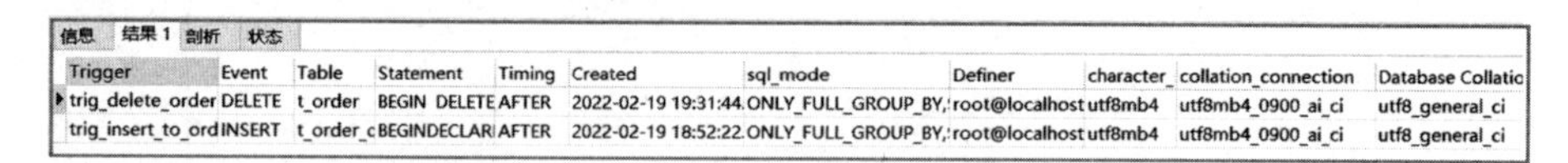

Trigger	Event	Table	Statement	Timing	Created	sql_mode	Definer	character_	collation_connection	Database Collatic
trig_delete_order	DELETE	t_order	BEGIN DELETE	AFTER	2022-02-19 19:31:44.	ONLY_FULL_GROUP_BY,	root@localhost	utf8mb4	utf8mb4_0900_ai_ci	utf8_general_ci
trig_insert_to_ord	INSERT	t_order_c	BEGINDECLARI	AFTER	2022-02-19 18:52:22.	ONLY_FULL_GROUP_BY,	root@localhost	utf8mb4	utf8mb4_0900_ai_ci	utf8_general_ci

图8-27　ecommerce中的触发器信息

（2）利用SELECT语句查看trig_delete_order触发器。SQL语句如下：

```
SELECT * FROM information_schema.Triggers
WHERE Trigger_Name = 'trig_delete_order';
```

执行上述语句，结果如图8-28所示。

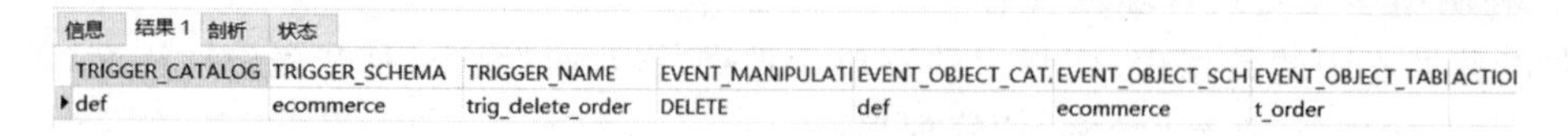

TRIGGER_CATALOG	TRIGGER_SCHEMA	TRIGGER_NAME	EVENT_MANIPULATI	EVENT_OBJECT_CAT.	EVENT_OBJECT_SCH	EVENT_OBJECT_TABI	ACTIOI
def	ecommerce	trig_delete_order	DELETE	def	ecommerce	t_order	

图8-28　trig_delete_order信息

（3）利用DROP TRIGGER语句删除trig_delete_order触发器。SQL语句如下：

```
DROP TRIGGER IF EXISTS trig_delete_order;
```

知识点解析

1. 创建触发器

创建触发器使用CREATE TRIGGER语句，其语法格式如下：

```
CREATE TRIGGER 触发器名 触发时刻 触发事件 ON 表名
FOR EACH ROW
触发器动作;
```

语法说明：

（1）触发器名。触发器名在当前数据库中必须具有唯一性。如果在某个特定的数据库中创建，要在触发器名前加上数据库的名字。

（2）触发时刻。触发时刻有两个选择：BEFORE 和 AFTER，表示触发器在激活它的语句之前触发或之后触发。

（3）触发事件。触发事件是指激活触发器执行的语句类型，可以是 INSERT、UPDATE、DELETE。INSERT 表示插入数据时触发程序，UPDATE 表示更新数据时触发程序，DELETE 表示从表中删除数据时触发程序。

（4）表名。与触发器相关的数据表的名称，在该数据表上发生触发事件时激活触发器。

（5）FOR EACH ROW。行级触发器，指触发事件每影响一行都会执行一次触发程序。

（6）触发器动作。触发器激活时将要执行的语句，如果要执行多条语句，可以使用 BEGIN...END 语句块。

2. 查看触发器

对于已创建的触发器，可以通过语句查看触发器的信息。查看触发器可以使用 SHOW TRIGGERS 语句或 SELECT 语句。

（1）利用 SHOW TRIGGERS 语句查询，语法格式如下：

```
SHOW TRIGGERS [FROM 数据库名];
```

（2）利用 SELECT 语句查询，语法格式如下：

```
SELECT * FROM information_schema.Triggers
WHERE Trigger_Name = <触发器名>;
```

MySQL 中，触发器信息存储在 information_schema 数据库的 Triggers 表中，因此可以从该表中查看触发器的详细信息。

3. 删除触发器

删除触发器使用 DROP TRIGGER 语句，其语法格式如下：

```
DROP TRIGGER [IF EXISTS] [数据库名.]触发器名;
```

语法说明：IF EXISTS 用于判断要删除的触发器是否存在，如果存在，那么执行此删除语句。

4. NEW 和 OLD 关键字的功能

MySQL 触发器可以使用 NEW 和 OLD 两个关键字来表示触发前和触发后的记录。

（1）当插入数据时，在触发动作中可以使用 NEW 关键字表示新记录，当需要访问新记录的某个字段值时，可以使用“NEW.字段名”的方式访问。

（2）当删除数据时，在触发动作中可以使用 OLD 关键字表示旧记录，当需要访问旧记

课堂笔记

录的某个字段值时，可以使用“OLD.字段名”的方式访问。

（3）当更新数据时，在触发程序中可以使用 OLD 关键字表示更新前的旧记录，使用 NEW 关键字表示更新后的新记录。

实战演练

任务工单：创建与管理触发器

<table>
<tr><td>代码设计员 ID</td><td></td><td>代码设计员姓名</td><td></td><td>所属项目组</td><td></td></tr>
<tr><td>MySQL 官网网址</td><td colspan="2">https://www.mysql.com</td><td colspan="2">MySQL 版本</td><td>MySQL 8.0 社区版</td></tr>
<tr><td>硬件配置</td><td colspan="2">CPU：2.3GHz 及以上双核或四核；硬盘：150GB 及以上；内存：8GB；网卡：千兆网卡</td><td>软件系统</td><td colspan="2">mysql-8-0.23-winx64
navicat_premium_V11.2.7</td></tr>
<tr><td>操作系统</td><td colspan="2">Windows 7/Windows 10 或更高版本</td><td>执行数据库深度编程的资源要求</td><td colspan="2">ecommerce 数据库成功创建
所有数据表创建完毕
数据记录均录入完毕
数据表之间关联关系建立完毕</td></tr>
<tr><td rowspan="6">任务执行前准备工作</td><td colspan="2">检测计算机软硬件环境是否可用</td><td>□可用
□不可用</td><td colspan="2">不可用注明理由：</td></tr>
<tr><td colspan="2">检测操作系统环境是否可用</td><td>□可用
□不可用</td><td colspan="2">不可用注明理由：</td></tr>
<tr><td colspan="2">检验 MySQL 服务是否能正常启动</td><td>□正常
□不正常</td><td colspan="2">不正常注明理由：</td></tr>
<tr><td colspan="2">检测 MySQL 图形化工具 Navicat 是否可用</td><td>□可用
□不可用</td><td colspan="2">不可用注明理由：</td></tr>
<tr><td colspan="2">复习利用图形化工具创建与管理触发器，方法和步骤是否清楚</td><td>□清楚
□有问题</td><td colspan="2">写明问题内容及缘由：</td></tr>
<tr><td colspan="2">复习利用 SQL 语句创建与管理触发器，方法及语法格式是否清楚</td><td>□清楚
□有问题</td><td colspan="2">写明问题内容及缘由：</td></tr>
<tr><td rowspan="4">执行具体任务（在 MySQL 平台上编辑并运行主讲案例的查询任务）</td><td colspan="2">利用图形化工具创建触发器，当向订单详情表插入一条记录时，更新订单表对应的记录</td><td colspan="3">完成度：□未完成　□部分完成　□全部完成</td></tr>
<tr><td colspan="2">利用图形化工具创建触发器，当删除订单表中的一条记录时，删除订单详情表中与该订单对应的数据记录</td><td colspan="3">完成度：□未完成　□部分完成　□全部完成</td></tr>
<tr><td colspan="2">利用 SQL 语句创建触发器，当向订单详情表插入一条记录时，更新订单表对应的记录</td><td colspan="3">完成度：□未完成　□部分完成　□全部完成</td></tr>
<tr><td colspan="2">利用 SQL 语句创建触发器，但删除订单表中的一条记录时，删除订单详情表中与该订单对应的数据记录</td><td colspan="3">完成度：□未完成　□部分完成　□全部完成</td></tr>
</table>

课堂笔记

续表

任务未成功的处理方案	采取的具体措施：	执行处理方案的结果：
备注说明	填写日期：	其他事项：

任务评价

代码设计员 ID		代码设计员姓名		所属项目组			
评价栏目	任务详情	评价要素	分值	评价主体			
				学生自评	小组互评	教师点评	
任务功能实现	利用图形化工具创建与管理触发器	查询功能是否实现	30				
	利用 SQL 语句创建与管理触发器	查询功能是否实现	30				
代码编写规范	创建与管理触发器的语法格式	语句编写是否规范并符合要求	1				
	关键字书写	关键字书写是否正确	1				
	标点符号使用	是否正确使用英文标点符号	1				
	图形化界面使用	图形化界面使用是否熟练	2				
	代码可读性	代码可读性是否良好	2				
	代码优化程度	代码是否已被优化	2				
	代码执行耗时	执行时间可否接受	1				
操作熟练度	代码编写流程	编写流程是否熟练	4				
	程序运行操作	运行操作是否正确	4				
	调试与完善操作	调试过程是否合规	2				
创新性	代码编写思路	设计思路是否有创新性	5				
	查询结果显示效果	显示界面是否有创新性	5				
职业素养	态度	是否认真细致、遵守课堂纪律、学习积极、具有团队协作精神	3				
	操作规范	是否有实训环境保护意识，实训设备使用是否合规，操作前是否对硬件设备和软件环境检查到位，有无损坏机器设备的情况，能否保持实训室卫生	3				

课堂笔记

续表

评价栏目	任务详情	评价要素	分值	评价主体		
				学生自评	小组互评	教师点评
职业素养	设计理念	是否突显具体问题具体分析的科学思维模式	4			
总　　分			100			

拓展训练

1. 实训操作

实训数据库	学校管理系统数据库 eleccollege 数据表：学生信息表 student、课程信息表 course、班级信息表 class、系部信息表 department、宿舍信息表 dormitory、成绩信息表 grade、教师信息表 teacher			
实训任务	任务内容	参考代码	操作演示微课视频	问题记录
	创建触发器 trig_801，当向“学生表”插入一条记录时，将用户变量 strIn 的值设置为“已插入一条学生记录”	CREATE TRIGGER trig_801 AFTER INSERT ON student FOR EACH ROW BEGIN SET @strIn= "已插入一条学生记录"; END		
	创建触发器 trig_802，如果要删除 student 表中的一条学生信息，需要先删除 studentbrief 表中对应的该学生的信息	CREATE TRIGGER trig_802 BEFORE DELETE ON student FOR EACH ROW BEGIN DELETE FROM studentbrief WHERE stu_no=OLD. stu_no; END		
	创建触发器 trig_803，当在 student 表中插入一条学生记录时，在 studentbrief 数据表中同步添加对应的信息	CREATE TRIGGER trig_803 AFTER INSERT ON student FOR EACH ROW BEGIN INSERT INTO studentbrief VALUES (new. stu_no, new. stu_name, new. stu_politicalstatus, new. stu_speciality); END		
	查看全部触发器	SHOW TRIGGERS FROM eleccollege;		
	查看数据库 eleccollege 中的触发器	SHOW TRIGGERS FROM eleccollege;		
	利用 SELECT 语句查看触发器 trig_801	SELECT * FROM information_schema. Triggers WHERE Trigger_Name ='trig_801';		
	删除触发器 trig_801	DROP TRIGGER trig_801;		

课堂笔记

2. 知识拓展

(1) 在华为 GaussDB 数据库中继续使用跨境贸易系统数据库 interecommerce 完成以下操作。

创建触发器 trig1，当删除 order 表中的一条订单信息，同时删除 lineitem 表中对应的订单详情信息表。代码如下：

```
CREATE TRIGGER trig1 BEFORE DELETE ON order1 FOR EACH ROW
BEGIN
  DELETE FROM lineitem WHERE lin_orderid = OLD.ord_id;
END
```

删除触发器 trig1，代码如下：

```
DROP TRIGGER trig1;
```

(2) 1+X 证书 Web 前端开发 MySQL 考核知识点：触发器的概念；NEW 和 OLD 关键字的功能；创建、查看、删除触发器。

讨论反思与学习插页

<table>
<tr><td>代码设计员 ID</td><td></td><td>代码设计员姓名</td><td></td><td>所属项目组</td><td></td></tr>
<tr><td colspan="6">讨论反思</td></tr>
<tr><td rowspan="2">学习研讨</td><td colspan="2">问题：一个数据表上最多可以创建几个触发器？</td><td colspan="3">解答：</td></tr>
<tr><td colspan="2">问题：NEW 和 OLD 关键字有何功能？</td><td colspan="3">解答：</td></tr>
<tr><td>立德铸魂</td><td colspan="5">触发器是数据库中的独立对象，数据库开发人员可以用触发器实现复杂的业务逻辑，并确保数据的完整性。例如，在对表进行插入、更新或者删除操作时，通过触发器可以实现对与表关联的其他表中数据的修改，从而在数据库端确保数据的完整性。通过触发器的这一特性，可以让同学们认识到事物之间并不是相互独立的，而是存在着一定的关联性，有时甚至牵一发而动全身。告诫学生在思考问题时，不能只看到自己关心的某个点，应该考虑到事物之间的关联性，全面地去思考问题，才能得到客观、正确的看法</td></tr>
<tr><td colspan="6">学习插页</td></tr>
<tr><td>过程性学习</td><td colspan="5">记录学习过程：</td></tr>
<tr><td>重点与难点</td><td colspan="5">提炼利用图形化工具和 SQL 语句创建与管理触发器的重难点：</td></tr>
</table>

课堂笔记

续表

阶段性评价总结	总结阶段性学习效果：
答疑解惑	记录学习过程中疑惑问题的解答情况：

任务8-4　建立与使用事务机制和锁机制

任务描述

通常情况下，每个查询的执行都是相互独立的，不必考虑哪个查询在前，哪个查询在后。实际应用中，较为复杂的查询逻辑通常都需要执行一组 SQL 语句，且这一组语句执行的数据结果存在一定的关联，语句组的执行要么都执行成功，要么都不做。为了控制语句组的执行过程，MySQL 提供了事务机制。本任务将在 SQL 程序基础上，讨论事务的基本原理和使用方法。任务进度如表 8-10 所示。

表 8-10　建立与使用事务机制和锁机制的任务进度表

系统功能	任务下发时间	预期完成时间	任务负责人	版本号
编程实现事务的创建与使用	12 月 22 日	12 月 23 日	张锋	V1.0
应用锁机制管理数据	12 月 24 日	12 月 25 日	张锋	V1.0

任务分析

事务处理机制在程序开发过程中有着非常重要的作用，它可以提高数据库系统的安全性，防范化解系统性安全风险。例如，在银行处理转账业务时，如果 A 账户中的金额刚被转出，而 B 账户还没来得及接收就发生停电，这会给银行和个人带来很大的经济损失。采用事务处理机制就能在转账过程中发生意外时，让程序回滚，不做任何处理。

任务目标

- 素质目标：教育学生做事要有始有终，切不可半途而废。
- 知识目标：了解事务的概念与特性，了解事务机制的操作流程与提交模式，理解锁机制的内涵，理解死锁产生的条件与解除条件。
- 能力目标：掌握事务的创建与使用，包括启动、回滚、提交事务等操作；掌握运用锁机制管理数据的操作，掌握解除死锁的方法与操作。

课堂笔记

任务实施

编程实现事物的创建与使用

步骤 1　编程实现事务的创建与使用

本任务的要求是创建存储过程,实现当用户删除订单的同时,删除与之对应的订单详情数据,要么都执行,要么都不执行,使用事务完成。SQL 代码如下:

```
CREATE PROCEDURE delOrder(in_o_id VARCHAR(10))
BEGIN
DECLARE odCount INT;
loop_label:LOOP
--启动事务
START TRANSACTION;
--删除订单数据
DELETE FROM t_order WHERE o_id = in_o_id;
IF ROW_COUNT()< 1 THEN
--如果删除失败,回滚
  ROLLBACK;
  LEAVE loop_label;
END IF;
--删除订单详情数据
SELECT count( * )INTO odCount FROM t_order_detail WHERE o_id = in_o_id;
DELETE FROM t_order_detail WHERE o_id = in_o_id;
IF ROW_COUNT()< odCount THEN
--如果删除失败,回滚
  ROLLBACK;
ELSE
--如果都删除成功,提交
  COMMIT;
END IF;
LEAVE loop_label;
END LOOP;
END
```

步骤 2　应用锁机制管理数据

应用锁机制管理数据

(1) 以读方式锁定 ecommerce 数据库中的商品评分表(t_rating)。实现读方式锁定操作的 SQL 语句如下:

```
LOCK TABLE t_rating READ;
```

输入完成后,执行查询,结果如图 8-29 所示。

(2) 以读方式锁定 ecommerce 数据库中的商品评分表(t_rating)后,执行查询操作,SQL 代码如下:

```
SELECT * FROM t_rating;
```

输入完成后,执行查询,结果如图 8-30 所示。

课堂笔记

图 8-29　以读方式锁定数据表

信息 结果 1 剖析 状态

pr_id	u_id	sku_id	u_p_score	timestamp
1	1000004	S000001	5.00	2020-06-13 05:19:15
2	1000004	S000008	4.00	2020-06-13 05:19:15
3	1000004	S000009	3.00	2020-06-13 07:17:25
4	1000004	S000012	4.00	2020-06-13 07:51:20
5	1000002	S000004	3.00	2020-06-22 10:11:23
6	1000002	S000011	4.00	2020-06-22 08:51:22

图 8-30　查询以读方式锁定的商品评分表

(3) 以读方式锁定 ecommerce 数据库中的商品评分表(t_rating)后，执行插入操作，SQL 代码如下：

```
INSERT INTO t_rating(u_id, sku_id, u_p_score)VALUES
('1000002','S000009', 5.00);
```

输入完成后，执行查询，结果如图 8-31 所示。

(4)将 ecommerce 数据库中的商品评分表(t_rating)解除锁定后，执行插入操作，SQL 代码如下：

```
UNLOCK TABLES;
INSERT INTO t_rating(u_id, sku_id, u_p_score)VALUES
('1000002','S000009', 5.00);
```

输入完成后，执行查询，结果如图 8-32 所示。

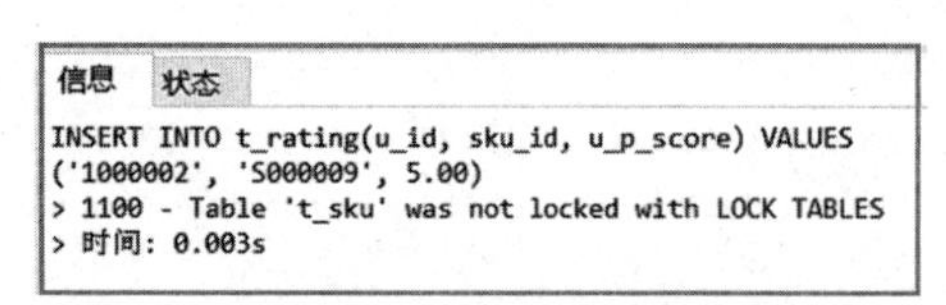

图 8-31　以读方式锁定数据表后插入数据

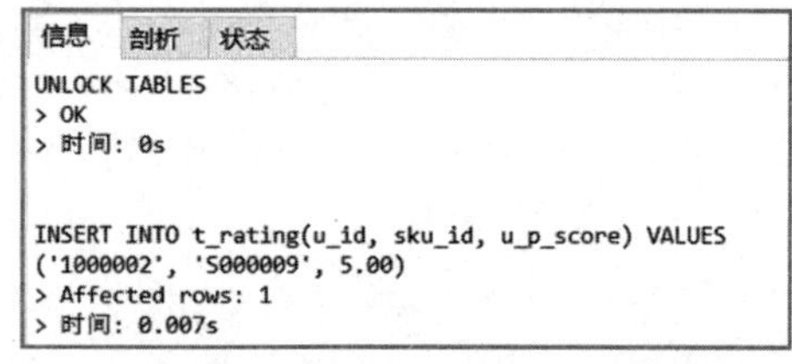

图 8-32　解除锁定后再插入数据

(5) 以写方式锁定 ecommerce 数据库中的商品评分表(t_rating)。实现写方式锁定操作的 SQL 语句如下：

```
LOCK TABLE t_rating WRITE;
```

输入完成后，执行查询，结果如图 8-33 所示。

(6) 以写方式锁定 ecommerce 数据库中的商品评分表(t_rating)后，执行查询操作，SQL 代码如下：

```
SELECT * FROM t_rating;
```

输入完成后，执行查询，结果如图 8-34 所示。

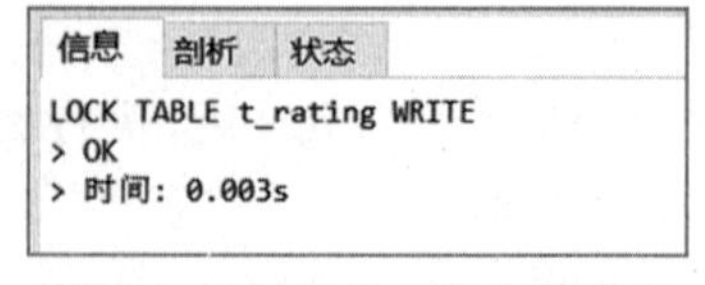

图 8-33　以写方式锁定数据表

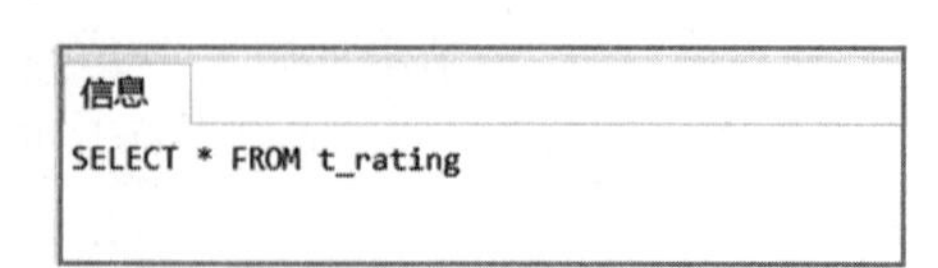

图 8-34　查询以写方式锁定数据表

当执行写方式锁定表后，只有当前会话的用户可以执行查看或其他操作，其他会话中的用户对该表的查看或其他操作都处于“等待中”的状态，只有该表解锁后才能继续执行。

知识点解析

1. 事务的概念与特性

在 MySQL 中，事务(transaction)是一个最小的不可分割的工作单元，主要用于处理操作量大、复杂度高的数据。通常一个事务对应一个完整的业务，如银行账户转账业务就是一个最小的工作单元。

通常，简单的业务逻辑或中小型程序不需要使用事务。但是对于复杂的情况，如果需要多项业务并行执行，就必须保证命令执行的同步性，使用事务处理可以维护数据库的完整性，保证成批有关联的 SQL 语句要么全部执行成功，要么全部返回初始状态。

一般情况下，事务必须满足四个条件(ACID)：原子性(atomicity)、一致性(consistency)、隔离性(isolation)、持久性(durability)。

(1) 原子性。事务是最小的工作单元，不可再分。一个事务中的所有操作，要么全部执行，要么全部不执行。

(2) 一致性。在事务开始之前和事务结束以后，数据库的完整性没有被破坏。事务的操纵应该使数据库从一个一致状态转变到另一个一致状态。

(3) 隔离性。当多个事务并发执行时，就像各个事务独立执行一样，避免由于交叉执行而导致数据的不一致。

(4) 持久性。事务成功执行后，对数据库的修改是永久的。即使数据库因故障出错，也应该能够恢复。

2. 事务机制操作流程和提交模式

1) 事务机制操作流程

事务的操作分为以下四个阶段。

(1) 开始事务。其语法格式如下：

```
START TRANSACTION;
```

(2) 提交事务。其语法格式如下：

```
COMMIT;
```

(3) 设置保存点。其语法格式如下：

```
SAVEPOINT <保存点名称>;
```

(4) 撤销事务。其语法格式如下：

```
ROLLBACK;
```

或

```
ROLLBACK TO SAVEPOINT <保存点名称>;
```

撤销事务，又称为事务回滚。事务执行后，如果执行的 SQL 语句导致业务逻辑不符或数据库操作错误，可以使用 ROLLBACK 语句撤销事务中所有的执行语句。ROLLBACK TO

课堂笔记

SAVEPOINT 语句会撤销事务中保存点之后的执行语句，也就是说，数据库会恢复到保存点时的状态。

2）事务提交模式

MySQL 中的事务处理有以下两种方法。

(1) 用 START、ROLLBACK、COMMIT 来实现。其中，START 也可以用 BEGIN 代替。

(2) 直接用 SET 语句来改变 MySQL 的自动提交模式。MySQL 中，默认情况下事务是自动提交的，即每提交一个请求，事务就直接执行，可以通过语句来改变事务的提交模式，实现事务的处理。

```
SET ANTOCOMMIT = 0  禁止自动提交
    SET ANTOCOMMIT = 1  开启自动提交
```

3. 死锁的产生及解除条件

死锁是指两个或两个以上的进程在执行过程中，因争夺资源而造成的一种互相等待的现象，若无外力作用，它们将无法推进下去，此时称系统处于死锁状态或系统产生了死锁，这些永远在互相等待的进程称为死锁进程。

死锁只有在特定条件下才会产生，死锁的产生需要满足以下四个条件。

(1) 互斥条件是指进程对所分配的资源进行排他性使用，即在一段时间内某资源只由一个进程占用。如果此时还有其他进程请求资源，则请求者只能等待，直到占有资源的进程用完才释放。

(2) 请求和保持条件是指进程已经保持至少一个资源，但同时又提出新的资源请求，而该资源已被其他进程占用，此时请求进程阻塞，但又对自己已获得的其他资源保持不放。

(3) 不剥夺条件，指进程已获得的资源，在未使用完之前不能被剥夺，只能在使用完时由自己释放。

(4) 环路等待条件，指在发生死锁时，必然存在一个进程——资源的环形链，例如，进程集合{P_0,P_1,P_2,P_3,…,P_n}，其中 P_0 正在等待 P_1 占用的资源，P_1 正在等待 P_2 占用的资源，…，P_n 正在等待 P_0 占用的资源。

这四个条件是死锁产生的必要条件，只要系统发生死锁，这些条件必然成立，一旦上述条件之一不满足，就不会发生死锁。

死锁产生后，系统无法再执行下去，必须采取必要的措施解除死锁。通常可以通过以下两种方法解除死锁。

(1) 终止进程(或撤销进程)。终止系统中的一个或多个死锁进程，直至打破死锁环路，使系统从死锁状态中解除出来。

(2) 抢占资源。从一个或多个进程中抢占足够数量的资源，分配给死锁进程，以打破死锁状态。

课堂笔记

实战演练

任务工单：编程实现事务和锁的应用

<table>
<tr><td>代码设计员 ID</td><td></td><td>代码设计员姓名</td><td></td><td>所属项目组</td><td></td></tr>
<tr><td>MySQL 官网网址</td><td colspan="2">https://www.mysql.com</td><td colspan="2">MySQL 版本</td><td>MySQL 8—0 社区版</td></tr>
<tr><td>硬件配置</td><td colspan="2">CPU：2.3GHz 及以上双核或四核；硬盘：150GB 及以上；内存：8GB；网卡：千兆网卡</td><td>软件系统</td><td colspan="2">mysql-8-0.23-winx64
navicat_premium_V11.2.7</td></tr>
<tr><td>操作系统</td><td colspan="2">Windows 7/Windows 10 或更高版本</td><td>执行数据库深度编程任务的资源要求</td><td colspan="2">ecommerce 数据库成功创建
所有数据表创建完毕
数据记录均录入完毕
数据表之间关联关系建立完毕</td></tr>
<tr><td rowspan="6">任务执行前准备工作</td><td colspan="2">检测计算机软硬件环境是否可用</td><td>□可用
□不可用</td><td colspan="2">不可用注明理由：</td></tr>
<tr><td colspan="2">检测操作系统环境是否可用</td><td>□可用
□不可用</td><td colspan="2">不可用注明理由：</td></tr>
<tr><td colspan="2">检验 MySQL 服务是否正常启动</td><td>□正常
□不正常</td><td colspan="2">不正常注明理由：</td></tr>
<tr><td colspan="2">检测 MySQL 图形化工具 Navicat 是否可用</td><td>□可用
□不可用</td><td colspan="2">不可用注明理由：</td></tr>
<tr><td colspan="2">复习事务的概念、特性、操作流程和提交模式，运行流程是否清楚</td><td>□清楚
□有问题</td><td colspan="2">写明问题内容及缘由：</td></tr>
<tr><td colspan="2">复习锁机制的原理和内涵，死锁产生的条件和解决方法，原理及语法是否清楚</td><td>□清楚
□有问题</td><td colspan="2">写明问题内容及缘由：</td></tr>
<tr><td rowspan="3">执行具体任务（在 MySQL 平台上编辑并运行主讲案例的查询任务）</td><td colspan="2">要求从订单表删除一条数据时，同时删除订单详情表中与之相关的记录，要么都执行成功，要么都不执行，使用事务完成</td><td colspan="3">完成度：□未完成　□部分完成　□全部完成</td></tr>
<tr><td colspan="2">以读方式锁定数据表，再执行查询、插入操作</td><td colspan="3">完成度：□未完成　□部分完成　□全部完成</td></tr>
<tr><td colspan="2">以写方式锁定数据表，再执行查询、插入操作</td><td colspan="3">完成度：□未完成　□部分完成　□全部完成</td></tr>
<tr><td>任务未成功的处理方案</td><td colspan="2">采取的具体措施：</td><td colspan="3">执行处理方案的结果：</td></tr>
<tr><td>备注说明</td><td colspan="2">填写日期：</td><td colspan="3">其他事项：</td></tr>
</table>

课堂笔记

任务评价

代码设计员 ID		代码设计员姓名	所属项目组			
评价栏目	任务详情	评价要素	分值	评价主体		
				学生自评	小组互评	教师点评
任务功能实现	要求从订单表删除一条数据时，同时删除订单详情表中与之相关的记录，要么都执行成功，要么都不执行，使用事务完成	任务功能是否实现	30			
	以读方式锁定数据表，再执行查询、插入操作	任务功能是否实现	15			
	以写方式锁定数据表，再执行查询、插入操作	任务功能是否实现	15			
代码编写规范	SQL 语句格式	事务机制与锁机制相关 SQL 语句编写是否规范并符合要求	1			
	关键字书写	关键字书写是否正确	1			
	标点符号使用	是否正确使用英文标点符号	1			
	标识符设计	标识符是否按规定格式设置并做到见名知意	2			
	代码可读性	代码可读性是否良好	2			
	代码优化程度	代码是否已被优化	2			
	代码执行耗时	执行时间可否接受	1			
操作熟练度	代码编写流程	编写流程是否熟练	4			
	程序运行操作	运行操作是否正确	4			
	调试与完善操作	调试过程是否合规	2			
创新性	代码编写思路	设计思路是否有创新性	5			
	查询结果显示效果	显示界面是否有创新性	5			
职业素养	态度	是否认真细致、遵守课堂纪律、学习积极、具有团队协作精神	3			
	操作规范	是否有实训环境保护意识，实训设备使用是否合规，操作前是否对硬件设备和软件环境检查到位，有无损坏机器设备的情况，能否保持实训室卫生	3			
	设计理念	是否自觉运用拨开表象，把握事物本质的科学思维	4			
总分			100			

课堂笔记

拓展训练

1. 实训操作

	任务内容	参考代码	操作演示微课视频	问题记录
实训数据库	学校管理系统数据库 eleccollege 数据表：学生信息表 student、课程信息表 course、班级信息表 class、系部信息表 department、宿舍信息表 dormitory、成绩信息表 grade、教师信息表 teacher			
实训任务	删除“学生表”中所有数据，利用 ROLLBACK 来撤销此删除语句	START TRANSACTION; DELETE FROM student; ROLLBACK;		
	在 course 表中插入一条课程记录，课程号为“c0000004”，课程名称为“高等数学”，任课教师编号为“t10000000001”，学分为“4.5”，课程类型为“公共基础”，授课学期为“1”，然后同步将对应信息添加到 coursebrief 表中，利用事务实现以上操作	START TRANSACTION; INSERT INTO course(cou_no,cou_name,cou_teacher,cou_credit,cou_type,cou_term) VALUES('c0000004','高等数学','t10000000001',4.5,'公共基础',1); INSERT INTO coursebrief VALUES('c0000004','高等数学',4.5); COMMIT;		
	以读方式锁定数据库 eleccollege 中的用户数据表 elec_user	LOCK TABLE elec_user READ;		
	以读方式锁定数据库 eleccollege 中的用户数据表 elec_user 后，再执行查询和插入操作	SELECT * FROM elec_user; INSERT INTO elec_user(username,pwd)VALUES ('zero','111111');		
	当用户将锁定的表解锁后，再次执行插入操作	UNLOCK TABLES; INSERT INTO elec_user(username,pwd)VALUES ('zero','111111');		

2. 知识拓展

(1) 在华为 GaussDB 数据库中继续使用跨境贸易系统数据库 interecommerce 完成以下操作。

删除 country 表中所有数据，利用 ROLLBACK 来撤销此删除语句，代码如下：

```
START TRANSACTION;
DELETE FROM country;
ROLLBACK;
```

(2) 1+X 证书 Web 前端开发 MySQL 考核知识点：事务的概念和特性；事务的操作流

课堂笔记

程和提交模式;锁机制的内涵及锁的类型。

讨论反思与学习插页

<table>
<tr><td>代码设计员 ID</td><td></td><td>代码设计员姓名</td><td></td><td>所属项目组</td><td></td></tr>
<tr><td colspan="6">讨论反思</td></tr>
<tr><td rowspan="2">学习研讨</td><td colspan="2">问题:死锁产生的四个必要条件是什么?解决死锁的方法有哪些?</td><td colspan="3">解答:</td></tr>
<tr><td colspan="2">问题:事务机制的操作流程和提交模式是什么?</td><td colspan="3">解答:</td></tr>
<tr><td>立德铸魂</td><td colspan="5">原子性是指数据库事务是不可分割的操作单位。只有使事务中所有的数据库操作都执行成功,整个事务的执行才算成功。事务中任何一个 SQL 语句执行失败,那么已经执行成功的 SQL 语句都必须撤销,数据库状态应该退回到执行事务前的状态。通过事务的原子性,告诫学生任何一个细小的错误,都可能导致整个工作任务的失败,此外,做事要有始有终,不能半途而废。以此培养学生认真细致、吃苦耐劳、有始有终、追求卓越的优秀品质</td></tr>
<tr><td colspan="6">学习插页</td></tr>
<tr><td>过程性学习</td><td colspan="5">记录学习过程:</td></tr>
<tr><td>重点与难点</td><td colspan="5">提炼建立与使用事务机制和锁机制的重难点:</td></tr>
<tr><td>阶段性评价总结</td><td colspan="5">总结阶段性学习效果:</td></tr>
<tr><td>答疑解惑</td><td colspan="5">记录学习过程中疑惑问题的解答情况:</td></tr>
</table>

课堂笔记

项目9　维护电子商务系统数据库的安全性

项目导读

为了提高电子商务系统数据库的安全性和完整性，使其免遭非法入侵，数据库管理员应当积极采取各种措施保证数据信息正确、有效。这是数据库管理员应当履行的职责，在进行数据信息管理与维护时，既要防微杜渐，也要有相应的预案措施，数据信息一旦遭受破坏，将损失降到最低。

项目素质目标

建立全局安全意识，强化在生产生活的任何一个环节中都不能忽视安全性这一认识；养成认真负责的工作态度，自觉培养良好的职业道德。

项目知识目标

了解MySQL权限表的结构与作用，了解MySQL权限系统的操作过程，理解MySQL用户管理机制，了解用户权限名称和权限级别，了解造成数据异常的原因，理解数据库备份的种类及数据库恢复的策略，了解MySQL日志的分类及作用。

项目能力目标

掌握创建用户与删除用户的操作，掌握修改用户名称和登录密码的操作，掌握授予用户权限与回收用户权限的操作，掌握数据库备份与恢复的操作，掌握数据表导出与导入的操作，掌握MySQL日志系统的使用。

项目导图

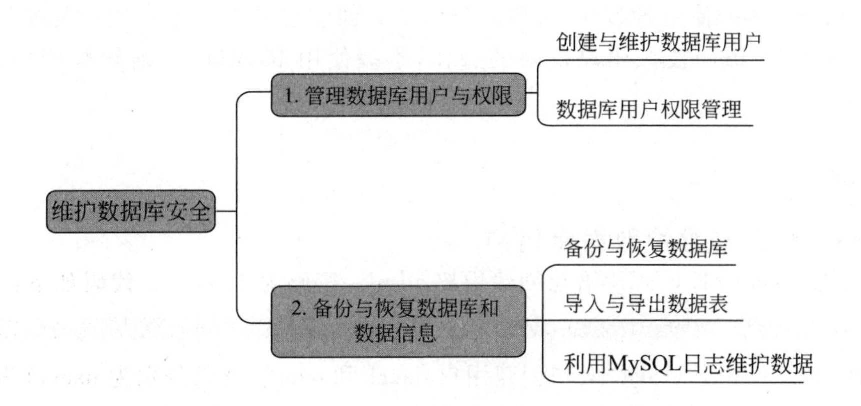

课堂笔记

任务9-1　管理数据库用户与权限

任务描述

电子商务系统数据库中存放了商品的库存数据、用户的消费记录和支付记录，数据库的安全性对整个电子商务系统来说非常重要。作为数据库管理员，除了根据系统需求实现和优化数据查询功能，通过数据库编程实现复杂数据库管理功能外，还需要设计出合理的用户与权限管理策略，并在数据库系统集成开发平台上实现。本任务进度如表9-1所示。

表 9-1　管理数据库用户与权限任务进度表

系 统 功 能	任务下发时间	预期完成时间	任务负责人	版本号
创建与维护数据库用户	12 月 24 日	12 月 25 日	张文莉	V1.0
数据库用户权限管理	12 月 26 日	12 月 27 日	张文莉	V1.0

任务分析

目前电子商务系统数据库已经创建，数据记录已经存在于数据表中，通过索引和视图完成了对查询操作的优化，借助数据库编程实现了复杂的数据管理功能，电子商务系统数据库的功能已经比较完善。但是，在数据库用户与权限管理方面还需要继续完善，这就需要数据库管理员熟悉 MySQL 权限系统的操作，掌握 MySQL 用户管理机制，掌握常用的用户权限管理操作。

任务目标

- 素质目标：养成认真负责的工作态度，自觉培养良好的职业道德。
- 知识目标：理解 MySQL 权限表的结构和作用，了解 MySQL 权限系统的操作，掌握 MySQL 用户权限管理机制，掌握使用 SQL 语句和命令行工具创建与维护数据库用户的方法，掌握使用 GRANT 语句与 REVOKE 语句授予权限及回收权限的方法。
- 能力目标：掌握使用 SQL 语句和命令行工具创建与维护数据库用户的操作，掌握使用 GRANT 语句授权用户权限的操作，掌握使用 REVOKE 语句收回用户权限的操作。

任务实施

步骤 1　创建与维护数据库用户

(1) 使用 CREATE USER 语句创建用户 admin，密码为 123456。代码如下：

```
CREATE USER 'admin '@'localhost' IDENTIFIED BY '123456';
```

(2) 使用 CREATE USER 语句创建用户 user1 和 user2，密码分别为 user11 和 user22，其中 user1 可以从本地主机登录，user2 可以从任意主机登录。代码如下：

课堂笔记

```
CREATE USER 'user1'@'localhost' IDENTIFIED BY 'user11',
'user2'@'%' IDENTIFIED BY 'user22';
```

执行成功后，通过 SELECT 语句验证用户是否创建成功，查询结果如图 9-1 所示。

183 SELECT host,user,authentication_string FROM user;

信息 结果 1 剖析 状态

host	user	authentication_strin
%	user2	*3DEC7D3087B5E4E
localhost	admin	*6BB4837EB743291C
localhost	mysql.infoschema	A005$THISISACOI
localhost	mysql.session	A005$THISISACOI
localhost	mysql.sys	A005$THISISACOI
localhost	root	*6BB4837EB743291C
localhost	user1	*BE94B67FFAB5074C

图 9-1 使用 SELECT 语句验证新用户是否创建成功

(3) 使用 RENAME 语句将 admin 的用户名修改为 myadmin。代码如下：

```
RENAME USER 'admin'@'localhost' TO 'myadmin'@'localhost';
```

(4) 使用 mysqladmin 命令，修改用户 myadmin 的密码为“admin123”，代码如下：

```
mysqladmin -u myadmin -p password admin123
```

在命令行窗口中输入上述语句，并输入 myadmin 用户的旧密码，即可将 myadmin 用户的密码修改为 admin123，如图 9-2 所示。

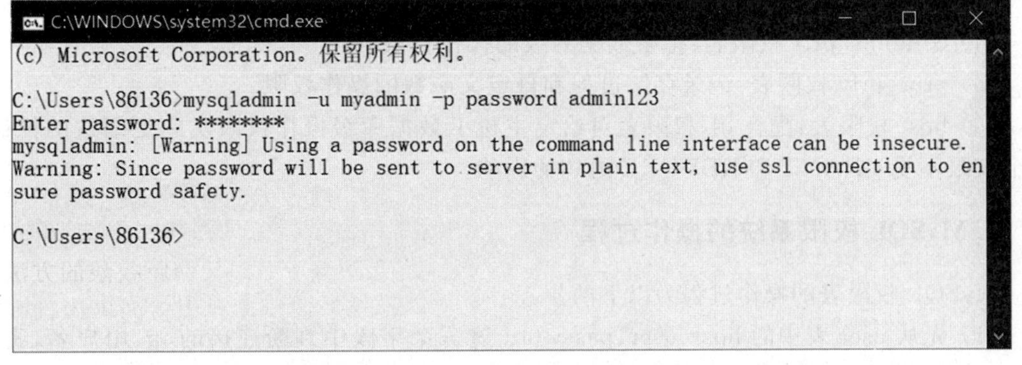

图 9-2 使用 mysqladmin 命令修改用户密码

(5) 使用 SET 语句修改用户 user1 的密码为“user123”，代码如下：

```
SET PASSWORD FOR 'user1'@'localhost' = '123456'
```

(6) 使用 DROP USER 语句删除用户 user1、user2。代码如下：

```
DROP USER 'user1'@'localhost','user2'@'%';
```

数据库用户权限管理

步骤 2 数据库用户权限管理

(1) 授予用户 myadmin 对数据库 ecommerce 所有表有 SELECT、INSERT、UPDATE 和

DELETE 的权限。代码如下：

```
GRANT SELECT,INSERT,UPDATE,DELETE ON ecommerce. * TO 'myadmin'@'%';
```

（2）查看用户 myadmin 的权限。代码如下：

```
SHOW GRANTS FOR 'myadmin'@'%';
```

（3）授予用户 user1 对数据库 ecommerce 在 t_sku 表中对 price、sku_name、sku_desc 三列数据有 UPDATE 权限。代码如下：

```
GRANT UPDATE(price,sku_name,sku_desc)ON ecommerce.t_sku TO 'user1'@'localhost';
```

（4）收回用户 myadmin 对数据库 ecommerce 的 UPDATE 权限。代码如下：

```
REVOKE UPDATE ON ecommerce. * FROM 'myadmin'@'%';
```

知识点解析

1. MySQL 权限表的结构和作用

MySQL 服务器通过 MySQL 权限表来控制用户对数据库的访问，MySQL 权限表存放在 MySQL 数据库里，由 mysql_install_db 脚本初始化。这些 MySQL 权限表分别为 user 权限表、db 权限表、table_priv 权限表、columns_priv 权限表、proc_priv 权限表和 host 权限表。

MySQL 权限表的结构内容及作用如下。

（1）user 权限表：记录允许连接到服务器上的用户账号信息，其中的权限是全局级的。

（2）db 权限表：记录各个账号在各个数据库上的操作权限。

（3）table_priv 权限表：记录数据库表级的操作权限。

（4）columns_priv 权限表：记录数据列级的操作权限。

（5）proc_priv 权限表：记录存储过程和自定义函数的操作权限。

（6）host 权限表：配合 db 权限表对给定主机上数据库级操作权限实施更细致的控制，这个权限不受 GRANT 和 REVOKE 语句的影响。

2. MySQL 权限系统的操作过程

MySQL 权限表的操作过程为以下两步。

（1）先从 user 表中的 host、user、password 这三个字段中判断连接的 ip、用户名、密码是否存在，存在则通过验证。

（2）通过身份认证后，进行权限分配，按照 user、db、tables_priv、columns_priv 的顺序进行验证。即先检查全局权限表 user，如果 user 中对应的权限为 Y，则此用户对所有数据库的权限都为 Y，将不再检查 db、tables_priv、columns_priv；如果为 N，则到 db 权限表中检查此用户对具体数据库的权限，并得到 db 中为 Y 的权限；如果 db 中为 N，则到权限表 tables_priv 中检查此数据库对应的具体表，取得表中为 Y 的权限，以此类推。

3. MySQL 用户管理机制

新安装的 MySQL 中只有一个名称为 root 的用户。这个用户是安装服务器时由系统创建并赋予了 MySQL 的所有权限。在对 MySQL 的实际操作中，通常需要创建不同权限级别的用户来确保数据的安全访问。

4. 创建与删除用户

1）创建用户

创建用户可以通过 CREATE USER 来实现。其语法格式如下：

```
CREATE USER <'用户名'>@<'主机'> IDENTIFIED BY PASSWORD <'密码'>;
```

语法说明：

（1）使用 CREATE USER 语句可以创建一个或多个用户，用户之间用逗号分隔。

（2）“主机”可以是主机名或 IP 地址，本地主机名可以使用 localhost，“%”表示一组主机。

（3）IDENTIFIED BY 关键字用于设置用户的密码，若指定用户登录不需要密码，则可以省略该选项。

（4）PASSWORD 关键字指定使用哈希值设置密码。密码的哈希值可以使用 PASSWORD()函数来获取。

2）删除用户

当管理员在 MySQL 中添加了用户后，由于各种原因可能需要删除用户来实现对用户的管理。删除用户可以通过两种方式实现：使用 DROP USER 语句和使用 DELETE 语句。

（1）使用 DROP USER 语句删除用户的语法格式如下：

```
DROP USER <'用户名'>@<'主机'>;
```

语法说明：DROP USER 语句可以删除一个或多个普通用户，各用户之间用逗号分隔。如果要删除的用户已经创建了数据库对象，那么该用户将继续保留。该语句的使用者必须拥有 DROP USER 权限。

（2）使用 DELETE 语句删除用户的语法格式如下：

```
DELETE FROM mysql.user WHERE User = <'用户名'> AND Host = <'主机'>;
```

语法说明：该语句的使用者必须拥有 mysql.user 表的 DELETE 权限。

5. 修改用户名与登录密码

1）修改用户名

修改用户名的语法格式如下：

```
RENAME USER <'旧的用户名'>@<'主机'> TO <'新的用户名'>@<'主机'>;
```

语法说明：RENAME USER 语句可以对一个或多个已存在的用户进行重命名，各个用户之间使用逗号分隔。重命名时“旧用户名”必须存在并且“新的用户名”还不存在。要实现修改用户名操作，使用者必须拥有“RENAME USER”权限。

2）修改登录密码

MySQL 中可以通过 mysqladmin 命令、SET PASSWORD 语句来修改登录密码。

（1）使用 mysqladmin 命令修改用户密码的格式如下：

```
mysqladmin -u <用户名> [-h <主机>] -p password [<新密码>];
```

课堂笔记

语法说明："mysqladmin"是一条外部命令，必须在服务器端的"命令提示符"下执行。

(2) SET PASSWORD 语句的语法格式如下：

```
SET PASSWORD [FOR <'用户名'>@<'主机'>] = PASSWORD(<'新密码'>);
```

语法说明：SET PASSWORD 语句可以修改用户的密码，语句中如果不加"[FOR <'用户名'>@<'主机'>]"可选项，则修改当前用户密码。

6. 用户权限名称和权限级别

1) 权限名称

MySQL 中通过权限名称来限定用户可以完成的操作种类，常用的权限名称如下。

- ALL/ALL PRIVILEGES 权限：代表全局或者全数据库对象级别的所有权限。
- ALTER 权限：代表允许修改表结构的权限，但必须要求有 CREATE 和 INSERT 权限配合。如果是重命名表名，则要求有修改、删除原表的权限、创建和插入新表的权限。
- CREATE 权限：代表允许创建新的数据库和表的权限。
- DELETE 权限：代表允许删除行数据的权限。
- DROP 权限：代表允许删除数据库、表、视图的权限。
- INSERT 权限：代表是否允许在表里插入数据，同时在执行 analyze table、optimizetable、repair table 语句时也需要 INSERT 权限。
- SELECT 权限：代表允许从表中查看数据，某些不执行查询操作的 SELECT 则不需要此权限，如 select 1+1、select pi()+2；而且在执行的 UPDATE/DELETE 语句中含有 where 条件的情况下也是需要 SELECT 权限的。
- UPDATE 权限：代表允许修改表中数据的权限。

2) 权限级别

MySQL 中的权限级别主要分为五种：全局权限、数据库权限、数据表权限、数据列权限、子程序权限。

(1) 全局权限(global level)：所有权限信息都保存在 mysql. user 表中。global level 的所有权限对所有数据库中的所有表及所有字段都有效，可以用"*.*"来表示。

(2) 数据库权限(database level)：作用域为所指定数据库中的所有对象，可以用"数据库名.*"来表示。

(3) 数据表权限(table level)：作用域是授权语句中所指定数据库的指定表，可以用"数据库名.数据表名"来表示。该级别的权限由于作用域仅限于某个特定的表，所以权限种类比较少，仅有 ALTER、CREATE、DELETE、DROP、INDEX、INSERT、SELECT、UPDATE 共八种权限。

(4) 数据列权限(column level)：作用域更小，仅仅是某个表的指定的某个(或某些)列。该级别的权限仅有 INSERT、SELECT 和 UPDATE 这三种。

(5) 子程序权限(routine level)：主要针对的是 procedure 和 function 这两种对象，在授予子程序权限时，需要指定数据库和相关对象。该级别的权限主要只有 EXECUTE 和 ALTER ROUTINE 两种。

7. 授权语句 GRANT 的使用

GRANT 语句的语法格式如下：

```
GRANT <权限名称>[(字段列表)] ON <对象名> TO <'用户名'>@<'主机'>
[IDENTIFIED BY [PASSWORD] <'新密码'>] [WITH GRANT OPTION];
```

语法说明：

(1) “权限名称”用来指定授权的权限种类。

(2) “对象名”用来指定授予的权限级别。

(3) “<'用户名'>@<'主机'>”中如果“用户名”不存在，则添加新用户。

(4) “[IDENTIFIED BY [PASSWORD] <'新密码'>]”为可选项，可以设置新用户的密码。如果“用户名”已经存在，则此可选项可用来修改用户的密码。

(5) “[WITH GRANT OPTION]”为可选项，表示允许用户将获得的权限授予其他用户。

8. 收回权限语句 REVOKE 的使用

MySQL 数据库可以收回用户已有的权限，使用 REVOKE 语句回收用户权限的语法格式如下：

```
REVOKE <权限名称>[(字段列表)] ON <对象名> FROM <'用户名'>@<'主机'>;
```

语法说明：REVOKE 语句用来取消指定用户的某些指定权限，与 GRANT 语句的语法格式类似。

9. 查看权限语句 SHOW GRANTS 的使用

使用 SHOW GRANTS 语句可以查看授权信息，其语法格式如下：

```
SHOW GRANTS FOR <'用户名'>@<'主机'>
```

实战演练

任务工单：创建与维护数据库用户及权限

代码设计员 ID		代码设计员姓名		所属项目组	
MySQL 官网网址	https://www.mysql.com		MySQL 版本		MySQL 8.0 社区版
硬件配置	CPU：2.3GHz 及以上双核或四核；硬盘：150GB 及以上；内存：8GB；网卡：千兆网卡		软件系统	mysql-8.0.23-winx64 navicat_premium_V11.2.7	
操作系统	Windows 7/Windows 10 或更高版本		执行数据库安全操作的资源要求	ecommerce 数据库成功创建 所有数据表创建完毕 数据记录均录入完毕 数据库深度编程已完毕	

续表

任务执行前准备工作	检测计算机软硬件环境是否可用	□可用 □不可用	不可用注明理由：
	检测操作系统环境是否可用	□可用 □不可用	不可用注明理由：
	检验 MySQL 服务是否正常启动	□正常 □不正常	不正常注明理由：
	检测 MySQL 图形化工具 Navicat 是否可用	□可用 □不可用	不可用注明理由：
	复习使用 SQL 语句与命令行工具创建与维护数据库用户的相关操作，相关操作语句语法格式是否清楚	□清楚 □有问题	写明问题内容及缘由：
	复习使用 GRANT 语句授予用户权限，使用 REVOKE 语句收回用户权限的操作，相关语句的语法是否清楚	□清楚 □有问题	写明问题内容及缘由：
执行具体任务（在 MySQL 平台上编辑并运行主讲案例的任务）	使用 CREATE USER 语句创建用户	完成度：□未完成　□部分完成　□全部完成	
	使用 RENAME 语句修改用户名称	完成度：□未完成　□部分完成　□全部完成	
	使用 mysqladmin 命令修改用户密码、使用 SET PASSWORD 语句修改用户密码	完成度：□未完成　□部分完成　□全部完成	
	使用 DROP USER 语句删除用户	完成度：□未完成　□部分完成　□全部完成	
	使用 GRANT 语句授权用户权限	完成度：□未完成　□部分完成　□全部完成	
	使用 REVOKE 语句收回用户权限	完成度：□未完成　□部分完成　□全部完成	
任务未成功的处理方案	采取的具体措施：	执行处理方案的结果：	
备注说明	填写日期：	其他事项：	

任务评价

代码设计员 ID		代码设计员姓名		所属项目组			
评价栏目	任务详情	评价要素		分值	评价主体		
					学生自评	小组互评	教师点评
任务功能实现	创建数据库用户	任务功能是否实现		15			
	维护数据库用户	任务功能是否实现		15			
	授予用户权限	任务功能是否实现		15			
	回收用户权限	任务功能是否实现		15			

续表

评价栏目	任务详情	评价要素	分值	评价主体		
				学生自评	小组互评	教师点评
代码编写规范	常用命令和语句	用户与权限管理相关命令和语句是否熟练，代码编写是否规范并符合要求	1			
	关键字书写	关键字书写是否正确	1			
	标点符号使用	是否正确使用英文标点符号	1			
	标识符设计	标识符是否按规定格式设置并做到见名知意	2			
	代码可读性	代码可读性是否良好	2			
	代码优化程度	代码是否已被优化	2			
	代码执行耗时	执行时间可否接受	1			
操作熟练度	代码编写流程	编写流程是否熟练	4			
	程序运行操作	运行操作是否正确	4			
	调试与完善操作	调试过程是否合规	2			
创新性	代码编写思路	设计思路是否有创新性	5			
	查询结果显示效果	显示界面是否有创新性	5			
职业素养	态度	是否认真细致、遵守课堂纪律、学习积极、具有团队协作精神	3			
	操作规范	是否有实训环境保护意识，实训设备使用是否合规，操作前是否对硬件设备和软件环境检查到位，有无损坏机器设备的情况，能否保持实训室卫生	3			
	设计理念	是否突显以用户为中心的设计理念	4			
总　分			100			

拓展训练

实训操作

实训数据库	学校管理系统数据库 eleccollege 数据表：学生信息表 student、课程信息表 course、班级信息表 class、系部信息表 department、宿舍信息表 dormitory、成绩信息表 grade、教师信息表 teacher

课堂笔记

续表

	任务内容	参考代码	操作演示微课视频	问题记录
实训任务	使用CREATE USER语句创建用户admin,密码为123456	CREATE USER 'admin'@'localhost' IDENTIFIED BY'123456';		
	使用CREATE USER语句创建用户user1和user2,密码分别为user11和user22,其中user1可以从本地主机登录,user2可以从任意主机登录	CREATE USER 'user1'@'localhost' IDENTIFIED BY 'user11', 'user2'@'%' IDENTIFIED BY 'user22';		
	使用RENAME语句将admin用户的用户名修改为myadmin	RENAME USER'admin'@'localhost'TO 'myadmin'@'localhost';		
	使用mysqladmin命令,修改用户myadmin的密码为"admin123"	mysqladmin -u myadmin -p password admin123;		
	使用SET语句修改用户user1的密码为user123	SET PASSWORD FOR'user1'@'localhost' ='user123;		
	使用DROP USER语句删除用户user1、user2	DROP USER 'user1'@'localhost','user2'@'%';		
	授予用户myadmin对数据库eleccollege所有表有SELECT、INSERT、UPDATE和DELETE的权限	GRANT SELECT, INSERT, UPDATE, DELETE ON eleccollege. * TO 'myadmin'@'%';		
	查看用户myadmin的权限	SHOW GRANTS FOR 'myadmin'@'%';		
	授予用户user1对数据库eleccollege的student表中stu_name、stu_sex、stu_birthday三列数据有UPDATE权限	GRANT UPDATE(stu_name, stu_sex, stu_birthday) ON eleccollege. student TO 'user1'@'localhost';		
	收回用户myadmin对数据库eleccollege的UPDATE权限	REVOKE UPDATE ON eleccollege. * FROM 'myadmin'@'%';		

讨论反思与学习插页

代码设计员ID		代码设计员姓名		所属项目组	
讨论反思					
学习研讨	问题:创建数据库用户有哪些方式?	解答:			
	问题:MySQL中权限可以分为四个级别,分别是哪四个?	解答:			

续表

立德铸魂	数据库系统的安全性对整个电子商务系统来说至关重要,“城门失火殃及池鱼”就是这个道理。如果数据库的安全性得不到保障,那么整个电子商务系统的安全性就无从谈起。其实,在生产生活中的任何一个环节,安全都不可忽视,大家需要树立全局安全观。根据操作对象的不同,MySQL 中的权限可以分为五个级别:全局权限、数据库权限、数据表权限、数据列权限以及子程序权限,不同的用户根据不同的权限可以执行不同的操作,不能执行权限以外的操作。这就好比法律赋予了我们相应权力,权力范围内的事可以做,从事权力范围外的事就可能违反法律,需要承担相应的责任。以此教育学生应当树立规矩意识,按照规则行事
学习插页	
过程性学习	记录学习过程:
重点与难点	提炼管理数据库用户与权限的重难点:
阶段性评价总结	总结阶段性学习效果:
答疑解惑	记录学习过程中疑惑问题的解答情况:

任务9-2　备份与恢复数据

任务描述

在数据库的实际使用过程当中,存在着一些不可预估的因素,会造成数据库运行事务的异常中断,从而影响数据的正确性,甚至会破坏数据库,导致数据库中的数据部分或全部丢失。MySQL 数据库系统提供了备份和恢复策略来保证数据库中数据的可靠性和完整性。作为数据库管理员,需要掌握常用的备份与恢复数据的操作。本任务进度如表9-2所示。

表9-2　备份与恢复数据任务进度表

系统功能	任务下发时间	预期完成时间	任务负责人	版本号
备份恢复、导入导出数据库	12月28日	12月29日	张文莉	V1.0
利用日志维护数据	12月30日	12月31日	张文莉	V1.0

课堂笔记

任务分析

目前电子商务系统数据库的功能已经比较完善，通过用户管理与权限管理，安全性方面也得到了一定的提升。但是，在数据库的实际使用过程当中，仍然存在着一些不可预估的因素会对数据安全造成威胁。这就需要数据库管理员掌握备份与恢复数据的基本操作，包括备份与恢复数据库、导入与导出数据表等。

任务目标

- 素质目标：养成认真负责的工作态度，自觉培养良好的职业道德。
- 知识目标：了解造成数据异常的原因，掌握备份的种类和恢复策略，了解 MySQL 日志的分类与作用，掌握备份与恢复数据常用的命令和语句。
- 能力目标：掌握数据库的备份与恢复操作，掌握数据表的导入与导出操作，掌握 MySQL 日志的类型与作用。

任务实施

步骤 1　备份与恢复数据库

备份与恢复数据库

1）使用图形化工具备份数据库

（1）在 Navicat 图形化工具左侧 ecommerce 数据库下右击“备份”，在弹出的菜单中选择“新建备份”命令，打开“新建备份”对话框，如图 9-3 所示。

（2）选择“新建备份”对话框中的“高级”选项卡，选中“使用指定文件名”复选框并在对应的文本框输入备份数据库文件名 ecommerce1，如图 9-4 所示。

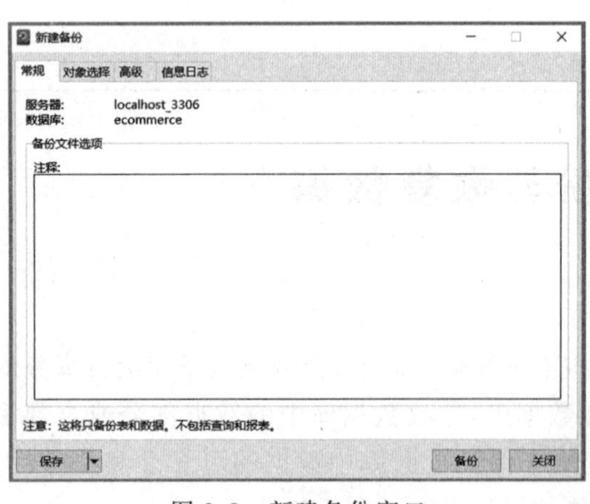

图 9-3　新建备份窗口

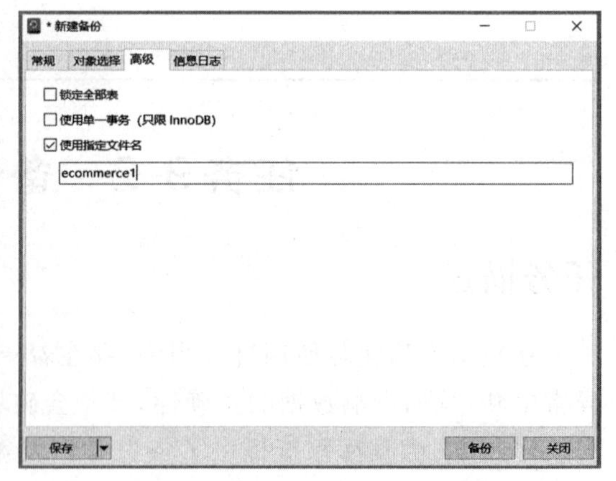

图 9-4　新建备份高级属性设置

（3）单击“备份”按钮，系统开始执行备份操作，如图 9-5 所示。

（4）备份完毕后，单击“保存”按钮，在弹出的“设置文件名”对话框中输入文件名 ecommerce，如图 9-6 所示，单击“确定”按钮，完成数据库备份操作。

2）使用 mysqldump 命令备份数据库

（1）使用 root 用户备份 ecommerce 数据库，并将备份好的文件保存到 D 盘根目录下，文件名为 db1. sql。代码如下：

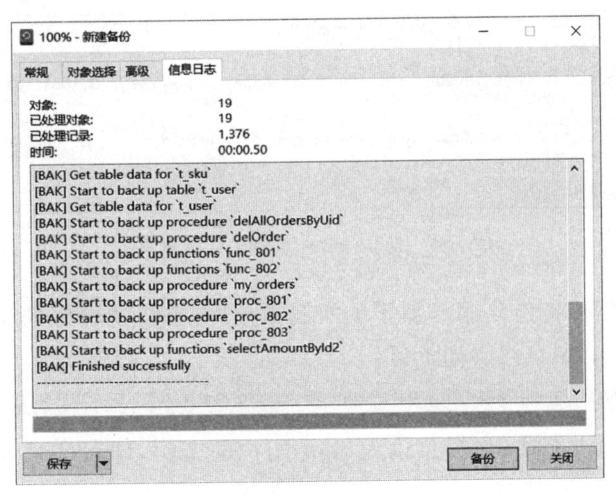

图 9-5　执行数据备份

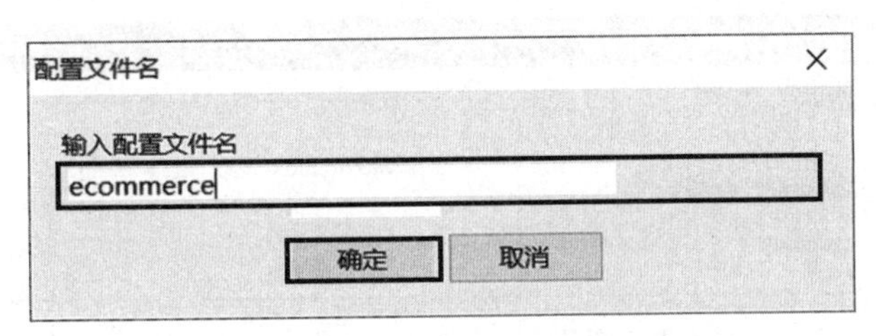

图 9-6　设置备份文件名

```
mysqldump -uroot -p --databases ecommerce > D:\db1.sql
```

在命令行窗口中输入上述语句，并输入 root 用户的密码，即可完成数据库备份操作，如图 9-7 所示。

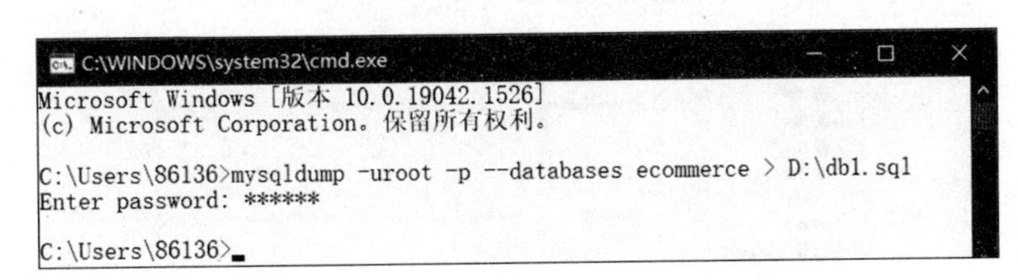

图 9-7　使用 mysqldump 备份数据库

（2）使用 root 用户备份 ecommerce 数据库中的 t_user 表和 t_sku 表，并将备份好的文件保存到 D 盘根目录下，文件名为 db2. sql。代码如下：

```
mysqldump -uroot -p ecommerce t_user t_sku > D:\db2.sql
```

在命令行窗口输入上述语句，并输入 root 用户的密码，即可完成数据表备份操作，如图 9-8 所示。

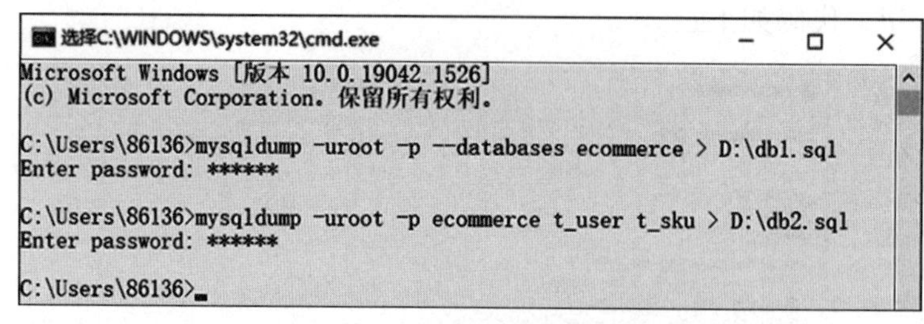

图 9-8　使用 mysqldump 备份数据表

（3）使用 root 用户备份该服务器下的所有数据库，并将备份好的文件保存到 D 盘根目录下，文件名为 alldb. sql。代码如下：

```
mysqldump -uroot -p --all-databases > D:\alldb.sql
```

在命令行窗口输入上述语句，并输入 root 用户的密码，即可完成全部数据库的备份操作，如图 9-9 所示。

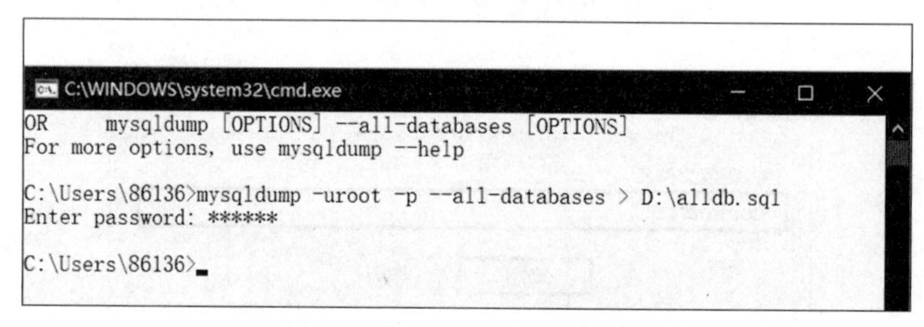

图 9-9　使用 mysqldump 备份全部数据库

3）使用图形化工具恢复数据库

（1）在 Navicat 图形化工具左侧 ecommerce1 数据库下右击“备份”，在弹出的菜单中选择“还原备份从”命令，弹出“打开”对话框，如图 9-10 所示。

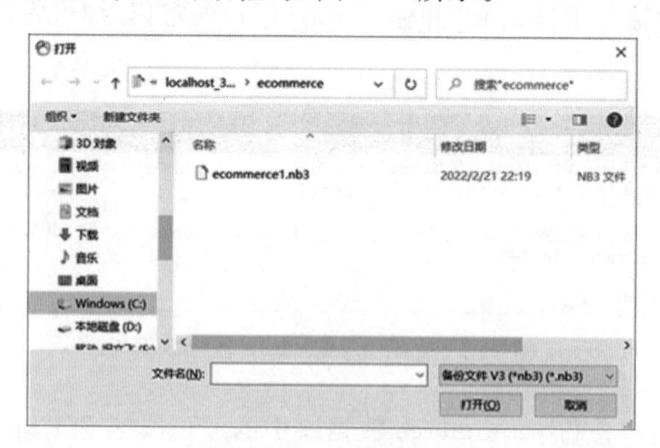

图 9-10　选择备份文件

（2）在图 9-10 所示的对话框中选择要恢复的备份文件，单击“打开”按钮，打开“还原备份”对话框，如图 9-11 所示。

（3）单击“还原备份”对话框中的“对象选择”选项卡标签，选择待还原数据库对象，如图 9-12 所示。

课堂笔记

图 9-11　“还原备份”对话框

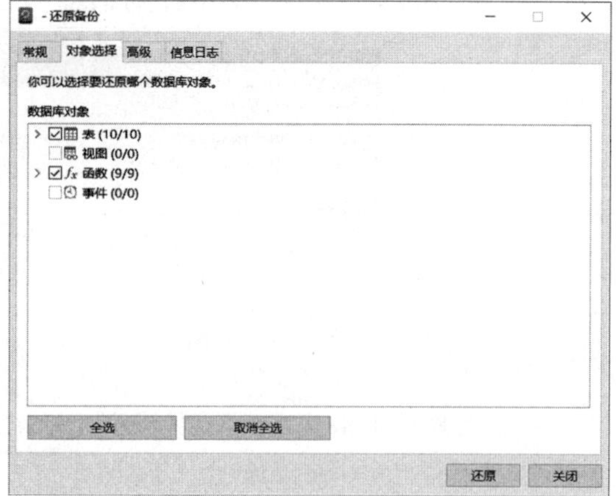

图 9-12　“对象选择”选项卡

(4) 单击“还原备份”对话框中“还原”按钮，在弹出的“警告”对话框中单击“确定”按钮，执行数据库还原操作，如图 9-13 所示。

(5) 还原操作执行完成后，单击“还原备份”对话框中的“关闭”按钮。选择数据库 ecommerce1 的表对象，可以看到数据库 ecommerce 的表已经全部还原至 ecommerce1 中，如图 9-14 所示。

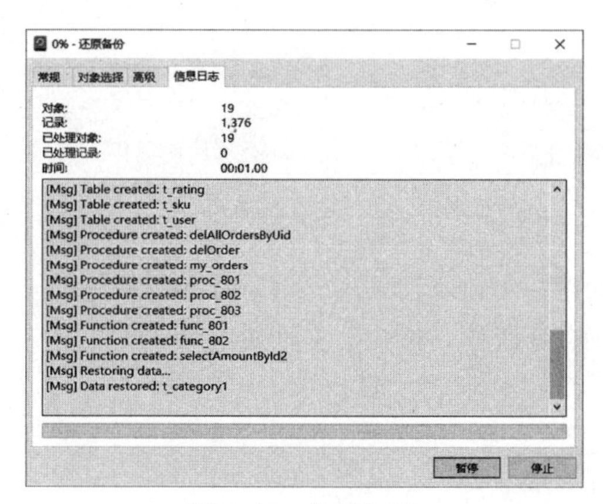

图 9-13　执行还原

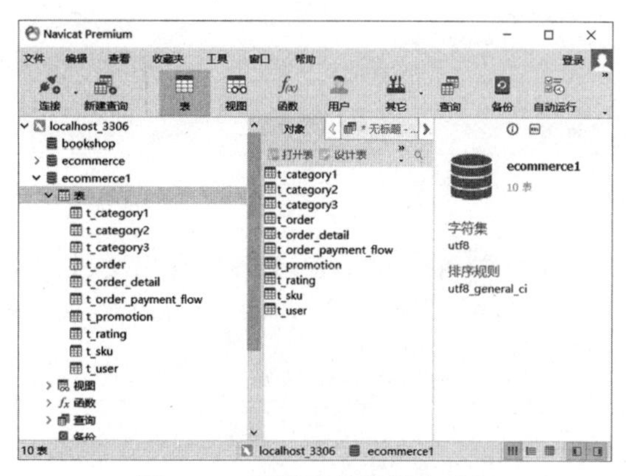

图 9-14　还原后的数据表对象

4) 使用 mysql 命令恢复数据库

使用 root 用户，将 D 盘根目录中的脚本文件“db1. sql”还原成 ecommerce 数据库。代码如下：

```
mysql -uroot -p < D:\db1.sql
```

在命令行窗口输入上述语句，并输入 root 用户的密码，即可完成数据库还原操作，如图 9-15 所示。

步骤 2　导入与导出数据表

1) 使用图形化工具导出数据

(1) 在 Navicat 图形化工具左侧 ecommerce 数据库下右击“表”，在弹出的菜单中选择

课堂笔记

“导出向导”命令，打开“导出向导”对话框，如图 9-16 所示。

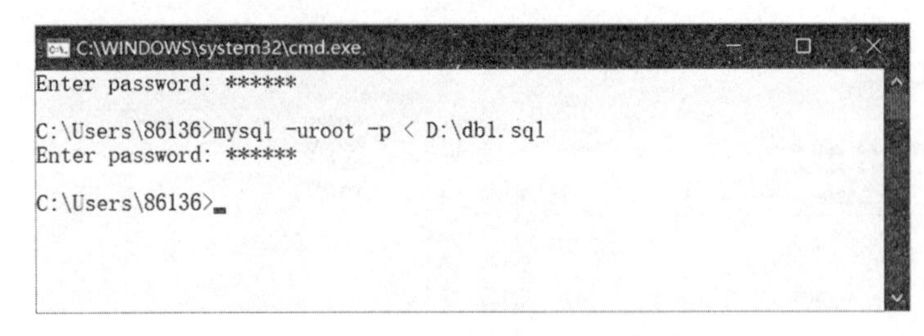

图 9-15　使用 mysql 命令还原数据库

（2）选择导出格式中的“文本文件（*.txt）”单选按钮，单击“下一步”按钮，打开导出对象选择对话框，如图 9-17 所示。

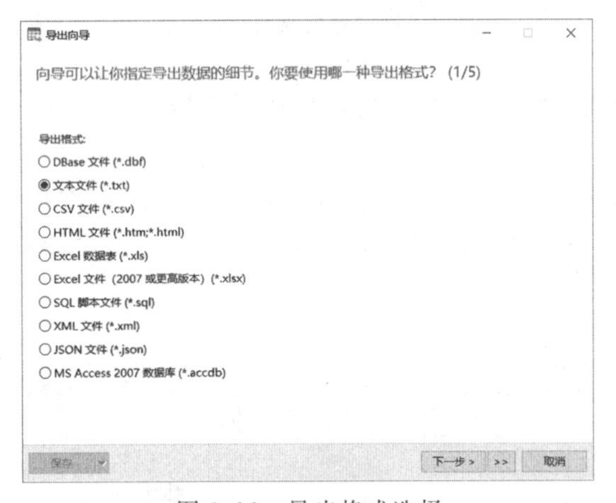

图 9-16　导出格式选择

图 9-17　导出对象选择

（3）选中 t_sku 表，并设置导出文件的路径，如图 9-18 所示。

（4）单击“下一步”按钮，打开设置导出数据列的对话框，选择所需的列字段，如图 9-19 所示。

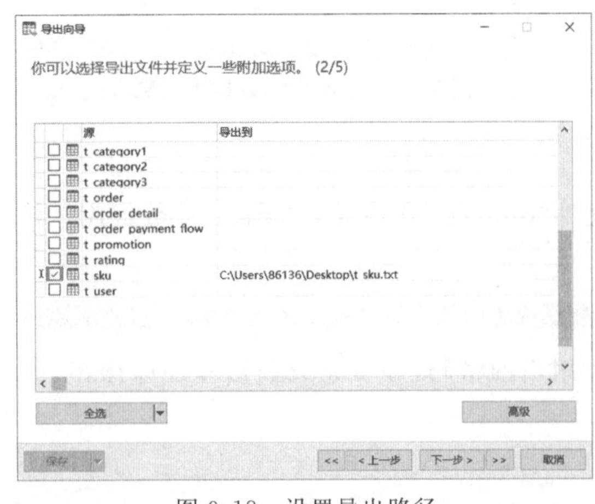

图 9-18　设置导出路径

图 9-19　设置导出的数据列

导入与导出数据表

(5) 单击“下一步”按钮，打开设置附加选项的对话框，设置字段分隔符和文本识别符，如图 9-20 所示。

(6) 单击“下一步”按钮，打开导出向导配置完成对话框，单击“开始”按钮，完成数据导出，如图 9-21 所示。

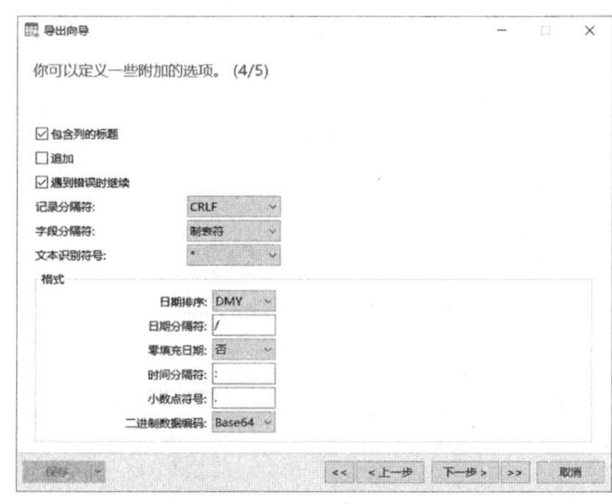

图 9-20　设置附加选项

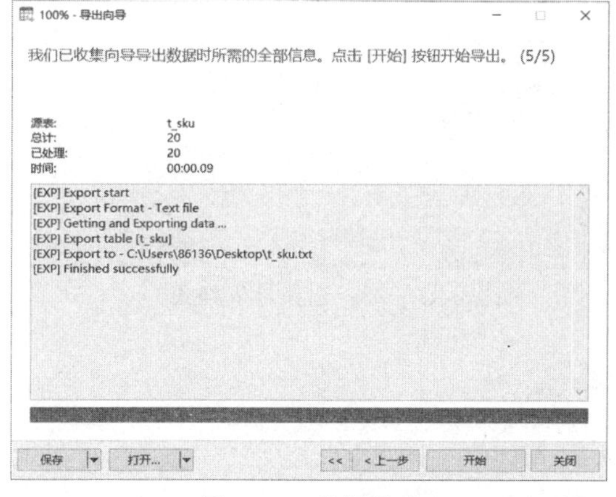

图 9-21　数据导出

2) 使用 SELECT...INTO OUTFILE 语句导出数据

使用 SELECT...INTO OUTFILE 语句将电子商务系统数据库中的 t_user 表中的记录导出到文本文件，使用 FIELDS 和 LINES 选项，要求字段之间使用逗号隔开，所有字段值用双引号括起来，定义转义字符为单引号“\'”。SQL 代码如下：

```
SELECT * FROM t_user INTO OUTFILE "D:/ecommerce_t_user.txt"
FIELDS TERMINATED BY ',' ENCLOSED BY '\"' ESCAPED BY '\''
LINES TERMINATED BY '\r\n';
```

执行上述语句，结果如图 9-22 所示。

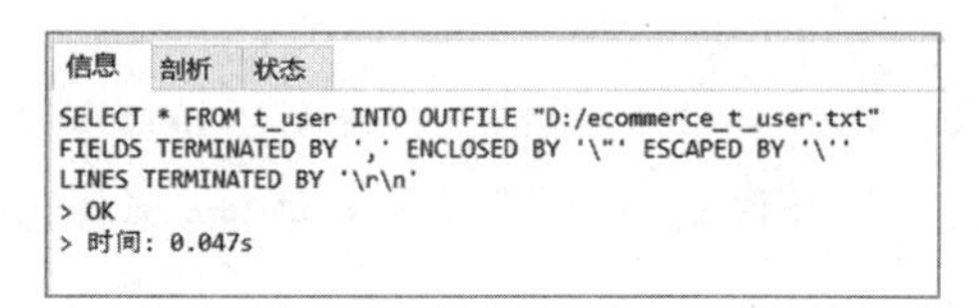

图 9-22　使用 SELECT INTO OUTFILE 语句导出数据

3) 使用图形化工具导入数据

(1) 在 Navicat 图形化工具左侧的 ecommerce 数据库下右击“表”，在弹出的菜单中选择“导入向导”命令，打开“导入向导”对话框，如图 9-23 所示。

(2) 单击“下一步”按钮，打开选择导入文件的对话框，选择需要导入的文件和编码，如图 9-24 所示。

(3) 单击“下一步”按钮，在打开的对话框中设置分隔符，如图 9-25 所示。

(4) 单击“下一步”按钮，打开设置附加选项的对话框，设置字段名行为“0”，第一个数据行为“1”，其他均为默认值，如图 9-26 所示。

课堂笔记

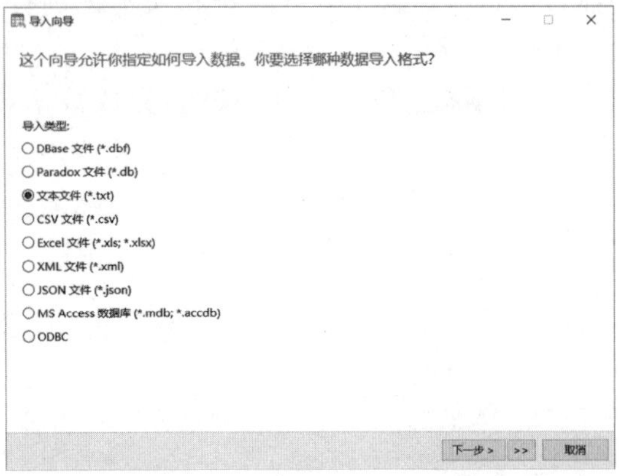

图 9-23　选择导入格式

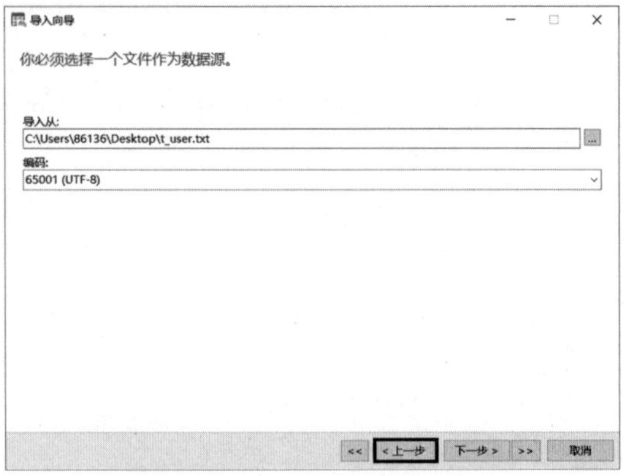

图 9-24　选择导入文件和编码

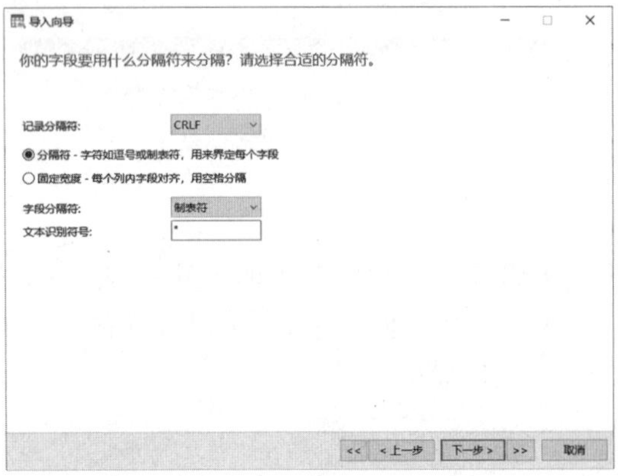

图 9-25　设置字段分隔符

图 9-26　设置附加选项

(5) 单击“下一步”按钮,打开选择目标表的对话框,设置源表和目标表均为 t_user 表,如图 9-27 所示。

(6) 单击“下一步”按钮,在打开的对话框中设置字段对应关系,如图 9-28 所示。

(7) 单击“下一步”按钮,打开设置导入模式的对话框,选择追加:“添加记录到目标表”选项,如图 9-29 所示。

(8) 单击“下一步”按钮,在打开的对话框中单击“开始”按钮,完成导入数据,如图 9-30 所示。

4) 使用 LOAD DATA INFILE 语句导入数据

使用 LOAD DATA INFILE 语句将 D:/ecommerce_t_user. txt 文件中的数据导入电子商务系统数据库的 t_user 表中。使用 FIELDS 和 LINES 选项,要求字段之间使用逗号隔开,所有字段值用双引号括起来,定义转义字符为单引号“\'”。SQL 语句如下:

```
LOAD DATA INFILE 'D:/ecommerce_t_user.txt' INTO TABLE ecommerce.t_user
FIELDS TERMINATED BY ','
ENCLOSED BY '\"'
ESCAPED BY '\''
LINES TERMINATED BY '\r\n';
```

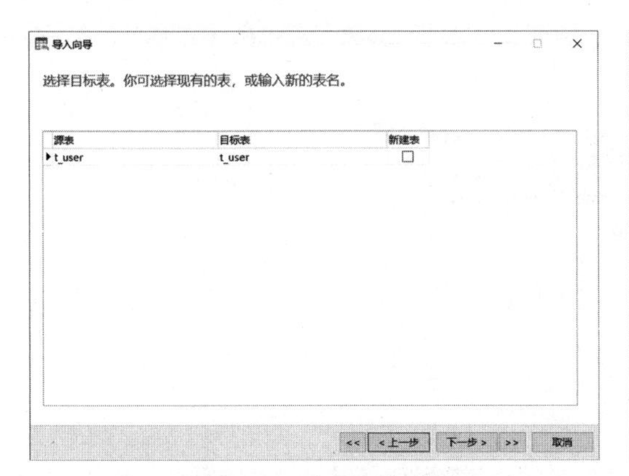

图 9-27　选择目标表

图 9-28　设置字段对应关系

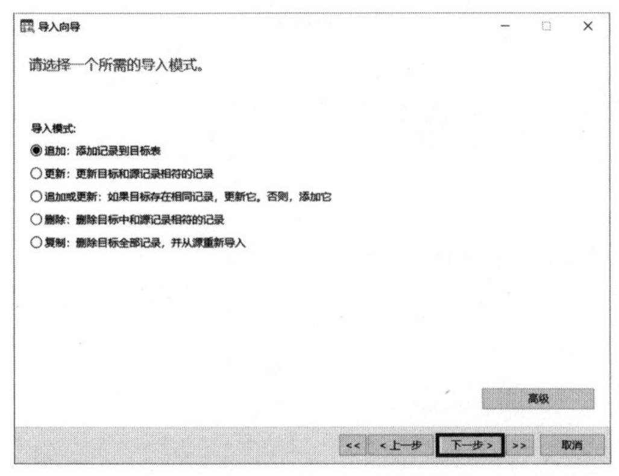

图 9-29　设置导入模式

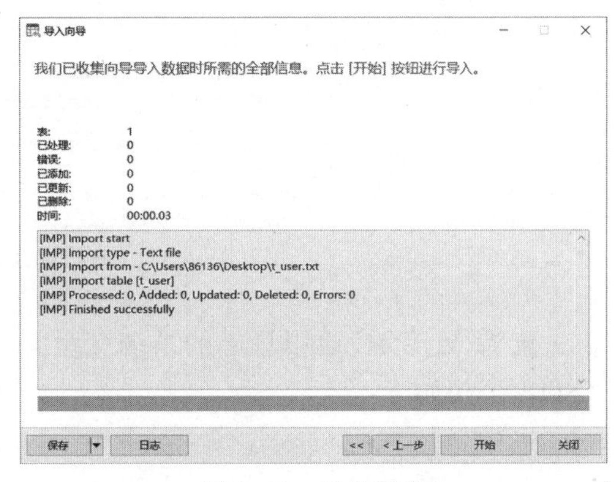

图 9-30　导入数据

在执行上述语句之前，先清空 t_user 表中的数据。

步骤 3　利用 MySQL 日志维护数据

1）查看二进制日志设置

从 mysql 8.0 开始，默认情况下二进制日志就是打开的，可以通过 SHOW VARIABLES 语句查看二进制日志设置。SQL 语句如下：

```
SHOW VARIABLES LIKE '%log_bin%';
```

执行上述语句，结果如图 9-31 所示。

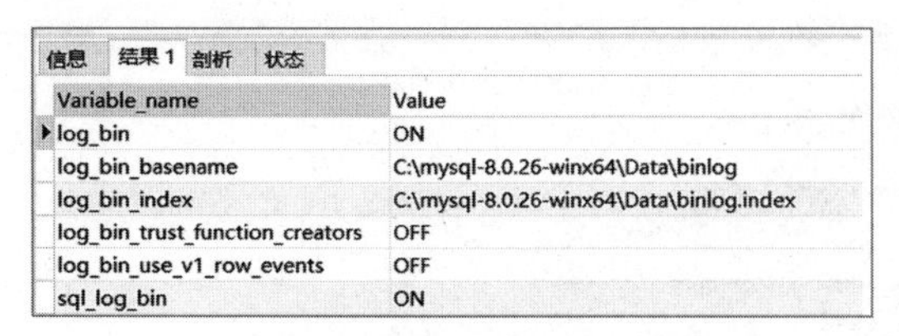

信息　结果 1　剖析　状态

Variable_name	Value
log_bin	ON
log_bin_basename	C:\mysql-8.0.26-winx64\Data\binlog
log_bin_index	C:\mysql-8.0.26-winx64\Data\binlog.index
log_bin_trust_function_creators	OFF
log_bin_use_v1_row_events	OFF
sql_log_bin	ON

图 9-31　MySQL 二进制日志设置情况

2）使用 SHOW BINARY LOGS 语句查看当前二进制日志个数及文件信息。

SQL 语句如下：

课堂笔记

```
SHOW BINARY LOGS;
```

执行上述语句，结果如图 9-32 所示。

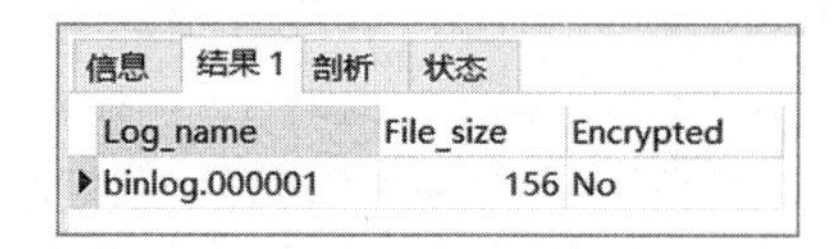

Log_name	File_size	Encrypted
binlog.000001	156	No

图 9-32　查看二进制日志文件

3）查看 MySQL 错误日志名和路径。

SQL 语句如下：

```
SHOW VARIABLES LIKE '%log_error%';
```

执行上述语句，结果如图 9-33 所示。通过记事本可以打开错误日志文件查看信息。

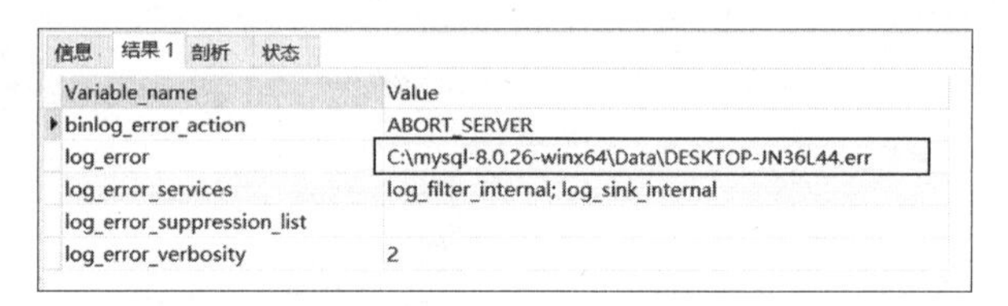

Variable_name	Value
binlog_error_action	ABORT_SERVER
log_error	C:\mysql-8.0.26-winx64\Data\DESKTOP-JN36L44.err
log_error_services	log_filter_internal; log_sink_internal
log_error_suppression_list	
log_error_verbosity	2

图 9-33　查看错误日志名和存储路径

4）查看 MySQL 通用日志的系统变量。

SQL 语句如下：

```
SHOW VARIABLES LIKE '%general%';
```

执行上述语句，结果如图 9-34 所示。

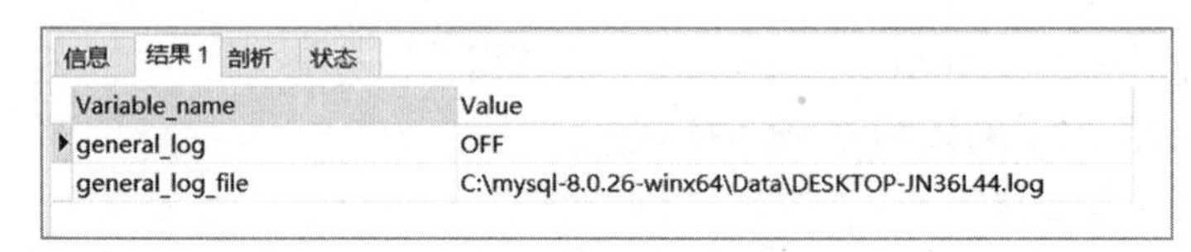

Variable_name	Value
general_log	OFF
general_log_file	C:\mysql-8.0.26-winx64\Data\DESKTOP-JN36L44.log

图 9-34　查看通用日志变量

5）查看 MySQL 慢查询日志的系统变量。

SQL 语句如下：

```
SHOW VARIABLES LIKE '%slow_query_log%';
```

执行上述语句，结果如图 9-35 所示。

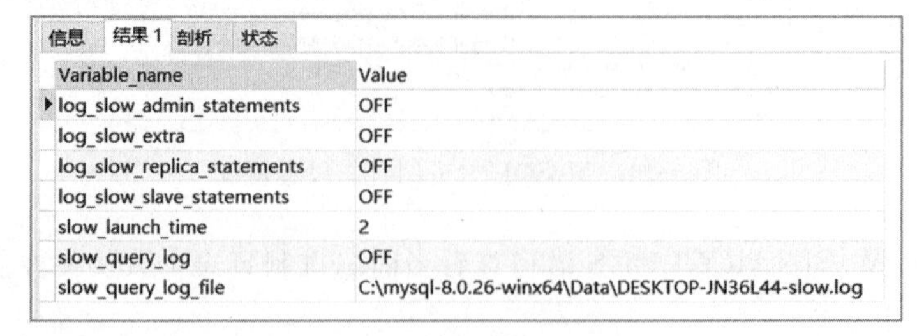

Variable_name	Value
log_slow_admin_statements	OFF
log_slow_extra	OFF
log_slow_replica_statements	OFF
log_slow_slave_statements	OFF
slow_launch_time	2
slow_query_log	OFF
slow_query_log_file	C:\mysql-8.0.26-winx64\Data\DESKTOP-JN36L44-slow.log

图 9-35　查看慢查询日志变量

知识点解析

1. 数据库备份操作

使用 mysqldump 命令备份数据库。mysqldump 命令将数据库中的数据备份成一个文本文件，表的结构和表中的数据将存储在生成的文本文件中。

mysqldump 命令的工作原理很简单：先查出需要备份的表结构，根据表结构在文本文件中生成一个 CREATE 语句，然后将表中的所有数据记录转换成一条 INSERT 语句，通过这些语句，就能够创建表并插入数据。

（1）备份一个数据库。使用 mysqldump 命令备份一个数据库的基本语法如下：

```
mysqldump -u username -p dbname table1 table2...> BackupName.sql
```

语法说明：参数 dbname 表示数据库的名称；参数 table1 和 table2 表示需要备份的数据表的名称，当表名为空时，则备份整个数据库；参数 BackupName.sql 表示生成的备份文件的名称，文件名前面可以加上一个绝对路径，通常将数据库备份成一个后缀名为.sql 的文件。

（2）备份多个数据库。使用 mysqldump 命令备份多个数据库的基本语法如下：

```
mysqldump-u username-p -- databases dbname1 dbname2 > Backup.sql
```

加上了“--databases”选项，其后面可以跟多个数据库。

2. 数据库恢复操作

1）恢复使用 mysqldump 命令备份的数据库。语法如下：

```
mysql-u root -p [dbname] < backup.sql;
```

2）恢复直接复制目录的备份。

通过这种方式恢复数据库时，必须保证两个 MySQL 数据库的版本号是相同的。MyISAM 类型的表有效，但 InnoDB 类型的表不可用，InnoDB 表的表空间不能直接复制。

3. 数据表导入与导出操作

有时需要将 MySQL 数据库中的数据导出到外部存储文件中，可以使用图形化工具或 SQL 语句进行数据表的导入导出操作。

1）用 SELECT...INTO OUTFILE 导出文本文件

在 MySQL 数据库中导出数据时，允许使用包含导出定义的 SELECT 语句进行数据的导出操作。该文件在服务器主机上创建，因此必须拥有文件写入权限，才能使用此语法。

“SELECT...INTO OUTFILE 'filename'”形式的 SELECT 语句可以把被选择的行写入一个文件中，filename 不能是一个已经存在的文件。SELECT...INTO OUTFILE 语句的基本格式如下：

```
SELECT columnlist FROM table
WHERE condition INTO OUTFILE 'filename'[OPTIONS];
```

语法说明：OPTIONS 选项可以为 FIELDS TERMINATED BY 'value'、FIELDS

课堂笔记

[OPTIONALLY] ENCLOSED BY 'value'、FIELDS ESCAPED BY 'value'、LINES STARTING BY 'value'、LINES TERMINATED BY 'value'这几种形式。

SELECT columnlist FROM table WHERE condition 为查询语句，查询结果返回满足指定条件的一条或多条记录；INTO OUTFLE 语句的作用是把 SELECT 语句查询出来的结果导出到名称为 filename 的外部文件中，[OPTIONS] 为可选参数选项，OPTIONS 部分的语法包括 FIELDS 和 LINES 子句。

- FIELDS TERMINATED BY 'value'用来设置字段之间的分隔符，可以为单个或多个字符，默认情况下为制表符“\t”。
- FIELDS [OPTIONALLY] ENCLOSED BY 'value'用来设置字段的包围字符，只能为单个字符，如果使用了 OPTIONALLY，则只包括 CHAR 和 VARCHAR 等字符数据字段。
- FIELDS ESCAPED BY 'value'用来设置如何写入或读取特殊字符，只能为单个字符，即设置转义字符，默认值为“\”。
- LINES STARTING BY 'value'用来设置每行数据开头的字符，可以为单个或多个字符，默认情况下不使用任何字符。
- LINES TERMINATED BY'value'用来设置每行数据结尾的字符，可以为单个或多个字符，默认值为“\n”。

FIELDS 和 LINES 两个子句都是自选的，但是如果两个都被指定了，FIELDS 必须位于 LINES 的前面。

SELECT... INTO OUTFILE 语句可以非常快速地把一个表转储到服务器上。如果想要在服务器主机之外的部分客户主机上创建结果文件，不能使用 SELECT... INTO OUTFILE 语句。在这种情况下，应该在客户主机上使用 mysql-e "SELECT... "> file_name 这样的命令来生成文件。

2) 用 LOAD DATA INFILE 导入文本文件

语法格式如下：

```
LOAD DATA INFILE 'filename.txt' INTO TABLE tablename [OPTIONS][IGNORE number LINES]
```

语法说明：OPTIONS 选项可以为以下几种形式。

(1) FIELDS TERMINATED BY 'value'：设置字段之间的分隔符，可分为单个或多个字符，默认为'\t'。

(2) FIELDS [OPTIONALLY] ENCLOSED BY 'value'：设置字段包围分隔符，只能为单个字符。

(3) FIELDS ESCAPED BY 'value'：设置如何写入或读取特殊字符，只能为单个字符。

(4) LINES STARTING BY 'value'：设置每行数据开头的字符，可分为单个或多个字符。

(5) LINES TERMINATED BY 'value'：设置每行数据结尾的字符，可分为单个或多个字符。

4. MySQL 日志概述

日志是 MySQL 数据库的重要组成部分。日志文件中记录着 MySQL 数据库运行期间发生的变化，也就是说用来记录 MySQL 数据库的客户端连接状况、SQL 语句的执行情况和错误信息等。在 MySQL 中，主要有以下四种日志文件。

- 二进制日志：-log-bin，记录所有更改数据的语句，还用于复制、恢复数据库。
- 错误日志：-log-err，记录启动、运行、停止 MySQL 时出现的错误信息。
- 查询日志：-log，记录建立的客户端连接和执行的语句。
- 慢查询日志：-log-slow-queries，记录执行超过 long_query_time 时间的所有查询。

实战演练

任务工单：维护数据库操作

<table>
<tr><td>代码设计员 ID</td><td></td><td>代码设计员姓名</td><td></td><td>所属项目组</td><td></td></tr>
<tr><td>MySQL 官网网址</td><td colspan="2">https://www.mysql.com</td><td colspan="2">MySQL 版本</td><td>MySQL 8.0 社区版</td></tr>
<tr><td>硬件配置</td><td colspan="2">CPU：2.3GHz 及以上双核或四核；硬盘：150GB 及以上；内存：8GB；网卡：千兆网卡</td><td>软件系统</td><td colspan="2">mysql-8.0.23-winx64
navicat_premium_V11.2.7</td></tr>
<tr><td>操作系统</td><td colspan="2">Windows 7/Windows 10 或更高版本</td><td>执行数据库安全操作的资源要求</td><td colspan="2">ecommerce 数据库成功创建
所有数据表创建完毕
数据记录均录入完毕
数据库深度编程已完毕</td></tr>
<tr><td rowspan="7">任务执行前准备工作</td><td colspan="2">检测计算机软硬件环境是否可用</td><td>□可用
□不可用</td><td colspan="2">不可用注明理由：</td></tr>
<tr><td colspan="2">检测操作系统环境是否可用</td><td>□可用
□不可用</td><td colspan="2">不可用注明理由：</td></tr>
<tr><td colspan="2">检验 MySQL 服务是否正常启动</td><td>□正常
□不正常</td><td colspan="2">不正常注明理由：</td></tr>
<tr><td colspan="2">检测 MySQL 图形化工具 Navicat 是否可用</td><td>□可用
□不可用</td><td colspan="2">不可用注明理由：</td></tr>
<tr><td colspan="2">复习备份与恢复数据库的基本操作，图形化工具的操作步骤和 SQL 命令语法是否清楚</td><td>□清楚
□有问题</td><td colspan="2">写明问题内容及缘由：</td></tr>
<tr><td colspan="2">复习导入与导出数据表的基本操作，图形化工具的操作步骤和 SQL 命令语法是否清楚</td><td>□清楚
□有问题</td><td colspan="2">写明问题内容及缘由：</td></tr>
<tr><td colspan="2">MySQL 日志相关操作，基本语法是否理解清楚</td><td>□清楚
□有问题</td><td colspan="2">写明问题内容及缘由：</td></tr>
<tr><td rowspan="4">执行具体任务（在 MySQL 平台上编辑并运行主讲案例的任务）</td><td colspan="2">利用图形化工具备份 ecommerce 数据库</td><td colspan="3">完成度：□未完成　□部分完成　□全部完成</td></tr>
<tr><td colspan="2">利用 SQL 命令备份 ecommerce 数据库</td><td colspan="3">完成度：□未完成　□部分完成　□全部完成</td></tr>
<tr><td colspan="2">利用图形化工具恢复 ecommerce 数据库</td><td colspan="3">完成度：□未完成　□部分完成　□全部完成</td></tr>
<tr><td colspan="2">利用 SQL 命令恢复 ecommerce 数据库</td><td colspan="3">完成度：□未完成　□部分完成　□全部完成</td></tr>
</table>

课堂笔记

课堂笔记

续表

执行具体任务（在 MySQL 平台上编辑并运行主讲案例的任务）	利用图形化工具导出 ecommerce 数据库中的 t_user 表	完成度：□未完成 □部分完成 □全部完成
	利用图形化工具将文本文件的内容导入 ecommerce 数据库中的 t_user 表中	完成度：□未完成 □部分完成 □全部完成
	利用 SQL 命令导出 ecommerce 数据库中的 t_user 表	完成度：□未完成 □部分完成 □全部完成
	利用 SQL 命令将文本文件的内容导入 ecommerce 数据库中的 t_user 表中	完成度：□未完成 □部分完成 □全部完成
	通过 SHOW VARIABLES 语句查看二进制日志设置。	完成度：□未完成 □部分完成 □全部完成
	使用 SHOW BINARY LOGS 语句查看当前二进制日志个数及文件信息	完成度：□未完成 □部分完成 □全部完成
任务未成功的处理方案	采取的具体措施：	执行处理方案的结果：
备注说明	填写日期：	其他事项：

任务评价

代码设计员 ID		代码设计员姓名		所属项目组			
评价栏目	任务详情		评价要素	分值	评价主体		
					学生自评	小组互评	教师点评
任务功能实现	备份数据库		任务功能是否实现	12			
	恢复数据库		任务功能是否实现	12			
	导出数据表		任务功能是否实现	12			
	导入数据表		任务功能是否实现	12			
	查看二进制日志的系统配置		任务功能是否实现	12			
代码编写规范	数据库编程基础知识		数据库编程基础知识是否扎实，SQL 代码编写是否规范并符合要求	1			
	关键字书写		关键字书写是否正确	1			
	标点符号使用		是否正确使用英文标点符号	1			

续表

评价栏目	任务详情	评价要素	分值	评价主体		
				学生自评	小组互评	教师点评
代码编写规范	标识符设计	标识符是否按规定格式设置并做到见名知意	2			
	代码可读性	代码可读性是否良好	2			
	代码优化程度	代码是否已被优化	2			
	代码执行耗时	执行时间可否接受	1			
操作熟练度	代码编写流程	编写流程是否熟练	4			
	程序运行操作	运行操作是否正确	4			
	调试与完善操作	调试过程是否合规	2			
创新性	代码编写思路	设计思路是否有创新性	5			
	查询结果显示效果	显示界面是否有创新性	5			
职业素养	态度	是否认真细致、遵守课堂纪律、学习积极、具有团队协作精神	3			
	操作规范	是否有实训环境保护意识，实训设备使用是否合规，操作前是否对硬件设备和软件环境检查到位，有无损坏机器设备的情况，能否保持实训室卫生	3			
	设计理念	是否突显以用户为中心的设计理念	4			
总分			100			

拓展训练

实训操作

实训数据库	学校管理系统数据库 eleccollege 数据表:学生信息表 student、课程信息表 course、班级信息表 class、系部信息表 department、宿舍信息表 dormitory、成绩信息表 grade、教师信息表 teacher			
实训任务	任务内容	参考代码	操作演示微课视频	问题记录
	利用 SQL 命令备份 eleccollege 数据库	Mysqldump -uroot -p --databases eleccollege > D:\db1. sql		
	利用 SQL 命令恢复 eleccollege 数据库	mysql -uroot -p < D:\db1. sql		

课堂笔记

续表

<table>
<tr><td></td><td>任务内容</td><td>参考代码</td><td>操作演示微课视频</td><td>问题记录</td></tr>
<tr><td rowspan="2">实训任务</td><td>利用 SQL 命令导出 eleccollege 数据库中的 student 表</td><td>SELECT * FROM student INTO OUTFILE "D:/eleccollege _ student. txt " FIELDS TERMINATED BY ',' ENCLOSED BY '\" 'ESCAPED BY '\''LINES TERMINATED BY '\r\n';</td><td rowspan="2"></td><td></td></tr>
<tr><td>利用 SQL 命令将 eleccollege student. txt 中的内容导入 eleccollege 数据库的 student 表中</td><td>LOAD DATA INFILE ' D:/eleccollege _ student. txt'INTO TABLE eleccollege. student FIELDS TERMINATED BY',' ENCLOSED BY'\"' ESCAPED BY'\''
LINES TERMINATED BY'\r\n';</td><td></td></tr>
</table>

讨论反思与学习插页

<table>
<tr><td>代码设计员 ID</td><td></td><td>代码设计员姓名</td><td></td><td>所属项目组</td><td></td></tr>
<tr><td colspan="6">讨论反思</td></tr>
<tr><td rowspan="2">学习研讨</td><td>问题：实际应用中可能造成数据丢失的原因有哪些？</td><td colspan="4">解答：</td></tr>
<tr><td>问题：进行数据库备份与恢复操作的方法有哪些？</td><td colspan="4">解答：</td></tr>
<tr><td>立德铸魂</td><td colspan="5">数据库系统的安全性对整个电子商务系统来说至关重要，“唇亡齿寒”“城门失火殃及池鱼”就是这个道理，如果数据库的安全性得不到保障，那么整个电子商务系统的安全性就无从谈起。其实，在生产生活中的任何一个环节，安全都不可忽视，需要树立全局安全观。在数据库的实际使用过程当中，存在着一些不可预估的因素会对数据安全造成威胁，需要数据库管理员通过备份与恢复操作来人为提高数据库的安全性，因此数据库管理员的职业素质就非常重要。数据库管理员除了需要掌握备份与恢复数据库、导出与导入数据表等基本操作，还需要具有高度的责任感，需要具有认真细致的工作态度。以此教育学生养成良好的习惯，培养良好的职业道德</td></tr>
<tr><td colspan="6">学习插页</td></tr>
<tr><td>过程性学习</td><td colspan="5">记录学习过程：</td></tr>
<tr><td>重点与难点</td><td colspan="5">提炼备份与恢复数据的重难点：</td></tr>
</table>

续表

阶段性 评价 总结	总结阶段性学习效果：
答疑解惑	记录学习过程中疑惑问题的解答情况：

参 考 文 献

[1] 卜耀华. MySQL 数据库应用与实践教程(微课视频版)[M]. 2 版. 北京:清华大学出版社,2022.

[2] 华为公司. 数据库原理与技术实践教程——基于华为 GaussDB[M]. 北京:人民邮电出版社,2021.

[3] 教育部考试中心. 全国计算机等级考试二级教程——MySQL 数据库程序设计[M]. 北京:高等教育出版社,2022.

[4] 郎振红. MySQL 数据库基础与应用教程(微课版)[M]. 北京:清华大学出版社,2021.

[5] 韦霞. MySQL 数据库项目实践教程(微课版)[M]. 北京:清华大学出版社,2021.

[6] 徐人凤. MySQL 数据库及应用[M]. 北京:高等教育出版社,2020.

[7] 赵晓侠. MySQL 数据库设计与应用(慕课版)[M]. 北京:人民邮电出版社,2022.

[8] 赵明渊. MySQL 数据库实用教程[M]. 北京:人民邮电出版社,2021.

[9] 周德伟. MySQL 数据库基础实例教程(微课版)[M]. 北京:人民邮电出版社,2021.